SAFETY EDUCATION AND SAFETY MANAGEMENT

안전교육과 안전관리

| 김창현 |

양서원

PREFACE

머리말

우리의 일상생활 속에서 안전과 행복을 위협하는 각종 사고, 사건, 재해와 범죄로부터 우리 인간은 자유로울 수 없다. 귀중한 생명과 재산을 보호하고 안전한 생활을 추구하는 방법이야말로 아무리 강조해도 지나침이 없을 것이다. 생활 속의 안전교육과 안전관리는 일상생활 속에서 일어나는 각종 사고 및 재해로부터 사고를 미연에 방지하고, 예상치 못한 돌발적인 사태가 발생하였을 때 귀중한 생명과 재산을 지키기 위해서는 평소에 안전교육과 안전관리는 필수불가결한 것이고, 반드시 생활화되어야 한다.

이 책은 크고 작은 사고, 사건으로 인한 인명과 경제적 손실을 사전에 예방하는 방법의 이해와 일상생활(가정, 학교, 직장, 야외활동 등) 속에서 사고 예방을 위한 안전교육과 안전관리의 기본적인 방법을 제시하였다. 따라서 개인적 · 범정부적 차원의 안전의식 제고와 효율적인 안전교육 및 안전관리의 이해를 통해 생활 속에서 각종 사고를 미연에 방지하기 위한 안내서이다.

인간이 살아가면서 행복한 삶을 영위하기 위한 가장 기본적이며 핵심이 되는 것은 인간의 생활방식과 가치관 즉, 행동양식이다. 행동양식의 변화는 태어나서부터 생활 속에서 교육을 통해 변화를 가져오기 때문에 어릴 때부터 올바른 인격 형성을 위한 인성교육은 매우 중요하다. 인성교육이 곧 안전교육과 직결되기 때문에 인성교육의 중요성도 이 책에서 언급하였다. 이에 체험 위주의 인성교육을 통해 바르고 안전한 생활과 정직하고 주어진 업무에 책임을 다할 때 우리 주변에서 일어나는 크고 작은 각종 안전사고로 인한 인명과 재산 손실은 줄일 수 있고 사고도 미연에 예방할 수 있다는 것이 저자의 오랜 생활 지론이다.

이 책은 대학의 안전관련 학과와 유아교육학과, 사회복지학과, 간호학과를 비롯한 교양 교과목의 교재 그리고 유아교육기관부터 초·중·고등학교와 직장에서의 안전교육 교재로도 유용하게 사용할 수 있도록 사례 위주로 집필하였다. 특히 사고의 98%는 사전에 예방이 가능하다고 하였기 때문에, 이러한 사고 예방을 위해서는 무엇보다 남녀노소, 공공기관, 기업(직장) 구분 없이 반드시 평소에 안전교육과 안전관리가 선행되어야 한다. 아울러 기본적으로 국가 차원에서 각급 학교에서는 교육과정에 인성교육과 안전교육을 교과 영역에 반영하여 제도적으로 사고 예방을 위한 안전교육과 안전관리가 정착될 수 있도록 뒷받침이 되어야 할 것이다.

이 책의 내용 구성은 먼저 제1장에서는 바람직한 인성교육과 안전교육의 이해를 언급하였으며, 제2장부터 제13장까지는 일상생활 속의 가정에서부터 직장 및 학교, 야외활동에 이르기까지 생활 속의 전반적인 사고 예방을 위한 이론적 내용부터 실제 적용하고 관리 및 지도하는 방법까지 수록하였으며, 마지막 단원에서는 안전교육 실무 및 선진국의 학교안전교육에 대해서도 간략하게 언급하였다.

필자는 평소 안전교육과 안전관리의 중요성에 대한 인식을 통해 "생활안전교육 및 지도법"이라는 과목을 개발하여 우리나라 최초로 숭실사이버대학교 교양교육 과정에 개설하여 강의한 바 있으며, 이에 강의 경험을 바탕으로 생활 속의 다양한 영역의 안전사고에 대한 분석과 발전방안에 대한 자료를 토대로 저서를 개발하였다. 생활 속 안전교육과 안전관리의 시대적 중요성과 국민적 공감대 형성 차원에서 중요성을 다시 한 번 강조하고자 한다. 이 책을 통해 개인, 가정, 직장, 기관, 학교 현장에서 조금이라도 안전교육과 안전사고예방을 위해 도움이 되길 바란다.

그리고 막상 탈고를 하기까지 부족한 부분이 너무 많다는 것을 미리 밝혀두며, 이러한 안전교육과 안전관리에 많은 관심이 있는 전문가와 많은 분들의 충고와 조언을 부탁드린다. 아울러 본 교재는 여러 선행연구 및 학자들의 결과물들과 생활 속의 각종 지혜 및 현장 실무자들의 체험적인 결과물들도 참고하였으나 안전교육 및 안전관리 그리고 안전사고 관련 누락된 부분도 많이 있다고 본다. 누락되고 부족한 부분은 지속적으로 새롭게 수정하고 보완해 나갈 것이다. 그리고 혹 각종 내용 및 자료에 있어서 잘못 인용되었거나 편집한 부분이 발견된다면 오로지 본 저자의 부주의와 잘못으로 인한 것임을 이 글을 대신하여 미리 양해를 구하고자 한다.

끝으로 이 책이 나오기까지 많은 도움을 주신 분들과 『안전교육과 안전관리』의 저서 출간을 통해 독자 및 기관, 각급 학교에서 인성교육과 안전교육의 중요성을 인식하고 실천하는 계기가 되었으면 하는 바램이다. 끝으로 이 책의 출판을 위해 애써주신 도서출판 양서원의 박철용 대표님 외 관계자 분들의 노고에 진심으로 감사를 드린다.

2022년 1월

중원대학교 연구실(MⅡ907호)에서

저자 김창현 올림

CONTENTS

차 례

제 1 장

인성교육과 안전교육의 이해

학습 목표
1. 인성교육과 인성교육의 중요성을 인식할 수 있다.
2. 생활안전 및 안전교육의 개념과 중요성 및 원리에 대한 정확한 인식을 이해할 수 있다.
3. 안전교육의 역사와 인간과오의 정의 및 원인을 설명할 수 있다.

학습 키워드 인성교육, 생활안전, 안전교육, 안전운동, 인간과오

제1절 바람직한 인성교육

1. 인성교육의 개념과 필요성

1) 인성교육의 개념

인성(personality)은 흔히 성품, 기질, 개성, 인격 등 여러 가지를 포함하는 말로 일컫는다. 인성의 개념은 이론적 입장에 따라 다양하게 접근되는데, 프로이트(Freud)는 개인이 본능적 요구를 현실적·도덕적 제약 가운데에서 합리적으로 충족시켜 나가는 방식을 인성으로 파악하려 하였고, 로저스(Rogers)는 개인이 자신의 독특한 주관적인 경험세계 속에서 자아를 이루어 나가는 과정에서 인성을 이해하려고 하였다. 한편 행동주의자인 스키너(Skinner)는 인성에 대한 일체의 가설적 개념을 배제하고 인성이란 것은 개인이 어떤 독특한 변화 과정을 통하여 학습한 행동형에 지나지 않는다고 주장하였다.

인성이란 인간이 지니는 특징적인 반응양식 내지는 행동양식의 개념으로 흔히 인격 혹은 성격과 혼용되기도 한다. 개인이 자신의 삶을 어떻게 엮어 나가느냐 하는 것은 바로 자신의 인성과 밀접한 관계가 있다. 왜냐하면 인성은 삶의 과정 속에서 인생의 방향을 조정하는 배의 키와 같은 역할을 하기 때문이며, 삶을 읽는 중요한 지표로서 개인과 타인이 어떤 인간관계를 형성하는가를 결정하는 데 중요한 역할을 하기 때문이다.

또 인성은 사람이 살아가는 데 있어서 개인의 정신 건강과 신체 건강에 심각한 영향을 주기도 한다. 건강한 인성을 소유한다는 것은 학생들의 정신 건강은 물론 신체 건강까지도 바람직한 수준을 유지할 수 있게 함으로써, 결국 그들의 삶의 질을 높이게 함과 동시에 행복한 삶을 영위할 수 있게 해 주는 역할을 한다.

- 인성교육에 대한 정의와 해석에 대한 여러 견해

인성교육을 통해 길러지는 바람직한 인간성은 현명한 의사 결정능력을 지닌 인간으로 보고, 개성 존중, 적극성 함양, 긍정적 사고방식의 고취, 미래지향성 등을 인성교육의 방향으로 제시하고자 한다. 즉 인성교육을 전인교육과 동일한 개념으로 파악하여 교사와 학생들의 만남, 즉 상호작용을 통해 개인의 인격을 형성하고 문화를 전승, 재구성, 창조하는 가치 지향적 활동으로 규정하는 한편, 인성교육의 세 가지 전제로 ① 교육은 인간 대 인간의 만남이란 점, ② 교육은 가치를 추구하는 활동이라는 점, ③ 교육의 목표는 개인적 차원에서 인격형성이요, 사회적 맥락에서는 문화적 발전이라는 점을 제시하고 있다.

따라서 인성교육을 인간의 지, 덕, 체를 긍정적으로 변화시켜 인간의 가치를 극대화하는 활동으로 정의하고 있다. 인성교육을 통한 바람직한 인간상으로 주도적, 도덕적, 공동체적인 인간과 창조적이고 생산적이며 건강한 인간을 강조한다는 것이다. 인성교육이라는 말은 주로 심리학적 의미로 사용되는 것으로, 인간의 개별적 특성에 관심을 가지고 그 특성들이 존중되며 자유롭게 개발하여, 그 특성대로 사회적 조화를 이루도록 교육하자는 것이다.

아울러 인성은 도덕적 가치가 개입된 인격과 개인이 지닌 독특한 특성의 총체를 가리키는 성격이 결합된 용어로, 인성교육은 심리적 특성으로서의 성격적 윤리, 도덕적 특성으로서의 가치적 측면을 포괄적으로 추구하는 교육행위라고 할 수 있다.

퍼빈은 『인성 이론 측정 연구』라는 그의 저서에서 내린 정의를 보면, "인성이란 여러 상황에 대하여 사람들이 독특하게 반응하는 구조적이며 역동적인 특징을 나타낸다"라고 정의하고 이 정의를 기초로 하여 인성은 다음과 같은 특징을 지니고 있다고 지적하였다. 이러한 특성에 따른 인성교육의 의미는 첫째, 인성은 구조적인 측면과 역동적인 측면을 지니고 있고 여러 부분으로 나누어질 수 있으며, 그 여러 부분이 서로 어떤 관련을 지니고 있느냐에 따라서 제각기 다른 모습을 지니게 된다. 둘째, 인성의 구조나 역동이 어떤 것이든 관계없이 궁극적으로 행동을 통해 정의를 내릴 수 있으며, 이 행동은 관찰할 수 있고 측정할 수 있는 것이다. 따라서 관찰하고 검증할 수 없는 인성의 개념은 배제되어야 한다. 셋째, 인성은 일관성을 지니고 있으며 개인이나 어떤 집단의 사람들이 지니고 있는 인성은 시시각각으로 변하는 것이 아니라, 상당히 오랫동안 계속해서 동일한 특징을 유지하는 경향이 있다. 따라서 인성에는 일관성, 항상성, 규칙성 등이 있다. 넷째, 사람은 진공 속에서 행동하는 것이 아니기 때문에 인성이란 상황과의 관련에 따라서 독특한 양상을 지니게 된다. 따라서 인성은 환경에 대하여 개인이 반응하는 행동을 나타내기 때문에 환경적 특징과 분리하여 생각하기 어렵다.

2) 인성교육의 필요성

오늘날 학교교육은 본래의 목표와는 달리 지나치게 경쟁 지향적이고, 지식전달 위주의 교육에만 편중되어 있어, 균형을 잃은 교육서비스를 제공하고 있다는 비판을 받아왔다. 그 결과 오늘날 청소년들이 급격한 변화의 물결에 효과적으로 적응하지 못하고 경쟁에 탈락하여 갖가지 일탈행동으로 이어지게 되어 있으므로 그 책임을 면하기 어렵게 되었다. 이러한 청소년들의 일탈행동은 우리사회의 심각한 문제로 이어지게 됨에 따라 사회 각계에서는 학생들에 대한 인성교육이 강화되어야 한다는 여론이 어느 때보다도 거세지고 있다.

인간이 비인간화되고 있으며 과학 기술의 기술공학적 신뢰도가 그 어느 때보다도 높고, 물질만능주의와 개인주의에 찌들어 본래의 인간다운 인간관계는 물론 남과 더불어 살아가는 좋은 풍습이 퇴색 내지는 상실되어 가고 있다. 즉 전통적 도덕성은 커다란 위기에 처해 있으며, 이를 가장 극명하게 보여주는 객관적 지표가 청소년 문제이다. 청소년 비행이 날로 심각하여 이에 시달리는 학생들이 가출, 심한 경우 자살까지 하는 사태에 이르게 되었다. 따라서 이러한 사회적 문제를 해결하기 위해서 인간교육 및 인성교육을 부르짖게 되었고 도덕적 위기라는 차원에서 인간성 회복과 휴머니티가 요구되고 있는 것이다. 이러한 점들을 감안할 때 학교교육에서 인성교육은 어느 때보다 절실하며 교육을 통하여 사회 병리 현상을 바로 잡고, 실천 위주의 인성교육 강화로 세계화, 정보화 시대를 주도할 차세대 청소년들에게 물질보다는 인간을, 자신보다는 이웃과 나라를 더 생각할 줄 아는, 즉 더불어 살아가는 지혜를 불어넣어 주어야 한다.

2. 인성교육의 특징과 방향

1) 인성교육의 특징

요즈음 인성교육이란 용어들을 자주 접하고 듣는다. 그렇다면 이 시점에서 인성교육이 왜 강조되고 있는가? 그렇다고 종전의 교육에서 인성교육을 실시하지 않은 것도 아니고, 또 인성교육을 교육의 기본적 덕목으로 삼아서 교육을 실시하여 왔음에도 불구하고 인성교육이 교육행위에서 강조되고 주요 화제로 회자되고 있는가에 대해서는 여러 가지 이론이 있겠지만 거기에는 두 가지 중요한 이유가 있다. 교육 내용과 방법적 측면에서 찾을 수 있다.

첫째, 인성교육 내용의 차원에서 종래의 교육이 학생들에게 인성을 발달시킬 수 있는 교육 내용 혹은 교육 기회를 제공하지 못했거나, 제공하였더라도 사회적 · 문화적 변혁기에 적합하지 않은 내용이 많았다. 그리고 지식 중심의 입시 위주 교육은 인간의 균형적

발달을 저해함으로써 전인교육을 부실하게 만들었고, 급격한 경제과학의 발달에 의하여 정신적 가치보다는 물질 위주의 생활 변화로 인간을 경제적 측면으로 평가하려는 경향이 팽배하여졌으며, 교육 자체가 인간을 존중하고 인정하는 목적임에도 불구하고 국가의 정치, 경제, 사회, 문화 등의 논리와 각 개인의 출세 도구로 전락하여 교육 자체가 물질과 명예를 얻는 도구로 인식되어 가는 경향에 대한 냉철한 성찰이 필요하다.

둘째, 지금까지의 학교교육이 인성교육을 무시하였거나 무시하지 않았다 하더라도 가르치는 교육방법적인 측면에서 무엇인가 결함이 있었기 때문에, 본래의 교육 목적을 달성하지 못한 것이 아니냐는 점이다. 즉 수요자인 학생의 흥미나 요구가 무시되었다는 것이다. 인성교육은 학생들의 자발적인 행동 변화를 촉진하기 위한 여러 가지 경험이나 조건을 제공하는 것을 가리킨다. 따라서 강제적 요구나 압력으로 인성을 변화시키려고 노력하는 것은 인성교육이라 할 수 없다. 도덕적 덕목을 기르는 교육은 정련된 이론이나 실증적 연구 결과에 의해서 교육을 실시하지 않을 때 독단과 오류에서 벗어나기 어렵게 된다.

따라서 학교에서의 인성교육은 인성의 발달과 변화에 관한 체계적이고 과학적인 이론을 중심으로 전개하여 바람직한 학습을 할 수 있도록 체계적인 방법과 절차에 의해서 이루어져야 한다.

인성교육은 포괄적이고 심층적인 측면이 강하여 겉으로 드러나는 행동이나 언어, 태도뿐 아니라 내면의 감정, 동기, 무의식과 내면적 상태의 교육을 모두 포함하고 있다. 우리는 흔히 "인성교육은 사람을 사람답게 기르기 위한 것이다"라고 한다. 인성교육을 "학습자로서 바람직한 품성의 발달을 가져오도록 돕는 학교, 가정, 사회적인 노력의 과정이다"라고 정의하면, 인성교육의 핵심은 도덕성의 발달에 있고, 앎, 정서, 행위의 세 측면이 중요한 요인이 된다.

바람직한 품성의 구성 요인으로는 자기 존중감, 정서, 자신과 세계와의 관계에 대한 감수성, 도덕적 성숙, 성취 효능감, 자아실현 의지 등의 여섯 가지 요인으로 파악할 수 있다.

• 바람직하고 건전한 인성을 지닌 사람의 특징

첫째, 자기 자신을 바르고 정확하게 이해하는 사람으로서 자신에게 가장 합리적이고 현실적인 행동을 선택하고 실행할 수 있는 사람이다. 둘째, 자기 자신을 존중하고 수용할 줄 아는 사람으로서 자신의 가치와 장점을 인식하면서 동시에 자신의 부족함도 인식할 수 있는 사람이다. 셋째, 자기 자신의 일시적인 감정이나 충동을 통제하고 조절함으로써 감정과 본능을 사회적으로 용납되는 생산적이고 창조적인 방식으로 승화시켜 표현할 줄 아는 사람이다. 넷째, 자기 자신뿐만 아니라 타인에 대한 이해와 존중의 자세를 지니며 상대방의 입장을 이해하면서도 결코 자기 자신을 잃지 않는 사람이다.

2) 인성교육의 지도방향

인성교육은 학교교육 전반에 걸쳐 이루어져야 하며 내용과 방법에 있어서 다양성과 포괄성을 유지해야 한다. 인성교육의 일반적인 지도방법은 다음과 같다.

첫째, 학교 급별로 학생의 발달 수준에 맞도록 체계화하여 각 영역별로 실시하고, 정규 교과에 포함시켜 실시한다. 둘째, 지식 중심의 도덕, 윤리교육에서 벗어나 대화, 토론, 상담, 사회봉사 등 실천적인 활동을 통해 내면화하고, 전 교과목에 걸쳐 도덕과 윤리 교육이 실행되도록 한다. 셋째, 학교의 전 교사가 학생과의 인간관계를 토대로 지속적으로 지도하며 학생들의 자발적 동기 부여를 위해 노력한다. 넷째, 정보화·세계화 시대에 알맞은 정보, 평화 애호, 인류애 등에 관한 내용을 강화시킨다. 다섯째, 민주사회 시민의 기본 자질인 협동정신, 봉사정신, 책임의식, 질서의식 등을 중점 지도한다. 여섯째, 일상생활 속에서 체질화되어야 할 도덕적 행위를 선정하여 본습관을 형성시켜 주어야 한다. 일곱째, 교과서 중심의 인성교육에서 실천 위주의 인성교육으로 전환한다. 여덟째, 학교와 가정, 사회가 연계하여 협조적 관계를 유지하고 학부모 교육을 통해 가정의 교육적 기능을 강화한다.

학교교육의 핵심은 교육과정이므로 인성교육도 학교교육과정의 틀 속에서 편성·운영되어야 하며, 단위 학교의 자율성과 창의성이 요구된다. 일선 단위학교에서 자율적인 인성교육 내용을 구성할 때는 일반적으로 지켜야 할 유의점은 학교단위 인성교육은 반드시 통합교과적, 횡교과적 접근방식을 따라 편성·운영되어야 하며, 학교의 공식적인 교육과정, 특히 윤리, 도덕, 사회 교과에서 강조되어야 한다.

학습자의 인성 발달이 총체성과 완전성을 추구한다는 점을 앞으로의 인성교육은 기존의 학교교육 활동 속에서 인성교육적 요소를 추출해 활용하는 방법이 적용되어야 한다. 이와 함께, 인성을 개발하려면 어떤 인성적 특성을 발달시켜야 할 것인지를 결정하여야 한다. 논리적으로 보아 인성교육의 내용은 우리가 어떤 인간을 길러낼 것인가에 대해 숙고한 결과로부터 도출될 수 있을 것이며, 그로부터 적절한 교육방법을 구안해 낼 수 있을 것이다. 인성교육이 교육 현장에서 효과를 거두기 위해서는 명시적 목표를 설정하고 인성교육의 내용 및 구체적인 실천 프로그램이 모색되어야 한다.

• 효과적인 인성교육을 위한 프로그램 개발의 지침

첫째, 인성교육은 하위 구성요인의 균형된 발달을 촉진하는 것이어야 한다. 인성교육은 사고, 태도, 가치 등의 인지 변화와 애증, 좋고 나쁨 등의 정서적 변화가 다 같이 긍정적 방향으로 이루어질 수 있도록 자료 개발이 필요하다. 둘째, 인성교육은 학생들의 동기 유발과 변화를 느끼고 긍정적인 결과를 초래하도록 해야 하며, 학생들이 절실하게 필요로 하게끔 내용을 마련하도록 해야 한다. 셋째, 인성교육은 금과옥조 같은 성현의 말씀이나 규범을 내면화하는 데 그쳐서는 아무런 의미가 없다. 그런 말들을 실제로 실천을 통하여 체험하는 활동을 하도록 프로그램이 고안되어야 한다. 기본생활습관 체험을 위한 나의 다짐, 우리들의 약속, 행동 강령 등과 같은 실천 점검표를 제작하고 매주 또는 매월 점검하는 인성 프로그램, 그리고 가정과 학교에서 종합적인 생활 지침서가 되는 생활본에 따른 지속적인 실천을 할 수 있는 인성교육 내용이 개발되어야 한다. 넷째, 각종 수련회를 통한 극기 훈련, 예절실이나 생활관을 통한 기본예절 지도나 사회의 시설 방문, 견학, 강연회 등 체험 중심의 인성교육이 강화되도록 하여야 한다. 가정에서 부모와 함께할 수 있는 체험 내용의 개발, 가족 신문 만들기, 부모님 발 씻겨 드리기, 안마해 드리기, 효 일기 쓰기, 효행의 날 행사 등은 가족 공동체 의식의 고양을 가져오기 때문에 인성교육에 도움을 줄 수 있다.

3) 21세기 교육의 양대 축 창의성과 인성교육

미래 사회를 이끌어 갈 21세기 글로벌 인재가 갖추어야 하는 핵심 역량으로서 창의성의 중요성이 대두되고 있으나 창의적이고 유능한 능력만으로는 국가 및 사회에 기여할 수 있는 인재로서 불완전하고 불안하다고 할 수 있다. 창의적인 인재가 국가 경쟁력의 핵심이 되고 사회에 대한 영향력을 바람직한 방향으로 행사하기 위해서는 인성적 측면의 성숙이 절대로 필요하며, 올바른 인성의 틀 속에서 창의성이 발휘되어야 글로벌 인재로서 완성될 수 있다(교육부, 2014).

4) 향후의 교육정책 방향

미래 사회 글로벌 인재를 양성하기 위한 교육정책의 방향은 창의성과 인성을 길러줄 수 있는 창의·인성교육으로 전환하고, 미래형 교육과정이 추진되고 활성화되어야 한다. 즉 소질과 적성을 찾아주는 교육을 위한 '집어넣는 교육'에서 '끄집어내는 교육'으로, 소질, 적성, 잠재력의 발견·계발·발휘의 다양한 교육방법의 모색이 필요하다. 한편, 창의·인성교육의 활성화를 위해 창의력 계발과 관련된 심리적 특성 개발을 적용할 수 있는 프로그램의 개발이 필요하다.

3. 학교 붕괴와 인성교육

오늘날 정보통신의 발달과 4차 산업혁명시대에 지식에 대한 습득, 활용, 축적이 어느 시대보다도 다양화, 다매체, 다변화되었고, 이에 따라 학생들의 지적 욕구도 종전과 달리 개별화되고 관심 영역이 여러 부분으로 확대되었다.

다원화된 사회에서 다양한 가치 기준을 가지고 자신이 하고 있는 일에 대하여 스스로 가치부여를 하고 그 일에만 몰두하는 '나홀로족'이 늘어나면서, 학교교육, 즉 공교육에 대한 비판론이 일어나게 되었다. 빠른 사회 변화와 사회적 요구에 학교교육이 부응하지 못한다는 것이다. 이와 함께 90년대 들어와 학교 체제에 대안 운동의 일환으로 특성화학교, 대안학교 등과 열린교육 운동이 일어나게 되었다. 교육현장에서는 수업 분위기가 산만하고, 학습능력 부족 학생의 증가로 학습내용을 이해하지 못하는 학생이 늘어나 학업을 중도에 포기하는 중도 탈락생이 늘어나게 되었다. 교육정책당국이나 단위학교 차원에서 체벌 제한이나 이의 원칙적 금지, 무리한 교육개혁, 교직사회가 개혁의 주체가 아닌 개혁의 대상으로 전락하였다는 피해의식의 만연으로 인한 교사의 권위를 인정하지 않는 분위기의 만연 등으로 인해, '학교 붕괴', '교실 붕괴', '교육은 없다' 등의 극단적인 표현이 대두되었다. 이는 교육내용의 적절성이나 학습의 효과성 문제보다도 학교가 가지고 있는 본래적 기능인 가르치고 배우는 교육활동 자체가 제대로 이루어지지 않고 있다는 점에서 문제의 심각성을 더해 주고 있다. 학생과 교사가 주체되어 배우고 살아가며 함께 느끼는 교육공동체의 와해 현상이 오늘에 와서 심각해진 것은 여러 면에서 논의될 수 있으나, 이 절에서는 교사, 학생, 학부모, 교육여건, 사회·제도적 측면에서 간단히 고찰해 보고자 한다.

첫째, 교사 측면이다. 이는 교육현장을 무시한 무리한 교육정책 강행으로 교직사회가 피동화되거나 수동화되어 교사의 사명감, 책임감이 희박해지면서 교원의 전문적 권위와 사기가 저하되었다. 이와 함께 신자유적 경제논리를 지나치게 교육에 내재시켜 경제논리에만 입각하여 교육현상을 재단함으로써 교육이 갖는 공적 기능이 무시되거나 왜곡되어 교육 공동화 현상을 초래하게 된 것도 문제로 지적된다. 한편 학교 현장의 핵심인 교수학습의 성취도를 위해서 예전에는 경쟁논리와 경제논리를 교육 현상에 무리한 적용 → 노령 교사 퇴출(무능력) → 교직의 안정성과 교육공동체 와해 → 교직의 긍지와 사명감, 책임감 훼손 → 교직 사회의 심리적 공황 초래 → 교원 수급정책의 차질과 임시방편의 미봉책 → 교직의 전문성, 자율성, 책무성 훼손 → 교육의 질 저하와 학생지도, 인성지도문제 발생이라는 악순환의 연결고리를 만들게 되었다는 지적도 없지 않나 있었다고 본다.

둘째, 학생 측면이다. 학교 부적응 학생의 증가로 인하여 면학 분위기가 전반적으로 저하되어 있고, 교사의 권위나 학습의 중요성은 인정되지 않는 분위기가 만연되어 있다. 교육여건과 학교 현장의 사정을 무시한 채 탁상행정으로 어떤 형태의 처벌을 금한다는 요란한 홍보도 학생–교사 간의 진정한 신뢰관계를 왜곡시켜, 교육적 훈계나 사소한 신체적 체벌이 가해졌을 때 거침없이 119에 신고하는 등 비교육적 현상이 빈번하게 발생하고 있다.

네트워크 세대, 풍요의 세대에 자란 학생들은 소비, 향락주의 경향이 강하여 즉흥적이고 일회적으로 행동하며, 기성세대나 질서에는 무조건적인 저항을 보이고 있다.

셋째, 학부모 측면이다. 국민소득이 전반적으로 향상되고 여성의 취업기회가 확대되면서 맞벌이 부부의 증가, 핵가족화에 따른 가정교육의 부재와 내 자식만이 최고라는 자녀이기주의 현상이 심화되었다. 이와 함께 사설 교육기관이나 과외 현상이 일반화되면서 교사나 학교교육에 대한 신뢰 저하와 학원이나 교습소 등의 과외 선호 현상이 인성교육이나 학교교육의 기형화를 가져오게 하였다.

넷째, 교육여건 측면이다. 발전 지향적 교육관에 따라 무리한 팽창 우선의 교육이 과밀학급 및 과대학급을 그대로 방치하도록 하였고, 교사 1인당 학생 수의 과다를 가져와 진정한 만남을 통한 교육보다는 대량 전달, 수용하는 교육으로 교육의 비인간화를 초래하였다. 최근 학급당 인원수가 다소 줄었다고는 하나 학생들의 다양한 욕구를 충족해 주지 못하는 학교 체제는 여전하다.

다섯째, 사회 · 제도적 측면이다. 잦은 교육제도나 입시제도의 변경으로 교육정책에 대한 불신과 불만을 증가시켜 왔다. 이는 학교교육뿐만 아니라 가정, 사회 전체의 규범 붕괴현상을 가져왔고 가치관 혼란을 가중시켰다. 사회의 교육적 기능의 약화는 우리 사회가 지향해야 할 도덕적 규범성을 상실하였고 언론의 무분별한 보도는 비교육적 기능을 더욱 확산하였다. 또한 지금까지 학생들이 교사를 통하여 모든 지식을 얻었었는데, 점점 지식원을 교사가 아닌 다른 곳에서 도구를 통하여 접하게 되므로 교사의 권위가 점점 약화되어 교실붕괴 현상이 가중되고 있다.

4. 인성교육을 위한 교사의 역할

교사가 의도적으로 계획한 활동을 중심으로 인성교육이 실시되는 것뿐만 아니라 비공식적인 잠재적 교육과정으로도 인성교육이 이루어진다는 점을 유념해야 하며, 이를 위해 유아인성교육을 위한 교사의 역할에는 민주적이고 도덕적인 분위기의 교실 운영, 역할 모델, 가정과의 연계교육 실시 등이 있다.

1) 민주적이고 도덕적인 분위기의 교실 운영

교실 분위기 자체가 민주적이며 서로 배려하는 도덕적인 교실을 운영하는 것이 중요하다. 예를 들어 교실에서 필요한 규칙을 교사가 일방적으로 정하고 유아에게 지키도록 유치원 기본과정 내실화를 위한 인성교육 프로그램을 요구하는 것보다는 유아와 함께 필요한 규칙을 정해보는 것이 도덕적인 교실을 운영하는 한 가지 방법이 될 수 있다. 이때 '○○하지 않기보다는 ○○하기'라는 긍정적인 표현을 사용하여 규칙을 정하는 것이 긍정적인 사고를 형성하는 데 도움이 된다.

2) 역할 모델

교사의 역할 중에서 모델로서의 역할은 항상 강조되어 왔으나 인성교육에서는 특히 중요하다. 교사는 존중의 덕목을 가르치려고 하지 말고 교사 스스로가 유아를 존중하는 모습을 보여줌으로써 자연스럽게 유아가 보고 배울 수 있도록 해야 한다. 유아는 민주적이며 도덕적인 분위기 속에서 생활 자체를 통해 중요한 인성 덕목을 습관적으로 내면화할 수 있게 될 것이다.

3) 가정과의 연계 교육 실시

유아인성교육이 삶을 통해 지속적으로 이루어지기 위해서는 유치원에서만 하는 것으로는 어려우므로 가정과의 연계가 반드시 필요하다. 최초의 교사는 유아의 부모이며 인성교육을 실천하는 일차적인 장소가 가정임을 인식하고 유치원의 인성교육에 가정을 적극적으로 끌어드릴 방안을 찾아야 한다. 가정 내에서 인성교육을 실천할 수 있도록 안내하고, 부모교육을 통해 인성교육의 중요성과 구체적인 방법을 공유해야 한다(교육부, 2014).

위에서 언급하였듯이 인성교육은 어릴 때부터 부모 및 가정에서 밥상머리교육을 통해 지속적으로 이루어져야 한다. 하지만 오늘날 가정적·환경적·사회적 제약요인으로 인해 현실적인 어려움이 따른다.

학습현장에서부터 제도화된 체험 위주의 인성교육을 위해 바른 습성과 올바른 가치관 및 인간의 존엄성을 중시하는 실천교육이 이루어질 때, 인성교육이 곧 안전사고를 예방하는 기초적인 방법이다. 즉, 인성교육이 곧 안전사고예방의 시작이라고 볼 수 있다. 따라서 인성교육은 가정으로부터 학교현장, 직장, 국가 차원에서 바람직한 인성 함양을 위해 제도화된 체험적 교육을 통해 안전사고 예방과 연계하여 다양한 교육방법의 모색도 필요할 것이다.

제2절 안전교육의 이해

1. 안전의 개념과 목표

1) 안전의 개념과 안전 목표

(1) 안전의 어의

동양적 의미로 '安'의 어원은 집안에 여자가 있다는 의미로서 안녕, 정숙한 것, 편안하고 조용하다는 뜻이며, '全'이란 入과 王이 합쳐진 글자로 王은 구슬 玉의 본 자, 수중에 지닌 보석을 의미, 즉 순수하고 완전무결한 것을 말한다. '안전'이란 안정되며 위험하지 않은 상태, 완전한 상태에 달해 있고, 부족한 일이 없는 상태를 말한다. 즉 재앙이나 위험이 실제로 없는 것, 인간이 위해를 받거나 또 받을 걱정이 없는 것, 사물이 손해나 손상을 입거나 또는 우려가 없는 것까지 포함한다. 서양적 의미로 SAFETY에 나타난 단어의 앞글자를 인용하여 다음과 같이 해석하고 있다.

- Supervise → 관리 · 감독, 관찰
- Attitude → 태도 기술
- Fact → 현상 파악
- Evaluation → 평가분석 및 대책 수립
- Training → 반복훈련
- You are the Owner → 주인의식 철저

이와 같이 안전이란 불안전 상태 및 행동을 6개 요소(S.A.F.E.T.Y.)를 통해 사고가 없는 마음이 평온하고 몸을 온전한 상태로 만드는 것을 의미한다. 한편 영어로 건강을 'health'라고 하는데, 이는 고대 앵글로색슨족의 언어에서 유래된 말이다. health는 'hal' 또는 'health'에서 파생되었으며, 안전과 전체적인 뜻으로 해석하고 있다.

(2) 안전의 개념과 생활안전

사전적 의미로는 위험이 생기거나 사고가 날 염려가 없음, 또는 그런 상태라고 하며, 안전(safety)은 위험(danger)과 반대 및 대립이 될 수밖에 없는 것이다. 예를 들면 중소도시의 건물은 지진 설계 등 안전장치가 취약하고, 피서객을 안전하게 대피시켜야 된다고 할 때 안전이란 용어를 사용한다.

이와 반대로 안정(安定)은 달라지지 않고 일정한 상태를 계속 유지하는 것, 심리적 안정을 찾고 공부에 전념, 정치적 안정이라고 할 때 사용한다. 즉 안전은 사고가 없는 것, 안정은 흔들림이 없는 것을 말한다. 위험의 가능성을 없애고 사고 여건을 제거 목적으로 하는 인간행동(내외면적)에서 발생하는 모든 상태를 안전이라고 한다. 마랜드 등(Marland et al., 1973)의 안전에 대한 정의를 보면 '안전(安全)이란 위험가능성을 줄이기 위하여 인간의 행동을 변화시키거나, 물리적 환경을 조성함으로써 사고를 감소시키는 조건이나 상태'를 말한다고 정의하고 있다. 워릭(Worick, 1975)은 '안전이란 부주의와 행동으로 인하여 사고 및 자연재해와 같은 상황에서 재산손실을 최소화하는 상태'라고 하다.

결론적으로 생활안전(Living Safety)이란 우리가 일상생활(가정, 직장, 학교, 여가생활)을 통해 접하는 모든 위험으로부터 자신과 재산을 보호하고 위험요인을 없애고 제거하는 것을 목적으로 하는 것이다.

(3) 안전 목표

안전관리의 기본적 목표는 휴머니즘(Humanism)이다. 이것은 인도적 신념의 실현이라고 말할 수 있다. 미국에서 1900년대 초반에 안전제일주의를 제창하면서 인간존중의 개념에서 출발하였으며, 가정, 직장, 학교 등 생활 속에서의 가장 핵심이 되고 기본이 되는 것은 인간 존중과 안전제일주의의 원칙을 강조하는 것이다. 효과적인 안전교육은 학교나 사회에서 '인명존중의 정신'을 구체적인 행동으로 나타나도록 교육이 가장 중요하며, 핵심이라 할 수 있다. 교통재해에 따른 희생의 증가로 교통안전에 대한 교육이 중시되고, 한편 등산 중 조난이나 수난(水難)대책 강구도 아주 중요한 안전의 목표라 할 수 있다. 학교·가정·공장 등 총체적 사고 증가에 따른 국민의 생활 전반에 관한 안전교육이 철저히 시행되어야 하며, 국가나 공공단체·기업 등이 안전관리를 위해서 더욱 많은 투자부담을 감수해야 할 필요성이 대두되고 있다.

2. 안전에 영향을 주는 요인

어느 누구도 절대적으로 위험으로부터 자유로울 수 없는 상황이며, 일상생활 속에서 사고는 항상 도사리고 있고 위험에 노출되어 있다. 이러한 위험을 줄이고 안전한 행동에 필요한 네 가지 요인은 다음과 같다.

첫째, 행동자의 활동을 이해하는 것이다. 개인이 안전하게 활동을 시작하기 전 활동에 어떤 위험요소가 수반될 것인지 이해(예 : 자동차 운전, 운동 시합 등)하고, 위험에는 어떤 방법 및 처리요령, 위험성 여부 정도에 대한 사전 지식과 이해가 필요하다.

둘째, 행동자의 능력 수준이다. 개인의 불충분한 기술이나 능력 미달은 사고발생의 원인이 된다. 그리고 육체적 한계 역시 행동에 영향을 초래(예 : 운전 시 자동차 크기, 운전능력, 신체장애)할 수 있다. 또한 연령에 따른 청각, 시각, 이동성, 반응성과 같은 육체적 특질로 다양한 영향을 초래하게 된다.

셋째, 행동자의 직접적 상태이다. 인간의 일시적인 생리·심리적 요소들에 의해 크게 영향을 받고 행동자의 상태는 끊임없이 변하기 때문이다. 또한 순간의 욕구가 인간의 자기능력보다 더 클 때 사고가 발생하게 된다. 한편 사고를 일으키기 쉬운 사람과 사고를 전혀 내지 않는 사람과의 물리적인 차이점은 없다고 하며, 단지 태도, 감정 같은 심리적 요소가 개입 시에는 문제가 발생할 수 있다. 이에 태도와 감정은 행동을 결정하는 데 중요한 역할을 담당하게 된다. 그러므로 인간의 감정은 태도와 관련이 깊어서 태도 여하에 따라 안전사고의 발생요인이 될 수 있다.

마지막으로 환경의 상태이다. 환경은 자연적인 환경, 인공적인 환경의 두 가지로 구분할 수 있는데 첫째, 자연적 환경은 비, 눈, 먼지, 얼음, 바람 등이고 둘째, 여행자의 여행시간, 여행지의 정보파악(인구 밀도, 범죄율 등)으로 나눌 수 있다. 따라서 환경은 결과에 긍정적·부정적 영향을 초래하며, 범죄적 공격 시에도 자신을 보호하기 위한 고려사항으로 행동자의 능력 수준, 즉 공격자를 제지하는 육체적 특성을 말한다.

3. 안전교육의 개념과 목적

1) 안전교육의 개념

일상생활에서 일어나는 사고를 미연에 방지하고, 불의의 재해나 돌발적인 사태가 발생했을 때 생명을 지키기 위해 취해야 할 심신 양면의 행동을 지도할 목적으로 실시하는 교육이다. 즉 올바른 생활환경, 작업방법 및 행동에 따른 안전관리까지 포함하는 것이다.

안전교육의 선구적 역할을 한 국가는 미국, 제1회 공업안전에 대한 국가회의(1912)와 국가안전회의(1915)는 산업과 교통의 안전을 목표로 발족하였으며, 전미(全美)안전회의·전미교육협회·미국적십자사·대통령 산업안전회의 등 강력한 조직을 통하여 활동이 전개되고 있다.

안전교육을 넓은 뜻으로 해석하면 지진·풍수해와 같은 자연현상이 끼치는 사고나 재해의 예방도 포함되지만, 학교나 사회의 교육법에서 국토보전대책까지 다룰 수 없기 때문에, 재해가 발생했을 때의 행동지침을 가르치는 정도에 그칠 수밖에 없다. 학교나 사회에서 실시하는 안전교육의 내용은 일반적으로 교통사고, 가정 내 사고, 화재, 실험·실습의 사고, 수학여행이나 레크리에이션의 사고, 유희나 완구에 의한 사고, 체육경기의 사고와 지진·풍수해와 같은 자연재해가 발생했을 때의 행동지침 등이 있다.

2) 안전교육의 목적

안전교육이란 교육이라는 수단을 통하여 일상생활에서 개인 및 집단의 안전에 필요한 지식, 기능, 태도 등을 이해시키고, 자신과 타인의 생명을 존중하며, 안전하고 건강한 생활을 영위할 수 있는 습관을 형성시키는 활동을 의미한다. 즉 생활 속에서 자신을 보호하고, 생명을 지키는 활동을 안전교육이라고 할 수 있다. 결론적으로 워릭(1965)은 안전교육(Safe Education)의 개념을 흔히 상해, 사망 또는 재산피해를 불러일으키는 불의의 사고를 예방하는 것이라고 주장하는 것은 중요한 의미를 가진다.

〈Florio의 정의에 따른 세 가지 안전교육〉

① 일상생활 전 영역에서 안전을 위해 필요한 사항 등에 관해서 이해시키고, 안전의 규칙을 지키며, 안전하게 행동할 수 있는 능력을 기르는 것이다.
② 일상생활 속에 잠재해 있는 위험을 예측해서 항상 안전상의 위험을 확인하고, 정확한 판단으로 안전하게 행동할 수 있는 태도와 능력을 기르는 것이다.
③ 자신이나 타인의 안전생활을 존중하고 학교, 가정, 직장, 지역사회 등에서 안전하게 역할을 수행할 수 있는 태도와 능력을 기르는 것이다.

4. 안전교육의 필요성과 원리 및 특성

1) 안전교육의 필요성

안전교육은 인간생명의 존엄성을 인식하고 생활환경 속에 잠재해 있는 온갖 사고(accident)와 위험(danger)의 가능성을 없애거나 예방하는 데 필요한 지식과 기능을 습득하는 교육 작용이며, 건강과 안전은 인간 삶의 전 영역에서 필수불가결한 요소이며, 보다 나은 삶을 영위하기 위한 수단이다. 안전은 시대적 상황이나 여건에 의해 변화하는 선택의 문제가 아니라 인간이 추구해야 할 최고의 가치라는 사실을 우리는 깊이 인식하여야 할 것이다. 또한 안전은 국가경제의 근간을 이루는 산업현장이나 국가의 존립과 개인의 행복을 지켜주는 초석이며, 무엇과도 비교할 수 없는 기본가치가 안전이다.

따라서 사고예방을 위한 안전교육은 어렸을 때부터 시작되어야 안전행동습관이 형성되고 안전에 대한 지식과 가치관의 형성을 위해 안전교육은 학교교육과 생활 속에서 누구나 쉽게 체계적으로 교육을 실시하여 우리사회에 생명존중사상과 안전문화가 정착되도록 가정과 학교, 직장, 정부 차원에서 현실적이고 체험적인 교육과 제도적으로 정착이 될 수 있도록 프로그램을 지속적으로 개발하고 안전사고예방과 안전교육을 위한 예산의 증액도 필요하다고 본다.

영국의 철학자 러셀(B. Russell, 1872~1970)은 "인류가 살아남은 것, 이것이야말로 모든 것에 우선한다. 문명도 번영도 자유주의도 사회주의도 정치, 경제, 교육도 그 모든 것들은 인류의 생존이 전제이다"라고 강조하였다는 것은 안전의 중요성을 암시해주고 있다. WHO에서는 '교통사고는 전염병과 같은 것'이라고 말하고 그 대책에 대하여 경고하고 있지만 사람들은 의외로 냉정하게 받아들이고 있으며, 자기 자신의 생명에 집착은 많으나 타인 생명의 존엄성에 대한 인식은 매우 부족하다는 것이다. 결론적으로 타인의 생명을 존중하는 정신의 육성이 안전교육의 궁극적 목적이라 할 수 있다.

21C 서두를 장식한 미국의 9·11 테러사건이나 이라크 지역 등의 분쟁, 한편 우리나라의 경우 남북관계의 대치로 연평도 해전과 국내적으로 대형사고(씨랜드 청소년수련원 화재사고, 인천호프집 화재사고, 대구지하철 방화참사사고, 경주 마우나리조트 체육관(강당) 붕괴사고, 진도 앞바다에서 발생한 대형 참사인 세월호 침몰사고) 등은 사전에 예방할 수 있고 인명의 손실도 줄일 수 있었다고 본다. 당사자들의 안전불감증과 이윤에만 관심이 집중된 있어서는 안될 대표적 인재임을 증명해주는 것이다. 이것은 안전과 사람의 생명에 대한 소중함은 뒷전이고, 자본의 이윤을 우선시하는 잘못된 관행과 도덕성이 결여된 안전불감증이 도를 넘고 있는 현실이다. 이와 같이 안전의식과 안전문화에 대한 관심과 논의의 중요성이 대두되고 있다. 크고 작은 대형 참사를 예방하기 위해서는 국가적 차원에서 안전대책과 국가적인 책무는 위험 회피를 위한 제도적 장치의 필요성이 시급하다고 본다.

현대사회는 국가적 차원에서 인권, 핵, 군축, 난개발, 환경문제 등 인류의 삶을 위협하는 현대사회의 위험성을 제거하는 일에 관심이 증대되고 있다. 각종 시설 및 용구 이용시 사용요령과 기본적인 지식 등 안전하게 이용할 수 있는 기술, 체력, 적응이 훈련되어야 하며, 적극적으로 안전하게 현실에 대처할 수 있는 태도와 기술, 정신, 즉 안전의식이 습득된다는 것이 안전교육의 중요성이라 할 수 있다.

한편 다양한 위험요소들은 일차적으로 개인이 예방해야 하고, 극복과 노력의 한계로 인한 사회적 안전망이라는 공동체적 연대를 통해 보다 효율적인 대처방안이 절실히 필요하다. 그리고 국가적 차원에서 사회적 안전망은 국민들의 일상생활 속에서의 삶을 더욱 더 활기차고 풍요롭게 만들 수 있는 지름길임을 우리는 인식하여야 한다. 이와 같이 국민의 안전의식 고취를 위한 생활 속의 안전교육은 인간의 삶의 활력소와 국민들의 안전문화의 정착에 이바지할 것이다.

2) 안전교육의 원리

안전교육의 궁극적인 목표는 자타의 생명을 존중하는 정신을 육성시키도록 교육하는 것이며, '인간의 생명체'를 안전한 관념의식 속에서 그 인체에 필요한 교육여건과 환경적, 심리적 조건, 활동방향 및 의식적 활동이 총 망라된 교육이 절실히 필요하다. 따라서 안전교육의 원리를 네 가지로 정의할 수 있다.

첫째, 일회성의 원리이다. 인간의 생명은 탄생과 죽음이 한 번뿐(일회성)이라는 엄숙성과 학교, 가정 및 일상생활 속에서 지도상의 결함이 발생되면 생명을 잃게 하는 사고의 위험성이 존재하며, 일회성의 원리를 염두에 두지 않고, 생활 속에 안전교육이 제대로 이루어지지 않을 때 타인의 생명 존중 및 안전의식도 무너지는 것은 두말할 나위가 없다.

둘째, 자기통제의 원리이다. 안전능력을 위해 스스로 통제능력(지식, 태도, 자기통제)을 평소에 배양하는 것이 중요하다. 안전교육을 통해 지적·실천적 능력배양과 의지적 행동능력의 향상이 무엇보다 필요하다고 본다. 즉 자신과 타인, 가정, 사회, 국가를 위한 통제능력이 주어지는 원리의 성립이 핵심요인이다.

셋째, 이해의 원리이다. 사고와 안전에 대한 지식을 실천적으로 이해하면서 행동으로 옮길 때 안전능력은 길러질 것이다. 생활안전지도는 지적 이해와 실천적 지도에 의해 수행되므로 반드시 실천이 뒤따라야 한다.

마지막으로 지역성의 원리이다. 사고와 안전은 지역에 따른 유형이 상이하므로 지도방법은 특성을 고려하여 시행하여야 한다. 결과적으로 환경적 요인을 고려하여 도시, 농어촌, 공해 유무, 산간, 해안 등 다양한 지역 및 환경과 인간의 생활양상에 따른 지도방법을 고려하여 안전교육을 실시하여야 한다.

3) 안전교육의 특성

사고의 원인은 일반적으로 여러 요인에 의해 복합적으로 작용하여 발생한다. 즉 인적, 물적, 환경적 요인으로 대별할 수 있으며, 미국의 안전전문가 하인리히(Heinrich, 1980)는 "사고의 88%는 인적 요인, 10%는 불완전한 물적 요인, 나머지 2%는 불가항력적인 요인이다"라고 하였다. 즉 사고의 대부분은 인적요인에 의해 발생하고 있으며, 어렸을 때부터 안전교육을 실시하여 '안전습관이 형성된 사회인'으로 육성한다면 사고는 예방 가능하다는 것이다. 어려서 안전이 몸에 밴 어린이는 성인이 된 이후 사회환경에서 발생할 수 있는 다양한 안전사고의 위험에 상대적으로 덜 노출이 된다고 보며, 이는 산업재해 감소와 직결되며, 사회적 비용지출도 감소되어 안전한 사회, 풍족하고 풍요로운 국가경제에 이바지하게 될 것이다. 안전교육은 생활 속에 습관화되도록 지속적이고 일상적 교육으로 이론과 반드시 체험 위주의 실천중심의 교육으로 진행되어야 소기의 목적을 달성할 수 있다. 이와 같이 안전교육의 세 가지 특성은 다음과 같다.

① 지역적 · 환경적 특수성	② 인성교육	③ 실천교육
• 도시, 농촌, • 주거형태, 산업구조 • 인구형태, 생활환경	• 자신과 타인의 생명존중 교육 • 타인의 복지에 관심	• 단순한 지식전달교육(x) • 올바른 태도와 습관형성 교육 → 잠재적 위험상황 처치 능력 향상

▲ 그림 1-1 안전교육의 특성 세 가지

제3절 안전교육의 역사와 안전문화

1. 안전운동의 역사

1) 안전운동의 연혁

안전운동(Safety Movement)은 산업혁명 이후 가내공업시대를 거쳐 대량생산업체인 공장

기계공업단계로 접어들면서 공장에 종사하는 종업원의 불의의 재난을 빈번하게 당하게 됨에 따라 방지를 위해 생겨났다. 직장에서 사고 또는 상해를 입은 사람들에 대한 공공의식이 19세기에 두드러지면서 노동자는 농촌을 떠나 공장으로 이전하면서 새로운 위험과 상해가 계속적으로 증가하여 근로자를 보호하기 위한 강력한 법률 제정이 이루어지게 되었다. 여기에서는 주요 국가들의 안전운동 역사를 살펴보고자 한다.

(1) 유럽

1700년 라마치니(Ramazzini)의 다년간의 임상경험을 통한 41종의 직업병에 대한 증상과 예방을 논술하였고, 1819년에는 영국에서 1802년 방직공장에 대한 '소년공 보호법'을 개정하여 소년 보호를 목적으로 하는 근대적 공장법 제도를 도입하게 되었으며, 1844년에는 영국의 공장법을 개정, 기계장치 및 안전설비를 갖추도록 강제하였다. 1890년에는 베를린에서 독일 황제인 빌헬름 2세(Wilhelm II) 주재 하에 국제회의를 개최하여 노동시간, 노동자의 최저연령 및 부인 노동 등을 협의하게 되었으며, 1891년에는 노동법규의 국제규약화의 필요성을 점차 인식하게 되었고, 안전기수의 교환을 위하여 600명의 통신회원을 선출하여 스위스에 산업재해예방 상설 사무국을 설치 · 운영하게 되었다. 1893년에는 암스테르담에 안전박물관을 설치하여 안전 관련 전시 및 교육을 하였으며, 1905년에 이르러 베를린에서 국제회의가 개최되어 부녀자의 야간조업 금지가 논의되었으며, 1916년 영국에 안전제일협회가 창립되었고, 1918년에는 영국제일안전협회, 1923년에는 국민안전제일협회로 개칭하게 되었다. 이후 1929년에는 제21회 국제노동회의에서 재해예방에 관한 노동조약안 및 권고안을 채택함으로써 각국의 안전운동에 큰 자극을 주게 된 계기가 되었다.

(2) 미국

미국의 안전운동역사는 1836년 매사추세츠주에서 소년보호를 목적으로 공장법을 제정, 공장 감독관 근무에 대한 법률이 통과(미국노동보호법규의 효시)된 것이 시초라 할 수 있으며, 1867년 매사추세츠주에서 공장 검사자들에 대한 서비스를 강구하는 법을 통과시켰으며, 2년 뒤 사고 문제를 연구하기 위해 노동사고통계 제1과 조직을 설치하였으며, 1877년 매사추세츠주 법률제정위원회에서는 고용주를 통해 노동자를 위험한 기계로부터 보호하기 위해서 법률을 제정하게 되었다. 그 후 1906년 밀워키(Millworky) 제동공업에서 안전제일운동(Safety First Movement)을 시작으로 안전에 투자가 경영회계상 유익한 결과를 발견하게 되었으며, 이로 인해 안전운동의 새로운 면모를 보이게 되었다.

한편 1908년 뉴욕에서 처음으로 노동자 보상법이 통과되었으며, 관리의 과실 여부에 관계없이 작업장에서 발생하는 부상에 관한 보상지원법이 시행되었다. 1911년에는 뉴욕법과 유사한 노동법 안이 위스콘신주에서 통과로 다른 주에 확산으로 유사한 법안이 제정되었다. 1913년에는 국립안전위원회(National Safety Council, N.S.C)가 설립·운영되었다. 1928년에는 재해보상보험국에서 1925년부터 5년간 안전과 생산 능률을 저해한다는 그릇된 통념을 개선하는 데 크게 기여하였으며, 1931년에는 하인리히의 산업사고 방지(Industrial Accident Prevention) 책자를 발간하고 사고발생원인은 인간의 불완전한 행동이 불안전한 작업조건보다 더 높은 비중을 차지하고 있다는 연구 결과로 산업안전의 혁명적인 책자로 인정받게 되었다. 마지막으로 1947년에는 뉴저지주에서 시작된 노동자 보상법이 미국 내의 모든 주에서 법률로 채택, 미합중국 석탄광산 안전규칙을 제정하는 등 각 주에 대한 통제를 실시하였다.

(3) 한국

우리나라의 경우를 보면 1952년에는 육군본부 인사참모부에 안전부를 두어 육군안전업무를 시작한 것이 한국에서 안전업무를 체계적으로 시작한 첫 부서가 되었다. 그 후 1956년에는 내무부 치안국에 한·미 합동안전협의회를 설치하였고, 1961년에는 안전과 보건에 관한 법률 제정으로 작업상 위험 또는 보건상 유해한 시설안전 관리자와 보건관리사를 임명토록 규제함으로써 한국안전업무의 기틀을 마련하게 되었다. 그 후 1962년 교통부에 안전전담기구로 안전관실이 발족되었고, 철도청 발족 시(1963.9.01) 청장직속으로 안전관실을 두게 되었다.

1965년 내무부 치안국교통과에 교통안전 전담부서를 두고 교통안전위원회를 설치하여 운영하였으며, 1970년 4월에는 노동부에 산업안전담당관실을 발족하였으며, 1972년 7월에 이르러 교통부에 안전관리담당관실이 발족되었다. 한편 1975년 12월에는 내무부에 민방위본부가 발족되면서 소방국, 민방위국을 설치·운영하게 되었다. 1980년 4월에는 동자부 자원정책실에 가스과를 설치·운영하였으며, 1981년 2월에는 노동부에 근로기준국 산업안전과 설치와 1987년 12월에는 교통부 안전관리국(안전과, 안전지도과, 차량과, 차량기술과)이 설치되었다. 1989년 2월에는 노동부에 산업안전국이 설치되면서 지방노동사무소에 산업안전과를 설치하여 운영하였다. 1991년 8월에는 내무부에서 경찰청이 독립부서로 확정되면서 경찰청 교통지도국을 설치하였다. 그 후 1992년 4월에는 화재전담부서로 각 시·도에 소방본부를 설치·운영하게 되었다. 1995년 11월에는 내무부 산하에 재난통제본부에 안전지도과와 재난총괄과 등이 설치·운영하게 되었다. 1995년 11월에는 통산산업부에 안전대책반 설치와 1996년에는 특수재난사고에 대한 인명구조를 전담하는 119 특수구조대가 11월 1일 창설되었으며, 2008년에는 이명박 정부에서 기존 행정자치부에서 행정안전부로 명칭을 개정하여 안전의 중요성을 인식하였으나 박근혜 정부 들어와서 행정안전부를 안전행정부로 명칭을 바꾸어 사용하게 되었지만 세월호 참사(2014.4.16.)로 인해 2014년 11월에는 정부조직을 개편하여 해양경찰청을 해체하고 안전행정부는 행정 및 지방자치 관련 업무만 수행하고 국민안전처(중앙소방본부)를 신설하여 각종 재난 및 안전사고 관련 주무부처로 국가 차원에서 안전의 중요성을 인식하는 새로운 변화를 시도하게 되었다.

한편, 박근혜 정부에서 안전행정부로 사용되어 온 조직을 문재인 정부에서는 행정안전부로 명칭을 변경하여 장관 직속 기구인 재난안전관리본부(3실 1국)로 조직을 개편하여 운영하고 있으며, 특기할 만한 사항은 박근혜 정부에서 국민안전처 소속의 중앙소방본부가 문재인 정부 들어서 소방청으로 승격(2017.7.26.)하여 분리되었다. 소방청은 독립적으로 운영함으로써 국가재난과 사고의 수습 및 예방을 위한 소방업무의 중요성을 강화하면서 소방공무원을 국가직으로 전환(2020.4.1.)하여 소방공무원의 사기와 위상을 높이는 계기가 마련되었다고 볼 수 있다.

2. 안전문화

1) 안전문화의 의미와 개념

안전문화의 의미는 '조직과 개인의 자세와 품성이 결집된 것으로 모든 개인의 헌신과 책임이 요구되는 것'이다. 우리나라는 1995년 이전까지는 안전문화에 대한 인식 부족과 민간주도의 비체계적 활동에서 삼풍백화점 붕괴사고 발생 이후, 안전에 대한 국민의 관심이 고조되면서 정부주도의 안전 관련 법령이 제정되고 효율적인 협력체제 구축을 위한 노력 등이 시작되었다.

안전문화운동을 활성화하기 위해서는 안전에 의문을 제기하는 자세, 적당주의를 배제하는 자세, 개인의 책임감 고양과 안전으로 충만된 사고방식 등을 통해 국민 생활의 전반에 관한 태도, 관행, 의식을 체질화해야 한다(광명시청, 2021).

안전문화 용어는 1986년 소련 체르노빌 원자력 누출사고에 따른 원자력 안전자문단(INSAG)의 보고서(Post Accident Review Meeting on the Cher Accident)에서 처음 사용되었으며, 국제원자력자문단 안전문화의 의미는 "조직과 개인의 자세와 품성이 결집된 것으로 모든 개인의 헌신과 책임이 요구되는 것이다."라고 하였으며, CCPS(미국화학공업협회)에서는 "공정안전관리를 정확히 실시하기 위해 모든 구성원이 공동으로 안전의식을 가지고 참여하는 것이다."라고 한다.

안전문화란 안전제일의 가치관이 모든 활동 속에서 의식적 관행이 안전으로 체질화되고 인간의 존엄성과 가치의 구체적 실현을 위한 행동양식과 사고방식, 태도 등의 총체적 의미라고 할 수 있다.

- 안전관의 3대 원칙과 안전문화의 세 가지 지침

먼저 안전관의 3대 원칙은 첫째, 행동양식의 일차적 변화이며, 둘째, 안전제일의 가치관 정립이다. 마지막으로 안전의식의 무의식적 표출이 안전관의 3대 원칙이라 할 수 있으며, 이와 더불어 안전문화의 세 가지 지침은 첫째, 본질적으로 의문을 제기하는 자세를 가져야 하고, 둘째, 자만의 방지와 최상에 대한 의지를 가져야 하며, 마지막으로 책임의식과 조직의 규제능력 함양이다. 특히 안전문화의 정착을 위해 국가 차원에서 국민적 공감대가 형성될 수 있는 정책 수립과 개인, 가정, 학교, 기업에서도 안전제일주의가 선행될 수 있는 안전문화 정착이 시급한 과제라 할 수 있다.

2) 우리나라의 안전문화

우리나라의 안전문화는 1960년대 이후부터 경제개발정책을 추진하면서 한강의 기적이라고 불리는 눈부신 경제성장으로 성장 우선주의 정책과정에서 안전비용은 무시됨으로 인한 대형참사인 성수대교와 삼풍백화점 붕괴, 경기 화성 씨랜드, 인천호프집 화재사고 등과 같은 후진국형 안전사고가 계속 발생하는 등 엄청난 사회적 비용을 지불해 왔으며, 특히 앞서 언급하였지만 대구지하철 방화참사사고, 경주마우나리조트 체육관(강당) 붕괴사고, 진도 앞바다에서 발생한 대형 참사인 세월호 침몰사고는 천문학적인 비용부담으로 국가경제에 막대한 손실을 초래하게 되었다. 오늘날 고도 산업사회에 진입하면서 각종 시설이 고층화, 지하화, 대형화되고 있으며, 각종 편의기기의 사용증가 요인 또한 생활 주변과 산업현장 등에서 안전사고 위험을 높이는 요인이 되고 있다는 것에 우리 모두가 주목하고 해결방법을 모색하여야 할 것이다. 1995년 이전까지는 안전문화에 대한 인식 부족과 민간주도의 비체계적인 활동만을 펼친 결과 지난 상품백화점 붕괴사고(1995.6.29) 발생 이후, 안전에 대한 국민적 관심이 고조되면서 정부주도의 안전 관련 법령이 제정되고 효율적인 협력체제 구축을 위한 노력 등이 시작되었으나 오늘날에도 변함없이 크고 작은 사고들이 연속적으로 일어나는 것을 볼 때, 우리나라의 안전문화는 변화가 없으며, 오히려 지체된 현상을 초래하였다고 본다. 이에 선진국다운 안전문화가 제도적으로 정착할 수 있는 프로그램 개발과 국민적 공감대 형성으로 다시는 후진국형 안전사고는 없어야 한다. 이를 위해 안전문화가 정착되도록 사회적 비용을 부담하더라도 정부 차원에서 획기적인 정책이 수립 · 시행되어야 할 것이다.

제4절 인간의 과오에 대한 이해

1. 인간과오의 정의

인간과오(Human Error)란 요구된 성능으로부터의 일탈, 안정된 한계행위로부터의 일탈이라 할 수 있으며, 어떤 체계적 임무를 수행하는 도중 미리 정해진 기능과 책임 완수의 부실로 발생하는 작업 요소 및 결과를 말하며 인간 자신을 포함하는 시스템의 기능을 약화시킬 가능성이 있는 것을 말한다.

2. 인간과오의 분류

1) 행위적 분류

행위적 분류는 아래와 같이 생략적 과오, 수행적 과오, 시간적 과오, 순서적 과오, 불필요 과오의 다섯 가지로 구분할 수 있다.

- 생략적 과오(Omission error) : 필요한 직무, 절차를 수행하지 않은 데 기인한 과오
- 수행적 과오(Perform error) : 필요한 직무, 절차의 불확실한 수행으로 인한 과오
- 시간적 과오(Time error) : 필요한 직무, 절차의 수행 지연으로 인한 과오
- 순서적 과오(Sequential error) : 필요한 직무, 절차의 순서 착오로 인한 과오
- 불필요 과오(Extraneous error)

2) 원인의 수준별 분류

원인의 수준별 분류는 크게 세 가지로 다음과 같이 구분할 수 있다.

- 주 과오(Primary error) : 작업자 자신의 요인으로 인해 발생하는 과오
- 2차 과오(Secondary error) : 작업형태나 작업조건 중에 다른 문제가 생겨 그 때문에 필요한 사항을 실행할 수 없는 과오 또는 어떤 결함으로부터 파생하여 발생하는 과오
- 지시과오(Command error) : 요구된 기능을 실행하고자 하여도 필요한 물건, 정보, 에너지 등의 공급이 없는 등 작업자가 업무를 수행하려고 해도 움직일 수 없기 때문에 발생하는 과오

3. 인간과오의 여러 요인

인간과오의 요인은 여러 가지로 분류될 수 있으나 크게 심리적 요인과 생리적 요인으로 구분하며, 이를 '안전불감증'이라 한다.

1) 심리적 요인

① 장면행동 : 어떤 방향으로 강한 욕망이 있으면 그 방향으로만 몰두하려는 행동이 나타난다.

② 망각 : 인간의 기억력에는 사람마다 조금씩 차이가 있지만 기억의 한계가 있으므로

따라서 메모는 항상 필요하다.

③ 잡념 : 잡념은 작업에 대한 주의력을 자주 중단하게 한다. 잡념 중 심각하거나 가장 많은 잡념에 해당하는 경우는 가족의 병. 인간관계의 부조화, 이성과의 관계 등과 같은 여러 가지 생각에 의해 생기는 현상을 말한다.

④ 무의식행동 : 무의식행동은 인간의 의식보다 더 깊숙이 잠재하고 있기 때문에 돌발상황이나 위험상황 등에서는 무의식적으로 예상치 못한 행동이 인간과오의 요인으로 나타나 사고를 유발하기도 한다.

⑤ 위험감각 : 같은 기계설비나 환경에 대해 사람에 따라서 위험의 인식 정도가 다르게 나타나는 현상을 말한다.

⑥ 지름길 반응 : 지름길 반응이란 이름 그대로 통행할 길이 있음에도 불구하고 가능한 가까운 길로 빨리 목적 장소에 가려는 인간의 심리현상을 말한다.

⑦ 생략 행위 : 지름길 행위와 비슷한 행동이며 소정의 작업용구를 사용하지 않거나 근처의 다른 용구로 적당히 하거나 보호구를 미사용한다거나, 정해진 작업공정을 빼먹는 행동 등을 말한다.

⑧ 억측판단 : 억측판단이란 제멋대로 하는 주관적 판단이나 본인이 희망적 관찰에 의거하여 이 정도면 될 것이라고 확인하지 않고 행동으로 옮겨버리는 것을 말한다.

⑨ 착오(착각) : 착오에는 크게 시각적 착오와 청각적 착오로 대별되며 크게 다음과 같은 특성이 있다. 시각적 착오는 온난색은 크게 보인다. 밸브가 높은 것은 크게 보인다는 것이고, 청각적 착오는 유사언어의 혼동, 숫자의 잘못 듣기 등이 대표적인 착오이다.

⑩ 익숙 : 인간은 어떤 일에 익숙해지면 익숙한 것이 지나쳐 실수를 하는 경우가 많다. 대체적으로 숙련자는 과오(error) 확률이 초보자보다는 적으나 숙련자도 다음과 같은 이유로 과오를 자주 범하게 된다.

- 여러 해 같은 일을 하고 있다 - 습관적 동작이 나온다.
- 일을 잘 알고 있다 - 지레짐작한다.
- 일을 능숙하게 할 수 있다 - 빼먹는다.
- 빨리 일을 할 수 있다 - 다른 일에 손을 대게 된다.

⑪ 성격 : 성격과 사고의 관련은 그다지 명확하지 않지만 다음과 같은 특성을 갖고 있는 성격은 주의해야 한다.

- 주의 일탈성 – 주의가 곧 벗어난다.
- 천려성 – 중요한 때도 주의하지 않는다.
- 집단 이반성 – 규칙이나 습관을 수용하기 어렵다.
- 대인 불감성 – 타인에게 영향을 주지 못한다.
- 고통감 이상성 – 고통을 예사로 생각한다.
- 자기 과신성 – 자신이 너무 지나쳐 위험감각이 상대적으로 약하다.
- 사회부적응성 – 자기주장이 강하고 팀워크나 그룹의 목표에는 무관심하다.

2) 생리적 요인

① 피로 : 피로는 능률의 저하, 생체의 다각적인 기능 변화, 피로 자각 등의 변화가 일어나는 것을 말하며, 사고원인도 피로에 의해 저질러지는 사고가 많이 나타난다.

② 수면부족 : 졸린다고 느껴지며 특히 오후에 이 느낌이 강해진다. 그리고 신체가 나른하고 활력이 부족한 느낌이 들고 자율신경계에 장애가 나타나기 쉬우며 결국 식욕부진, 구토 등으로 나타난다. 또한 의욕을 잃게 되기도 하고 주의가 산만하고 집중되지 않는다.

③ 신체 기능의 부적응 : 신체구조가 왼손잡이인지, 오른손잡이인지를 고려하지 않은 공구나 작업장 설계 등에서 문제가 나타나며, 일반적으로 지각능력이 동작에 비하여 뛰어난 사람에게는 사고가 적고, 반대로 지각판단이 신속하지 않은 중에 손이 먼저 움직여 버리는 동작형의 사람에게는 사고가 많은 경향을 나타내고 있다.

④ 알코올 : 알코올은 정상적인 사람에게 있어서도 과오의 확률이 매우 높게 나타나는 현상으로 음주하면서 작업을 한다거나 우리 인간에게 이점도 있지만 과하면 큰 사고를 일으키는 요인이 된다.

⑤ 기타 : 질병이라든지 연령에 따른 요인 등 사고는 우리 인체의 유기체와 같이 한 기능이 제 역할을 못하게 되면 그 기능으로 인해 사고가 발생하게 된다.

3) 과오가 유발되기 쉬운 상황

(1) 공동작업

① 2명 이상의 작업자에 의한 작업 간격

② 고속에서의 수동 제어 사이

③ 분산 배치되어 있는 조작반의 수동제어 사이

(2) 속도와 정확성

① 고속을 요하는 직업

② 극도로 정확한 Timing을 요하는 작업

③ 의사결정 시간이 짧은 작업

(3) 식별

① 두 개 이상의 표시장치에 대한 빠른 변화의 비교

② 다수의 입력원에 기초한 의사결정

③ 장시간에 걸친 표시장치의 감시

(4) 부적당한 입력특성

① 변별해야 할 표시장치가 공통적인 특성을 많이 갖고 있는 경우

② 변별해야 할 표시장치가 빠르게 변화하는 경우

③ 자극입력의 성질과 Timing을 모두 또는 한쪽을 예측할 수 없는 경우

④ 부적당한 시각, 청각 feedback에 따라서 행동해야 하는 경우

⑤ 과오의 해소책이 작업 수행을 방해하는 경우

4) 불안전행동의 예방대책 – 인간과오(Human Error)의 4요소(4M)

인간의 불안전한 행동의 예방대책은 사람, 기계, 미디어, 관리의 네 가지 요소를 사전에 검토하고 배후의 불안전행동을 없애기 위해 안전교육 등 조건을 정비하고 확인하는 것이 매우 중요하며, 〈표 1–1〉과 같이 네 가지 요인을 적용하기 위해서는 지속적인 안전교육과 관리가 필요하다.

▼ 표 1-1 인간과오의 4요소

구 분	내 용	
1. 맨(Man)	인간, 인간관계	• 하려고 하는 마음 • 직장의 인간관계 • 리더십 • 팀워크
2. 머신(Machine)	기계, 설비	• 안정방호장치 • 본질 안전화 • 작업의 표준화 • 표시 및 경보 • 조작기기
3. 미디어(Media)	인간의 기계, 설비의 매체 (작업환경, 작업방법 등)	• 작업 자세 • 작업환경 • 직업방법 • 직업순서
4. 관리(Management)	관리(지휘감독, 교육훈련 등)	• 안전관리조직 • 안전관리규정 및 수칙 • 안전보건관리계획 • 안전보건교육 • 건강관리 • 작업지휘 및 감독

5) 안전불감증

사업장에서 방치된 위험물 또는 정리정돈되지 못한 환경들은 시간이 흐름에 따라 근로자들로 하여금 위험에 순응되게 하는 효과가 있다. 이러한 위험에 대한 순응은 위험을 느끼지 못하는 '안전불감증'의 원인이 될 수도 있다. 또한 사고조사를 실시할 때, 자신의 업무에 순응되어 진술함으로써 같은 사고를 보았을 때도, 진술이 모두 달라질 수 있다.

안전불감증을 감각의 차원에서 고려하였을 때 어떻게 하면 최소화할 수 있을까? 가장 손쉬운 방법은 감각을 잃지 않도록 끊임없이 교육을 실시하는 방법이 있다. 이러한 이유 때문에 안전과 관련되는 법률(액화석유가스의 안전관리 및 사업법, 고압가스 안전관리법, 도시가스사업법, 위험물 안전관리법, 산업안전보건법 등)에서 교육을 중시하는 것이다.

6) 인간의 착각을 방어하기 위한 인간공학적 설계

인간공학은 인간이 만들어 사용하는 물건, 기구 또는 환경을 설계하는 과정을 인간을 고려하여 주는 데 주목적을 가지고 있다. 예를 들어 같은 벨소리를 내는 전화기가 책상 위에 나란히 있을 때는 전화기를 찾기가 쉽지 않으며, 불빛과 함께 나도록 하면 식별하기 쉽다. 또한 깜깜한 밤에 국도에서 부득이 차를 세워야 할 경우, 비상등을 꼭 켜놓아야 한다. 미등만 켜고 있으면, 정차하고 있다는 것을 알려줄 단서가 없기 때문에 운전 중인 것으로 착각하고, 추돌사고를 일으킬 수 있다. 인간은 불완전한 특성을 가지고 있어 순응, 착각이나 착시를 일으킬 수 있으므로 인간의 결점을 최소화할 수 있는 안전장치 및 안전설계를 실시하여야만 한다(kenzo60, 2014).

학 습 정 리

1. 생활안전(Living Safety)

일상생활(가정, 직장, 학교, 여가생활)을 통해 접하는 모든 위험으로부터 자신과 재산을 보호하고 위험요인을 없애고 제거하는 것을 목적으로 하는 행위이다.

2. 안전교육의 개념

일상생활에서 일어나는 사고를 미연에 방지하고, 불의의 재해나 돌발적인 사태가 발생했을 때 생명을 지키기 위해서 취해야 할 심신 양면의 행동지도 및 교육을 말한다.

3. 인간과오(Human Error)

요구된 성능으로부터의 일탈, 안정된 한계행위로부터의 일탈행위이며 인간과도는 행위의 분류와 원인의 수준별 분류로 구분할 수 있다.

4. 일상생활 속에서 위험을 줄이고 안전한 행동에 필요한 영향을 주는 요인

① 행동자의 능력 수준
② 행동자의 직접적인 상태
③ 행동자의 활동을 이해하는 것
④ 행동자의 환경의 상태

5. 안전교육의 네 가지 원리

① 일회성의 원리
② 자기통제의 원리
③ 이해의 원리
④ 지역성의 원리

제 2 장

안전교육의 제 이론

학습 목표
1. 안전교육의 배경과 안전교육의 종류를 설명할 수 있다.
2. 생활안전과 건강의 중요성을 이해할 수 있다.
3. 사고의 정의와 안전사고예방의 원리를 설명할 수 있다.

학습 키워드 생활안전교육, 웰니스, 안전사고, 안전조치

제1절 안전교육의 의의와 기본 방향

1. 안전교육의 의의와 목표

1) 안전교육의 의의

교육이란 개개인의 반응과 적응을 위한 신체적, 정신적, 정서적으로 반응을 일으키게 하여 변화를 도모하는 작용이다. 따라서 학교교육은 학교의 환경, 시설, 교구, 교사 등 각종의 환경에 있어서의 자극을 통해 육성되는 것이며, 즉 아동 및 학생들은 지역적인 학교가 지니는 특수성과 교사의 인품 및 의지, 열정, 관심, 사랑에 따라 여러 가지 요인으로 차이가 나타난다. 특히 환경의 자극으로 인해 아동, 학생들의 성격은 다양하게 형성되며, 환경의 영향에 의해 선량한 시민 혹은 불량한 시민으로 육성된다는 것이다. 이와 같이 안전교육은 교육의 일환으로 실천교육과 행동교육으로 구분할 수 있으며, 이는 안전에 대한 규칙을 이론적으로 이해시켜 암기하는 것으로 끝내는 것이 아니며 반드시 올바르게 체험 위주로 실천하는 것이 중요하다.

실천교육은 하나의 상황을 실천하여도 차후 다른 상황이 다르게 발생할 수 있으며, 실천 시에는 인적, 물적, 경제적 각종 여건에 부딪히게 되므로 안이한 방향으로 흐르게 된다. 이것은 안전교육과 안전과의 혼돈 발생, 왕왕 안전캠페인 그 자체를 안전교육이라도 실시하고 있는 것처럼 착각하는 경우가 발생하며, 안전교육의 성과는 단기간에 걸쳐 나타나는 성질이 아님을 인식하여야 할 것이다. 따라서 안전교육의 교육적 의의는 유년기에서부터 청소년기에 걸쳐 연령, 성, 생활 상황에 맞게 발달단계에 따라 안전교육을 지속적으로 추진하는 것이 매우 중요하며, 결론적으로 안전교육의 의의는 건전한 사회 안전문화 정착과 복지 및 개인의 행복을 증진시키고 나아가 자기와 타인의 안전을 존중하는 사회인을 육성시켜 나가려 하는 것이 안전교육의 의의라 할 수 있다.

2) 안전교육의 목표

① 위험한 상태를 식별할 수 있도록 지도한다.

② 어린이의 일상생활에 있어서 자기 자신과 타인에게 위험을 가져다주지 않고 행동할

수 있는 습관을 체득하도록 한다.

③ 가정 내, 노상, 교내 놀이터에서의 안전수칙의 습관화가 되도록 한다.

④ 어린이가 안전에 관한 규칙을 해독, 이해하고 그것을 지킬 수 있도록 지도한다.

⑤ 어린이가 전차, 자동차, 버스 등의 승차를 훌륭히 할 수 있도록 지도한다.

⑥ 가정과 학교의 공유물, 화기 사용에 중요한 조심성의 습관이 육성되도록 한다.

⑦ 리듬놀이, 자유놀이, 게임, 여러 가지 신체활동을 통하여 경계, 민첩성, 근육적 통제력을 양성한다.

⑧ 어린이가 사고의 신체적 위험을 수반하는 무모한 모험을 방지하는 데 협력하도록 지도한다.

⑨ 법규와 법칙의 집행관, 자기 자신과 타인의 안전, 공중안전 운동에 대한 건전한 태도를 조성하도록 한다.

⑩ 어린이에게 바람직한 안전생활의 실질적인 경험을 체득이라 할 수 있으며, 이처럼 안전교육은 '안전에 대한 지적 이해와 실천적 능력 지향'하는 것이 핵심목표이다.

2. 안전교육의 기본 방향

안전교육의 기본 방향은 지도 · 감독을 담당하는 모든 사람은 대상자에 따라 안전행동의 교육적 지향에 대하여 충분한 이해가 필요하며, "무엇이 안전하고 무엇이 불안전한가?"를 식별하고 판단하는 것이며, 위험의 잔재를 아는 지적 · 기술적 능력과 불안전 요인을 제거하는 능력을 구비하여야 하며, 대상자에게 지식과 기술을 체득시켜 실천 · 실행하는 태도 조성과 습득화가 되어야 한다. 예를 들면 수영에 있어서 바다에 대한 지식과 기능을 배워 헤엄에 대한 요령을 사전에 체득하여 실천하는 습관이 안전교육의 방법이라 할 수 있다.

생활 주변은 위험에 둘러싸여 있어서 그 위험이 어떻게 내습할지는 예측불가하며, 안전지식을 학습함으로써 사고의 위험성 및 대처 방법으로 사고 방지가 가능하다. 즉 지진 예측은 평상시부터 준비해두는 것이 기본적인 안전교육의 상식적 방법이다. 한편 아동 및 학생들의 안전교육 시 행동을 억제하는 것보다 위험의 원인을 가르쳐서 충동을 만족시켜 위험을 극복시키는 방법이 가장 중요하다. 또한 아동 및 학생의 경우 선과 악, 안전, 불안전 여부를 판단하고 여러 사태에 대응할 수 있는 행동의 패턴을 교육시키는 것이 안전교육이다.

안전교육은 무엇이 안전이고, 불안전한가를 아동, 학생 스스로 식별되고 지각될 수 있도록 지도되어야 하며, 안전교육은 '행동의 교육'이며, 사태에 대하여 자기 자신이 안전행동을 행할 수 있도록 지도가 매우 중요하다. 근대의 교육학자 듀이(J. Dewey, 1895~1952)는 "어린이는 환경에 의하여 육성된다"고 하였으며, 스스로 행동하는 과정 속에서 터득하며, 다양한 경험으로 인해 인격이 형성되는 것이 안전교육의 기본적 요인이다.

'아동, 학생들의 환경의 영향은 평생의 활동력을 지배'

한편 안전교육의 중요한 요인은 불안전한 위험에 적극적으로 안전하게 적응해 나가는 지적·기능적 능력을 기르고 태도와 습관을 형성시키기 위한 것이다. 그러므로 안전교육은 불안전을 안전하게 하는 것이며, 환경 변화에 대처하는 요령을 평소에 터득해야 한다.

인간의 행동력(피로, 정신불안, 수면부족, 초조, 방심 등)의 저하가 사고 및 상해의 원인이 되며, 일상생활 속에서 각종 안전사고의 예방은 사전 충분한 지식이 선행되어야 하며, 아동, 학생 대상 안전교육은 자기과신, 모험심, 호기심을 해소할 수 있는 방법을 모색하는 것이 중요하다. 따라서 '불필요한 모험은 사고의 원인 제공'으로 연결되며, 자기 자신이 기술의 과신에 대한 판단의 주관적인 문제 해결의 어려움이 발생되며, 안전과 불안전의 분기점은 안전태도와 습관이 올바르게 지도되고 있는가와 연관성이 있다. 결론적으로 안전교육(안전한 행동)의 방향과 핵심은 '지식→기능→태도→습관'의 연계선상에서 시간과 장소에 따라 적극적으로 지도해 나가는 것이 선결 과제이다.

3. 안전교육의 영역과 종류

1) 안전교육의 영역

안전교육의 영역은 사고를 대상으로 하며 직·간접적으로 생명과 직결되는 인생의 행복과 불행과 가장 밀접한 연관성을 가지고 있다. 사고방지대책에 있어서도 정치·경제·산업 등 폭넓은 영역으로 확대되고 있으며, 발생한 사고재해도 단지 신체적인 상해 외 토목, 건축, 보건, 위생, 정신장해 등 다방면에 이르고 있으며, 그 영역 자체가 막연하다는 감을 느끼게 하기 때문에 안전교육의 영역은 개인적인 상해에서부터 환경위생, 정신위생의 문제로 확대되고 나아가서는 천재지변의 대책까지도 생각하여야 한다. 방지대책은 철학, 심리학, 물리학, 화학, 공학, 기상학 등으로 연관시켜 발전되어야 하며, 안전교육의 영역은 막연하면서도 광범한 것이기 때문에 조직적 · 계통적으로 체계적 정립이 필요한 것이다.

2) 안전교육의 종류

안전교육의 종류는 일상생활 속에서 다양하게 구분 지을 수 있으며, 교통사고의 예를 보면, 차체의 문제, 운전자와 보행자의 심적 태도와 신체적성의 문제, 기상과 시간문제 또는 사회적인 기구와 제도의 문제까지 고려해야 한다.

요시다 · 기요시(1978) 전 일본 대학교수는 사고가 발생한 장소를 대상으로 하여 ① 교통안전, ② 농장안전, ③ 공장안전, ④ 학교안전, ⑤ 가정안전으로 분류하고 있다. 한편 쓰부지 · 슌이지(1978) 교수의 안전교육 영역을 보면 ① 교통사고, ② 학교화재, ③ 교지의 위험, ④ 교사의 위험, ⑤ 실험 · 실습사고, ⑥ 수학여행, 교외견학의 사고, ⑦ 놀이도구, 완구의 사고, ⑧ 운동사고, ⑨ 등산사고, ⑩ 수난사고, ⑪ 가정사고, ⑫ 천재(풍수해, 낙뢰, 지진, 해일 화산폭발) 등으로 구분하고 있다.

한편 안전교육의 영역별 종류는 생활 속의 특성과 여러 부류(아동 및 청소년, 성년, 학교, 직장, 야외 등)에 따라 사고의 실태와 잔재된 위험요소의 양에 따라 다음 〈표 2-1〉과 같이 분류(김창현, 2010)하고자 한다.

▼ 표 2-1 안전교육의 영역별 종류

영 역	주 제
생활 속의 가정안전	• 가정교육과 인격형성, 부모불화 및 이혼 관련 사고, 어린이 사고방지와 주의사항, 가정에서의 각종 사고예방
청소년의 학교생활안전	• 실내생활, 교내 통행, 운동장(체육) 활동, 화장실/세면장 이용, 급식시간, 청소활동, 학습용구 이용, 학교폭력 안전, 식중독, 약물 오남용, 음주, 흡연, 전염병, 인터넷 중독
생활 속의 교통안전	• 등 · 하굣길, 보행, 횡단보도, 길에서의 놀이안전, 탈것의 안전, 안전표지판, 자동차의 특성
생활 속의 화재, 전기, 가스안전	• 화재예방, 화재 시 대피요령 및 소화기 사용법, 전기의 위험성, 전열기 사용법, 전기를 안전하게 쓰는 법, 가스 유출의 원인, 대처요령

영 역	주 제
생활체육안전	• 스포츠 사고 상해의 원인과 종류, 내용, 상해 예방 시 고려사항, 응급처치, 각종 경기에서 입는 상해
생활 속의 산업 및 야외활동 시 안전	• 공장 건설현장 및 직장에서의 안전, 등산사고 및 요인과 대책, 수상안전, 야영 및 수련활동 시 안전
생활 속의 환경과 재해안전	• 환경오염 및 예방, 태풍, 낙뢰, 집중호우, 황사, 지진, 화학물질, 생물테러, 방사능, 해일
생활 속의 범죄와 안전	• 신용카드 안전 및 범죄, 특징, 범죄유형, 예방대책
생활 속의 스토킹과 금전 관련 범죄 및 안전	• 스토커 유형과 특징, 피싱, 보이스피싱, 스미싱

이와 같이 안전교육의 궁극적 목표는 사고 방지에 있으며, 예로 태풍의 내습은 방지가 불가능하지만 재해는 방지가 가능하다는 것이다. '재해를 감소시키고 생명의 보전에 목표를 두는 안전교육의 정착'이야말로 국민적 최대 관심사인 동시에 해결해야 될 선결 과제이다는 것을 우리는 인식하여야 할 것이다.

따라서 일상생활 속에서 안전을 위협하는 여러 가지 요소로부터 우리 인간이 스스로 자신을 보호할 수 있도록 안전지식과 태도, 기능을 익히게 하여 건강하고 행복한 생활을 할 수 있도록 도와주는 교육으로서 궁극적으로는 자신에 대한 보호뿐 아니라 타인의 생명을 존중하는 인간 개개인의 존엄성을 가르치는 교육이 안전교육의 궁극적 목표라고 생각한다.

4. 안전교육의 인식

1) 사고의 조건

안전교육은 단순하고 오로지 외부요소를 통제하는 방향으로 지시하는 단편적으로 접근하는 것은 교육적 효과가 미흡하다. 따라서 복합적인 원인에 의한 사고의 대처 및 합리적 접근방법은 복합적인 원인에 맞게 설계된 프로그램으로 교육을 하여야 하며, 사고는 복합적일 때 불안전한 상황이 발생되는 것으로 네 가지 조건, 즉 불안전한 조건, 불안전한 사건, 불안전한 상태, 불안전한 행동으로 다음과 같다.

첫째, 불안전한 조건이란 사건이 일어날 수 있는 환경적인 것이다.

둘째, 불안전한 사건이란 예상 밖의 외적 요소의 발생에 의해 일어난다. 예를 들면 폭발이나 갑자기 차 앞에 다가서는 무책임한 운전사 등 사고의 위험성을 일고도 안일한 태도를 보이는 것이다.

셋째, 불안전한 상태란 인간의 육체적 · 감정적 · 심리학적인 고통의 총합이며, 깊이 없는 인식, 분노, 화내는 것, 신경정신적 경향 등을 말한다.

넷째, 불안전한 행동이란 목적 지향적 자극에 대한 개인의 행동적 반응이다. 불안전한 행동은 불안전한 상황을 만드는 내적 작용에서 기인하며, 불안전한 상황은 복합적인 내적 행동의 결과에서 온다.

2) 안전교육 방법

안전교육은 사고방지의 기초 단계에 효과적인 방법, 안전에 대해 교육을 받은 사람이 안전을 인식하고 제거해야 할 위험한 요소가 어디에 있는지를 알아야 하고, 지식과 적절한 기술 그리고 바람직한 태도가 계획된 행동을 할 수 있게 여건을 조성해주며, 안전교육을 통한 대리학습은 경험이 항상 최선의 교사가 아님을 말해준다는 것이다.

(1) 안전교육을 위한 암시(Implications for Safety Education)

안전교육을 위한 암시라고 하면 '지식, 동기, 행동은 안전한 삶을 위한 학습'이며, 이를 위해 매일의 생활에서 만나게 될 많은 위험을 이해하는 것이며, 환경에 적절히 적응하게 하는 태도를 개발하는 것이고, 잠재적인 위험상황을 이겨낼 수 있도록 하는 기술을 연마하는 것이다.

(2) 자기보존(Self-Preservation)

아직 일어나지 않은 사고에 주의를 집중시키는 것은 안전행동을 긍정적으로 보기보다는 소심성을 기르는 일이 될 것이고, 두려움에 의해 지배받는 개인은 위험한 상황에 대처해 용기를 가지고 대처하기보다는 피하기가 쉬울 것이다. 즉 위험하다는 이유로 어떠한 행동을 거절할 것이다. 이와 같이 안전교육은 "진정한 모험보다 안전한 것이 더욱 가치있다"는 사실을 알게 해 주는 체험적인 교육이 중요하다.

(3) 자기고양(Self-enhancement)

개인의 이득에 대한 욕구가 때때로 더 강한 동기가 된다는 것을 인식하고 우리의 문제는 안전한 삶을 위한 지위 획득에 대한 책임감을 올바르게 인식하도록 돕는 것이다. 한편 집단의 중요성(the importance of the group)에서 자아향상의 욕구는 대개 타인의 존경을 얻기를 소원하는 것으로 나타나고 있다.

(4) 불일치된 사회적 가치(Inconsistent social values)

협조와 독립된 행동이 일반적으로 기본적 욕구를 만족시키는 데 사용되며, 안전행동에 도움이 되는 협조, 도움, 자비, 책임, 자기통제 등을 잘 가르치고 이해할 수 있도록 생활 속에서 습관화가 중요하다.

(5) 책임(Responsibility)

사람은 그 일이 자기의 능력 내에 있을 때 그 일을 하기가 가장 쉽다. 하지만 사고방지에 대해 가장 잘 짜인 프로그램도 개인의 책임이 없으면 효과를 발휘하지 못한다. 안전사고예방을 위해서는 우선 책임이 가장 중요하다고 본다. 주어진 환경과 여건 속에서 제 역할을 다하면서 책임을 완수하는 행동이야말로 이것이 개인의 기본적인 가치관이며, 사고예방의 기본이라고 생각한다.

(6) 자아통제(Self-government)

안전교육은 학생들에게 사고에 대한 자기통제불능의 약점 때문에 특정법이 필요하다는 사실을 인식시켜 주어야 한다. 자신을 보호하기 위해 꼭 하고 싶어 하는 것을 포기해야만 하는 것이 안전이며, 이것은 안전사고예방의 1차적 의무이기도 하다.

(7) 평가(Evaluation)

안전교육은 상황과 조건 및 변화에 맞추어서 교육하여야 하며, 다음과 같은 요소에 기반을 두고 교육과 평가가 시행되어야 한다.

① 일반인, 학생들이 민주적인 삶에서 실제 경험을 얻는 기회를 가질 수 있는가?

② 사회, 학교가 중요한 사건을 이성적으로 소화하여 시민, 사회교육을 뒷받침하고 있는가?

③ 사회과학 과목과 다른 과목에서 안전교육을 통합하는 적절한 준비가 되어 있는가?

④ 각 개인과 개개 학생의 관심과 능력에 맞는 활동이 준비되어 있는가?
⑤ 일반인과 학생들이 교육의 목적을 충분히 이해하고 있는가?
⑥ 안전 프로그램이 개인적인 책임을 양성하는 데에 도움이 되는가?
⑦ 지도자 및 교사들이 안전을 지도하기에 충분한 준비가 되어 있는가? 안 되어 있다면 자체교육을 통해 배우고 있는가?
⑧ 구성원 및 학생들의 여가 욕구를 채울 수 있는 준비가 되어 있는가?
⑨ 구성원 및 학생들에게 의미 있는 모험을 할 기회가 주어져 있는가?
⑩ 구성원 학생들이 성숙된 인성을 개발하는 데 적절한 지도나 지적 지도를 받는가?
⑪ 가정 및 지역사회, 학교가 풍요로운 안전한 삶을 위한 수단으로써 육체적, 사회적, 정신적 건강을 강조하는 프로그램을 뒷받침하는가?

이와 같이 평가 없는 교육은 교육이라 할 수 없으며, 반드시 평가를 통해 문제점을 분석하고 보완하는 일련의 순환과정이 중요하다.

제2절 생활안전과 건강

1. 건강의 정의

생활안전과 건강은 '인간의 삶에서 보다 나은 삶을 영위하기 위해 필수불가결한 것'이다. 과거의 건강은 오래 살기 위해 건강의 필요성이 중시되었지만 현대에 와서는 그보다도 생활하는 동안 삶의 질적 조건을 높이기 위해서 더욱 건강하려고 노력하고 있다. 건강은 시대적·사회적 배경에 따라 그 정의를 달리해 왔으며 앞으로도 변할 것이다.

로마의 시인 유베날리스(Juvenalis)는 "건강한 신체에 건전한 정신이 깃든다."라고 했다. 이것은 건강한 신체에서 건전한 정신을 바라는 의미에서 말했을 것이다.

전통적으로 건강은 병이 없는 상태로 보고 병에 대한 어떤 증세나 증후가 보이지 않으면 건강한 것으로 간주한 때가 있었다. 그러나 외관상으로 튼튼해 보이고 병이 없다고 건강하다고 할 수 없다. 건강하다는 것은 인간의 지혜가 달함에 따라 신체와 정신만을 소중히 여기던 2차원의 입장에서 4차 산업혁명시대에 필수불가결한 인성과 도덕성, 즉 사회성이 절실히 요청되고 있다.

세계보건기구는 건강을 "건강이란 단순히 지병이나 상해가 없는 상태가 아니라 육체적, 정신적, 사회적, 영적으로 완전한 상태이다(1998)."로 정의하였다. 우리는 건강한 삶을 유지하기 위해서는 건강한 생활을 해야 하는데 건강한 생활이란 충분한 휴식, 적절한 영양섭취, 적당한 운동을 하면서 생활함을 의미한다. 현대병이라 일컫는 퇴행성 질환이 더욱 만연되어 가고 있는 것은 이들 대부분의 퇴행성 질환은 바로 위에서 열거한 3대 요소, 즉 휴식 없는 작업에 의한 피로, 부적절한 영양섭취, 운동부족 등에 기인된다고 본다. 위에서 언급한 건강한 생활은 평소 안전교육을 통한 바람직한 가치관과 인성교육에서 다루어야 할 내용들이다.

2. 웰니스와 건강

1) 생활 방식과 건강

1970년대는 생활요소와 건강을 연결시키는 많은 연구가 있었다. 그중 대표적인 것이 7000명의 성인을 대상으로 한 벨록과 브레슬로우(Belloc & Breslow)의 생활방식 연구이다. 이 연구는 평균수명(남은 일생)과 건강을 설명하고자 하였다.

① 간식 대식 규칙적 하루 3식
② 아침식사는 꼭 하기
③ 1주에 2~3회 운동
④ 7~8시간의 적당한 수면
⑤ 금연
⑥ 적당한 체중의 유지
⑦ 금주, 절주

또한 설득력 있는 하나의 보고서는 1979년 Sergeon General 연구소의 'Healthy people'(건강한 사람들)을 들 수 있다. 이것은 많은 미국인들의 생활 형태를 바꾸는 데 기여하였으며 이 보고서는 통계적 증거를 제시하면서 다음의 항목들에 대하여 설명하고 있다.

① 금연
② 금주
③ 지나친 칼로리, 지방, 설탕, 소금섭취 절제
④ 적당한 운동
⑤ 적당한 주기의 건강 검사(혈압, 암)
⑥ 안전속도 유지, 안전벨트 착용

대부분의 사람에게 있어서 이런 것은 평범한 변화일 뿐이다. 그 변화들은 실제로 심각한 건강위험 인자들을 감소시킬 수 있다. 건강한 생활과 장수에 긍정적인 영향을 미치는 요소는 왕성한 사회활동과 자신의 가치를 아는 것이다.

우리 모두는 건강하기를 원한다. 그러나 대부분은 건강의 비결을 알지 못한다. 건강한 사람들은 건강에 미치는 중요한 요소로서 삶의 방식을 강조한다. 사실상 죽음에 이르는 원인 중 대부분은 생활에서 일상적인 상식을 무시함으로써 발생한다. 이 글은 Public Health Service에서 만든 것으로 당신에게 건강한 비결을 알리고자 하는 것이 목적이다. 이 테스트 대부분의 항목은 사람들에게 추천할 만한 것이다. 그러나 환자나 임산부에게는 적용할 수 없다. 그들은 의사로부터 특별한 조치를 필요로 하기 때문이다.

건강형태 : 자가진단

〈운동 건강〉

항목	점수		
	언제나	가끔씩	안 한다
1. 나는 원하고자 하는 체중을 유지하려 한다(체중과다, 체중감소는 피한다).	3	1	0
2. 나는 일주일에 세 번씩 활동적인 운동을 10~30분간 한다(예를 들면, 수영, 달리기, 걷기 등).	3	1	0
3. 나는 근육을 향상시키기 위한 운동을 일주일에 적어도 3번씩 한다.	2	1	0
4. 나는 여가시간을 이용하여 개인, 가족, 팀 활동에 참가하여 운동한다(예를 들면, 수영, 달리기, 걷기 등).	2	1	0
점수			

〈스트레스 조절〉

항목	점수		
	언제나	가끔씩	안 한다
1. 나는 즐길 수 있는 일이나 다른 취미활동을 갖고 있다.	2	1	0
2. 나는 긴장을 푸는 일이 그다지 어렵지 않고, 자유롭게 자신의 느낌을 표현할 수 있다.	2	1	0
3. 나에게 스트레스를 줄만 한 일이나 상황을 일찍 알아서 미리 대처한다.	2	1	0
4. 내가 곤경에 빠졌을 때 도움을 청하거나 의논할 수 있는 절친한 친구/친지 등이 있다.	2	1	0
5. 나는 동호인 모임이나 취미생활에 참가한다.	2	1	0
점수			

〈안전〉

항목	점수		
	언제나	가끔씩	안 한다
1. 차를 탈 때 안전벨트를 착용한다.	2	1	0
2. 음주운전, 약물복용 후 운전을 삼간다.	2	1	0
3. 나는 교통법규와 속도 제한을 지킨다.	2	1	0
4. 위험성을 내포한 물건을 조심스럽게 사용한다(청소기, 독약, 전자제품 등).	2	1	0
5. 나는 잠자리에서 흡연을 삼간다.	2	1	0
점수			

* 당신의 점수가 의미하는 것

1. 9~10점 : 매우 우수하다. 당신의 대답은 건강에 대한 이 항목의 중요성을 알고 있음을 나타낸다. 더욱 중요한 것은 당신의 지식을 건강해지기 위하여 노력하는 데 활용하고 있다는 것이다. 그렇게 계속하는 동안 절대로 건강이 위태로운 상황에 도달하지 않을 것이다. 당신은 이 항목에서 높은 점수를 얻었기 때문에 건강을 개선할 필요가 있는 다른 항목에 신경을 써도 좋다.
2. 6~8점 : 당신의 건강은 이 항목에서 좋다는 것을 나타낸다. 그러나 개선할 여지가 있다. "가끔씩" 또는 "거의 안 한다." 부분에 대답한 것을 다시 보아라. 어떠한 변화로 당신의 점수를 개선시킬 수 있는가? 조그마한 변화라도 당신이 좀 더 건강해지는 데 도움이 될 수 있을 것이다.
3. 3~5점 : 당신의 건강은 위험하다. 당신이 직면하고 있는 위험에 대해서 또는 이러한 행동을 왜 바꿔야 하는지에 대한 정보가 필요하다. 아마도 당신이 원하는 변화를 성공적으로 하기 위한 방법을 결정하는 데 도움이 필요하다.
4. 0~2점 : 당신은 명확히, 테스트한 당신의 건강에 대해 걱정하고 있다. 당신의 대답은 매우 위험에 처해 있다는 것을 나타낸다. 아마도 당신은 위험인자를 잘 이해하지 못하고 있으며 그것을 어떻게 해야 할지 모를 것이다. 당신이 원한다면 쉽게 정보를 얻어서 개선하는 데 도움을 얻을 수 있다. 그 다음 단계는 당신에게 달려있다.

출처: 미국공중보건서비스청(1970).

최근 들어 자기 책임, 자기 성취, 그리고 삶의 질을 향상시키는 쪽으로 드라마틱한 변화가 일어나고 있다. 웰빙(well-being)과 행복(happiness), 건강(fitness)의 합성어로 신체와 정신은 물론 사회적으로 건강한 상태를 의미한다. 이것이 바로 Wellness(웰니스)라고 불린다. 웰니스는 삶의 질을 높이는 다각적인 접근방법으로 건강증진 및 유지에 대해 능동적으로 접근하는 총체적 행위라고 할 수 있다.

2) 고수준의 웰니스

1958년경 할보르트 던 박사(Dr. Halbort Dunn, 국립 인구 통계청의 수석 책임자)는 질병이 없는 것보다 더 높은 상태의 건강에 대한 연구를 시작했다. 그는 모든 사람이 서로 관련되어 있고 상호 의존적이라는 것과 활력과 삶에 대한 생동감, 개인성장과 만족감, 그리고 고수준의 복지와 웰니스의 상태로서 건강을 바라보고 증진시켜야 한다는 중요성에 대해 역설하였다. 그는 웰니스를 단지 병이 없는 단조롭고 재미없는 상태보다는 인생이란 긴 모험을 변화시키는 환상적인 것으로 보았다. 웰니스는 자기 책임에 의존하여 가능성을 최대화하는 기능을 가진 집중적이고 다이내믹한 것으로 정의할 수 있다. 당신이 최고 수준의 행복을 성취하기 위해 노력하는 것이 바로 생활습관인 것이다. 이것은 정적인 상태가 아니고 기능 상태까지 변화할 수 있는 상태이다.

대조적으로 웰니스는 전체 잠재적인 가능성의 범위를 가지고 있다. 존 트레비스 박사(Dr. John Travis)는 던의 웰니스의 개념에서 영감을 얻어서 1970년대 중반에 웰니스 운동을 전개하였다. 그는 웰니스 서비스를 제공하는 최초의 의사가 되었다. 그는 일반 대중과 전문가를 위하여 세미나를 개최하였고 웰니스 연구 센터를 설립하였다. 그는 웰니스의 개념은 역동적인 상태를 묘사하는 가장 적합한 모델로 받아들여지고 있다.

웰니스는 병이 없는 중립의 상태와 혹은 그 지점을 막 지난 상태로 인식되고 있다. 던이 처음으로 웰니스의 개념을 소개한 지 40년이 지난 지금 웰니스는 많은 관심을 받고 있다.

자연적으로 높은 수준의 웰니스는 나이와 환경에 따라 독특한 특성을 지닌다. 즉 모든 세대, 사회, 경제적 부류에 대해서 그리고 모든 종류의 사람들에 대해서 받아들일 수 있는 것이다. 웰니스는 생활습관에 대한 신중한 선택과 스스로의 책임감 그리고 성실한 계획과 그것의 이행을 요구한다. 웰니스한 생활습관을 가지고 생활을 한다는 것은 결코 우연이나 행운에 의한 것이 아니다. 이것은 질병의 예방과 치료 그리고 정기적인 의료 진단

이상의 것을 말한다.

웰니스의 생활습관을 가지고 사는 것이 장수하는 데 아주 좋은 요인이 된다. 그러나 장수하는 것이 웰니스한 삶을 영위하는 주요한 목적은 아니다. 웰니스 제창자 도널드 아델(Donald Ardell)은 "웰니스 생활습관을 가지게 하는 중요한 원동력은 용어에서 오는 친근함, 매력적인 결과와 이익이다. 이러한 방식으로 살아가는 것은 보다 풍요로운 삶을 영위하는 것이다."라고 말하고 있다. 즉 웰니스는 즐거워야 하고 인간이 존재하면서 삶을 영위하는 데 만족하여야 한다.

이와 같이 웰니스의 영역에 있어서 웰니스의 생활습관은 신체적, 지적, 감정적, 사회적, 정신적, 직업적인 6개의 영역을 포함한 통합되고 집약적인 생활 형태이다. 그것은 분리되어 기능을 발휘하지만 영역들 사이에는 강한 상호 의존관계가 있다. 각각의 영역에는 개인적인 성장을 위한 기회가 있다.

첫째, 신체적 영역이다. 신체적 영역에서는 몸의 기능적 동작을 다룬다. 신체적 영역은 신체적인 요소를 포함한다. 근력, 근지구력, 유연성, 신체조성, 다이어트 습관은 신체적인 건강에 중요한 영향을 미친다.

둘째, 지적 영역이다. 지적 영역은 당신의 마음에 관련된 것이다. 능동적인 마음을 유지하는 것도 건강에 기여한다. 지적 성장은 정규교육, 즉 학교교육에 제한받지 않는다. 그것은 인생 전체를 통하여 지속적인 지식의 습득을 의미한다. 그것은 창조에 대한 매력적인 당신의 마음과 활발한 정신적 활력을 포함한다.

셋째, 감정적 영역이다. 적극적인 정신 상태를 갖는 것은 직접 웰니스와 연결된다. 감정적 웰니스는 세 영역, 즉 자각, 수용, 관리를 포함한다. 감정적 자각은 당신 자신뿐만 아니라 다른 사람의 감정을 이해하는 것은 포함한다.

넷째, 사회적 영역이다. 은둔자를 제외한 모든 이들은 사람들과 교류해야 한다. 사회적인 웰니스는 개인 간의 차를 인식하는 능력뿐 아니라 다른 사람들과 사이좋게 지내는 능력을 포함한다. 이것은 공개된 공정성과 정의 그리고 당신의 속한 사회 공동체의 안녕을 의미한다. 웰니스의 사회적 영역은 주변의 인간관계를 포함한다.

다섯째, 정신적 영역이다. 정신적인 웰니스가 항상 종교와 동의어인 것만은 아니다. 정신적인 영역은 창조자, 신 또는 신화의 입증을 필요로 하지 않는다. 대개 이것은 자신의 내면과 정신적인 면을 포함한다.

여섯째, 직업적 영역이다. 직업적인 영역은 당신의 직업에 대한 사명감으로부터 개인적인 만족감을 획득하는 것을 포함한다. 당신 인생의 대부분은 일하는 데 쓰일 것이다. 그러므로 당신이 선택한 직업이 내적·외적 보상을 준다는 것이 중요하다.

이와 같이 웰니스는 여섯 가지 영역 모두의 조합이라 할 수 있다. 이것은 각 차원에서의 성장을 위해 노력하는 것을 의미하며, 당신에게 가장 강하다고 할 수 있는 하나의 영역이 있는가? 또한 어떤 영역이 당신에게 가장 약한가를 살펴보는 것도 웰니스를 위해서 중요하다.

3. 음주와 건강

우리 인류는 옛날부터 술(alcohol)을 마시는 습관을 가지고 있었으며 술은 인간생활에 있어서 양면성을 지니고 있다고 볼 수 있다. 술을 마시는 것은 인류 역사와 더불어 시작되었을 만큼 술은 옛날부터 사용되어 왔으나 음주가 인체에 미치는 피해나 사회에 미치는 영향 때문에 금주령을 내려 마시지 못하도록 한 시대도 있었다.

술은 마약처럼 습관성이 강하지는 않지만 중독이 되면 술 없이는 살 수 없을 정도가 되는 사람이 있어 결국 폐인이 되는 경우가 있고 생체조직에는 유독성이 있어 고농도에서 동물이나 식물의 생체조직 파괴를 가져와 생명을 잃게도 한다. 한편 술은 인체에 필수 불가결한 것은 아니지만 현대인의 사교생활에서 중요한 역할을 하며 소량의 음주는 신진대사를 촉진하고 신경계에 마취 작용을 하며 이성을 잃게도 하여 반응동작을 지연시켜 사고의 원인이 되기도 한다.

1) 음주가 사회에 미치는 영향

음주가 사회·경제적 생활환경에 미치는 영향은 상당해서 경제적 손실, 가족의 빈곤, 영양실조, 각종 범죄 등에 영향을 끼치고 자녀교육이나 가정의 화목에 미치는 영향도 지대하여 가족의 정신생활면에서도 악영향을 끼치게 한다. 음주가의 자손은 불량아가 많다는 보고도 있으며, 성범죄, 살인, 강도, 절도 등의 사회범죄는 음주와 깊은 관계가 있다는 것이 사실이다.

(1) 범죄

알코올 중독이 대부분의 범죄와 직접적으로 관련된다는 것은 잘 알려진 사실이다. 가정 내 폭력, 특히 아내학대, 어린이학대, 폭력사고, 성범죄는 모두 음주와 관련이 많다. 이것은 정서적으로 불안정하고 통합되지 않은 인격의 일면이 상습적 범죄자와 알코올 중독자 양자의 공통된 특징이며, 음주 시에는 성적 · 공격적 충동을 해소하는 경향이 있어 여러 사고의 원인이 된다.

(2) 교통사고

현대사회에서 차량 증가와 비례해서 알코올 중독자의 차량사고의 위험은 여러 가지 중대한 문제를 야기하고 있다. 음주 시에 판단력장애, 반응시간의 지연, 반응의 부적합 등에 의해서 차량사고 위험이 증가하는 것이다. 음주자 중 자동차 사고로 죽은 사람의 대부분은 혈중알코올농도가 0.1% 이상이다. 혈중 농도가 80mg/100ml에서는 어둠에서 적응 장애가 나타나며 다른 차의 통과에 대한 판단력 저하, 주위 식별의 저하, 감각자극의 저하, 장시간 운전 시의 주의력 감퇴 등이 나타난다. 혈중 농도가 100mg/100ml에서는 음주를 안 할 때보다 사고 가능성이 10배가량 증가된다.

(3) 자살

알코올 중독자에서 자살은 다른 파괴적 행동과 같이 많이 일어난다. 이들은 대부분 만성 중독에 따른 우울증이 원인이며 수주간의 과음 후 자살을 기도하기도 하고, 음주 중에 다른 사람(주로 가족)에게 분노나 공격성을 터뜨린 후 자살을 기도하기도 한다.

2) 음주와 운전

현재 한국에서 기준으로 채용하고 있는 혈중알코올농도 0.05%는 세계적인 추세에 따른 것이다. 물론 같은 양의 술을 마셔도 체력이나 회복력, 나이와 체형에 따라 엄청난 차이가 있다. 서구 선진국의 경우 영국과 네덜란드가 0.05% 이상의 혈중알코올농도를 처벌 대상으로 하고 있고, 독일도 오랫동안 지켜온 0.08%를 버리고 지난 97년 0.05%로 기준을 강화했다. 프랑스의 경우 한국처럼 단속은 하지 않지만 사고가 났을 경우에만 음주량을 측정, 0.07%가 넘을 경우 가중 처벌한다. 일본도 0.025%를 기준으로 하고 있고, 스페인 등 몇몇

유럽 국가들도 경우 오랜 시간 동안 0.1%를 기준으로 하고 있었으나 최근 들어 기준을 강화해야 한다는 주장이 우세를 보이고 있다. 물론 한국의 경우에는 획일적으로 모든 운전자에게 같은 기준을 적용하고 있다는 점이 문제로 꼽힌다. 호주의 경우 0.05% 이상을 처벌범위로 규정하고 있기는 하지만 운전면허 취득 1년 이내의 초보 운전자는 0.02% 이상인 경우 기소할 수 있고, 일부 주는 0.08%를 기준치로 설정하는 등 유연한 대처를 하고 있다.

술은 신경조직과 동작에 영향을 미쳐 각종 사고를 일으키는데 그 이유는 마취작용에 의해 주의력, 집중력, 기억력, 판단력, 이성 등에 영향을 주어 작업속도를 지연시키기 때문이다. 한국교통안전공단에서는 97년 흥미로운 실험을 실시했다. 숙달된 운전자 12명을 대상으로 음주 전과 음주 후의 운전 형태에 대해 조사하였다. 조사 결과 T코스 통과 실험에서 음주 전 12명 중 6명이 구획선을 이탈한 반면 음주 후(소주 1병 분량)에서는 12명이 구획선을 이탈했다. 또 주차 실험에서는 음주 전 4명이 구획선을 벗어났지만 음주 후에는 9명이 벗어났고 대부분의 경우 코스 통과 소요시간이 훨씬 짧아졌다.

"알코올은 운전자들의 자신감을 증대시키고 조급하게 하는 반면 자극에 대한 반응 시간은 느려지게 해 사고의 위험이 높아질 수밖에 없다"는 학자들의 주장이 사실임을 입증한 결과였다. 전문가들에 따르면 알코올은 시야를 좁히기 때문에 더욱 위험하다. 평상시 사람들은 정면을 중심으로 180도의 시야를 갖고 있지만 술을 마시면 이 시야가 조금씩 좁아지고 혈중알코올농도 0.15% 정도에 이르면 현재 달리고 있는 차선 좌우를 살필 수 없게 된다.

▼ 표 2-2 음주 양에 따른 혈중알코올농도

마신 양	혈중알코올농도(%)	취한 상태
2잔	0.02~0.04	기분이 상쾌해짐, 피부가 빨갛게 됨, 쾌활해짐, 판단력이 조금 흐려짐
3~5잔	0.05~0.10	얼큰히 취한 기분, 압박에서 탈피하여 정신이완, 체온상승, 맥박이 빨라짐
6~7잔	0.11~0.15	마음이 관대해짐, 상당히 큰소리를 냄, 화를 자주 냄, 서면 휘청거림
8~14잔	0.16~0.30	갈지 자 걸음, 같은 말을 반복해서 함, 호흡이 빨라짐, 메스꺼움을 느낌
15~20잔	0.31~0.40	똑바로 서지 못함, 같은 말을 반복해서 함, 말할 때 갈피를 잡지 못함
21잔 이상	0.41~0.50	흔들어도 일어나지 않음, 대소변을 무의식중에 함, 호흡을 천천히 깊게 함

※ 65kg의 건강한 성인 남자 기준. 맥주의 경우 캔을 기준으로 함

3) 음주와 건강

알코올은 위나 소장 벽에서 흡수되어 혈류로 들어가 간, 심장을 거쳐 전신에 흡수된다. 특히 신경계통에 강하게 작용하는데 뇌하수체 후엽에서 분비되는 항이뇨 호르몬에 억제작용을 하여 소변량을 증기시키며 신경반응시간을 지연시키기도 한다.

다음은 다량의 알코올을 연속적으로 음용할 경우에 생기는 질병의 증상들이다.

(1) 신경과민증

근육이 불안정하게 되고 손과 혀가 떨린다. 정신력이 둔하게 되고 숨이 차거나, 건망증, 도덕관념 상실, 오판 등이 오며 정신 박약증(dementia)이 온다. 또한 간질(epilepsy)과 신경염(neuritis)이 생기기도 한다.

(2) 위장관

알코올은 위에 직접 작용하여 위염을 일으킬 뿐만 아니라 기존의 위염이나 궤양을 악화시키고 식도나 위장출혈의 원인이 된다. 위장으로부터 장관 내로 운반된 지방성분이 분해되지 않아 설사를 유발하기도 한다. 장점막이 손상되면 음식물의 흡수에 장애를 일으키므로 흔히 영양장애가 올 수 있다.

(3) 췌장

췌장(이자)은 췌액이란 소화액을 분비하는 장기인데 장기간 만성적으로 술을 마시면 술이 췌장을 자극하여 극심한 통증발작을 유발하는 췌장염을 일으킬 수 있으며 췌장염이 진행하여 장기간 지속되면 췌장의 기능장애로 인슐린의 분비 기능이 감퇴하여 당뇨병이 합병되기도 한다.

(4) 간장

간은 술의 주성분인 알코올을 분해 해독하는 장기이기도 하지만 정작 간 자체도 알코올이나 알코올의 대사산물인 아세트알데하이드에 의해서 손상을 받게 된다. 소주로 환산하여 반병 이상을 거의 매일 계속 마신 사람들 중의 반 수 가량이 5년 후에 지방간이 발견되었다고 한다. 지방간이 있는 경우에 젊은 연령층에서 사망의 원인이 될 수도 있다.

(5) 악성 종양

알코올은 이미 오래전부터 종양을 유발하는 것으로 알려져 있다.

(6) 심장과 혈관

술은 심장질환, 관상동맥질환, 부정맥 등을 유발하여 혈액의 순환과 심장의 수축에도 중요한 영향을 미치고 있다. 알코올성 심장질환은 알코올과 알코올의 대사산물인 아세트알데하이드가 직접 심근에 손상을 주어서 발생하게 된다.

(7) 내분비계

내분비계는 알코올의 작용에 대해 매우 민감하여 남성 음주 습관자는 성욕감퇴가 흔히 있다. 남성 알코올 중독자는 성기능 부전의 특징인 여성형 유방, 성형 혈관증, 고환 위축증, 수염의 소실, 2차성장의 기능장애 등이 있다. 남성 호르몬 결핍증은 알코올이 생식선에 독성 작용을 미치기 때문이다.

(8) 면역 기능

술을 과다 섭취하면 신체의 보호능력을 감퇴시켜서 세균, 진균 및 바이러스 등 미생물에 대한 저항력이 감소되고 알코올성 간경변증, 암, 심내막염 등의 발생빈도가 높아진다.

(9) 진전성건망증, 중추관(delirium tremens)

일종의 정신병이며 장기간 연속적으로 알코올이 뇌에 작용하는 결과로서 생긴다. 습관적으로 음주하는 사람이 주정을 하는 데서 시작되는 것과 같다. 처음에는 불안, 우울, 수면곤란이 오게 되어 결국 음주를 더하게 된다. 일본의 발표를 보면 식도암과 후두암이 음주와 관계가 깊으며 특히 식도암에 있어서는 비음주가에 비해 다량 음주자가 9.6배나 발생률이 높다는 것을 알리고 있다.

알코올 중독은 반드시 병원에서 치료를 받아야 하는 질병임을 대국민 홍보와 교육을 통해 알리고, 또 올바른 치료 정책을 수립함으로써 이러한 질병을 조기에 발견하고 적절히 치료할 수 있도록 하여야 한다.

4. 흡연과 건강

흡연의 역사도 상당히 오래된 것 같으나 오늘날 우리가 피우는 담배는 아메리칸인디언들(American Indian)에 의해서 처음 시작된 것으로 추정한다. 전 세계적으로 유행하게 된 것은 1600년 이후라고 한다. 담배에 대해서는 찬반양론이 있어서 금연을 주장한 경우도, 영국의 에버라드(Everard, 1650)는 담배의 효능에 관한 저서를 내어 만능적 효능을 기술한 바도 있다. 그러나 흡연의 이점은 거의 없는 반면 흡연으로 인한 각종 피해는 훨씬 크다.

1) 흡연과 암

담배를 끊으면 암에 걸릴 확률이 32%나 줄어든다. 담배가 폐암의 주요 원인이라는 것은 이미 잘 알려진 사실이다. 그러나 최근 연구결과들에 따르면 담배는 이밖에 대부분의 암과도 밀접한 관계가 있는 것으로 나타났다. 가톨릭의대 예방의학과에 의하면 암으로 사망하는 한국남성의 31.6%가 흡연과 직접적인 관련이 있는 것으로 나타났다고 밝혔다.

지금까지 외국의 연구결과들을 종합하면 흡연자가 폐암으로 인해 사망할 확률은 비흡연자의 10배이다.

국내의 경우 매년 5천 3백 명 정도의 남자가 폐암으로 사망하는 것으로 조사됐다. 이들 중 70%는 흡연과 직접적인 관련이 있다고 추정되고 있다. 그리고 최근에는 위암도 흡연의 영향을 크게 받는 것으로 나타났다. 역학조사에 따르면 비흡연자에 대한 흡연자의 위암 사망률은 2위인 것으로 밝혀졌다. 또한 폐암에 비해 흡연의 위험성은 높지 않으나 한국처럼 위암환자가 많은 나라에서는 흡연의 영향을 무시할 수 없다.

여성들에게도 발생 빈도가 가장 높은 자궁경부암의 경우 흡연자는 비흡연자보다 2~3배의 높은 발생을 보이고 있다는 연구보고들이 나오고 있다. 흡연이 이처럼 암과 밀접한 관계가 있는 것은 담배연기의 성분 때문이다. 담배 연기 속에는 5천여 종의 각종 화학 독성물질이 들어 있으며 이들 중 적어도 40여 종은 강한 발암성분인 것으로 밝혀졌다.

2) 흡연과 건강

흡연이 건강에 미치는 영향은 흡연량과 관계가 있으나 건강에 영향을 미치는 것만은 사실이다. 흡연이 순환기관에 미치는 영향으로는 심장 부위의 고통, 심장 박동의 불규칙성이 나타날 수 있으며 소화기 간에 미치는 소화불량, 식욕감퇴, 변비증, 만성장염과도 관계가 있다고 본다.

캘리포니아 대학에서는 쥐에서 니코틴을 투여한 결과 2세의 쥐에서는 성활동시간이 정상치에 비해서 1/3로 감소되었다는 보고가 있다. 그밖에도 개인에 따라서는 시력에도 영향을 미치며, 흡연과 피로가 반응을 일으키기도 한다고 보고되었다.

3) 흡연을 하는 이유

담배를 피우는 이유는 크게 두 가지로 말할 수 있다. 하나는 담배에 포함된 니코틴에 대한 의존성(중독성)이고, 다른 하나는 습관(학습된 행동)이라 할 수 있다.

니코틴의 중독성은 중독성이 가장 높은 마약인 헤로인과 비슷한 정도라고 한다. 이 니코틴의 높은 중독성 때문에 의학적으로 담배는 마약의 일종으로 간주한다. 니코틴은 몸안에 들어온 양에 따라, 마지막으로 담배를 피운 지 얼마나 시간이 지났는가, 스트레스를 얼마나 받았는가, 또는 하루 중 언제인가에 따라 다르게 작용한다. 아침에는 니코틴이 자극제의 역할을 하지만, 저녁쯤에는 마음을 진정시키는 신경안정제 역할을 하는 것처럼 느껴지기도 한다.

담배를 피우는 다른 이유는 습관이다. 흡연자는 항상 담배를 피우게 되는 상황을 몇 가지씩 가지고 있다. 화장실에 갈 때, 식사 후에, 술을 마실 때, 스트레스를 받을 때 등 이런 상황이 오면 저절로 담배에 손이 간다. 이는 오랜 학습을 통해서 이루어진다.

4) 금연은 왜 필요한가

국내에서 발표된 흡연과 폐암에 대한 연구결과를 보면 흡연이 폐암의 강력한 원인으로 확인됐다. 대표적인 연구결과로 하루 한 갑 이상 담배를 피울 경우 폐암 발생위험이 17배나 높았고, 간접흡연의 경우 여성의 폐암 발생에 미치는 영향에 대한 연구결과에서 남편이 담배를 피울 경우 담배를 안 피우는 부인이 폐암에 걸릴 위험이 1.9배, 남편의 흡연 기간이 30년 이상일 경우 발생위험이 3배까지 증가하는 것으로 나타났다.

흡연은 심장병(협심증, 심근경색), 돌연사, 뇌출혈 · 뇌경색, 폐기능 감소, 천식, 만성폐쇄성폐

질환(COPD), 급성·만성 호흡기질환의 원인이 된다. 또한 구강암, 인두암, 후두암, 폐암, 식도암, 위암, 췌장암, 대장암, 간암, 방광·신장암, 자궁경부암, 급성 백혈병 발생위험을 증가시키며, 건선, 당뇨병, 백내장, 골다공증, 주름, 난청, 충치, 위궤양, 유산, 정자변형, 버거씨병, 산화스트레스, 골밀도 저하, 영아돌연사증후군, 성기능장애를 일으킨다. 더불어 니코틴은 독성이 있어 다량 복용할 경우 호흡마비를 유발해 사망에 이를 수도 있다. 니코틴 독성에 의한 증상은 두통, 메스꺼움, 구토, 어지럼증, 창백함, 설사, 혈압상승, 빈맥, 떨림 등이 있다. 또 니코틴 독성 중에는 집중곤란, 혼란스러움, 감각장애 등의 증상도 나타날 수 있다(조홍준, 2021).

5) 담배를 끊는 방법

지난 몇 년간 수백만 미국인들이 담배를 끊었다. 그 사람들의 대부분은 스스로 담배를 끊었다. 담배를 끊는 방법에는 여러 가지가 있다. 여러 사람들은 피우는 담배의 개수를 점진적으로 줄여나가려고 노력하고, 또 어떤 사람들은 갑자기 끊는다. 어떤 사람들은 체계적인 금연 프로그램에 등록한다. 어쨌든 가장 결정적인 성공요인은 건강을 증진시키고 경제적으로 절약하면서 강한 동기적인 목적에 기본을 둔 흡연자 자신이 끊겠다는 의지이다. 만약 당신이 담배를 내던질 준비가 되어 있다면 미국암협회가 발행한 '공기정화 : 금연안내서'가 도움이 될 것이다. 이 안내서는 다음과 같은 것을 추천하고 있다.

① 끊기 위한 날짜를 정하라. 그리고 나서 당신이 끊기를 원하는 모든 이유를 목록으로 정하라, 그리고 담배가 한없이 그리워질 때마다 그 목록을 읽어보라.

② 당신이 끊기 전에 맛이 없다고 생각하는 담배를 선택하고 매일 조금씩 줄여라. 각 담배의 반만 피워라. 하루의 짝수 시간대에만 피워라.

③ 친구들과 가족들에게 알려라. 당신이 끊으려는 이유와 그 일시를 그들에게 말하라. 그리고 그들의 지지를 요청하라.

④ 끊은 후에는 당신의 일정을 바꿔라. 담배와 관계하는 장소와 상황으로부터 가능한 한 멀리 떨어져서 시간을 보내라, 조깅을 하고 더 많은 음료를 마시고 많은 휴식을 취하라.

⑤ 당신이 매우 피우고 싶을 때 당근, 피클, 해바라기 씨, 무설탕 껌 등을 씹어라, 샤워

를 하고 한 개비쯤은 어떠랴 하는 생각은 절대로 하지 마라.

⑥ 진전을 표시하라, 당신의 금연 기념일을 축하하라, 금연으로 인해 생긴 돈을 저금하라, 그 돈으로 당신에게 특별한 보상을 하라 등이 있다. 하지만 중요한 것은 당사자의 의지와 결심이 뒷받침되어야 하며, 금연 교육 또는 상담, 금연클리닉을 통해 담배를 끊는 방법의 강구도 필요하다.

금연효과를 높일 수 있는 10가지 방법

- 금연을 결심하면 즉시 시작 일자를 정하고 달력에 표시하기
- 주위 사람들(가족, 친구, 직장동료)에게 금연하고 있음을 소문 내기
- 금연 결심과 동시에 흡연과 관련된 물건(담배, 재떨이, 라이터) 모두 버리기
- 담배를 일시에 끊는 단연법 실시하기
- 매일 아침과 저녁에 금연맹세를 다짐하고 또 다짐하기
- 물 자주 마시기(금단증상 완화, 니코틴 배설 촉진 효과)
- 자극적이고 기름진 음식은 피하고, 채소와 과일 충분히 섭취하기
- 금연을 잘 지킬 경우 자신에게 보상(여행, 선물 등)하기
- 흡연장소, 흡연자, 술자리 피하기
- 흡연 욕구가 생길 때마다 금연이 필요한 이유 떠올리기(메모)

출처 : 아산병원(조홍준, 2021).

(1) 금단증상

담배를 끊으면 담배를 피우고 싶은 욕구가 생긴다. 많은 사람들이 이런 증상이 영원히 갈 것으로 생각하지만 실제로 3분만 지나면 없어진다. 이 시기를 참는 데 도움이 되는 방법을 알아보자. 첫째, 심호흡을 한다. 둘째, 냉수를 마신다. 셋째, 주스를 마시거나 니코틴 껌이나 목사탕을 사용하면 실제로 니코틴 갈망을 극복하는 데 도움이 된다. 금단증상과 갈망을 줄이는 방법으로 먹는 약이나 금연 패치 등을 이용하는 방법도 있다. 이러한 금연보조제는 니코틴 중단으로 인해 생기는 어려움을 완화시켜 주는 효과가 있으나 복용 및 사용방법을 전문의와 상의한 후 활용하는 것이 좋다. 금단증상은 장기간 피워온 담배를 끊었을 때, 신체가 적응하는 과정에서 나타나는 신체적·정신적 변화를 말한다. 금연 시작 24시간 이내 발생하여 3일째 최고조에 이르나 4주 이상의 증상이 있을 수 있다. 금단증상 극복을 위해서는 충분한 물 마시기, 무가당 껌 씹기, 따뜻한 물에 목욕하기나 샤워하기, 이완이나 명상, 가벼운 산책하기 등이 좋은 방법이다.

(2) 금연 실패 후 금연 시도

금연 실패 후 다시 금연 시도를 하려면, 지난번에 왜 금연에 실패했는지 원인을 곰곰이 생각해 보아야 한다. 담배를 끊어야 하는 이유가 불명확한 채로, 남들이 하니까 따라하지는 않았는지, 그렇다면 목적을 다시 명확하게 하는 것이 좋다. 자신의 건강을 위해서 또는 흡연자에 대한 차별이 치사해서, 차 내부가 담배 냄새와 담뱃재로 더러워져서 등 흡연 습관에 대한 스스로의 통제가 제대로 되지 않은 것이 실패의 원인이라면, 어려운 상황에 어떻게 대처할 것인가에 대한 구체적인 대응방안을 미리 마련하고 실천해야 한다(조홍준, 2021).

제3절 안전사고의 이해

1. 사고의 개념

1) 사고의 정의

오늘날 정보화시대에 교육, 사회 그리고 문화는 급속도로 발전에 발전을 거듭하고 있지만 아직껏 해결되지 못한 안전사고의 많은 문제점은 예방이 가능하지만 안전문화 및 안전의식의 결여로 발전적이지 못한 부분이 많이 있고, 크고 작은 각종 사고들이 우리 주위에 도사리고 있다.

일반적으로 논하는 법적 한계의 사고에 대한 정의를 전미안전의회(National Safety Council)에 의하면 사고란 '인간을 사망케 또는 부상케 한다거나 재산에 손실을 주는 예측하지 못한 사건'이라고 기술되어 있다. 세계보건기구(WHO)는 '첫눈으로 보고 그것을 상해라고 할 수 있는 예기치 못한 조건'이라고 정의를 내리고 있다. 전자는 신체의 사해와 사망 및 재산의 손실을 의미하고 있으나 여기에서는 정신적 질환의 유발과 심리적 갈등 및 눈으로 식별할 수 없는 육체의 문제 등은 그 정의에서 찾아볼 수 없다. 후자는 특히 육안으로 보는 것에만 정의하였기 때문에 이것 역시 사고의 정의로 보기는 어렵다.

여기서 문제가 되는 것은 어느 정도를 사고로 보느냐 하는 것이다. 미국공중위생부

(National Health Survey)에서는 "적어도 하루 정도로 평상활동이 제한되는 상해를 사고로 한다"라고 되어 있다. 또 미국의 상해보험회사에서는 상해를 입은 사람이 반나절 혹은 그 이상 쉬었을 때 그 상해를 사고라고 하고 있다. 이와 같은 사고는 정도의 차이는 있지만 사람을 죽게 한다거나 손상케 한다거나 재산상의 손해를 주는 예기치 못한 사건이라고 말할 수 있다. 세계보건기구에서는 "사고는 우연이 아니다(Accidents need not happened)"라고 하여 불가피한 위험의 가능성 내지는 사고를 제거할 목적으로 인간행동에서 생겨나는 위험의 가능성을 제거하는 것은 생물적 환경의 삶에서 발생한 것이라고 할 수 있다.

2) 사고의 분류

사고는 여러 원인으로 나타나는데 크게 개인적 요인과 환경적 요인으로 분류할 수 있다. 개인적 사고 요인으로는 개개인의 정신적·신체적 상태, 즉 피로로 인한 판단착오, 사고에 대한 무지, 즉 기술 미숙과 부주의, 그리고 평형성과 유연성, 민첩성 결핍에서 오는 불완전한 행동, 잘못된 태도, 습관에서 오는 사고를 들 수 있다.

환경적 사고요인으로 자연환경요인에는 기상조건이나 천재조건은 불가항력적인 것이며 주변 환경에는 시설, 설비 등의 구조나 기능상의 결함이나 활동조건, 장비의 미비나 배치상태 결함, 분위기, 인간관계 등 활동상의 조건에서 오는 사고 등을 들 수 있다. 이 가운데서 기상조건이나 천재조건과 같은 불가항력적인 사고를 제외한 나머지 사고는 교육으로 예방할 수 있으며 안전교육은 이 같은 목적으로 실시되어야 한다.

물질문명이 발달함에 따라 사고의 종류와 그 구체적인 원인도 다양해지는데 일반적으로 안전사고의 유형은 가정에서의 사고, 교통사고, 스포츠 활동에서의 사고, 여가활동에서 오는 사고 외에 노동에서의 재해, 정신적인 사고 등이 있다. 이상의 사고가 발생할 때는 크든 작든 간에 모든 계획에 차질이 올 것이며 경우에 따라서는 영원히 신체의 기능을 상실하게 될 것이고 경제적인 손실과 많은 시간을 빼앗아 갈 것이다. 사고는 개인의 불행에 그치지 않고 가족과 친지 등 주변 사람을 함께 불행 속으로 끌고 가는 결과를 가져오게 된다. 이러한 가능성은 인간생활 영역의 곳곳에 잠재하고 있음에도 그 발생 원인에 대한 무관심으로 방치하고 있는 경우가 대부분이다.

우리는 사고가 어떤 원인으로 일어나며 어떻게 하면 예방하고 대처할 수 있냐를 연구해서 재해의 위험으로부터 벗어나지 않으면 안 된다. 안전교육을 받음으로써 자기 자신과 타인을 사고로부터 보호하는 능력을 몸에 지니는 것은 그 어떤 지식이나 기능을 습득하는 것보다 값진 것이다.

3) 사고의 원인 분석

사고의 원인은 자연재해 등 예측이 어려운 사고도 있지만 대부분은 사전에 확인하고 예방적 차원에서 준비를 한다면 예방이 가능하다는 것이다. 사고의 원인 분석을 다음과 같이 여섯 가지로 정리해 볼 수 있다.

첫째, 지식부족 요인이다. 무엇이 안전하고 위험한 것인가를 인식하지 못할 때에는 신체나 정신적 준비가 되어 있지 않기 때문에 그만큼 사고가 발생하기 쉬운 것이다. 예를 들면, 담배를 피워야 할 것인가 피우지 말아야 할 것인가, 피우면 언제 · 어디서 어떻게 피울 것인가? 담배의 타르와 니코틴의 인체와의 관계가 어떤 것인가에 대한 지식은 고사하고 남이 하니까? 어른다우니까? 등의 구실로 함부로 피우다가 건강에 치명적 손실을 입거나 부주의로 인한 화재를 일으키거나 하는 예를 흔히 볼 수 있다.

둘째, 기술 미숙에서 오는 경우이다. 기술 미숙은 심신의 발달이 불균형으로 인하여 발생할 수도 있고 신체활동의 기술을 숙달시키지 못하였기 때문일 수도 있다. 예를 들면, 축구선수가 미숙한 기술로 오버헤드킥을 한다면 이는 반드시 착지미숙으로 요추나 경추 및 흉골 등의 골절을 입기가 쉽다. 따라서 사고방지에는 반드시 기술이 필요하며 정신생활에도 기술적 집중력과 행동이 미숙하면 반드시 상해, 사고를 입게 된다.

셋째, 준비 부족이다. 이는 도구, 신체, 정신, 감정의 모든 결함을 보충하고 영감을 총동원하는 준비가 필요한 것이다.

넷째, 자만과 자기 과신으로 인한 사고가 빈번하다. 사람은 자신의 성장과정과 교육 정도, 가정 및 사회교육적 측면 내에서 주로 행위가 나타나게 된다. 또한 이 한계 내에서만 얻은 경험은 매우 부족하기 때문에 자기 자신의 실력을 자신해서는 안 된다. 타인과 비교해 볼 때 자신이 우월하거나 완전하다고 느끼면 더 이상의 노력과 연구를 하지 않게 되므로 자만 의식과 자기 과신은 패배하거나 많은 사고 및 상해를 유발하는 요인이 된다.

다섯째, 관리 불충분으로 인한 사고 · 상해이다. 인생에는 각각의 단계에 따른 크고 작은 목표가 생긴다. 그러나 그 목표를 향한 자신의 관리가 충분하지 못하면 개인, 가정, 사회, 국가적인 면에서도 사고가 발생할 수 있다. 예를 들면, 학교라는 특정한 장소에서 발생되는 외형적 사고·상해는 학교건물, 도로, 각종 시설물, 휴게소, 벤치 등에서 얼마든지 발생될 수 있다. 그러나 또 다른 위험은 사고·상해에 대한 학생지도가 충분하지 못함으로써 학생이 올바른 사고방식과 자기의지를 지켜나가지 못하고 매우 타성적·안일무사주의적인 지도자나 관리자가 있는 곳이라면 엄청난 문제가 발생할 수도 있는 것이다. 다시 말해서 의식 활동이 올바르고 정정당당해야 할 젊은이가 왜곡된 관념론이 팽배함으로써 개인이나 사회, 나아가서는 국가를 부정적으로 보는 시각이 많아진다고 할 때 이것은 관리부족으로 인한 매우 큰 사고·상해라고도 할 수 있는 것이다.

마지막으로 불비한 시설로 인한 사고 및 상해이다. 인간의 인체가 교육과 훈련에 의해 목표 이상의 기지적인 활동을 한다고 해도 시설의 불비로 인한 사고·상해는 피할 수 없게 된다.

4) 안전조치

우리 일상생활 중에서 안전의 목적을 달성하기 위해 접근하는 방법으로서 가장 바람직한 것은 여러 가지 형태로 존재하는 위험들을 근원적으로 제거해 주는 것이다.

(1) 근원적 안전조치

위험이 발견되었을 때 제일 먼저 고려해야 할 안전조치는 위험에너지의 양을 위험하지 않을 정도로만 사용하든가 또는 위험원을 구조적·성능적으로 변형 대체하여서 처음부터 위험하지 않도록 해주는 조치로서, System을 설계하는 과정에서 Fail Safe와 Fool Proof의 개념이 기본적으로 포함되도록 안전설계를 하는 조치라 할 수 있다. 그러나 이 조치는 많은 설비투자를 요구하는 부담이 있다.

(2) 방호적 안전조치

근원적인 안전조치가 매우 곤란할 때, 그다음으로 취할 수 있는 안전조치이다. 이것은 위험에너지에 대해서 격리와 차단의 기본개념으로 접근하는 방법이다. 현재 우리나라의 각종 작업현장에서 널리 활용되고 있는 안전조치이다.

(3) 보호적 안전조치

위의 두 가지 조치가 모두 곤란할 경우, 마지막으로 취할 수 있는 안전조치는 보호적인 안전조치로서, 이것은 작업자에게 각종 보호장구를 착용하도록 하는 것이다. 그러나 보호장구의 착용은 습관이 들이지 않은 사람에게는 상당히 불편을 주기 때문에 보호장구를 착용하고 작업을 하거나 활동을 한다는 것은 습관이 들 때까지의 상당한 노력이 없이는 어려운 일이다. 따라서 가능한 보호장구가 필요 없는 작업장을 만들기 위해 노력하여야 한다.

(4) 표시적 안전조치

위험을 확인하기 어려운 장소나 착각하기 쉬운 곳, 또는 발견된 위험이 당분간 방치될 수밖에 없는 상황이 전개되었을 때에는 이에 대한 위험을 다른 사람에게 알릴 수 있도록 하는 안전표지나 경고표지를 설치한다.

안전표지 및 경고표지에는 위험에 대한 표지뿐만 아니라, 주의, 지시, 안내 등의 표지도 있으며, 이러한 각종 표지들은 안전교육의 역할을 대신할 수도 있는 중요한 의미를 함께 가지고 있다.

2. 안전사고 발생 이론

1) 사고 경향

안전사고이론은 사고가 어떤 원인에 의해서 어떻게 일어나는가를 설명해줌으로써 사고 예방대책을 구안하는 데 필요한 지침을 제시해 준다. 사고는 특정 시점에서 특정한 사람이 반복하는 것으로 밝혀지고 있다. 사고 반복 집단과 사고로부터 자유로운 집단을 비교한 연구 결과에 의하면 일련의 계속되는 연구들에서 사고 경험과 관련하여 두 집단이 서로 교차함을 나타낸다. 이러한 증거는 사고 경향성이 존재한다면, 그것은 본질상 가변적이라는 것을 보여 준다. 사고경향이론은 어떤 개인이 사고를 당하게 될 가능성이 높은 개인적 요인을 결정하기 위하여 자기 평가를 해보도록 하는 것이다. 자기의 장점과 약점을 인식하고 평가한 후, 위험 요인들을 제거한다면 효율적으로 사고를 예방할 수 있을 것으로 보인다.

2) 사고의 발생 과정 및 원인

사람은 신이 아닌 이상 행동이 완벽할 수 없으므로 누구나 가끔 실수를 저지르게 된다. 이러한 실수는 대부분 정해진 원칙이 지켜지지 않기 때문에 야기되며 위험 상황에 처해도 과도한 자신감이나 안전불감증에 따른 자만심과 설마하는 부주의가 사고나 재해를 쉽게 초래하게 된다.

사고는 반드시 어떤 원인이 있기 때문에 그 결과로 일어난다. 이와 같은 필연적인 인과관계를 잘 파악하여 어떠한 원인이 사고를 일어나게 하였는가를 알아야 한다.

사고를 일으키는 이러한 원인은 과학적인 기법으로 추적하여 찾아낼 수 있다. 예를 들면, 정해진 것이 지켜지지 않아 사고가 발생했다면 왜 알고도 정해진 것이 지켜지지 않는가를 추적해보면 바쁘기 때문에 지키지 않았다, 그 정도는 괜찮을 것이다 등의 이유를 들게 된다. 위험에 무뎌지면 습관화되어 표준상태가 무시되어 사고가 발생한다는 사실을 알게 된다. 그리고 이 작은 문제가 중대 재해라는 큰 문제로 발전하게 된다.

위험에 무뎌진 사람이 사고를 일으키게 되면 경험이 적고 위험에 무뎌지지 않은 사람이 일으킨 것보다 더욱 큰 사고가 일어나게 된다. 이것은 위험에 무디므로 자만에 빠져 엉뚱한 행동을 순간적으로 하게 되기 때문이다. 사고 및 재해의 원인은 직접 원인과 간접 원인이 상호 복합·연쇄적인 관계에서 발생한다. 이 연쇄 관계를 단절시키면 사고 재해는 예방할 수 있다.

(1) 재해 발생의 원리

재해는 원인이 있어야 일어난다. 안전을 위한 법령이나 규칙이 정비되어 있어도 그것을 지키지 않으면 재해는 일어날 수밖에 없다.

재해를 일으키는 요소 중에 불안전한 행동과 불안전한 상태만 제거되면, 사고는 발생되지 않고 피해도 발생되지 않는다. 재해가 발생하는 데에는 직접 원인과 간접 원인이 있는데, 직접 원인은 사고를 발생시키는 직접 요인으로서 인간의 불안전한 행동과 시설상의 불안전한 상태 및 주변 환경이 겹치기 때문이며 간접 원인은 개인적 결함과 가정적·사회적인 환경의 결함 때문이다.

사고는 인간의 불안전한 행동이나 설계상의 잘못으로 인한 시설의 불안전한 상태를 제거하면 미연에 예방할 수 있다. 또한, 기본적 지식 및 기능의 부족, 부적당한 동기 부여,

육체적·정신적 문제 등 개인적 요인과 여러 가지 기기, 기구·도구 등의 물적 요인 및 환경 요인 등이 단독으로 또는 겹쳐져서 사고를 일으키기도 한다.

사고의 발생 가능성은 개인적인 건강, 기능 수준 및 정서 상태의 불안정에 따른 개인적 요인들에 의해 일어나는 경향이 크므로, 개인적인 위험 요인을 미리 예방하거나 제거하면 사고를 효율적으로 예방할 수 있음을 보여 준다.

(2) 재해의 원인

재해의 원인은 사고가 일어나는 원인을 크게 네 가지로 구분할 수 있다. 첫째, 천재지변 등 사람이 전혀 예측하지 못한 일이 일어난 것으로 사람의 힘으로는 어떻게 조치할 수 없는 불가항력적인 것과 둘째, 물적인 시설상의 결함이나 하자가 있는 것 셋째, 사람의 행동이 불안전하여 설비상에는 전혀 문제가 없는 상태에서 행동의 잘못으로 일어나는 경우와 넷째, 불안전한 행동과 불안전한 시설이 복합적으로 엉켜서 일어나는 경우가 있다. 그러나 이러한 원인은 단순한 것이 아니며 여러 가지 원인은 시간이 지남에 따라 직접적인 원인이 되기도 하고 간접적인 원인이 되어 일어나기도 한다.

(3) 불안전한 상태 요인

가해물이 불안전하게 되어 있는 상태를 표시하는 것으로 가해물의 위험한 배열, 설비 자체의 결함, 강당, 체육관, 운동장, 실습장, 교실, 계단, 특별교실, 실험실, 실과 실습실, 미술실, 공작실 등 시설물의 상태 결함, 부적당한 조명시설, 부적당한 배기, 온도·습도 및 과다한 소음, 경계 표시의 미비 등을 들 수 있다.

(4) 불안전한 행동 요인

금지된 사항을 위반하여 행동으로 나타나는 원하지 않은 행동의 결과이다. 경고 무시, 안전 지시 무시, 감독의 불철저, 위험 장소의 접근, 장난, 잡담, 집중력 및 주의력 부족, 안전 장비 미착용 등이 여기에 속한다.

(5) 불안전한 개인적 요인

사고 발생의 간접 원인에 속하는 것으로 부적절한 태도, 거친 성격, 주의력 및 자제력 부족, 명령의 이해 부족, 지식·경험의 부족, 미숙련, 고의적 게으름, 이기적 태도, 우유부

단한 성격, 비협조, 서두름, 강박 관념, 무심 및 건망증 등이 있다.

이러한 인적 요소는 선천적 요소와 후천적인 요소로 나눌 수 있는데, 선천적 요소는 주로 정신적인 기능의 결함에 속하는 것으로 지능, 성격, 판단 등으로 나타나며 후천적인 요소는 불량한 태도, 불충분한 지식, 미숙한 기능·기량, 능력 등이 이에 속한다. 이러한 개인적인 요소가 원인이 되어 직접 불안전 행동으로 나타나게 되는 것이다.

(6) 가정 환경적, 유전적, 사회적 결함요인

가정에서 부모들이 가정교육을 잘못시켜 몸에 밴 나쁜 습관, 잘못 지도된 비정상적인 태도나 습관이 일어날 잠재 요인이 있거나, 가정의 나쁜 유전 인자가 작용하여 정신적, 육체적으로 개인적 요인과 연계되어 그 가정이 속한 환경적 요소가 성장과정에 개성을 바르지 못하게 육성시키는 기초 요인이 된다면 불안전한 행동의 바탕이 된다.

3. 안전사고 예방 원리

1) 하인리히 이론

하인리히(Heinrich)는 사고발생 과정을 도미노이론을 이용하여 설명하고 있다. 즉, 사회적 환경이나 가정의 유전적인 결함요소가 개인의 결함으로 연결되는 요인이 되고, 이러한 결함을 지닌 사람이 위험한 장소에 노출되면 불안전한 행동을 하게 되며, 이러한 불안전한 행동이 위험한 장소의 불안전한 상태와 연결되면 사고를 일으키게 되어 인명피해나 물적 피해를 주는 재해사고가 발생한다는 것이다. 이와 같은 하인리히의 사고발생의 연쇄과정을 그림으로 나타내면 다음과 같다.

[그림 2-1]에서 ①, ②, ③, ④, ⑤를 일정한 간격으로 세워 놓고, ①에 힘을 가해 쓰러뜨리면 ②, ③, ④, ⑤로 연속으로 넘어지나 ①, ②가 넘어져도 ③을 제거하면 사고나 재해로 연결되지 않는다는 것이다. 하인리히는 이 이론을 제시함으로써, 사고 예방 대책이 인간의 불안전한 상태의 제거에 직결되어 있음을 제안하였다.

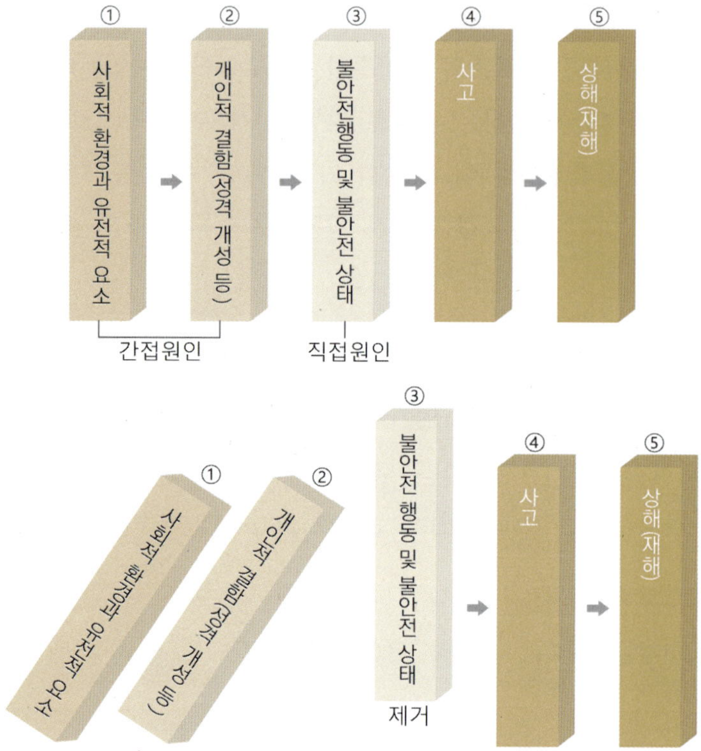

출처 : kenzo60 블로그(재구성).

▲ 그림 2-1 하인리히의 도미노 이론

2) 버드 이론

버드(Bird)는 재해사고 발생 5단계 이론을 제시하고 있다. 그가 제시한 다섯 가지 단계는 다음과 같다.

통제의 부족(관리 결여) → 기본적 원인 → 직접 원인(징후) → 사 고 → 재 해

버드도 하인리히와 같이 5개의 손실요인이 연쇄적으로 반응하여 재해를 일으키는 것으로 보았고, 그 첫 단계를 전문적 관리기능의 부족으로 보았다. 이와 같이 사고발생이론들에 의하면 사고의 발생 가능성은 사회구조적인 요인은 물론, 개인적인 건강, 기능 수준 및 정서 상태의 불안정에 따른 개인적 요인들에 의해 일어나는 경향이 크다는 점을 감안

하여, 개인적인 위험 요인을 미리 예방하거나 제거하면 사고를 효율적으로 예방할 수 있음을 크게 시사해 준다고 하겠다.

4. 사고방지를 위한 시정책

1) 하인리히의 사고방지를 위한 5단계설

사고방지를 위한 주요학설에서 하인리히의 5단계설을 보면 그는 과학과 기술의 체계로서 안전관리의 기틀을 삼았고, 5단계 시정책을 주장하였으며, 첫째는 조직이다. 조직이 체계적으로 잘 움직이고 역할 수행을 잘할 때 사고는 예방할 수 있다는 것이다. 둘째는 사실의 발견이다. 사고 관련 위험성 등을 발견하고 조치하는 것이다. 셋째, 분석이다. 일의 수행과정에서 사고원인을 분석하고 대처하는 것이 중요하다. 넷째, 시정책의 선정이다. 분석결과를 토대로 해서 시정사항에 대한 문제점을 선정하고 조치하는 것이 중요하다. 마지막으로 시정책의 적용이다. 분석결과를 토대로 시정책을 선정하고 선정결과에 대한 수정사항을 적용하는 것이 중요하다는 것이다.

이와 같이 하인리히는 '사고방지상 대부분의 가치 있는 방법은 생산성 향상, 가격 및 품질관리를 위하여 요구되는 방식과 기능이 같아야 한다.'고 그의 공리에서 밝힌 바 있듯이, 가장 생산적이며 품질이 양호한 값비싼 제품을 제조하는 데 필요 불가결한 방식과 기능을 그대로 안전관리 면에서도 적용할 것을 강조하였다. 그러한 의미에서 안전조직도 생산과 품질의 향상과 발전 및 능률의 제고에 기여할 수 있어야 한다고 하였다.

2) 안전관리의 일반적 조직 원칙

안전관리의 일반적 조직에 있어서 사고예방을 위한 일반적 조직의 운영과 원칙은 각각의 장·단점이 있기 때문에 이러한 장애요소를 잘 융합시켜서 조화를 이끌어가는 역할이 중요하다. 따라서 안전관리의 일반적 조직 원칙은 첫째, 라인 시스템(Line System)이다. 이것은 안전에 대한 전문성이 결여되기 쉽다. 다음으로 스태프 시스템(Staff System)이다. 스태프 시스템은 라인의 협조를 얻기가 힘들다. 따라서 평소 협조체제를 위한 협의체가 구성되어야 한다. 마지막으로 라인 및 스태프 시스템(Line and Staff System)으로 복합성을 띠고 있는 조직으로서 이 조직은 대규모의 기업체에 유리하게 적용할 수 있다.

3) 안전위험의 조치

사고예방을 위해 사전에 안전 위험을 조치하는 것이 곧 사고를 예방하는 방법이다. 따라서 안전위험의 조치는 생활 속에서 안전사고예방의 목적을 달성하기 위해 접근하는 방법의 가장 바람직한 것이며, 이는 각종 형태로 존재하는 위험들을 근원적으로 제거해주는 것이다. 이러한 안전 위험의 조치는 크게 네 가지로 구분할 수 있다.

첫째, 근원적 안전조치이다. 위험이 발견되었을 때 제일 먼저 고려해야 할 안전조치이다. 위험에너지의 양을 위험하지 않을 정도로만 사용하든가, 위험원을 구조적 · 성능적으로 변형 대체하여 처음부터 위험하지 않도록 해주는 조치이다. 시스템(System)을 설계하는 과정에서 fail safe와 fool proof의 개념이 기본적으로 포함되도록 안전설계를 하는 조치라 할 수 있으나 이 조치는 많은 설비투자를 요구하는 부담이 가중된다는 것이다.

둘째, 방호적 안전조치이다. 근원적 안전조치가 매우 곤란할 때, 그다음으로 취할 수 있는 안전조치이다. 이것은 위험에너지에 대해 격리와 차단의 기본개념으로 접근하는 방법이며, 현재 우리나라의 각종 작업장에서 널리 활용되고 있는 안전조치이다.

셋째, 보호적 안전조치이다. 위의 두 가지 조치가 모두 곤란할 경우, 마지막으로 취할 수 있는 안전조치는 보호적 안전조치이다. 작업자에게 각종 보호 장구를 착용하도록 하는 것이며, 보호 장구의 착용은 습관이 되지 않은 사람에게는 상당히 불편을 주기 때문에 보호 장구를 착용하고 작업을 하거나 활동을 한다는 것은 습관이 될 때까지의 상당한 노력이 없이는 어려운 일이다. 따라서 가능한 보호 장구가 필요 없는 작업장을 만들기 위해 노력하여야 한다.

마지막으로 표시적 안전조치이다. 위험을 확인하기 어려운 장소나 착각하기 쉬운 곳, 또는 발견된 위험이 당분간 방치될 수밖에 없는 상황이 전개되었을 때에는 이에 대한 위험을 다른 사람에게 알릴 수 있도록 하는 안전표지나 경고표지를 설치하여야 한다. 특히 주의, 지시, 안내 등의 표지도 있으며, 각종 표지들은 안전교육의 역할을 대신할 수도 있는 중요한 의미를 지니고 있다.

학 습 정 리

1. 사고발생의 네 가지 조건

첫째, 불안전한 조건이란 사건이 일어날 수 있는 환경적인 것이다.
둘째, 불안전한 사건이란 예상 밖의 외적 요소의 발생에 의해 일어난다.
셋째, 불안전한 상태란 인간의 육체적, 감정적, 심리학적인 고통의 총합이며, 깊이 없는 인식, 분노, 화내는 것, 신경정신적 경향 등을 말한다.
넷째, 불안전한 행동이란 목적 지향적 자극에 대한 개인의 행동적 반응이다.

2. 웰니스의 생활습관 6개 영역

① 신체적
② 지적
③ 감정적
④ 사회적
⑤ 정신적
⑥ 직업적

3. 재해의 원인

① 천재지변 등 사람이 전혀 예측하지 못한 일이 일어난 것으로 사람의 힘으로는 어떻게 조치할 수 없는 불가항력적인 것이다.
② 물적인 시설상의 결함이나 하자가 있는 것이다.
③ 사람의 행동이 불안전하여 설비상에는 전혀 문제가 없는 상태에서 행동의 잘못으로 일어나는 경우
④ 불안전한 행동과 불안전한 시설이 복합적으로 엉켜서 일어나는 경우가 있다.
☞ 이러한 원인은 단순한 것이 아니며 여러 가지 원인은 시간이 지남에 따라 직접적인 원인이 되기도 하고 간접적인 원인이 되어 일어나기도 한다.

제 3 장

생활 속의 가정안전

학습 목표
1. 가정 내에서 사고가 잘 일어나는 장소와 유형을 알 수 있다.
2. 가정에서의 안전수칙과 지도법을 이해할 수 있다.
3. 아동을 위한 연령별 가정안전 수칙을 이해하고 지도할 수 있다.

학습 키워드 가정안전, 안전수칙, 가정 내 사고의 유형 및 종류

제1절 가정안전의 이해

1. 가정안전의 현황

1) 가정의 개요

원초적인 안전은 가정에서의 안전교육부터 출발하는 것이다. 가정에서의 각종 사고는 예측할 수 없지만 여러 방법으로 사전에 예방이 가능하다. 사고에 따라 대처 요령을 미리 습득하여 대처함으로써 피해를 줄일 수 있으며, 안전에 대한 의식은 단기적이기보다 장기적으로 형성된다는 점에서 어린 시절부터 체계적인 안전교육을 실시하는 것이 중요하다고 본다. 유아기는 바로 이러한 교육을 실시할 수 있는 최적의 시기로서 이 시기에 형성된 안전에 대한 지식, 태도, 기능은 지속적으로 영향을 미칠 수 있다는 점에서 유아기부터 인성교육과 더불어 안전교육의 중요성을 인식시키는 일은 아무리 강조해도 지나침이 없을 것이다. 따라서 사회구조상 핵가족화가 보편화되며, 부모의 이혼으로 가정 붕괴 현상의 증가로 청소년들의 가정생활의 부적응으로 일탈행위 등 혼란과 파괴가 대형사고로 이르게 되므로 '가정안전'은 매우 중요한 요소이며, 사고예방의 기초는 가정안전이라 할 수 있다.

2) 안전교육과 인격형성

유아기부터 부모에 의한 인성교육을 통해 예절교육을 시킴으로 인해 질서의식과 가치관이 형성된다. 따라서 어린이가 성장해 나가는 과정 속에 선량한 시민으로서 사회의 규범에 잘 따르고 인간다운 바람직한 사회생활이 실천될 수 있도록 육성하는 것은 우리 모두의 책임이며, 국가적인 과제가 아닌가 생각해본다. 따라서 사회생활의 적응과 기본적인 사회생활 패턴을 체득시키기 위해서는 인성교육과 가정안전교육은 필수요인이다.

그리고 성인이 되어 생활하는 사회의 전통과 습관에 적응될 수 있도록, 인간다운 바람직한 인격을 형성시킨다는 것은 가정안전교육과도 밀접한 관계가 있으므로 다음과 같이 예절교육의 내용과 방법을 제시하고자 한다.

① 부모의 시범(모범)이 중요하다.
② 어린이에게 가장 중요한 것은 자기 자신의 일은 자기 자신이 행한다는 것이다.
③ 위험한 것은 즉시 제자리에서 처리한다.
④ 신발은 난잡하게 벗지 않고 정리정돈을 잘할 수 있도록 강조한다.
⑤ 어리광을 조장시켜서는 안 된다.

위의 다섯 가지 외에도 가정안전을 위해 교육할 사항은 무수히 많다. 이러한 것은 가정의 여건을 고려하여 부모가 직접 확인하고 점검하면서 안전의 중요성을 인식시키는 행위도 중요하다.

3) 부모의 불화 및 이혼으로 인한 사고

부부간의 불화로 인한 자녀교육의 모순, 이혼은 당사자와 자식에게도 뉘우칠 수 없는 과오를 범하게 된다. 한 가정을 이루어 건전한 사회에 한 구성원으로 생활해 나가기 위해서는 어릴 때부터 가정교육을 통하여 이루어져야 한다. 부모들은 자녀에게 바른 인격의 바탕을 만들어 줄 의무가 있다. 부모들의 불화나 이혼은 '참사랑'이 아닌 이기주의적 에로스만이 사랑인 줄 알고 상대방을 사랑해야 한다는 것보다 자기중심적인 생각, 한편 다양한 개인적, 가정적, 경제적, 성격적 여러 요인에 의해 사고는 발생할 수 있다. 오늘날 정보화시대에 더욱더 개인주의적으로 흐르고 있는 시점에서 인명존중사상과 남을 배려하고 이해하고 존중하는 문화와 가치관, 즉 인성교육이 남녀노소를 불문하고 시대적 과제가 아닌가 생각해본다. 결국 가정파탄과 이혼에서 오는 '가정사고'는 치명적인 것이며, 돌이킬 수 없는 사회적 문제일 수밖에 없다. 이에 대한 대안으로 가정안전의 중요성을 국가차원에서도 관심을 가져야 할 것이다.

4) 일반적으로 가정에서 빈번하게 일어나는 사고

가정에서 사용하는 가구에 부딪치거나 떨어지면서 신체에 위해를 입는 사고가 끊임없이 발생하는 가운데 편안한 휴식을 취하는 침대의 안전사고가 증가하고 있어 소비자들의 주의가 요망된다.

한국소비자원(www.kca.go.kr)이 소비자위해감시시스템(CISS)을 통해 수집한 2010년부터

2013년 8월까지 가정 내에서 발생한 가구 관련 안전사고 총 20,386건을 분석한 결과, 매년 지속해서 증가한 것으로 나타났다. 특히, 가장 편안한 휴식을 취할 수 있는 '침대'에서 6,956건(34.1%)의 안전사고가 발생한 것으로 나타났다(2010년 4,247건 → 2011년 5,727건 → 2012년 5,835건 → 2013년 8월 4,577건).

침대 관련 안전사고 총 6,956건을 분석한 결과, 전체 연령 가운데 만 6세 이하 영유아의 사고 비율이 79.1%(5,505건)로 취학 전 어린이에게 집중적으로 사고가 발생한 것으로 나타났다. 침대 사용 중 다친 부위는 '머리'가 3,740건(53.8%)으로 가장 많았다. 이 외에 '얼굴' 1,720건(24.7%), '다리' 370건(5.3%), '팔' 280건(4.0%) 등 다양한 것으로 나타났다. 위해 내용별로는 뾰족한 침대 모서리에 부딪치거나 침대에서 넘어져 '열상/찔림/베임'을 입은 경우가 2,195건(31.6%)으로 가장 많았다. 침대에서 떨어져 머리에 일시적인 충격을 입는 '뇌진탕'의 경우도 1,131건(16.3%)에 이르며, '골절'도 693건(10.0%) 등의 순으로 나타났다. 특히 골절사고 693건 중 270건(39.0%)이 만 60세 이상 노년층으로 나타나 침대에서 발생하는 노인 골절 사고를 예방하기 위해 손잡이 · 미끄럼방지 장치 등 보조도구의 설치 필요성이 강조되고 있다.

한편, 침대 종류별 사고 현황을 살펴본 결과, '성인용 침대'가 4,179건(60.1%)으로 가장 많았고 다음이 '유아용 침대' 2,476건(35.6%) 등으로 나타났다. 특히, '성인용 침대'에서 발생하는 사고(4,179건) 중 만 6세 이하 영유아의 비율이 67.6%(2,824건)로 나타났는데, 이는 주로 부모의 침대에서 아이를 재우다 발생하는 사고로 추정돼 보호자의 세심한 관찰 및 주의가 필요하다(한국소비자보호원, 2021).

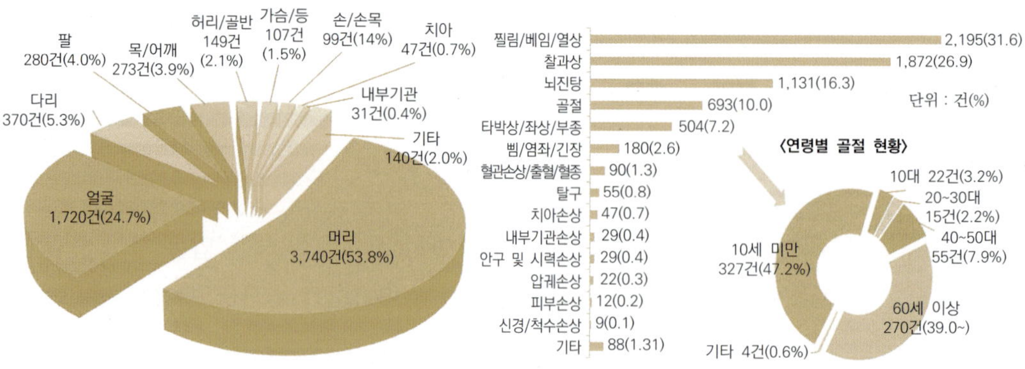

출처 : 한국소비자보호원(2021)

▲ 그림 3-1 위해 내용별 현황

2. 가정안전사고의 원인과 사고예방

1) 어린이 안전사고 분석 현황

소비자원(2021)은 최근 코로나19 이후 어린이들이 놀이시설을 이용하기 어려워지면서 집에 트램펄린 등을 설치해 이른바 '홈 키즈카페'를 조성하는 가정이 늘고 있다. 이에 따라 가정 내에서 어린이가 트램펄린 놀이 중에 다치는 안전사고도 늘고 있어 주의가 필요하다고 하였으며, 코로나19 확산 이후 어린이의 안전사고가 53.5%의 증가 추세를 보였다.

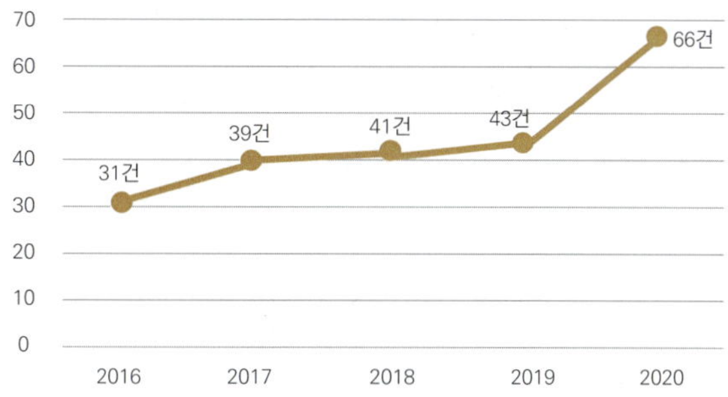

▲ 그림 3-2 트램펄린 관련 가정 내 어린이 안전사고 접수 현황

최근 5년간(2016~2020) 한국소비자원 소비자위해감시시스템(이하 CISS)에 접수된 가정 내 어린이 트램펄린 안전사고는 총 220건이며 매년 증가 추세다. 특히 코로나19가 확산된 2020년에는 전년(2019년)보다 53.5%(43건→66건) 증가했으며, 안전사고의 절반 이상이 걸음마기(1~3세)에 발생하였으며, 발달단계별로 분석한 결과, '걸음마기(1~3세)'의 안전사고가 124건(56.4%)으로 가장 많았는데, '걸음마기'는 신체의 균형 감각이 완전하지 않으므로 보호자가 트램펄린의 구매 여부를 신중하게 결정해야 한다.

이어 '유아기(4~6세)' 51건(23.2%), '학령기(7~14세)' 41건(18.6%), '영아기(0세)' 4건(1.8%) 순으로 나타나 사용연령에 맞는 제품을 선택하고 안전장치를 설치하는 등 보호자의 사고 예방 노력이 필요하다.

특히 넘어져 '머리 및 얼굴'을 다치는 사고가 가장 많았으며, 위해원인으로는 어린이가 트램펄린 위에서 뛰다가 중심을 잃어 발생한 '미끄러짐 · 넘어짐' 사고(92건, 41.8%)와 '추락' 사고(65건, 29.5%)가 많았는데, 심할 경우 성장판 손상으로 이어진 사례도 있었다.

이어 쇠기둥을 비롯한 트램펄린의 프레임 또는 벽, 가구, 장난감 등 주변 사물과 충돌한 '부딪힘' 사고 42건(19.1%), 매트와 스프링(또는 밴드)의 연결부위 사이에 발이 끼이는 '눌림 · 끼임' 사고 8건(3.6%) 순으로 나타났다.

위해부위로는 '머리 및 얼굴'을 다치는 경우가 103건(46.8%)으로 가장 많았고, 이어 무릎,

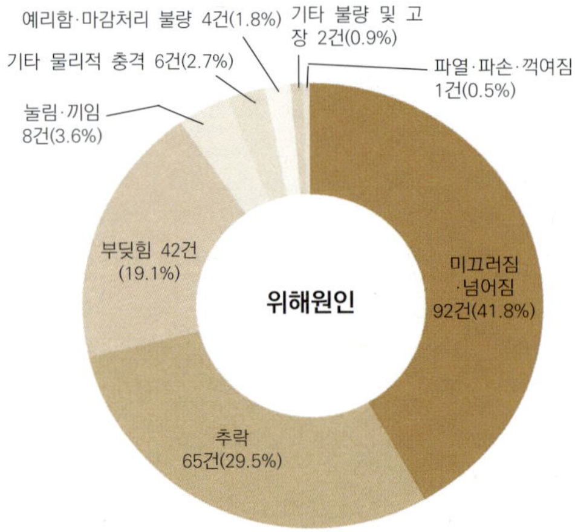

▲ 그림 3-3 위해원인별 현황

발목을 비롯한 '둔부, 다리 및 발' 61건(27.7%), '팔 및 손' 44건(20.0%) 순이었다.

한편, '머리 및 얼굴'의 피부 손상 사례가 다발로 발생하였으며, 위해증상으로는 열상 등의 '피부 손상'이 85건(38.6%)으로 가장 많았고, 이어 골절을 비롯한 '근육, 뼈 및 인대손상' 74건(33.6%), 타박상 54건(24.5%) 및 뇌진탕 5건(2.3%) 순이었다. '피부 손상' 85건의 대부분(78건, 91.8%)은 '머리 및 얼굴'에 발생했으며, '근육, 뼈 및 인대손상'은 주로 '팔 및 손'(33건, 44.6%)에, '타박상'은 '둔부, 다리 및 발'(23건, 42.6%)에 가장 많이 발생한 것으로 분석됐다.

▼ 표 3-1 위해증상별 위해부위 현황 (단위 : 건, %)

구분	머리 및 얼굴	둔부, 다리 및 발	팔 및 손	목 및 어깨	몸통	해당 없음
피부 손상	78	6	1	-	-	-
근육, 뼈 및 인대 손상	4	31	33	6	-	-
타박상	16	23	10	2	3	-
뇌진탕	5	-	-	-	-	-
신체내부 장기손상	-	1	-	-	-	-
해당 없음*	-	-	-	-	-	1

* 제품 결함 의심에 따른 제보의 건

이에 한국소비자원은 가정 내 어린이 트램펄린 안전사고 예방을 위해 구입 시 스프링 덮개, 그물망 등의 안전장치가 있는 제품을 선택할 것, 어린이의 충돌사고를 방지하기 위해 벽, 가구, 가전제품 등과 간격을 두고 설치하고, 주변에 장난감 등 물건을 두지 않을 것, 보호자의 감독 하에 어린이가 사용하도록 할 것 등을 당부했다.

아울러 코로나19가 발생한 지난해에는 CISS에 접수된 어린이 안전사고 중 '가정'에서의 사고 발생 비중이 최근 5년 중 가장 높은 것으로 확인돼 보호자들의 각별한 주의가 필요하다고 밝혔다(2016년 70.2% → 2017년 68.5% → 2018년 67.8% → 2019년 67.1% → 2020년 71.5%).

2) 가정 내 사고의 원인 및 인식

안전사고의 위험성은 시기와 연령에 따라 종류가 달라진다. 특히 유아기는 주로 낙상, 질식, 음독, 화상, 익수 등의 위험이 크지만 학령기 전에는 활동이 활발해지면서 낙상이 많아지고 학령기, 청소년기에는 다양한 환경에 의한 위험 및 가정, 학교생활에 대한 위험도 중요해지고 있다. 이를 위한 위험요소의 극복 및 안전의 생활화는 인간이 경험을 통해 습득하고 성숙해지는 과정으로 이해해야 한다.

한편 소비자원(2021)에 의하면 가정사고의 주요 위해요인을 보면, 2019년 발생한 '10세 미만' 어린이의 가정 내 안전사고 15,838건의 주요 위해원인으로는 '추락'이 3,905건(24.7%)으로 가장 많았고, 다음으로 '미끄러져 넘어짐'(3,286건 20.7%), '부딪힘'(3,251건 20.5%), '눌리거나 끼임'(1,230건 7.8%) 등의 순이었다. '10세 미만' 어린이의 경우 영아기(0세), 걸음마기(1~3세), 유아기(4~6세), 학령기(7~10세 미만) 등 발달단계에 따라 사고의 양상이 다르게 나타나, 연령별로 보호자의 적절한 사고 예방 조치가 필요하다.

▼ 표 3-2 발달단계별 10세 미만 어린이 주요 위해 사례

발달단계		주요 위해 사례	
취학 전	영아기(0세)	(9개월, 여)	유아용 침대(1m)에서 추락하여 안와골절* 발생
	걸음마기(1~3세)	(만3세, 남)	주방에서 미끄러져 넘어지면서 식탁 모서리에 다침
	유아기(4~6세)	(만4세, 여)	화장실 세면대에 왼쪽 아랫니 부딪힘
학령기(7~10세 미만)		(만9세, 남)	거실에서 미끄러져 넘어지면서 뒤통수 다침

* 안와골절 : 외력에 의해서 안구를 둘러싸고 있는 뼈에 골절이 생긴 상태
출처 : 소비자원(2021).

한편 아이를 키우는 부모라면, 아이에게 가장 안전한 장소는 바로 '가정'이라고 생각하시는 분들이 많을 것이다. 하지만 어린이들의 안전사고 1순위가 바로 '가정'이라는 사실을 알고 가정에서의 어린이 안전사고예방을 위해 평소 안전교육을 생활화하는 것이 무엇보다 중요하다.

3) 어린이 안전사고 동향 분석

소비자원(2021)에 의하면, 최근 5년간(2016~2020) 소비자위해감시시스템(CISS)에 접수된

어린이 안전사고는 총 115,806건으로 조사되었으며, 2020년에는 전년 대비 25.9% 감소한 18,494건이 접수되었는데, 이는 주요 수집채널인 '병원' 위해사례가 코로나19에 따른 내원 환자 급감 등으로 전년 대비 27.7% 감소한 것이 원인으로 분석되었다.

▼ 표 3-3 어린이 안전사고 현황 (단위 : 건, %)

구분	2016년	2017년	2018년	2019년	2020년
건수	22,545	25,699	24,097	24,971	18,494
증감률	-	14.0	△6.2	3.6	△25.9

(1) 발달단계별 현황

최근 5년 간 안전사고가 '걸음마기', '유아기', '학령기', 및 '영아기' 순으로 많았으며, 특히 '걸음마기'는 활동범위는 넓어지나 균형감각 및 신체 민첩성이 완전하지 못해 안전사고에 가장 취약한 것으로 분석되었다.

▼ 표 3-4 어린이 발달단계별 현황 (단위 : 건, %)

구분	2016년	2017년	2018년	2019년	2020년
영아기(0세)	2,219(9.8)	2,340(9.1)	1,986(8.2)	2,167(8.7)	1,720(9.3)
걸음마기(1~3세)	11,081(49.2)	12,186(47.4)	11,678(48.5)	11,495(46.0)	7,933(42.9)
유아기(4~6세)	4,924(21.8)	5,907(23.0)	5,586(23.2)	5,669(22.7)	4,438(24.0)
학령기(7~14세)	4,321(19.2)	5,266(20.5)	4,847(20.1)	5,640(22.6)	4,403(23.8)
합계	22,545(100.0)	25,699(100.0)	24,097(100.0)	24,971(100.0)	18,494(100.0)

(2) 상위 5개 발생장소별 현황

최근 5년간 '주택' 내 어린이 안전사고의 비중은 평균 69.0%로, '교육시설', '여가문화 및 놀이시설' 등에 비해 압도적으로 높았다. 또한 전체 연령의 '주택'에서의 평균 안전사고 비중(52.5%)과 비교해서도 높은 것으로 나타났다.

▼ 표 3-5 상위 5개 다발 위해장소 현황 (단위 : 건, %)

장소(대분류)	2016년	2017년	2018년	2019년	2020년
주택	15,836(70.2)	17,605(68.5)	16,343(67.8)	16,749(67.1)	13,218(71.5)
교육시설	1,157(5.1)	1,492(5.8)	1,474(6.1)	1,602(6.4)	513(2.8)
여가 · 문화 및 놀이시설	1,177(5.2)	1,395(5.4)	1,309(5.4)	1,500(6.0)	788(4.3)
도로 및 인도	868(3.9)	1,132(4.4)	789(3.3)	1,147(4.6)	1,528(8.3)
숙박 및 음식점	530(2.4)	812(3.2)	827(3.4)	725(2.9)	473(2.5)

(3) 상위 5개 위해품목별 현황

2016년부터 2019년까지 위해다발 품목의 순위는 유사한 추이를 보이다 2020년 처음으로 '바닥재', '문' 등을 포함한 '건축/인테리어 자재 및 작업공구'의 비중이 가장 많았던 것으로 분석되었다.

▼ 표 3-6 상위 5개 다발 위해품목 현황 (단위 : 건, %)

품목(대분류)	2016년	2017년	2018년	2019년	2020년
가구 및 가구설비	7,427(32.9)	8,216(32.0)	7,547(31.3)	6,990(28.0)	3,745(20.3)
건축/인테리어 자재 및 작업공구	4,232(18.8)	4,495(17.5)	4,389(18.2)	4,334(17.4)	3,934(21.3)
스포츠 및 취미용품	2,689(11.9)	3,093(12.0)	2,680(11.1)	3,673(14.7)	2,809(15.2)
완구 및 게임용품	1,356(6.0)	1,881(7.3)	1,937(8.0)	2,473(9.9)	2,478(13.4)
건물 시설 및 서비스	1,780(7.9)	2,228(8.7)	2,026(8.4)	1,718(6.9)	769(4.2)

(4) 상위 5개 위해원인별 현황

최근 5년간 '미끄러짐 · 넘어짐', '부딪힘', 및 '추락' 등이 대부분을 차지했다.

▼ 표 3-7 상위 5개 다발 위해원인 현황 (단위 : 건, %)

원인(대분류)	2016년	2017년	2018년	2019년	2020년
미끄러짐 · 넘어짐	5,629(25.0)	6,859(26.7)	6,487(26.9)	6,258(25.1)	5,969(32.3)
부딪힘	5,722(25.4)	6,021(23.4)	5,562(23.1)	4,634(18.6)	1,222(6.6)
추락	3,746(16.6)	4,550(17.7)	4,182(17.4)	5,312(21.3)	4,144(22.4)
눌림 · 끼임	1,836(8.1)	1,804(7.0)	1,613(6.7)	1,841(7.4)	1,274(6.9)
식품 섭취에 의한 위해	844(3.7)	1,315(5.1)	1,479(6.1)	1,325(5.3)	1,328(7.2)

(5) 상위 5개 위해부위별 현황

2016년부터 2019년까지는 '머리 및 얼굴', '팔 및 손', 및 '둔부 · 다리 및 발' 순으로 많았으나, 2020년에는 '장기, 혈관, 기도' 등의 '신체내부' 비율이 전년 대비 증가해 '둔부 · 다리 및 발'보다 많았다는 것을 볼 때 어린이 안전을 위해서는 부모의 높은 안전의식과 가정에서의 어린이 안전사고 예방을 위한 관계기관의 안전교육이 필수적으로 이루어져야 할 것이다.

▼ 표 3-8 상위 5개 다발 위해부위 현황 (단위 : 건, %)

장소(대분류)	2016년	2017년	2018년	2019년	2020년
머리 및 얼굴	14,325(63.5)	16,333(63.6)	15,464(64.2)	15,629(62.6)	10,783(58.3)
팔 및 손	4,509(20.0)	4,833(18.8)	4,124(17.1)	4,826(19.3)	3,754(20.3)
둔부 · 다리 및 발	1,794(8.0)	1,939(7.5)	1,837(7.6)	1,839(7.4)	1,384(7.5)
신체내부(장기, 혈관, 기도 등)	1,034(4.6)	1,447(5.6)	1,543(6.4)	1,442(5.8)	1,467(7.9)
목 및 어깨	271(1.2)	355(1.4)	300(1.2)	372(1.5)	289(1.6)

출처 : 한국소비자원 소비자위해감시시스템(2021). 트램펄린 소비자안전주의보(보도자료).

4) 가정안전사고 예방 3단계

집안과 집 주위에서 발생하는 사고를 예방하기 위한 3단계 방법을 습관화하면 가정안전대책 수립에 도움이 되며, 실제 중요한 것은 실천하고 사전에 예방하는 것이 중요하다. 먼저 1단계는 위험요소를 점검한다. 가정에서 위험요소를 찾을 때는 다음과 같은 기본 사항을 참고한다. 즉 ① 사소하게 보이는 위험을 무시하지 않는다. ② 항상 더 안전한 방법에 대하여 생각해 본다. ③ 베임, 화상, 미끄러짐, 걸려 넘어짐, 추락, 감전, 유독성 물질, 익사, 스트레스, 정신적 상처 등 각각의 일어날 수 있는 경우를 생각해보며, 그다음에 각각의 사고를 일으킬 수 있는 것들이 있는지 점검한다.

2단계에서는 위험을 방지하고 대처하는 방법을 습득한다. 위험요소를 발견하는 것만으로는 위험을 완전히 제거했다고 볼 수 없다. 평소에 가정 내에서 위험이 발견될 경우 다음 사항을 확인하면서 적절한 대처방법을 결정하고 신속하게 조치할 수 있도록 해야 한다. 한편 ① 위험요소를 단순히 제거하면 되는 것인가? 아니면 더 안전한 것으로 대체해야 하는 것인가? ② 수리하거나 수정하거나 격리해서 더 안전하게 할 수 있는가? ③ 아이들에게 주의시키고 가르쳐야 하는 부분은 무엇인가?

3단계에서는 신속한 조치를 한다. 먼저 ① 위험을 발견하고 이에 대한 대처방법이 결정되면 오래 지체하지 않는다. ② 위험요소를 오랫동안 방치해 두면 그 위험가능성은 더욱 높아진다. 여기서 주의해야 할 점은 장기간 위험을 무시하고 방치하면 위험이 사라진 것처럼 보이기 쉽다는 것이다. ③ 위험을 인지하면 즉시 대책을 마련하고 신속히 조치하여 미리 대처하지 못해 사고를 당하는 일이 없도록 한다.

제2절 가정안전 수칙과 지도법

1. 가정의 안전수칙

1) 어린이를 위한 가정의 안전수칙

가정의 안전을 위해서는 총체적으로 가스안전, 전기안전, 화재안전, 가구 및 시설물의 안전 등에 신경을 써야 하며 다음과 같은 안전수칙을 만들어 실행하는 것이 중요하다.

▼ 표 3-9 어린이를 위한 가정에서의 일반적 안전수칙

1	어린이를 장시간 혼자 두지 않는다.
2	전열기구, 위험한 물건 및 약품 등은 아이의 손이 닿지 않게 한다.
3	모든 전기코드는 수시로 점검한다.
4	미끄러운 곳, 위험한 곳을 미리 점검해 둔다.
5	유리문, 베란다 문, 창문 등에 주의한다.

2. 위치별 가정안전 수칙과 지도법

1) 방과 거실

아이들이 안전하고 편안하게 해주기 위해 가능한 한 빈 공간을 많이 두는 것이 좋다. 테이블은 모서리가 날카로우면 이마를 찧을 염려가 있어 위험하다. 모서리를 둘러가면서 테이프를 여러 번 감아주거나 고무를 부드럽게 만든다. 테이블의 높이가 아이의 턱의

위치와 비슷해 턱을 찧어 입안이나 입술에 상처를 입는 사고도 많아 주의하도록 한다.

그리고 카펫을 두면 아이가 미끄러져 넘어질 염려가 없어 좋다. 카펫의 밑을 들추고 바닥의 이물질 등을 집어먹기도 해 청소를 할 때는 카펫을 들어내고 바닥까지 깨끗이 닦아 낸다. 부엌이나 베란다로 통하는 문은 대부분 유리로 되어 있다. 따라서 투명한 유리일 경우에는 아이가 빈 공간인 줄 알고 부딪혀 깨지는 사고가 일어나기도 하며, 사고 예방을 위해 유리 위에 스티커를 붙여 물체가 있음을 확인시키는 것도 중요하다.

(1) 부모가 알아야 할 안전수칙

① 응급상황을 대비해 119 등의 비상용 번호가 전화기 옆에 적혀 있어야 한다.

② 책장이나 TV 같은 무거운 가구들이 떨어지지 않게 잘 고정되어 있어야 하며, TV의 뒷부분을 만질 수 없도록 설치하고 높은 곳에 아이들의 시선을 끄는 물건은 올려놓지 않는다.

③ 전깃줄이 바닥에 끌려 발이 걸리는 것을 피하기 위해 벽에 붙여 두고 바닥에 걸려 넘어질 만한 물건은 항상 치워둔다. 젖은 손으로 전기선을 만지지 않도록 하며, 콘센트는 안전덮개가 있는 것으로 설치한다.

④ 난방기구나 히터, 선풍기에는 보호망을 설치하여 어린아이들의 손이 닿지 않도록 하고 만지면 안 된다는 것을 알려준다.

⑤ 가구는 재질이 부드럽고 모서리가 날카롭지 않아야 한다.

⑥ 의약품이나 농약 등은 어린이 손이 닿지 않는 곳에 두어야 한다.

⑦ 구급상자를 어린이 손이 닿지 않는 곳에 준비해 두고 있으며 심폐소생술을 할 줄 안다.

⑧ 화재 발생 시 작동하는 감지기, 소화기가 있으며 제대로 작동하는지 매달 점검한다.

⑨ 창이나 베란다에 어린이 호기심을 자극하는 장난감이나 물건을 두지 않는다. 아이들이 이것을 꺼내기 위해 기어 올라가 사고가 날 수 있다.

⑩ 창문의 모양에 따라 안전 고리를 설치하고 2층의 창문에는 반드시 안전망이나 난간을 설치한다.

⑪ 아이가 딛고 올라갈 수 있으므로 창 옆에 침대를 두거나 베란다 옆에 가구를 두지 않는다.

⑫ 2층 침대는 되도록 사용하지 않는 것이 좋다.

침대의 높이는 어린이들이 혼자서 오르내릴 수 있을 정도가 좋다.

⑬ 벽에 무거운 물건을 걸지 않는다. 특히 어린 아이의 손이 닿은 곳에는 아무것도 걸지 않는다. 그림 액자를 포함하여 벽에 걸린 무거운 물건이 안전하게 걸려 있는지 항상 점검한다.

⑭ 타일이나 나무로 된 바닥은 표면이 미끄럽지 않도록 처리한다. 테이블의 날카로운 모서리는 플라스틱이나 천으로 씌워서 아이들이 다치지 않도록 한다.

⑮ 아기가 자고 있거나 혼자 있을 때는 에어컨, 선풍기, 히터 등을 켜두지 않는다.

⑯ 카펫이나 깔개는 아이들의 발에 걸려서 넘어지지 않도록 구멍이 나면 즉시 보수하고 끝이 말리지 않도록 한다.

⑰ 침대의 모서리는 둥근 것이 좋고 침대의 난간은 아이들의 손이 끼지 않도록 강한 걸쇠로 단단히 매어 준다. 안전난간 사이의 촉은 5~6cm 정도를 넘지 않는 것이 좋다.

⑱ 철사, 가위, 송곳, 수저, 칼, 못, 바늘, 압정, 핀 등은 전기가 잘 통하는 물건이므로 콘센트 구멍에 꽂아서는 안 된다는 것을 아이들에게 알려 준다.

⑲ 거실 탁자 위에 담배, 라이터나 성냥을 놓아두지 않는다.

(2) 지도 사항

① 가전제품의 뒤를 만지지 않도록 주의를 준다.

② 전기 콘센트를 손이나 전도체로 만지거나 장난치지 않도록 주의시킨다.

③ 창틀, 식탁, 침대 등의 높은 곳에 올라가서 놀지 못하도록 한다.

④ 장난감을 가지고 논 후에는 반드시 정리함에 정리하여 방과 마루를 어지럽히지 않도록 주의시킨다.

⑤ 장롱이나 다른 수납장 안에 들어가지 않도록 가르친다.

⑥ 젖은 손으로 전기선을 만지지 않도록 가르친다.

⑦ 라이터나 성냥을 만지지 않도록 주의시킨다.

2) 주방(부엌)

주방에는 전기밥솥, 토스터, 커피포트 등 전기와 가스를 사용해 열을 발생시키는 것이 많다. 그러므로 특히 화재와 화상사고에 주의해야 한다.

(1) 부모가 알아야 할 안전수칙

① 전기밥솥이 아이의 손에 닿지 않는 곳에 두며, 전기 코드는 아이 손에 닿지 않는 곳에 배치하고 전깃줄은 길게 늘어놓지 않는다.

② 뜨거운 냄비를 손으로 들다가 화상을 입거나 너무 뜨거운 나머지 냄비를 들다가 놓쳤을 경우 내용물이 쏟아지면서 화상을 입게 되며, 주전자나 냄비의 내용물이 끓으면서 생긴 수증기가 피부에 가벼운 화상을 입히기도 하므로 항상 주의하고 주전자의 입구 부분은 자기 몸의 반대쪽을 향하도록 해둔다.

③ 싱크대 문을 열고 닫을 때 아이들의 손가락이 문에 끼지 않도록 하고 잠근 장치를 하거나 어린아이들이 손쉽게 열 수 없는 버튼용 개폐 방지 손잡이를 부착한다.

④ 어린 아이가 가스레인지를 만지지 않도록 하며 항상 중간 밸브를 잠그고 가스누출 여부를 확인한다.

⑤ 칼이나 포크, 가위, 채칼, 열려 있는 깡통 등 날카로운 물건은 어린이들의 손이 닿지 않는 곳에 보관하고 위험한 물건임을 아이들에게 알려주어 만지지 않도록 한다.

⑥ 부엌 바닥은 미끄럽지 않도록 왁스 칠은 가능한 한 하지 말고, 물기가 있을 때는 즉시 닦는다.

⑦ 농약 등 유독물질을 음료수병에 담거나 냉장고에 넣어두지 않는다.

⑧ 어린 아이들이 쓰레기통을 뒤질 수 있으므로 반드시 뚜껑 있는 쓰레기통을 사용한다.

⑨ 튀김 요리를 할 때는 아이들의 접근을 막도록 하며 기름을 식힐 때는 장소를 잘 선정하여 화상 사고를 미연에 방지하도록 한다.

⑩ 엄마가 일하는 곳에 아이도 엄마를 마주 볼 수 있고 엄마도 일하면서 아이를 살펴볼 수 있는 장소를 선택한다.

⑪ 부엌에는 비상용 소화기를 설치한다.

(2) 지도사항

① 칼이나 포크, 가위, 채칼 등 날카로운 물건을 만지지 않도록 가르친다.

② 부엌에 있는 가스레인지와 오븐 등 전열 기구에는 가까이 가지 않도록 주의시킨다.

③ 조리 중에는 아이들이 부엌에 들어오지 않도록 가르친다.

④ 전기밥솥으로 취사 중일 때는 접근하지 못하도록 하여 증기로 인한 화상사고를 예

방한다.

⑤ 냉장고에 들어가지 않도록 주의시킨다.

3) 화장실 · 욕실

(1) 부모가 알아야 할 안전수칙

① 욕조의 물을 비워 두고, 물이 고여 있는 수세식 변기의 뚜껑을 닫아 둔다.

② 가장 뜨거운 물의 온도가 49℃ 이하가 되도록 조절되어 있어야 한다.

③ 세안용품이 있는 서랍장이 닫혀 있고 잠금장치가 되어 있어야 한다.

④ 전기 콘센트는 어린이 손에 닿지 않는 위치에 있어야 한다.

⑤ 변기 덮개 잠금장치가 되어 있어야 한다.

⑥ 비누 · 세제를 아이들 손이 닿는 바닥에 두지 않는다.

⑦ 문턱과 바닥의 물기와 비눗기를 제거하고, 가급적 욕조에 샤워 커튼을 달아서 바닥에 물이 흐르지 않도록 한다. 욕실 신발은 바닥이 잘 미끄러지지 않는 것을 사용한다.

⑧ 어린이나 노인이 있는 가정에서는 반드시 욕실 미끄럼 방지용 스티커를 욕실 바닥에 붙여 미끄럼 사고를 사전에 방지한다.

⑨ 욕실 청소 시 부식작용을 일으키는 염산은 사용하지 말고 욕실용 세제를 사용한다.

⑩ 욕실 천장등과 같은 기구를 교체할 때는 바닥이 미끄러우므로 한 사람이 의자를 잡아주고 한 사람은 작업에 임하도록 한다.

⑪ 욕실 내부에는 날카로운 물건이나 단단한 물건을 놓아두지 않음으로써 미끄러질 경우에 부딪히거나 찔려서 일어나는 2차 사고를 예방할 수 있다.

⑫ 타일에 못을 박을 때는 드릴을 사용하여 구멍을 뚫어야 못이 쉽게 들어가고, 못이 미끄러져 손이 찍히는 사고를 예방할 수 있다.

⑬ 세면기를 손으로 누르거나 아이를 세면기에 세우는 등 체중을 싣는 행위를 하지 않는다.

(2) 지도사항

① 세면대에 매달리거나 변기 뚜껑을 밟고 위에 올라가지 않도록 주의시킨다.

② 욕실 바닥에 장난감을 늘어놓고 놀지 않도록 주의시킨다.

③ 뜨거운 수도꼭지를 만지지 않도록 주의시킨다.
④ 전기제품을 만지지 못하도록 가르친다.
⑤ 화장실에서 뛰거나 장난하지 않도록 주의시킨다.
⑥ 세탁기를 만지지 못하도록 가르친다.
⑦ 화장실의 세제들을 입에 대지 않도록 단단히 주의시킨다.
⑧ 변기 안으로 머리를 들이밀지 않도록 가르친다.

4) 베란다 · 창문

최근 아파트 실내 구조 변경 등으로 거실과 바깥을 연결하는 베란다를 없애는 경우에는 거실 창문을 통해 바로 추락할 수 있는 위험이 높다. 베란다는 밖이 보이는 곳이므로 아이들의 호기심을 자극하는 곳이다. 따라서 베란다에서 아이들이 물건을 놓고 올라가는 것을 막기 위해 발판이 될 수 있는 물건을 두지 않는다. 어린이들이 난간에 올라갈 수도 있고 난간 사이에 빠져 추락할 수도 있으므로 어린이들이 베란다나 창문 가까이에서 장난하는 일이 없도록 주의해야 한다.

(1) 부모가 알아야 할 안전수칙

① 창문이나 베란다에는 창문 보호대나 난간을 반드시 설치한다. 이때 난간의 한쪽을 개폐식으로 하여 비상시에도 대비한다.
② 베란다나 창문 주변에 침대나 가구를 비롯하여 받침대가 될 만한 가구나 물건을 두지 않는다.
③ 베란다나 창문 위에는 아무것도 올려두지 않는다.
④ 베란다 문이나 창문에 잠금장치를 하여 아이가 혼자 문을 열 수 없도록 한다.
⑤ 공기 순환을 위해 창문을 연다면 반드시 위에서부터 열도록 한다.

(2) 지도사항

① 베란다나 창문 주위에서 아이가 혼자 놀이를 못 하도록 주의시킨다.
② 베란다나 창문 밖으로 상체를 내밀지 못하도록 주의시킨다.

5) 현관

(1) 부모가 알아야 할 안전수칙

① 비나 눈이 오는 날은 특히 현관에 물기가 없도록 자주 닦아준다. 다소 물기가 있어도 미끄러지지 않는 고무매트 같은 깔개를 깔아두는 것도 한 방법이다.

② 현관은 항상 정돈된 상태로 유지하여 널려진 신발이나 가구들에 걸려 넘어지는 일이 없도록 한다.

③ 현관문에 손이나 신체의 일부가 끼는 일이 없도록 주의한다. 손가락이 끼는 것을 방지하기 위해 문이 자동적으로 서서히 닫히게 되는 장치(도어체크)를 하거나 문이 닫히는 속도를 임의로 조정하여 사용한다.

④ 현관에 아래에서 위로 발을 비추는 발 조명을 설치하면 불빛이 밖으로 새어 나가지도 않고 안전에 도움을 준다.

(2) 지도사항

① 집안에 들어올 때 현관에 신발을 가지런히 정리하도록 가르친다.

② 현관문을 여닫을 때 조심하도록 주의시킨다.

③ 현관에 설치된 손잡이와 발 조명 스위치의 사용법과 위치를 알려준다.

6) 계단

계단은 생활 속에서 필수적이면서도 어린아이의 안전을 위협하는 장소이다. 특히 계단의 경사는 위험을 피하기 위해서 적어도 45도 이하, 가능하면 35도 이하가 바람직하며, 각 발판의 폭과 높이는 계단의 경사에 따라 조절되어야 한다. 일반적으로 한 발판의 높이는 약 20cm, 그 폭은 적어도 25cm는 되어야 한다.

(1) 부모가 알아야 할 안전수칙

① 표면이 미끄러운 건축자재를 사용하거나 미끄러운 왁스 칠을 하지 않는다.

② 계단에는 충분한 높이의 튼튼한 난간을 양쪽에 설치한다.

③ 난간은 계단이 끝나는 지점까지 설치하고 수시로 점검한다.

④ 계단은 항상 밝게 조명되어야 하며 불필요한 물체나 물기가 없어야 한다.

⑤ 계단에 카펫을 깔면 계단의 폭이 줄어 안전하지 못하다.
⑥ 계단 옆의 벽에 어린이의 시선을 끌 수 있는 그림이나 사진을 걸지 않는다.
⑦ 어린이가 계단을 올라갈 때 보호자는 반드시 아래쪽을 걸어간다.
⑧ 계단에 날카로운 부위 등 위험이 없는지 수시로 점검한다.

(2) 지도사항

① 계단 주변에 장난감을 널어두거나 음식물을 흘리지 않도록 주의시킨다.
② 계단에서는 놀지 않도록 지도하고, 뛰어다니거나 장난을 하지 않도록 한다.
③ 계단을 내려오면서 이야기하거나 다른 일을 하지 않도록 지도한다.
④ 계단을 내려올 때는 난간을 잡도록 하며 한 칸씩 내려오도록 가르친다.
⑤ 어두울 때 계단을 이용할 경우 반드시 계단 조명을 사용하도록 가르친다.
⑥ 주머니에 손을 넣고 계단을 오르내리지 않도록 주의시킨다.
⑦ 큰 신발을 신거나, 신발의 끈을 매지 않은 채 계단을 오르내리지 않도록 한다.

7) 실외 안전생활

(1) 엘리베이터

① 엘리베이터를 타고 내릴 때는 문이 완전히 열린 후 천천히 타고 내린다.
② 정원 초과는 사고의 원인이 되므로 정원을 꼭 지키고, 실내에 부착된 유의사항을 잘 따르도록 한다.
③ 엘리베이터를 타면 가고자 하는 층의 단추를 누르고 필요 이외의 버튼은 조작하지 말아야 한다.
④ 비상버튼은 엘리베이터에 이상이 생겼을 경우에만 누른다. 특히 아이들이 엘리베이터의 버튼을 마구 눌러 고장 나지 않도록 주의시키도록 한다.
⑤ 노약자와 6세 이하 어린이는 가능한 보호자와 동반하도록 한다.
⑥ 엘리베이터는 전기로 움직이고 있으므로 출입구 및 엘리베이터 내에 물이 흐르지 않도록 주의한다.
⑦ 엘리베이터 안에 갇힌다면 문을 억지로 열거나 조작판의 단추를 함부로 누르지 않는다. 인터폰을 하거나 벽을 두드려서 사람이 갇혀 있음을 알리고 침착하게 기다리게 한다.

(2) 아파트단지 내 도로 및 인도

① 단지 내에서 주행할 때에는 유아나 유모차, 노약자 등의 보행자에 주의하여 서행 운전하여야 한다.

② 아이들이 롤러스케이트, 킥보드, 인라인스케이트(롤러블레이드), 스케이트보드, 자전거 등을 탈 때 헬멧, 무릎보호대 등의 안전장구를 갖추어 타도록 하며 주차장이나 차도에서는 절대 타지 않도록 지도한다.

(3) 지하주차장

① 지하주차장의 램프(진입로)는 차도이므로 이곳으로 보행하면 매우 위험하므로 보행 시 안전한 계단이나 엘리베이터를 이용하도록 한다.

② 지하주차장에서 아이들이 놀지 않도록 지도한다. 킥보드나 자전거를 타고 지하주차장으로 빠른 속도로 들어가다 보면, 갑자기 어두워지므로 벽면이나 차량과 충돌하거나 하수 트렌치에 바퀴가 끼어 넘어지거나 전복될 수 있다.

③ 지하주차장과 같은 곳에는 각종 용도의 분전함이 많이 있는데 분전함을 열어놓았을 경우 만지지 못하도록 주의시키고 어린이들이 지하주차장 각 동의 지하, 전기실, 옥상 등 공용부위에서 놀지 못하도록 지도한다.

(4) 조형물 및 놀이터

① 아이들이 놀이터에서 혼자 놀지 않도록 부모들의 세심한 주의가 필요하다.

② 그네를 타거나 미끄럼을 탈 때 주변 아이들과 충돌하지 않도록 주의를 준다.

③ 놀이기구를 성인이 사용하지 않도록 한다.

④ 놀이기구들은 수시로 살펴보고, 나사가 헐거워지거나 파손된 것을 발견하면, 관리사무소에 연락하여 즉시 보수하도록 한다.

제3절 어린이 및 노인의 안전사고 유형 및 예방법

1. 어린이의 연령별 가정안전사고

가정안전사고는 어린이의 눈높이에 맞춰 안전한 환경을 조성해야 한다. 어린이는 공간 개념과 낯선 사람, 환경에 대한 개념이 형성되지 않아서 위험에 직면하면 상황판단이나 자신을 보호하는 능력이 부족하고 호기심이 많기 때문에 어린이를 둘러싼 주변이 늘 사고 발생위험이 높다.

1) 0~3개월

아기는 누워서 자고 있지 않으면 엄마에게 안겨 있는 시간이 많으므로 아기 스스로 움직이다가 사고를 당하기보다는 주위의 실수로 인한 경우가 많다. 따라서 육아 그 자체가 바로 사고와 연결될 수 있다.

(1) 사고유형

① 질식(숨막힘) : 이불이 아기의 얼굴을 덮거나 엄마가 젖을 먹일 때 엄마의 유방이 아기의 코를 눌러서 숨이 막히게 되는 경우도 있다.

② 젖을 빨 때 생기는 사고 : 엄마 젖이 너무 많이 흘러나오거나 우유병의 젖꼭지 구멍이 너무 커서 생기는 사고 등, 아기가 사레들린다든지 한동안 숨이 막힌다든지, 젖을 토한다든지 하는 부작용을 일으키게 된다.

③ 토한 우유가 목에 걸리는 사고가 일어나기도 한다.

④ 안겨서 잘 때 엄마의 젖가슴이나 몸에 눌려 아기의 코와 입이 막히는 사고가 생기기도 한다.

⑤ 누워 있는 아기 위로 형이나 누나가 뛰어내리는 사고가 생기기도 한다.

(2) 사고 예방법

① 이불에 코가 파묻혀 질식하거나 머리 위로 물건이 떨어지지 않게 한다.

② 이부자리는 너무 푹신하지 않게, 약간 단단한 것을 고르는 것이 좋다.

③ 아기 침대나 이불 주위에는 액자나 세워 놓는 물건 등 떨어지기 쉬운 것은 올려놓지 않는다.

④ 장난감 끈이 길면 손가락이 묶일 염려가 있으니 주의해야 한다.

⑤ 우유를 먹이고 난 후에는 반드시 트림을 시켜 누웠을 때 토하지 않도록 한다.

2) 4~6개월

이 시기는 아기가 혼자 일어나서 앉거나 기어 다니기 시작할 때이다. 이 시기의 아이는 머리 부분이 다른 신체 부분보다 먼저 발달하고 몸통이 팔·다리보다 먼저 발달하게 된다. 팔다리나 몸의 근육이 마음먹은 대로 잘 움직여주지 않는데다가 사고에 대한 위험의식이 전혀 없으므로 앉고 서는 성장과정에서 끊임없이 넘어지며, 특히 머리 부분의 보호에 신경을 써야 한다. 또한 무엇이든 입으로 탐색하려는 시기라서 작은 물체를 삼키거나 약품·유독물질을 입에 넣을 수 있으므로 특별한 주의가 필요하다.

(1) 사고유형

① 침대에서 굴러 떨어지는 일이 있다.

② 작은 손으로 무엇이든 집어서 입으로 가져가므로 위험이 도처에 도사리고 있다.

③ 계단이나 툇마루, 높은 의자 등에서 굴러 떨어지기 쉽다.

④ 전기난로나 다리미, 전기밥솥 등을 만져 손을 데는 사고가 발생하기도 한다.

⑤ 앉아 있다가 옆이나 뒤로 넘어져 모서리에 머리를 부딪치는 사고가 발생한다.

⑥ 선풍기에 손가락을 넣기도 한다.

⑦ 콘센트를 가지고 장난을 한다.

⑧ 비닐봉지를 뒤집어써 질식한다.

(2) 사고 예방법

① 기어 다니며 먹을 만한 물건은 치우는 것이 좋다.

② 아기의 손이 닿는 곳에 델 염려가 있는 물건을 두지 않도록 한다.

③ 계단 양쪽에 난간을 만들어 주고, 계단 밑에는 떨어지더라도 충격을 줄여줄 수 있는 깔개를 깔아놓는 것이 좋다.

④ 아기 목에 걸리기 쉬운 물건은 손이 닿지 않는 높은 곳에 올려둔다.

⑤ 선풍기는 망을 씌워놓는 것이 좋다.

3) 7~12개월

이 시기는 혼자 걷지는 못해도 보행기를 타고 굴러다니면서 집안 여기저기를 돌아다닐 때이다. 호기심이 많고 이에 따라 탐색행동이 활발해지며 눈에 보이는 모든 것들을 신기해하고 궁금해한다. 위험이 코앞에 있으니 항상 지켜봐야 한다.

(1) 사고유형

① 식탁보를 붙잡고 매달리거나 잡아당겨서 식탁 위에 있는 음식이나 그릇 등 위험한 물건이 아기에게 쏟아질 수 있다.

② 높은 창이나 베란다에서 떨어지기도 한다.

③ 붙잡고 일어서다 테이블 모서리에 머리를 부딪치는 사고가 생길 수도 있다.

④ 유모차나 쇼핑카에서 일어서다 굴러 떨어지는 사고가 생기기도 한다.

⑤ 욕조 안을 들여다보다 욕조 속으로 고꾸라지기도 한다.

(2) 사고 예방법

① 물에 빠지거나 높은 곳에서 떨어질 염려가 있으므로 욕조나 세탁기 주위, 베란다 등에 아기가 딛고 설만한 발판을 두지 않도록 한다.

② 식탁보를 잡아당기지 못하도록 자락이 길게 늘어지지 않는 것으로 바꾸는 것이 좋다.

4) 1~3세

(1) 낙상사고

아기의 불완전한 보행이 원인이 되어 넘어지기, 떨어지기, 부딪히기 등의 사고가 두드러진다.

① 서랍장을 뒤지다가 서랍 사이에 손가락이 끼기도 한다.

② 마루에 왁스칠은 하지 않는 것이 좋다.

③ 카펫을 깔면 넘어졌을 때 충격을 줄일 수 있다.

④ 양말은 미끄러지기 쉽다. 끈끈이가 부착된 것을 신겨 주고 집에서는 가능하면 맨발로 다니게 하는 것이 좋다.

⑤ 무거운 문에는 천천히 문이 닫히는 장치를 해 둔다.

⑥ 반짇고리는 높은 곳에 올려놓는다.

(2) 질식 및 음독사고

입에 넣어도 좋을 것과 넣어서는 안 될 것의 구별이 안 되므로 뭐든 손에 잡히면 일단 입으로 가져가서 확인해 보려고 하기 때문에 질식과 음독의 원인이 된다. 이 시기는 질식과 음독사고가 가장 많은 시기이기 때문에 주의를 많이 해야 하고 경계를 해야 하는 나이다.

① 방충제, 방습제, 주방세제, 목욕용품, 소독액 등 유독물질을 먹는 사고가 생긴다.

② 아이가 울고 있을 때나 걷거나 달리고 있을 때는 음식을 주지 않는 것이 좋다.

③ 4세 이전에는 특히 땅콩, 팝콘, 사탕 등 딱딱한 것을 주는 일은 삼가야 한다.

(3) 화상사고

손잡이가 긴 냄비를 가스레인지 위에 올려놓았거나 뜨거운 내용물이 들어 있을 때 쏟아서 화상을 입기도 한다. 냄비 손잡이를 안쪽으로 돌려놓고, 식탁에서는 아이 쪽으로 돌려놓지 않도록 유의해야 한다.

(4) 익사사고

화장실 욕조에서 목욕 도중 잠깐 자리를 비운 사이에 익사하거나 화장실 변기에 빠질 수 있다.

(5) 기타 사고

행동이 활발해지고 다소 다리에 자신이 생기기는 하나 움직임이 미숙하기 때문에 사고를 낼 가능성이 높으며, 위험에 대한 판단력도 아주 미흡하기 때문에 위험물에 무작정 접근하기 쉽다. 날카로운 물건에 베는 일, 찰과상 등 출혈을 동반하는 큰 사고를 당하기도 한다.

5) 3~5세

운동 기능이 꽤 발달하게 되고, 위험한지 어떤지에 대한 판단력도 좀 생기기 때문에 잘못 삼키는 일과 질식과 같은 사고는 줄어든다. 그러나 사고를 냈을 때는 큰 사고를 일으키기 쉽다. 넘어지고 떨어지는 사고가 골절, 탈구, 출혈과 같은 사태를 유발하고 생명의 위험에 이어지는 수도 있다.

① 집안 기물이 모두 아이에게는 사고를 조장할 수 있기 때문에 아이를 집안에 혼자 내버려 두어서는 안 된다.

② 도구를 사용하는 단계이므로 위험한 도구는 잠금장치가 되어 있는 보관함에 보관하고 가위, 칼 등을 안전하게 사용할 수 있는 방법을 가르친다.

③ 자전거를 즐겨 타고 기어오르거나 뛰어오르는 등 대근육활동을 즐기는 행동특성으로 보호자의 보호를 벗어나기 쉽기 때문에 사고발생 가능성이 어느 때보다 높다.

(1) 사고 유형

① 운동 기능이 꽤 발달하게 되고, 위험한지 어떤지에 대한 판단력도 좀 생기기 때문에 잘못 삼키는 일과 질식과 같은 사고는 줄어든다.

② 큰 사고를 일으키기 쉽다. 넘어지거나 떨어지는 사고가 골절 · 탈구 · 출혈과 같은 사태를 유발하여 생명을 위협하는 경우도 생긴다.

(2) 사고예방법

① 집안 기물이 모두 아이에게는 사고를 조장할 수 있기 때문에 아이를 집안에 혼자 내버려 두어서는 안 된다.

② 도구를 사용하는 단계이므로 위험한 도구는 잠금장치가 되어 있는 보관함에 넣어 보관하고 가위 · 칼 등을 안전하게 사용할 수 있는 방법을 가르친다.

③ 자전거를 즐겨 타고 기어오르거나 뛰어내리는 등 대근육활동을 즐기는 특성으로 보호자의 보호를 벗어나기 쉽게 때문에 사고발생 가능성이 어느 때보다 높다.

2. 가정 내 노인의 안전사고와 예방

1) 안전사고의 원인과 실태

최근 우리 사회가 급속히 고령화되면서 노인의 안전사고가 증가하고 있다. 노인들의 안전사고 급증의 이유는 노화로 인해 신체 기능이 점점 저하되어, 비교적 안전하다고 생각되는 시설물이나 물품에 의한 사고가 쉽게 발생하기 때문이다. 한국보건사회연구원은 우리나라 65세 이상 노인들의 42.5%가 일상생활이나 수단적 생활능력에 있어서 한 가지 이상의 지장을 가지고 있다는 조사결과를 발표하기도 하였다.

노후의 주된 생활공간은 가정이지만, 현재 노인들이 거주하고 있는 주거설비나 시설들은 노인의 특성을 배려하지 못한 결과로 각종 안전사고가 일어날 수 있다. 이러한 가정 내 안전사고의 대부분은 노인의 신체적 특성을 고려하지 않은 주택의 구조와 설비 및 물품, 노인의 부주의, 잘못된 시설물 및 물품의 이용에 기인한다. 노인들은 주로 넘어지거나, 미끄러지거나, 떨어지는 사고를 자주 겪게 되는데, 문턱, 욕실, 계단 등에서 미끄러져 넘어지거나, 침대, 의자, 옥상 등에서 중심을 잃고 떨어지는 경우가 많다. 이외에 물건이나 시설물 등에 부딪히거나, 화상을 입거나, 끼임 등 사고를 당하는 경우도 발생하고 있다. 노인들은 체력이 약하기 때문에 사고를 당하면 큰 피해로 이어지는 경우가 대부분이며, 상해 정도가 다소 약한 경우에도 2~4주 정도 입원치료를 해야 하는 경우가 많아 가족에게 경제적인 부담이 되기도 한다.

한국소비자원(2021)에 따르면, '60세 이상' 고령자의 화장실/욕실 사고의 주요 위해원인으로는 타일 바닥재의 특성으로 인한 '미끄러짐 · 넘어짐' 사고가 2,415건(47.2%)로 나타난다. 2019년에 발생한 '60세 이상' 고령자의 가정 내 안전사고 5,117건의 위해원인으로는 미끄러져 넘어지는 사고가 2,415건(47.2%)으로 가장 많았고, 위해발생장소로는 화장실/욕실에서 발생하는 사고의 비율이 19.6%(1,003건)로 다른 연령대에 비해 상대적으로 높아 이에 대비할 필요가 있는 것으로 나타났다(화장실/욕실 안전사고 순위 : 10세 미만~50대 4위, 60세 이상 2위).

▼ 표 3-10 60세 이상 고령자 주요 위해 사례

사례1	(만64세, 남)	화장실 바닥이 미끄러워 뒤로 넘어지며 허리뼈가 골절됨
사례2	(만67세, 여)	화장실에서 넘어지면서 우측 손목 변형과 통증으로 치료 받음

출처 : 한국소비자원(2021).

사고유형별로는 문턱에 걸려 넘어지는 사고를 당한 경우가 44% 정도이며, 바닥 재질이나 물기 등으로 인해 사고를 당하는 경우가 35% 정도, 계단 및 옥상, 침대나 의자에서 떨어지는 사고를 당한 경우가 11% 정도로 이 세 가지 유형의 사고가 가정안전사고의 89% 정도를 차지하는 것으로 나타났다. 그 외에 부딪히는 사고를 당한 경우가 4% 정도, 끼이거나 긁히는 사고 등의 기타 사고를 당한 경우가 7% 정도에 이르고 있는 것으로 나타났다.

사고 발생 장소별로는 방이나 침실에서 사고를 당한 경우가 42%, 욕실이나 화장실이 27% 정도, 계단이 14% 정도인 것으로 나타났다. 넘어지는 사고는 방, 욕실, 계단, 마당에서 주로 일어나며, 미끄러지는 사고는 방, 욕실에서 주로 일어나고, 떨어지는 사고는 방, 계단에서 주로·발생하는 것으로 나타났다. 이처럼 노인의 가정 내 안전사고는 방, 욕실과 화장실, 계단에서 주로 발생하는 것을 알 수 있다.

사고의 원인을 제공하는 시설물을 보면, 욕실과 화장실의 경우에는 바닥이 미끄럽거나 물기로 인해 넘어지거나 미끄러지며, 방이나 침실에서 장판 등 바닥재로 인해 미끄러지거나, 문턱에 걸려 넘어지는 경우가 대부분이다. 그리고 계단의 경우에는 가파르거나 발판이 고르지 못한 계단의 구조적 문제와 발을 헛디디는 등의 부주의에 의해 발생하는 사고가 대부분인 것으로 나타났다. 사고 원인을 제공하는 생활물품으로 침대(48.0%), 의자(16.0%), 이불, 청소기 및 기타 생활용품(36.0%)인 것으로 나타났다.

이와 같이 사고는 언제, 어디서나 일어난다. 사고가 일어나지 않을 것 같은 곳에서도 방심하면 사고가 발생한다. 사고가 자주 발생할 것 같은 장소에서도 주의하면 사고는 일어나지 않는다. 하지만 노년기에 접어들면 민첩성이나 반사신경이 둔해져서 몸의 균형을 유지하기가 어렵게 되고 시청각 등 감각기관의 기능도 쇠퇴하면서 낙상 등 안전사고가 자주 일어난다. 동시에 뼈가 무르게 되어, 일단 상처를 입으면 치료하는 데 오랜 시간이 걸리기 때문에 노인들이 사고를 예방하기 위해서는 평소에 철저한 주의가 필요하다. 중앙 119구조대가 발표한 '연령별 응급환자 이송실적' 자료에 따르면 61세 이상 노인층의 비율이 전 연령층에서 가장 높았으며, 이 같은 비율은 매년 증가하고 있다고 한다.

2) 가정에서 안전사고 예방대책

특히 젊은 사람들이 보기에는 크게 건강상 위해가 될 것 같지 않은 작은 부딪힘이나 미끄러짐이 노인들에게는 치명적일 수 있다는 점을 고려하면 좀 더 적극적인 예방이 필요하다는 목소리가 높다. 현재 노인 인구가 급속하게 계속 증가하고 있는 것을 감안한다면 노인의 가정안전사고 예방을 위한 다양한 방법을 통해 제도적인 장치를 마련함으로써 결국 국가 차원에서도 의료비 절감에까지 긍정적 영향을 끼칠 수 있다고 본다.

따라서 가정 내에서 노인의 안전사고를 예방하기 위해서는 정부와 지방자치단체 및 각 가족구성원들의 적극적인 노력도 필요하며, 특히 가정 내에서 발생하는 넘어짐, 미끄러짐, 떨어짐과 같은 안전사고를 당하지 않기 위해서 앞서 제시한 노인 주택 및 주거시설 설계 지침과 개조 기준에 적합한 주거설비와 시설을 갖추는 것이 바람직하다. 그러나 현재 노인들이 거주하고 있는 주택은 노인의 생활을 배려한 설비나 시설이 갖추어져 있지 않으므로, 주어진 주거환경의 여건에서 최대한 안전사고를 방지하기 위한 정부 차원에서 안전교육을 통한 노인의 가정안전사고를 줄이는 정책적 · 제도적 프로그램이 개발되어야 할 것이다. 한편 독거노인 생활관리사는 가정 내 안전사고를 예방하기 위하여 노인이 다음과 같은 안전수칙을 생활화할 수 있도록 지도 및 안전교육을 해야 한다(한국산업안전공단, 2002; 한국소비자보호원, 2003).

노인의 가정안전사고 예방을 위한 일반적 안전수칙은 ① 모든 생활공간의 단차를 없앤다. ② 계단, 지하, 현관, 화장실, 욕실 등에 안전손잡이를 설치한다. ③ 조명은 밝게 하고, 조명의 눈부심 현상이나 빛이 반사되지 않도록 한다. ④ 전기 스위치나 콘센트는 조작하기 편하도록 낮은 곳에 설치한다. ⑤ 이동통로에 발에 걸려 넘어질 물건(예 : 장식품, 화분 등)을 두지 않는다. ⑥ 욕실이나 바닥은 미끄러짐을 방지할 수 있는 마감 재료로 설치하고, 미끄러지기 쉬운 양말이나 슬리퍼는 신지 않는다. ⑦ 회전의자와 같은 불안정한 물건 위에 올라가지 않는다. ⑧ 벽, 기둥 등의 모서리 부분은 충돌을 방지할 수 있는 안전장치를 부착한다. ⑨ 주택 내부의 설비나 장치들은 노인이 조작하기 쉬운 것으로 설치한다. ⑩ 사고 발생 시 응급처치를 신속히 할 수 있도록 비상연락장치를 설치한다.

한편 주택을 건설(신축 및 개축 등)할 경우 노인들의 신체적 특성을 반영하여 설계와 시공단계에 반영해야 한다. 건물은 가급적 바닥 표면을 물에 젖어도 미끄러지지 않는 재질로 마감하고, 건물 주위에는 수평 또는 수직 손잡이를 설치해야 한다. 욕실이나 화장실의 경우 바닥면에는 가급적 높이를 두지 않고, 출입문은 미닫이나 접이문 형태로 하는 것이 좋다(한국소비자보호원, 생활안전365, 2005).

3) 가정 내 안전사고 예방을 위한 위해요소 점검의 생활화

어린이, 고령자 등 안전취약계층의 가정 내 사고 예방을 위해 생활 반경 내에 설치된 가구나 가전제품 등의 위해요소를 주기적으로 점검하고, 침대 낙상 방지 보조 난간 및 모서리 부딪힘 방지용품 설치, 욕실 바닥 미끄럼 방지 스티커 부착 등 각 가정에 적합한 예방조치를 취할 필요가 있다.

앞으로 한국소비자원과 행정안전부는 "사회적 배려계층의 안전을 위해 지자체, 유관기관과 협력하여 안전사고 예방가이드를 제작하고 전국에 배포하는 등 다양한 위해저감활동을 전개할 예정"이라고 밝혔다. 아울러 소비자들에게는 위해가 발생했거나 발생 우려가 있는 경우 위해정보신고 핫라인(☎080-900-3500)이나 모바일앱 또는 한국소비자원 CISS 홈페이지(www.ciss.go.kr)를 통해 신고해 줄 것을 당부했다(한국소비자원, 2021).

학 습 정 리

1. 가정 내 안전사고의 원인

'보호자의 실수나 부주의' 전체 69%였으며, '어린이의 실수나 부주의' 18%, 가정안전을 위해 부모들의 교육을 통해 안전지식을 습득하고 적용하며 자녀들에게 적절히 교육시키는 것이 가장 시급한 과제이다.

2. 가정 내에서 잘 일어나는 사고의 유형(최근 3년간 상해의 정도가 심했던 사고)

① 넘어짐, 미끄러짐 사고가 92건
② 낙상 및 추락사고가 70건
③ 충돌 사고가 69건으로 가장 높게 나타났으며, 주로 부딪히거나 낙상(추락, 미끄러짐, 넘어짐), 신체 일부가 끼거나 찔림, 베임 등으로 다치는 경우가 대부분이었다.

3. 가정안전사고 예방의 3단계

① 1단계 : 위험요소 점검
② 2단계 : 위험을 방지하고 대처하는 방법 습득
③ 3단계 : 신속한 조치

4. 가정안전사고 발생원인 순서

① 보호자의 실수 및 부주의
② 어린이의 실수 및 부주의
③ 시설물의 설치 잘못 및 관리소홀
④ 기계, 기구, 물품 및 상품 결함
⑤ 안전교육 부재

5. 노인의 가정안전사고 현황(빈도)

① 사고유형 : 문턱에 걸려 넘어지는 사고(44%)
② 사고발생 장소 : 방, 침실(42%)
③ 사고원인을 제공하는 시설물 : 욕실, 화장실 등 미끄러짐(27%)

제 4 장

청소년의 학교생활안전

학습 목표
1. 학교 내에서 사고가 잘 일어나는 장소와 유형을 알 수 있다.
2. 학교 보건 및 급식의 안전과 흡연, 약물 오·남용에 대한 문제점을 알 수 있다.
3. 안전교육 프로그램과 학교안전사고 관련 법규를 이해하고 사고 조치를 할 수 있다.

학습 키워드 학교안전교육, 학교안전위원회, 학교안전공제회

제1절 학교생활안전

1. 학교안전의 이해

1) 개념

학교안전은 학교에서의 안전교육과 안전관리를 포함하는 포괄적인 개념으로 취급하고 있다. 아동·학생들이 안전하게 생활하기 위하여 자신이 외부의 모든 환경에 존재하는 여러 가지 위험을 제거하고 안전하게 행동하는 것이 필요하며, 아동·학생들을 둘러싼 외부 환경이 안전하게 갖춰지는 것이 매우 중요하다. 안전교육에 있어서 학교안전은 아동·학생들이 안전에 필요한 사항을 의식에 내면화되고 이것들을 습관화시켜 일상생활에 적용하여 항상 안전한 행동을 할 수 있도록 여건을 조성하여야 한다.

학교안전관리는 아동·학생들의 학교생활이 안전하게 이루어지도록 안전에 관하여 필요한 조건을 정비하기 위한 안전관리로 이루어져야 하고, 이는 양자가 상호 기능을 발휘하면서 똑같은 비중으로 일체감 있는 균형을 이루어 나가는 것이 바람직하다.

2) 필요성과 중요성

학교가 안전한 곳이 되지 못할 때 학생들은 불안감을 가지게 되며, 이는 학습활동에 집중할 수 없게 되므로 학교교육은 교육의 목적과 가치를 추구할 수 없게 되며 학교 자체의 존재 의미를 상실할 수밖에 없다. 아동·학생들이 안전한 학교생활을 영위할 수 있도록 여건을 보장해 주는 일은 학습활동 이상의 중요한 의미를 지닌다. 학교에서 발생하는 대부분의 사고는 예방이 가능한 것들이다. 따라서 안전한 학교생활을 통해 충분히 사고를 예방할 수 있다는 생각과 평소 위험요소를 제거하는 것이 중요하며, 예방을 위한 체계적인 노력이 필요하다.

이를 위해서 학교에서는 학생들이 안전하게 학교생활을 하는 데 필요한 지식과 기능을 습득시켜 주는 동시에 체계적이고 조직적인 안전관리 활동을 지속적으로 실시해야 한다. 이와 같이 학교안전교육은 학교현장에서 발생할 수 있는 위험한 요소들을 스스로 찾아보고 연구, 토의, 실습, 체험활동 등을 통해서 위급한 상황에서도 즉각 대처하여 사고를 예방하고 안전한 생활을 영위할 수 있는 실천적인 참여활동이다.

오늘날 아동 · 학생들은 헤아릴 수 없는 각종 사고를 당하거나 사고의 위험 앞에 직면하면서 살아가야만 한다. 아동 · 학생의 생활환경 개선을 위해 선진 외국에서는 어린이 안전사고를 줄이기 위해 어린이를 위한 생활환경 정비(Environment), 안전법규 강화 및 규제(Enforcement), 안전교육 강화(Education) 등 3개 영역(3E)에서 균형적인 통합과 안전 대책을 실천중심으로 추진해왔다. 학교생활 중에 잠재된 위험을 구별하여 올바른 판단에 따라 적절히 대처하거나 사고가 발생했을 때에도 적절한 행동을 취할 수 있는 능력을 길러주고, 학교에서의 안전교육 프로그램 개발을 통해 실제적인 안전교육을 실시해야 한다.

그리고 학교에서의 안전교육 실시가 안전사고예방을 위한 효과적인 모델임이 여러 연구에서 입증되고 안전교육 프로그램을 개발하여 보급하면서 학교안전교육의 중요성이 증대되어 왔다. 체계적인 안전교육을 통하여 언제 어디서나 예방적인 행동을 실천함으로써 안전하고 행복한 학교생활을 꾸려나갈 수 있는 능력을 배양할 수 있도록 정부와 학교 당국에서는 다각도로 예방을 위한 프로그램 개발과 지원을 하여야 할 것이다.

2. 학교안전관리 방법과 안전교육

1) 학교안전관리 방법

관리란 우리들의 생활환경과 인생의 행복을 위해 그 목적에 따라 가장 효과적으로 환경을 정비하며, 조직 · 계통화하고 생활 기능을 가장 능률적으로 발휘할 수 있도록 하는 것이며, 필요한 대책을 앞세우고 조직을 만들고 통제, 지도, 감독, 지배하는 것이다.

특히 학교안전관리와 안전교육은 자신과 타인 생명의 존엄성을 이해시켜 그 안전을 도모하고 개인 및 사회의 생활을 가장 행복하고 효과적으로 하기 위해서 어떻게 해야 바람직할 것인가를 연구 · 실시하는 것을 의미한다.

러셀(Russell)은 학교에서 안전교육을 실시할 때 기본적으로 강조해야 할 공통사항 다섯 가지를 다음과 같이 제시하고 있다. 첫째, 사고는 우연이 아닌 가정, 학교, 지역사회, 산업체 등 어느 장소에서든지 인간의 행동으로 인하여 일어나는 것이라는 것을 알게 한다. 둘째, 사고는 사람에 의해서 일어나고 사고가 일어나게 된 이유를 알고 미연에 방지한다면 통제될 수 있다는 것을 이해, 납득시켜야 한다. 셋째, 자신과 타인에게 일어나는 사고를 방지해야 하는 개인의 도덕적 · 사회적 책임을 알게 한다. 넷째, 다른 사람과 협력하여 이러한 목적들이 성취될 수 있다는 것을 알게 한다. 마지막으로 안전은 행복을 증진시키고 부주의는 슬픔을 낳는다는 것을 알게 한다.

2) 학교안전관리의 유의점

발생하기 쉬운 위험성은 모든 활동 속에 내포되어 있다는 생각을 망각해서는 안 되며, 모든 불안전성은 뒤로 미루지 말고 즉시 제거하는 태도를 가지며 동일한 사고가 재발하지 않도록 해야 한다. 또한 사고 상해에 대한 보상대책을 세워야 하며, 학교안전공제회에 가입하거나 전교생을 대상으로 상해보험에 가입하는 것도 중요하다. 어린이는 스릴을 즐기기 때문에 불필요한 스릴에 대한 유효적절한 방지법과 대책을 항상 염두에 두고 평소 위험요인을 제거하고 사고예방에 심혈을 기울여야 한다.

3) 학교안전교육

자타의 생명을 존중하고 신체적 · 정신적 · 정서적으로 안전하게 생활환경에 적응하여 사회에 공헌할 수 있는 능력을 최고로 발달시키는 것이며, 필요한 안전지식과 기술을 습득시켜 안전에 대한 태도와 습관을 육성시키는 교육이다. 안전교육은 교육의 일환이기 때문에 단지 상해로부터 신체를 보호하는 것만이 목적이 될 수 없으며 인간으로서 성장하기 위해 필요한 경우에 위험으로 향하여 나아가고 이것을 극복하는 것이 되어야 한다.

따라서 불안전으로부터 안전하고 적극적으로 사회에 공헌하는 태도를 육성시키는 것이 중요한 목표가 되는 것이다. 즉 "학교안전교육을 적절히 실시하려면 적절한 안전관리가 뒷받침되어야 한다."는 것이다.

학교에 있어서의 안전교육은 보건교육의 일환으로서 아동, 학생 등의 일상 안전생활 실천에 필요한 습관, 태도, 능력, 기능을 기르는 데 노력하고, 학교의 안전관리는 아동, 학생 등의 생명의 안전과 상해의 발생 방지에 노력함에 있다.

안전교육의 목표로서는 ① 인간생명의 존중성에 관한 인식을 깊게 하고, ② 일상생활 중 안전에 관해 이해시키며, ③ 일상 안전생활에 필요한 습관과 태도를 기른다. ④ 사고(따돌림, 폭력, 성폭행 포함)/재해의 원인 및 예방대책에 관해 이해시키고, ⑤ 지역사회의 안전 유지의 중요성을 이해시키고, 그를 위해 노력하는 태도를 기르며, ⑥ 구급처치의 필요성과 방법에 관해 이해시키고, 그에 필요한 기능을 기른다. 또한 ⑦ 안전관계법규에 관해 이해하고, 이것을 준수하는 태도를 기른다.

3. 학교안전교육 연간지도 계획 및 지도방법

1) 학교안전교육의 목표

학교에서의 체계적인 안전교육 및 안전관리 강화로 안전의식의 조기체질화 · 생활화를 도모하고 각종 안전사고 예방지도를 통하여 학생 및 교직원의 안전한 교육활동을 유지한다. 또한 교통사고 예방교육 및 시설개선을 통한 인명존중의 선진 교통문화를 정착하고, 안전생활습관을 형성하여 생명존중의 가치관을 심어주고 행복한 삶을 영위할 수 있도록 한다. 아울러 학교 내외의 위험한 장소, 기구, 장비 등을 조사하여 위험요인을 제거하고 발생할 불의의 사고를 사전에 예방하고 계획 속에서 수시로 확인 · 점검할 수 있는 능력과 태도를 가지도록 안전교육 프로그램을 개발한다.

2) 학교안전교육의 방침

학교의 여건과 실정에 알맞은 학교안전수칙을 제정하여 실천하고 교육과정에 반영하여 체계적인 안전교육을 실시한다. 특히 체험중심 안전교육의 내실화로 안전사고 예방에 힘쓴다. 또한 유관기관과의 협조체제를 구축하고, 학교 주변의 각종 위험요소 제거를 통한 안전사고 예방에 힘쓰고 안전교육자료 활용 및 계도 활동을 강화한다.

3) 중점 지도 내용(추진 과제)

(1) 학교안전교육의 체계적 실시

① 교육과정에 의한 체계적인 안전교육 실시

② 체험 위주의 안전교육 내실화

③ 각종 재난대비교육 강화

④ 안전교육 교사 연수 강화

(2) 아동 · 학생 보호를 위한 교통안전교육의 내실화

① 교통안전 교육과정 운영의 내실화

② 현장지도를 통한 교통사고 예방교육 강화

③ 교통안전 유관기관의 전문교육 협조체제 구축 · 활용

④ 현장 체험학습 시 학생 안전사고 예방 철저

⑤ 학교안전관리 담당

⑥ 취학 전 아동 교통안전교육 개선

(3) 안전관리 기능의 강화

① 학교안전관리 담당 조직 · 운영

② 학교안전 점검의 날 운영

③ 교통안전 자원봉사자활동 촉진

④ 신종 안전사고 예방 대책 강구

▼ 표 4-1 중점 추진 과제에 대한 추진 내용 및 실천 사항

중점 추진 과제	세부 추진 내용	실천 사항
학교안전 교육의 체계적 실시	• 교육과정에 의한 체계적 안전 교육 실시	• 연간 20시간의 교육과정 관련 지도 (교육과정 분석 안전교육 관련 요소 추출 지도) • 계절별 · 월별 중점 안전교육 실시
	• 체험위주의 안전교육 실시	• 안전의식 고취 안전교육 학예 행사 실시 • 안전 윤리교육 강화 • 안전 유관기관의 전문 교육 협조 체제 구축 · 활용 • 현장체험학습 시 사전 안전교육 실시 • 기초질서 지키기 캠페인 전개
	• 각종 재난대비교육 강화	• 화재 및 비상사태 시 훈련 요령 지도
	• 안전교육 교사 연수 강화	• 안전교육의 연수
	• 선도요지도 및 요양호학생 관리 철저	• 선도가 요구되는 학생실태 파악 제도 • 무리한 운동 금지
	• 가정과의 연계 지도	• 기초질서 및 안전교육 학부모 계도

중점 추진 과제	세부 추진 내용	실천 사항
아동 · 학생 보호를 위한 교통안전 교육의 내실화	• 각종 안전교육 충실	• 안전교육 철저
	• 현장지도를 통한 교통사고 예방 교육 강화	• 실습을 통한 안전한 길 건너기 생활화 지도 • 현장교육 학생안전 규칙 준수 • 야외활동 전 사전 교육 철저
	• 교통안전 보조 교사 양성 계도 활동 강화	• 어머니 교통안전 명예교사 위촉 • 등교 시 교통안전 지도
	• 교통안전 유관기관이 전문교육 협조체제 구축 · 활용	• 어머니 교통안전 명예교사 적극 활용 • 분야별 전문교육 협조체제 구축 활용
'안전관리 기능'의 강화	• 학교안전관리 담당 조직 · 운영	• 학교안전관리 조직 구성
	• 학교안전 점검의 날 운영	• 매월 4일(공휴일인 경우 익일) 실시
	• 안전한 학교 환경 구성	• 교실, 담당구역에 위험 환경물 제거 및 파손 정비

(4) 월별 학교안전 생활지도 및 추진 계획

학교단위로 학교실정을 고려하여 학교안전사고 예방을 위해 월별 학교안전생활지도 및 추진계획을 수립하여 추진하는 것이 사고예방에 많은 도움을 줄 수 있다.

▼ 표 4-2 월별 학교안전 생활지도 및 추진계획

월	안전 생활지도	안전교육 추진계획
3	• 교통지도 - 교통규칙 - 교통질서 - 교통예절	• 녹색어머니회 조직 및 운영 • 안전 점검 수칙 교사 연수 • 학교생활 안전수칙 어린이 교육 • 안전 점검의 날 매월 4일 운영 〈연중〉
4	• 5무 운동하기 - 교통사고 없애기 - 폭행사고 없애기 - 안전사고 없애기 - 유괴사고 없애기 - 물품갈취 근절하기	• 녹색어머니회 운영 〈연중〉 • 안전 점검의 날 매월 4일 운영 〈연중〉 • 아동 · 학생 교통안전 가정통신문 발송 • 학교폭력예방교육 • 자원상담교사 학생생활 상담활동 • 아동 · 학생, 교사 성희롱 및 성폭력 예방교육
5	• 학교 안 - 학교시설물 이용 지도 - 점검 보수	• 녹색어머니회 운영 〈연중〉 • 안전 점검의 날 매월 4일 운영 〈연중〉 • 학부모 교통안전 명예교사 교육

월	안전 생활지도	안전교육 추진계획
6	• 가스안전 • 식중독 예방	• 녹색어머니회 운영 〈연중〉 • 안전 점검의 날 매월 4일 운영 〈연중〉 • 식중독 예방 가정통신문 발송 • 민방위의 날 비상구 대피 훈련
7	• 수상안전 • 교통안전 • 풋과일, 빙과류	• 녹색어머니회 운영 〈연중〉 • 안전 점검의 날 매월 4일 운영 〈연중〉 • 여름철 안전교육 가정통신문 발송 • 안전교육 표어, 포스터 그리기 교내대회 • 강사초빙 안전교육
8 9	• 놀이사고 - 위험한 놀이 안 하기 - 시설점검 보수	• 녹색어머니회 운영 〈연중〉 • 안전 점검의 날 매월 4일 운영 〈연중〉 • 자전거통학 안 하기 가정통신문 발송 • 학부모 성교육
10	• 행락 사고 • 등산, 수련활동 • 유해업소 출입 안 하기	• 녹색어머니회 운영 〈연중〉 • 안전 점검의 날 매월 4일 운영 〈연중〉 • 벌 쏘임, 유행성결막염 예방 가정통신문 발송 • 민방위의 날 대피훈련 • 강사초빙 소방안전교육
11	• 계절 건강 - 환절기 위생, 동상, 감기	• 녹색어머니회 운영 〈연중〉 • 안전 점검의 날 매월 4일 운영 〈연중〉 • 환절기 위생 가정통신문 발송
12	• 소방안전 - 불장난 금지 - 소지품 검사 - 시설 점검	• 녹색어머니회 운영 〈연중〉 • 안전 점검의 날 매월 4일 운영 〈연중〉 • 겨울철 안전교육 가정통신문 발송 • 화재시 대처요령 아동·학생 교육
1 2	• 교통안전 - 교통규칙 및 교통질서 • 해빙기 안전 - 시설물 점검 및 불조심	• 녹색어머니회 운영 〈연중〉 • 안전 점검의 날 매월 4일 운영 〈연중〉 • 재난 시 대처요령 아동·학생 교육

4) 학교안전관리의 조직화 및 지도방법

(1) 안전지도의 조직화

안전교육은 한 사람이 열심히 실천한다 해도 그 효과를 올릴 수 없는 것이므로 이것을 계통화하고 조직화하여 학교와 사회와의 협력체제로 구성할 필요가 있다. 아동·학생 대표에 의한 안전위원회를 조직하고 이 조직은 지도 지침, 관리실천 프로그램을 작성한다. 아울러 학급, 학년의 안전위원회를 조직하고 각 위원회에서는 교통, 구급, 운동장, 체육관, 수영장, 급식 등의 안전관리반을 설치한다.

(2) 안전활동의 조직화

시설용구의 점검, 보충, 수리 등의 활동을 조직하고 사고와 상해의 기록 작성, 보고활동 등을 조직해야 한다. 그리고 학급과 학생의 건강 활동에 대한 조직도 만들어야 하며, 관공서와 공보기관과의 연락, 섭외활동의 조직을 만든다. 아울러 법적 조치의 연구와 관계 부처와의 관계를 조직화한다.

(3) 안전운영의 조직화

안전관리에 대한 자료 수집과 정비에 관한 조직을 만들고 안전행사의 기획에 관한 조직과 각 위원회와의 연락조직을 만든다.

(4) 안전에 관한 조사연구의 조직화

사고의 원인에 관한 조사를 조직화하고 학교경영자 및 관리자에게 안전에 대한 요망, 토의사항에 관한 것을 계통화시키고 신문, 잡지, 문헌 등의 자료수집과 정리, 평가도 잊어서는 안 된다. 따라서 학교에 있어서 안전관리는 다음과 같은 영역에 중점을 두고 안전교육과 병행하여 안전관리에 작용하여야 한다.

① 학교생활(휴식시간, 체육활동, 실험 · 실습)의 안전관리
② 학교시설 및 환경의 안전관리
③ 등 · 하교 시 교통사고 방지
④ 실내 · 외 및 여름철 수영의 사고방지
⑤ 성적 폭행의 피해방지
⑥ 위험한 놀이에 의한 사고방지
⑦ 스키, 등산, 야영 등에 따른 사고방지
⑧ 체험학습, 수학여행 등에 따른 사고방지
⑨ 화재에 관한 사고방지 및 안전대책
⑩ 자연재해(지진, 폭풍, 수해) 등의 안전대책

4. 안전위원회의 임무와 학교안전사고 발생요인

학교안전교육을 철저히 실행하기 위해서는 교내에서 교직원과 학생에 의한 학교실정에 맞는 안전위원회를 구성하여 설치하고 동시에 지역사회 내의 학교안전위원회와 연합하여 지역구 안전위원회연합으로 설치하여 사고예방활동을 할 수 있도록 한다.

1) 안전위원회의 임무

① 교내의 불안전한 원인을 제거하고 위원의 능력 밖에 있는 사항에 대해서는 학교 관리자에게 요청한다.

② 대피, 방화훈련의 시안을 작성한다.

③ 학교 인근의 교통정리에 협력한다.

④ 위원회에서 주번제를 설치하고 지도요령에 따라 시간을 정하여 교원위원과 학생위원은 함께 소정의 장소를 순찰한다.

⑤ 위원회에서 반을 설치하고 임무를 분담한다. 예를 들면, 교통, 운동장, 교사 내, 자료수집 등의 반을 설치하여 분담사항을 임명한다.

⑥ 지역안전위원연합에서는 지역 내의 교통안전, 화재안전대피 및 방화훈련 등에 대하여 상호 연계하여 협조를 도모한다.

⑦ 통학로의 안전협조를 도모한다.

⑧ 연합지역구의 안전연구, 연수, 강연회 등을 개최한다.

⑨ 경찰, 소방서, 적십자, 방송국, 신문사 등과 협력하고 연합하여 안전전시와 자료전시회 등을 개최한다.

2) 학교안전사고 발생의 요인

학교안전사고의 발생원인은 사고의 직접적인 원인과 사고의 간접적인 원인에 의해 크고 작은 사고가 발생한다. 사고의 직접적 요인은 ① 안전수칙 위반 ② 교재·교구, 시설·설비 안전점검 미비, 보수 관리 불이행 ③ 위험지구 및 시설 접근 ④ 안전장비 기구 불비 ⑤ 위험기구, 장비, 약품 사용 등에 의해 빈번한 안전사고가 발생한다.

사고의 간접 요인은 ① 준법정신, 공중도덕 실천 결여 ② 안전수칙 무지 및 기능 미비

③ 인명 경시 풍조 ④ 인적 결합(성격, 과로, 선 · 후천적 특성)에 의해 사고는 발생한다. 한편 잦은 학생 안전사고 사례를 보면 ① 체육시간 중에 승부욕에 맞선 과격한 동작으로 인해 다른 선수와 부딪쳐 부상하는 경우와 유명선수의 흉내를 내다 부상하는 경우, 그리고 농구 골대, 테니스장 롤러 등을 옮기면서 발을 끼이는 부상, 철봉, 뜀틀, 평균대 등 운동기구 위에서 떨어져 부상을 당하는 경우가 흔히 발생한다. ② 실험실습 중에는 수업에 따르지 않고 기구를 가지고 놀다가 부상한다거나 실험실 정리 중 컵에 든 화학약품을 마구 섞어 폭발하여 부상하기도 하며, 요리 실습 중 뜨거운 물을 쏟아서 화상을 당하는 부상도 볼 수 있다. 그리고 미술 시간에 조각칼로 작업하다가 손을 베이는 부상 등이 있다. ③ 휴식 시간 중에는 교실에서 과격한 놀이(말타기, 레슬링, 씨름)를 하다가 부상을 당하는 경우와 운동장 체육시설, 놀이기구로 인한 부상, 호주머니에 손을 넣거나 양손이 부자유한 상태에서 넘어져서 부상, 화장실 바닥의 물기로 인해 미끄러져 부상, 행사, 수업 등을 위해 이동하던 중 무질서하게 나오다가 밀려 넘어져 부상, 점심시간 배식차를 옮기다 손이 끼이는 부상, 그리고 학교를 빠져나가려고 교문 또는 담을 뛰어넘다가 부상을 당하는 경우도 있다. ④ 청소시간 중에 부상을 보면 형광등, 창문 등 높은 곳을 청소하던 중 넘어져 부상, 철제발판 밑을 청소하다가 떨어뜨려 발 부상, 바닥 청소를 하다가 막대걸레로 인한 치아 손상, 장갑을 끼고 변기를 닦던 중 약품이 장갑 안으로 들어가 화상 등이 있다. ⑤ 수학여행이나 체험학습 중에도 안전사고가 많이 발생한다. 특히 해이해진 마음으로 숙소에서 과격한 놀이를 하다가 부상을 당한다거나 수련활동 중 물놀이를 하다가 갑작스러운 심장마비로 인한 사망사고, 대열을 벗어나 개인 행동하다가 위험한 장소에 들어가서 사고를 당하는 경우도 우리 주변에서 사고 사례를 흔히 볼 수 있다.

5. 학교안전사고 발생 시 처리 절차 및 사례

학교에서 종종 발생하는 학교안전사고로 인해 제기될 수 있는 문제점은 먼저 직접적인 손해배상청구소송 당사자가 될 가능성이 있고, 구상권 청구 가능성에서는 교원의 성실의무 및 지도감독 의무 위반이 명백할 경우에 해당하며, 징계 가능성은 중대한 과실이 없고, 주의 의무를 다했다는 것을 입증하지 못하면 소송으로 비화되어 민 · 형사상의 책임은 물론, 징계를 당하는 경우가 있다(금고 이상의 형은 퇴직됨)는 것을 인식하여야 한다.

1) 안전사고 발생 시 처리절차

학생의 안전을 위한 최소한의 응급조치를 취하고, 빠른 시간 내에 병원으로 이송하여 의사의 진료를 받을 수 있게 하여야 한다. 그리고 사고 발생에 대한 원인과 과정을 충분히 숙지하여 학교장과 학부모에게 알리고 원만한 해결이 이루어질 수 있도록 최선을 다해 노력해야 한다. 아울러 학교안전공제회의 보상 및 지원 절차를 확인하여 학생 사고에 대한 치료비 등 금전적 보상을 받을 수 있도록 조치를 취하고 다음과 같은 절차에 의해 사고를 빠른 시간 내에 수습하고 처리하여야 한다.

(1) 응급조치 및 병원 이송

학교 내외에서 안전사고가 발생할 경우 응급조치를 취한 후 병원으로 긴급 이송한다. 단 복합골절, 뇌진탕, 척추손상 등 중상해 사고는 병원으로 연락하거나 119구조대의 협조를 받아 후송해야 한다(2차 부상 방지).

(2) 목격자 진술 확보 및 사고 상황 파악

중상해(장애, 사망) 사고가 발생할 경우 반드시 목격자 진술을 확보하고 사고 원인과 상황을 파악해야 한다(피해자의 소송 대비).

(3) 안전사고 발생 통보

교장, 교감의 사고 상황 파악과 조치 사안을 결정하도록 하고 학부모에게 연락(상황 확대 유의, 침착 유도)하고 상황에 따라서 상급 기관 및 학교안전공제회에 통보도 해야 한다. 아울러 지역교육청에 즉시 보고(유선보고 후 서면 보고)도 하여야 하며 학교안전공제회에 학교안전사고 발생 통보서를 송부하고 보상 절차에 관한 협의를 하여야 한다.

(4) 병문안 및 가족 위로

담임교사, 학교장, 학생, 교직원의 정성과 사랑이 깃든 위로를 통해 사고발생원인 및 수습과정을 상세하게 설명하고 가족을 안심시키는 것도 중요한 절차이다.

(5) 사안에 따른 구상권 청구 방지

교원의 관리 감독 소홀 및 시설, 설비 하자 등으로 인한 구상권 청구는 방지하여야 한다.

(6) 학교안전공제회에 보상금 청구 · 치료 완치 후 보상금 신청

안전공제회에 확인 후 보상금 지급 결정에 따른 가족에게 통보하고 세외 구좌에 입금할 수 있도록 조치하여야 한다. 한편 학부모에게 동의 및 청구서와 합의 각서를 징구하고 동의 및 청구서는 공제회로 송부하고, 합의 각서는 학교에 보관하여야 한다.

2) 학교안전사고로 인한 분쟁발생시 처리 절차

학교에서 불의의 안전사고가 발생하였을 때 원만하게 해결이 된다면 문제가 되지 않지만 처리과정에서 피해자와의 관계에서 쉽게 해결이 안 될 경우가 종종 있다. 이러한 경우에 처리 절차를 다음과 같이 잘 이해하고 있어야 한다.

(1) 사고 발생
(2) 사고 경위 파악 및 일지 기록(육하원칙에 의거)
　① 사고 발생 일시 및 사고 관련자
　② 교사의 당시 상황 및 사후 조치 내용
(3) 학교안전공제회 보상금 신청(신청자 : 학교장)
(4) 분쟁 비화
(5) 가해 · 피해 학부모 중재 활동
(6) 학교교육분쟁조정위원회 개최 여부 결정
(7) 소송 – 교육 관련 단체에 법률 상담 및 소송비 지원 요청
(8) 사건 종료

3) 학교안전공제회 학교안전사고보상 '사례'

(1) 학교안전사고 사고 개요

2009년 6월 15일 14시 30분경 ○○중학교 1학년 남자 학생이 휴식시간에 교실로 들어가려고 교실 문의 문설주에 손을 대고 있던 중, 복도와 교실의 창문으로 맞바람이 불어와 갑자기 문이 닫혀 검지 첫 번째 마디가 절단사고이다. △△병원에서 손가락 신경절단 진단을 받은 사고이다.

(2) 학교안전사고 사고 원인

학교 교실의 시설물에 대한 점검이 미흡하였거나, 교실 출입문의 안전장치가 부실하여 사고의 위험성이 도사리고 있었다는 것이다.

(3) 학교안전사고 예방대책

교실 출입문에 안전장치를 설치하고 사고 발생이 많은 출입문에서의 사례를 중심으로 안전교육을 실시하였다.

(4) 학교안전사고 처리경과

학교안전공제회는 학교 내 교육활동 중에 발생한 크고 작은 안전사고에 대하여 학교안전사고 보상공제사업의 일환으로 설립된 별도의 법인으로서, 학교안전공제회는 학교안전사고로 인하여 생명·신체에 피해를 입은 학생·교직원 및 교육활동참여자에 대한 보상을 하기 위하여 공제사업을 실시하고 있고, 공제회는 피공제자인 학생 또는 그 보호자 등에게 직접 공제급여를 지급하게 되어 있다. 학교안전공제회의 요양급여는 의료보험공단의 법령에서 정하는 요양급여의 항목에 대하여 지급받을 수 있고 또한, 의료보험공단의 요양급여 제외항목에 대하여도 학교안전공제회는 의사의 소견을 받아 치료에 필요하다고 판단될 경우에 요양급여를 지급하고 있다. 법적인 절차를 알고 청구하는 것과 모르고 청구하는 것은 당연히 차이가 발생하고 위의 사례처럼 장해급여 지급대상에 해당되지만 청구하지 않아서 불이익을 당하는 분들이 생각보다 많다는 사실도 알아야 할 것이다(http://cafe.naver.com/guide2011/300).

제2절 학교보건관리 및 안전

1. 학교교육과 보건교육

학교에 있어서의 교육의 목적은 교육법 제1조에 명시된 바 "인격을 완성하고, 자주적 생활 능력과 공민으로서의 자질을 구유케 하여 민주국가 발전에 봉사하며, 인류 공영의 이상 실현에 기여함"에 있으므로 그 핵심은 "자주적 정신이 깃든 심신 모두가 건강한 국민육성"이라 할 수 있겠다.

따라서 학교교육의 목적을 달성하기 위해서는 학생의 심신의 건강을 유지·증진하는 것이 무엇보다 중요하며, 또한 학교교육에 있어서 학생의 건강이 소외되는 보건안전교육이 제도적으로 정착되지 않는다면, 건강한 국민의 육성은 더욱 생각할 수 없다. 그러므로 학교에 있어서의 학생의 건강증진을 위한 관리와 보건안전교육은 물론, 학교교육에 있어서의 학교보건의 비중은 더없이 크다고 여겨진다.

학교보건이란 말은 일반적으로 학교에 있어서의 보건교육 및 보건관리를 총괄해서 사용하는 경우가 많다. 보건교육은 학교교육법에 근거를 두고 교육과정의 일환으로 취급되어지고, 보건관리는 학교보건법에 의해서 규제되고 있다. 학교보건의 목적을 달성하기 위해서는 구체적으로 다음 사항에 관해서 합리적인 계획을 수립하여 실천함이 요구된다.

① 학교보건조직의 실천 강화
② 학교환경의 효율적 정비 및 유지관리
③ 학교생활의 안전하고 건강한 실천
④ 학교보건사업의 내실화(건강진단, 건강상담, 학교급식 등)
⑤ 실제적인 보건교육의 강화
⑥ 교직원의 보건관리

학교보건은 아동, 학생 및 직원의 건강과 복지증진을 도모하고 더불어 학교교육을 원활히 실시할 수 있도록 정해진 학교에서의 보건관리 및 안전관리를 말한다. 교육부의 학교보건사업의 기본 방침을 보면 학생들이 안전하고 건강한 학교생활을 영위할 수 있도록 학교보건요원의 활동을 강화하고, 보건위생시설을 확충·개선하여 깨끗하고 명랑한 교육환경 조성을 하는 것이고, 보건 및 건강에 대한 정확하고 풍부한 지식을 제공하고, 건강한 생활을 할 수 있도록 자기건강관리 능력을 길러주며, 신체적·정신적·사회적으로 건강하고 성숙한 민주시민을 육성하는 것이다.

학교에서 행하는 보건교육은 학생들이 정신적·신체적으로 건강하게 행복한 가정 및 사회생활을 할 수 있도록 이에 필요한 기초적 지식을 이해·습득시켜 실생활에 적용하게 하는 건강보전의 실천적 기능과 태도를 육성하는 활동이다.

보건교육은 학교교육과정의 일환이기 때문에 학교의 실정을 감안해서 연령 및 발달단계에 따른 필요한 목표 및 내용을 정해서 적절히 지도해야 한다.

보건교육의 일반적인 목표는 다음과 같다. 건강생활에 필요한 이해를 통해 태도, 습관,

기능을 기르게 한다. 구체적인 초등학교, 중학교, 고등학교, 대학교의 보건교육 목표 및 내용을 소개하면 다음 〈표 4-3〉과 같다.

▼ 표 4-3 학교 급별 보건교육의 목표 및 내용

구분	학교 보건교육의 목표 및 내용
초등학교 보건교육	(1) 신체의 발육, 상해의 방지, 질병의 예방에 관해 이해시킨다. (2) 건강의 유지 증진에 필요한 생활 행동과 좋은 환경을 이해시킨다. - 청결, 식사, 수면, 휴양, 자세 등에 관한 이해 및 이를 실천하는 습관, 태도를 기른다. - 일상의 생활안전과 질병 예방에 필요한 사항을 이해시킨다. - 자기 건강과 더불어 가족과 사회인의 건강에 대해 이해시킨다.
중학교 보건교육	(1) 심신의 기능과 발달 및 건강한 생활에 관해 이해시키고, 합리적인 건강을 유지 증진하는 태도를 기른다. (2) 건강과 환경과의 관계를 이해시키고, 건강에 적절한 환경 조건의 유지 및 개선을 할 수 있는 능력과 태도를 기른다. (2) 상해의 방지 및 질병의 예방에 관한 이해를 깊게 하고, 응급처치의 기초적 기능을 습득시키고, 이것을 실천하는 능력과 태도를 기른다.
고등학교 보건교육	(1) 건강한 신체, 정신과 건강의 유지 증진에 관한 문제를 해결하는 능력과 태도를 기른다. (2) 근로에 관해 보건의 입장으로부터 이해시키고, 이것을 기초로 건강생활을 계획하고 실천하는 능력과 태도를 기른다. (3) 공중위생에 관해 계통적으로 이해시키고, 집단의 건강을 증진하고 국민보건의 발전에 기여하는 태도와 능력을 기른다.
대학교 보건교육	(1) 대학에 있어서의 보건교육은 교양과정의 일부로 이수되어지고 있다. (2) 자기자신의 건강은 무엇보다 장래, 사회의 중견층 · 지도층으로서 필요한 건강관의 확립에 중점을 두지 않으면 안 된다.

이러한 보건관리, 보건교육의 중요성을 인식하고 효율적인 건강관리와 보건교육에 의해서 학생건강의 유지증진, 심신의 안전, 학습능률의 향상, 건강생활의 실천력을 육성하는 등의 학교보건교육이 지향하는 목표가 달성되면 학교교육의 성과 또한 기대할 수 있다.

2. 학교 환경위생과 건강관리

학교 환경위생의 목적은 크게 네 가지로 정리해 볼 수 있다. 첫째, 학생의 건강 유지 증진, 둘째, 학생의 심신 안전, 셋째, 학생의 학습능률 향상, 마지막으로 청결하고 아름다운

환경 하에서의 생활이다. 이러한 목적에 부합된 환경이 바람직한 학교환경이 될 수 있다. 학교환경을 건강적으로 정비하기 위한 법적 근거로서는 학교보건법 제4조에 "학교의 장은 교육부령이 정하는 바에 의하여 교사 내의 공기오염, 환기, 채광, 조명, 온·습도, 식기, 식품, 음료수, 상하수도, 변소, 오물처리, 기타 환경위생 및 식품위생을 적절히 유지하여야 한다."라고 명시하고 있어 이 규정에는 구체적인 환경기준이 설정되어 있지 않으므로 학교 환경을 효율적으로 정비하기 위해서는 구체적인 환경기준의 설정이 필요하다.

특히 교사(校舍)는 견고해야 하고, 학습상·보건위생상·관리상 적절해야 하며, 학교의 규모에 따라서 넓이, 높이, 채광, 환기, 방음, 방서, 방습, 냉난방, 색채 등에 있어서 교수·학습상, 생리상, 위생상 충분한 고려가 필요하다. 특별교실, 보건위생시설도 그 목적에 따라서 고려가 필요하며, 복도, 계단, 출입구 등에 있어서는 건축기준법 시행령 등을 참고하고, 안전상의 주의가 필요하다. 교실을 건강적으로 정비하기 위해, 보건체육심의회의 자문에 의한 조명, 소음, 환기 등의 기준을 감안하여 고려되어야 한다. 교실은 학생이 하루 중 많은 시간을 생활하는 곳이므로 실내 환경에 각별한 주의가 요망된다. 기타, 학교환경위생 정화구역 설정(학교보건법 시행령 3조)을 보면 절대정화구역은 학교 출입문으로부터 직선거리로 50m, 상대정화구역은 학교 경계선으로부터 직선거리로 200m까지로 한다.

1) 건강검사 및 건강상담

학생의 건강상태를 정확히 파악하고, 적절한 지도 조언을 통하여 건강도를 높이는 것은 학교 경영자에 있어서 중요한 책무이다. 보다 양질의 학교보건교육를 위해서는 보건교사, 학부모, 담임교사와의 긴밀한 협력이 요구된다.

건강검사는 간호사(보건교사)에 의한 건강관찰, 집단검진, 의학적·치의학적·심리적 검사를 통한 학생과 교직원의 신체적·정신적·정신적 및 사회적 건강상태를 판단하는 학교보건봉사의 과정으로 정의되고 있다.

학생은 학교보건법(학교신체검사 규정)에 의거해 체격·체질 검사를 매년 정기적으로 4월 1일부터 6월말까지, 체력검사는 9월 1일부터 10월말까지 실시하도록 되어 있다. 교직원은 공·교의료보험법(국민건강보험법)에 의해 2년마다 정기적인 신체검사로 갈음할 수 있다. 학교 신체검사는 체격점사·체질정사 및 체력정사로 구분하는데, 체격 및 체력검사는 교직원이 실시하고, 체질검사는 학교보건법 제15조 규정에 의한 학교의사(공중보건의사, 임시위촉의사)가 검사하도록 한다.

아울러 학교 건강상담은 학교보건관리 중에서 대단히 중요한 사항으로 건강검사 결과 사후처리로도 중요하다. 건강상담의 대상은 다음과 같다.

① 건강검사 결과 계속적 지도 관찰을 필요로 하는 자
② 질병으로 결석을 하기 쉬운 자
③ 학생 자신이 심신의 이상을 느껴 건강상담이 필요하다고 인정된 자
④ 보호자가 보아서 심신상태가 건강상담이 필요하다고 인정된 자
⑤ 수학여행, 소풍, 운동회, 대외 운동경기, 휴가 중 단체생활 등 학교행사에 참가하는 경우 건강상담이 필요하다고 인정된 자

2) 교내 감염병 예방관리

학교는 많은 학생이 밀집해 전파가 용이하고, 성인보다 저항력이 약하기 때문에 학교의 장은 학교보건법(제7조)의 규정에 의한 신체검사 결과 전염병에 감염되었거나, 되었다는 혐의가 있거나, 감염될 우려가 있는 학생 및 교직원에 대하여 대통령이 정하는 바에 따라 등교를 중지시킬 수 있다.

교내 감염예방을 위한 기본방침은 학교는 많은 학생들이 밀집해서 공동생활을 하므로 감염병 발생 시 급속히 전파되기 때문에 방역기관의 협조로 신속한 대처방안을 강구하여야 한다. 감염병 예방 보건교육 및 면역 증강, 환경위생 개선 등으로 사전예방을 통한 학생 및 교직원의 건강 유지와 증진을 도모할 수 있도록 하여야 한다. 교내 예방관리를 위한 현황은 초등학교 외에 중학교 신입생까지 입학한 날로부터 90일 이내 예방접종의 완료 여부 검사를 의무화(「학교보건법」 제10조, 2007.12.14 개정)하여야 한다.

최근 생활환경과 식생활 수준이 향상되었음에도 불구하고 과거에 비해 감염병 환자 수 통계는 증가 추세를 보이고 있으며, 감시체계 및 보고체계의 강화로 환자에 통계처리 투명화, 그리고 전문가들은 학업으로 인한 스트레스 및 체력저하 등으로 신체 면역력이 떨어지는 것이 그 원인의 하나로 지적되고 있으며, 2009년에는 신종인플루엔자 A(H1N1)가 전 세계적으로 대유행하여 어려움을 겪은 적도 있었지만 지난 2020년도 1월부터는 중국의 우한에서 발생한 코로나-19의 전염병 발생으로 2021년도에 걸쳐 2년여 동안 전 세계적으로 수많은 인명이 사망함과 동시에 전 세계가 경제적 어려움을 겪고 있는 상황을 볼 때 교내 감

염병 예방관리를 위한 대응법과 예방수칙은 아무리 강조해도 지나침이 없을 것이다.

이에 따른 방역소독도 학생들의 건강과 안전한 학교생활을 위해 교사 내외의 청소 및 소독을 통한 각종 벌레·해충 등의 구제 조치와 전염병 예방을 위해 학교 경영자는 학생들의 건강을 보호하여야 한다. 대부분 학교에서 방역소독을 실시하고 있으나, 법정 횟수를 지키지 않고 형식적으로 실시하는 경우가 있을 수 있기 때문에 전염병 예방에 필요한 청소 및 쥐·벌레 등의 구제 조치와 다수인이 거주 또는 이용하는 학교시설, 기숙사 등 시설에 소독을 실시(전염병예방법 제40조 및 같은 법 시행령 제11조의2)하여야 하며, 청소 및 소독방법과 횟수의 철저한 준수(같은 법 시행규칙 제19조 및 제20조)로 위반에 따른 과태료 처벌 등 사례방지(법 제56조의2)를 위해 적극적으로 노력해야 한다.

▼ 표 4-4 소독을 실시하여야 하는 시설의 종류 및 소독횟수(시행규칙 제20조 관련)

소독을 실시하여야 하는 시설의 종류	소 독 횟 수	
	4~9월	10~3월
① 1회 100인 이상에게 계속적으로 식사를 공급하는 집단 급식소 ② 50인 이상을 수용할 수 있는 기숙사 및 합숙소 ③ 「초·중등교육법」 제2조 및 「고등교육법」 제2조의 규정에 의한 학교 ④ 「영·유아보육법」에 의한 영·유아보육시설 및 「유아교육법」에 의한 유치원(50인 이상을 수용하는 영·유아보육 시설 및 유치원의 경우에 한함)	1회 이상 /2월	1회 이상 /3월

출처 : 전북교육청 학교환경위생관리 기본 방향(2010).

3) 감염병 예방을 위한 추진 및 안전대책

먼저 학교 감염병 예방관리를 철저히 하는 것이 중요하다. 특히 취약 환경 및 병원소 관리를 통한 감염원 제거, 그리고 개인위생수칙을 준수하도록 보건교육을 강화하고, 환자 조기발견 및 이환자 등교중지 등 격리조치로 교내 확산을 방지하는 것이 선행되어야 한다.

감염병 발생에 따른 학교 및 교육청의 단계별 대응체계 확립 및 담당공무원의 전문성 함양을 위한 특별 연수 등을 실시하고 특히 유치원 및 초·중·고등학교에서 교직원 채용 시는 물론 정기적인 건강검진을 실시하여 면역력이 약한 학생들이 집단으로 감염병에 노출되지 않도록 조치를 하여야 한다. 학교에서의 감염병 발생 시 감독청에 즉시 보고 및 방역기관에 통보로 신속한 방역체계 구축이 필요하다. 이를 위해 학교·교육청은 NEIS(교육행정정보시스템)을 통해 즉시 보고 및 통계관리를 철저히 하고, 단 법정감염병은 발생 즉시 보고하고, 비법정 감염병의 경우 같은 학급별 2명 이상 발생시 NEIS를 통해 보고를 하여야 한다. 따라서 NEIS(교육행정정보시스템)에 명시되어 있지 않은 감염병의 경우 기타로 보고하며 세부 병명을 명시하여 집단으로 발병하였거나 전염성이 강한 감염병이 발생한 경우에는 유관기관과 대책협의회를 즉시 구성하여 실태 파악 및 대책 강구에 만전을 기하여야 한다.

특히 코로나와 제1군 감염병 및 홍역, 결핵 환자가 발생하였을 경우 의사에게 진료를 받게 하거나, 관할 보건소에 즉시 신고(「감염병의 예방 및 관리에 관한 법률」 제12조 참고, 법률 제9932호)하여 확산을 방지하여야 한다. 또한 등교중지 또는 휴업을 실시한 경우 학생 생활지도 및 휴업 학생 수업 결손에 따른 대책을 사전에 강구하여야 하며, 의료기관이 없는 농·산·어촌지역은 관할 보건소와 협의하여 순회 진료 등 실시한다.

아울러 학교현장에서 중요한 것은 학생 손 씻기 운동 및 지도를 강화하면서 1일 8회 30초간 손 씻기(1830)운동을 전개하고 학교 신·개축 및 보수 시 손 씻는 시설을 확충(복도, 식당입구, 화장실 등)하고, 특히 동절기에도 온수공급으로 충분한 손 씻기가 이루어질 수 있도록 관련 시설의 적극적 설치가 필요하다. 또한 비누, 종이타올, 손 건조기 등 손 닦는 비품 비치 및 개인 손수건 휴대하기 등도 지도하는 데 소홀히 해서는 안 된다.

3. 학교급식과 학교 먹는 물 위생관리

1) 학교급식

학교급식의 목적은 "학생의 심신의 건전한 발달과 국민 식생활 개선에 기여함"에 있으며, 보건적 목적(영양향상과 건강증진)과 교육적 목적(편식교정, 식생활개선, 영양교육, 식사예절)이 있는데 그 목표로서는 다음과 같은 것이 요망된다.

첫째, 일상생활에 있어서 바른 식생활의 이해와 식습관을 기른다. 둘째, 학교생활을 풍부하게 하고, 바른 사회성을 기른다. 셋째, 식생활의 합리화, 영양의 개선 및 건강의 증진을 도모한다. 마지막으로 식량의 생산·분배·소비 과정을 바르게 이해한다.

한편 학교급식은 본질적으로 먹는 것에서부터 출발하여 생명 순환의 가치를 인간과 자연의 나눔을 통해 총체적으로 배워가는 범교과적인 하나의 중요한 교육과정이다. 학교급식의 정의는 자라나는 어린이에게 균형 있는 영양식을 제공함으로서, 몸과 마음이 건강하게 자랄 수 있도록 도와주며, 영양교육을 통해 식생활과 건강에 대해 바르게 이해하고, 아동 스스로 올바른 식습관을 갖도록 하며, 나아가 우리 국민의 식생활을 개선하기 위해 실시하고 있는 단체급식을 말한다.

"학교급식은 교육이다." 아이들이 학습하고 성장하는 현장인 학교에서 "밥"은 "건강한 아이를 키워낸다"는 원론적인 차원에서라도 교육적이어야 한다. 아이들에게 "먹는 일"은 맛과 기호에 따른 식성을 결정하는 일이고, 반복되는 식사 습관을 통해 문화를 만들어 가는 일이다. 더불어 함께 사는 사회를 인식하고 농업생산과 소비, 인간과 자연환경, 시장과 노동, 삶의 가치 등을 깨닫게 하는 좋은 교육 재료이다.

2) 학교 먹는 물 위생관리

학교에서 학생들이 먹는 음용수는 매우 중요하면서 안전하게 관리가 되어야 한다. 학교에서 먹는 물의 안전성을 확보하고 위생적인 물의 공급을 통해 학생 및 교직원의 건강 보호 및 유지·증진에 기여하기 위해서는 음용수 관리 대책을 강구하여야 한다.

「학교보건법 시행규칙」 제3조 제1항 제4호 및 별표 5에서는 '먹는 물 관리 기준'을 정하고 있으나, 상수도에 의하여 먹는 물을 공급하는 경우 저수조를 경유하지 않고 직접 수도꼭지에 연결하도록 규정(곤란한 경우 제외)하고 있다. 대부분의 학교가 저수조를 통해 수돗물을 공급하고 있어 저수조 위생관리가 더욱 요구되고 있다.

▼ 표 4-5 학교 먹는 물 등 수질검사 항목

구 분	대상교	항목	검사 시기	비 고
지하수	지하수 사용학교	47개 전 항목 1회, 6개 일부 항목 3회	매분기 1회 이상	1회 : 46항목, 3회 : 6항목 (증발잔류물 검사항목 제외)
정수기	정수기 사용학교	2개 항목	매분기 1회 이상	탁도, 총대장균군
저수조	저수조 설치학교	6개 항목	연 1회 이상 (개학 전)	탁도, PH, 잔류염소, 일반 세균, 총대장균군, 분원 성대장균군 또는 대장균
급수관	준공검사 후 5년이 경과한 급수관	7개 항목	2년 주기 (개학 전)	탁도, PH, 색도, 철, 납, 구리, 아연

학교에 정수기 설치 제한 및 부적정 정수기 폐기 지침에도 불구하고 여전히 정수기를 설치하여 사용 중인 학교는 줄어들지 않고 있는 추세이며, 정수기 수질검사 항목 변경 이후 수질검사 기준 초과 정수기 수는 감소하고 있으나, 일반세균에 대한 지속적인 검사 필요성 등에 대한 의견 제기가 있으며, 먹는 물의 공급 원칙은 학생 및 교직원에게 공급하는 먹는 물은「먹는 물 관리법」제5조의 규정에 의한 수질기준에 적합한 물을 제공하도록 되어 있다.

(1) 수돗물 관리대책

신축학교, 상수도 인입학교는 수돗물을 직결급수 조치를 하고 있으며, 지방자치단체(상수도사업본부)와의 협의를 통하여 노후수도관 교체 등 안정적이고, 쉽게 이용할 수 있도록 개선방안을 강구하여야 한다. 저수조 관리에 따른 수돗물의 안전성을 확보하여 위생적인 물의 공급 및 저수조의 정기적인 위생관리로 먹는물 안전성 확보에 노력을 기울여야 하며, 직결급수가 곤란한 시설에 설치된 저수조의 운영관리와 시설관리에 문제가 발생하지 않도록 하여야 한다.

▼ 표 4-6 저수조 청소 및 위생점검 기준

구분	횟수	관련규정
청소	반기별로 연 2회 이상 (가급적 개학 직전에 실시)	수도법 시행규칙 제22조의3, 제22조의5, 교육부 학생 건강증진 정책방향
위생점검	월 1회 이상	수도법 시행규칙 제22조의3, 제22조의5, 별표 6의2

특히 저수조 신축 또는 1개월 이상 사용 중단된 경우 사용 전에 청소를 반드시 실시하여야 하며, 저수조의 청소주기(반기 1회 이상) 및 점검주기(월 1회)를 준수하여야 한다. 청소 시 사용된 약품에 의하여 수질기준이 초과되지 않도록 주의하고, 점검일지 작성, 관리자 지정 등 책임관리제 수립·시행, 결과에 대한 자료는 2년간 보관하여야 한다. 아울러 저수조 용량 축소 또는 수위계 설치 등을 통해 체류시간을 최대한 단축하여야 한다. 먹는 물로 적합하게 공급되는 수돗물에 살균기 등 불필요한 장치에 대한 설치비 지원 등 부적정 사례가 발생하지 않도록 관리를 철저히 하여야 한다.

▼ 표 4-7 저수조 수질검사 기준

구분	검사횟수	검사항목	관련규정
수질검사	연 1회 이상	6개 항목	수도법 시행규칙 제22조의3, 제22조의5, 교육부 학생건강증진 기본 방향

한편, 주차장 면적은 제외인 학교에 대한 정기 수질검사 실시를 철저히 하고, 저수조 또는 저수조 최단 수도꼭지에서 채수하여 탁도, 수소이온농도, 잔류염소, 일반세균, 총대장균군, 분원성대장균군 또는 대장균 등 6개 항목(연 1회 이상) 검사를 실시하여야 한다. 결과는 게시판 게시 또는 가정통신문 등을 통해 안내하고, 2년간 보관하여야 하며, 참고적으로 소방 용수 또는 화장실 용수 등으로만 사용되는 저수조는 청소, 수질검사 대상에서 제외(단, 화장실 세면시설로 연결된 저수조는 청소, 수질검사 대상에 포함)된다.

▼ 표 4-8 급수관 수질검사 기준

구분	검사횟수	검사항목	관련규정
수질검사	2년 주기	7개 항목	수도법 시행규칙 제23조, 별표 7 교육부 학생건강증진 기본 방향

특히 「수도법」 제33조 제3항에 따라 건축 연면적 5천 제곱미터 이상인 학교는 급수관의 세척 등 관리를 철저히 해야 하며, 준공검사(급수관의 갱생 · 교체 등의 조치를 한 경우 포함) 후 5년이 지난날부터 2년 주기로 급수관의 상태에 대한 일반검사를 실시하여야 한다.

아울러 탁도, 수소이온 농도, 색도, 철에 대한 검사기준을 초과한 경우 급수관을 반드시 세척하여야 하며, 급수관이 아연도강관인 경우 검사항목 중 검사기준을 초과하는 항목이 한 개 이상 있으면 반드시 이를 갱생하거나 교체하여야 한다. 수질검사 등 조치 사항은 「수도법」에 따라 사립학교도 동일하게 검사를 실시하여야 한다.

> 건축 연면적 5천 제곱미터 미만인 학교도 저수조 및 옥내급수관 수질검사를 실시할 수 있도록 행정안내 조치 ⇨ 수질검사 결과 부적합 시 적극 개선 조치

(2) 정수기 관리대책

학교에 정수기 설치 제한은 정수기는 불안전한 지하수를 사용하는 등 부득이한 경우에

한하여 설치하며, 무분별하게 설치한 정수기의 위생상 문제, 수질검사 실시 등 관리업무로 인한 학교 구성원 간의 갈등을 해소하여야 한다. 설치된 정수기는 수질검사, 소모품 교체, 내 · 외부 청소 등 수시 및 정기적으로 관리하여 문제가 발생되지 않도록 하여야 하며, 정수기를 통해 공급되는 물에 대한 수질검사는 분기 1회 반드시 의무화하여야 한다.

▼ 표 4-9 수질검사 기준

구분	검사횟수	검사항목	관련규정
수질검사	분기별로 연 4회 이상 (2회는 개학 직전에 실시)	2개 항목 (총대장균군, 탁도)	학교보건법 시행규칙 제3조 교육부 학생건강증진 정책방향

특히 냉 · 온수기(먹는 샘물)의 경우 수질검사 대상에서 제외하되, 정수기와 유사하게 정수기능을 포함한 냉 · 온수기는 수질검사 대상에 포함하여야 하며, 수질검사는 청소 또는 소독 직전 실시 등을 통해 청소 및 소독 주기(매월 초, 개학 직전 등)를 설정 · 운영한다. 수질검사 결과, 부적합한 정수기는 과감히 철거조치(최종 부적합 또는 직전 4회 검사결과 중 2회 이상 1차 부적합 판정된 경우)하고, 학교 수질관리 실태 상시 관리를 위하여 수질검사 결과 수합 시 직전 청소 또는 소독 여부를 확인하고 조치하여야 한다. 그리고 필터는 해당 정수기의 사용방법 설명서에 따라 정기적으로 교환하고, 고온 · 고압증기 소독방법, 약품과 증기소독의 병행방법, 전기분해방법 등으로 6개월마다 1회 이상 물과 접촉하는 부분에 대해 청소소독을 실시하여야 한다. 이때 소독에 의한 약품이 정수기에 잔류하지 않도록 조치하여야 하며, 정수기별 관리카드를 비치하고, 관리 현황을 기록 및 유지하고, 실외 또는 직사광선이 비추는 곳, 화장실과 가까운 곳, 냉 · 난방기 앞 등은 설치를 금지한다.

아울러 학교 담당자를 1인 이상 지정하여 평상시 내 · 외부의 주기적인 청소(소독)를 실시하고, 정수기 관리업체의 부실관리(필터교체 미실시 등)로 인한 수질검사 부적합시, 재검사 비용을 해당 업체에 징구 및 관리업체 재계약시 반영하는 등 부실관리 업체에 대한 대응에 대한 조치를 취해야 하다.

한편, 설치된 냉 · 온수기 소모품 교체, 청소 등 관리를 철저히 하고, 에어필터는 1년마다 1회 이상 정기적으로 교환하여야 한다. 고온 · 고압증기 소독방법, 약품과 증기소독의 병행방법 등으로 6개월마다 1회 이상 물과 접촉하는 부분에 대해 청소소독을 실시(소독에 의한 약품이 냉 · 온수기에 잔류하지 않도록 조치)하여야 한다. 한편, 온수제조기 기구 또는 음수기 등에 대한 관리 및 운영도 잘하여야 하고, 정수기와 유사한 제품의 경우(정수 기능 포함 등)에는 정수기와 동일한 관리기준을 적용한다. 특히 저수조, 배관 청소상태 등 주기적 확인과 온도 조절기, 제품의 각 기능상태, 램프 작동상태 등 수시로 확인을 통한 성능을 유지하도록 하여야 한다.

(3) 지하수 관리대책

지방자치단체와 협의하여 지역 상수도의 학교 내 인입을 적극 추진하고, 특히, 수질검사 결과 수질 변화가 심하거나, 반복적으로 오염물질이 검출되는 학교에 대해서 우선적으로 추진할 수 있도록 지방자치단체와 협의하여 학교별로 구체적인 추진계획을 수립하여 운영하여야 한다.

아울러 지하수 수질검사 등에 대한 관리는 「지하수법」 제20조 및 같은 법 시행령 제29조에 따라 지하수를 음용수 또는 생활용수로 사용 시 「먹는물관리법」 제5조에 따른 먹는물의 수질기준 또는 「지하수의 수질보전 등에 관한 규칙」 제11조 및 별표 4에 부합하는지 여부에 대한 수질검사를 실시하여야 한다.

▼ 표 4-10 수질검사 주기 및 항목

구 분	주기	수질검사 항목	
		일부 항목(3회/년)	전 항목(1회/년)
음용수	분기 1회	일반세균, 총대장균군, 대장균, 암모니아성질소, 질산성질소, 과망간산칼륨소비량	먹는물 수질기준 및 검사 등에 관한 규칙 별표 1
생활용수	3년마다 1회	지하수의 수질보전 등에 관한 규칙 제11조 및 별표 4 참고 ※ 1일 양수능력이 30톤 이상인 경우. 다만, 청소용 · 조경용 · 공사용 · 소방용 등은 제외	

지하수는 전 항목(47개) 수질검사 시 우라늄 포함(「먹는물 수질기준 및 검사 등에 관한 규칙」 2015.11.23. 개정)하여 수질검사를 실시하여야 한다. 정수 또는 소독 이후 검사결과 기준치를 초과한 지하수에 대해서는 원수에 대한 수질검사를 실시하고, 초과 항목에 따른 조치를 강구하고, 타 관정 개발, 초과항목에 따른 정수장치 도입 등 전 항목 검사결과 기준치를 초과한 항목에 대해서는 재검사결과 적합 판정된 경우라도 매분기 별도검사를 실시하여야 한다. 지하수의 수질은 수시로 변화하여 미생물과 유해물질이 함유될 가능성이 있으므로 가급

적 끓여서 공급하는 등의 안전 확보방안도 강구하고, 오존살균장치를 경유하여 급식시설 또는 음용수로 이용할 경우 브롬산염 발생 제거(최소화) 대책 마련 후 사용하여야 한다.

특히 지하수 중 자연방사성물질인 우라늄 및 라돈 등에 대한 지속적 실태조사 및 조사결과에 따른 대책을 마련하고, 2014년 조사한 자연방사성물질 함유실태 조사결과 원수에서 적용기준을 초과한 학교의 경우 정수장치 관리를 철저히 하고, 안전성 확보방안도 강구하여야 한다. 지역 상수도의 교내 인입이 불가능한 학교는 지하수 개발 시 지하 암반층까지 굴착토록 하여 안전한 식수를 공급할 수 있도록 각별한 관심과 지하수관리를 철저히 하여야 한다.

마지막으로 학교 먹는 물(지하수, 수돗물, 정수기 물)의 관리실태 파악 및 지도·감독을 철저히 하여야 한다. 학교 저수조수, 수돗물급수관, 지하수 및 정수기 등에 대한 수질검사 시료채수는 교육청 또는 학교 담당자가 직접 채수·봉인한 후 수질검사기관에 분석 의뢰하고, 수질검사기관에 요청하여 학교의 수질검사 시 그 결과를 해당 학교뿐만 아니라 지도·감독기관에도 통보할 수 있도록 조치하고 있다. 교육청에서는 관내 학교의 먹는 물 위생관리 지도 시 활용하고, 시·도교육청 자체 계획에 따라, 관내 학교에 설치된 정수기 및 냉·온수기 등에 대한 자체점검 실시로 부실관리 예방에 만전을 기하여야 한다.

4. 학생 흡연과 약물 오·남용 예방

최근 청소년 흡연·음주 등 약물 오·남용이 저연령화·다양화·확산 추세에 있고, 이로 인한 비행도 증가하는 등 청소년 약물 오·남용이 심각한 사회문제로 대두되고 있으며, 향후 더욱 악화될 것으로 전망하고 있다. 따라서 청소년 흡연·음주 등 약물 오·남용이 더 이상 확산되기 전에 학교교육을 통한 체계적인 예방교육을 실시하여 사전에 접근을 차단하는 대책 마련이 시행되어야 한다. 이에 따른 학생들의 약물 오남용 실태를 보면 청소년들이 주로 술이나 담배 등을 남용하고 있으며, 일부는 진통제, 진해거담제 등 일반의약품의 오·남용으로 인한 부작용이 발생되고 있으며, 이는 신경 및 신체조직 손상과 더불어 신체발육지연 및 신체기능 부조화 등 성장기의 약물남용은 치명적인 건강장애로 치료가 불가능 상태로 이어진다. 특히 흡연·음주는 또 다른 일탈행위로 이어지는 경향이 많고 이로 인한 청소년들의 비행이 끊이지 않고 있다.

2020년 제16차 청소년건강행태조사(교육부, 보건복지부, 질병관리청) 통계자료를 보면, 일반담배(궐련) 현재 흡연율은 남학생 6.0%, 여학생 2.7%이었고, 고등학생(남 10.1%, 여 3.8%)이 중학생(남 1.9%, 여 1.5%)에 비해 높았으며, 학년이 올라갈수록 높았다. 남녀 학생 모두 2019년(남 9.3%, 여 3.8%)에 비해 감소하였으며, 남학생의 경우 조사 이래로 가장 낮은 수준이었다. 매일 흡연율은 남학생 3.4%, 여학생 1.2%였고, 고등학생(남 6.0%, 여 2.0%)이 중학생(남 0.8%, 여 0.4%)에 비해 높았으며, 남녀 학생 모두 학년이 올라갈수록 증가하였다. 여학생의 경우 최근 3년간 유사한 수준이었으나, 남학생은 2019년에 비해 1.4%p 감소하였다.

현재 음주율은 남학생 12.1%로 여학생 9.1%보다 높았으며, 고등학생(남 18.3%, 여 13.2%)이 중학생(남 5.8%, 여 5.0%)에 비해 높았다. 남녀 학생 모두 학년이 올라갈수록 증가 경향이었으며 2019년에 비해 큰 폭으로 감소하였다. 평생 동안 1잔 이상 술을 마셔본 적이 있는 평생 음주율은 남학생 37.5%, 여학생 29.1%이었고, 고등학생(남 49.6%, 여 39.8%)이 중학생(남 25.1%, 여 18.4%)에 비해 높았으며, 2019년에 비해 감소하였다.

이와 같이 예방을 위한 안전대책은 학생들의 음주·흡연 등 약물 오·남용에 대한 실태를 주기적으로 파악하여 보건교육 시 활용하고, 사전에 접근을 차단하는 대책 마련과 철저한 시행이 뒷받침되어야 한다. 학교에서의 체계적인 약물 오·남용 예방교육을 실시하되 현행 교육과정 내에서의 정규수업을 통한 예방지도를 철저히 하는 것이 효과적이며, 학교장 재량시간 등을 이용한 특별교육 강화도 고려해야 한다. 아울러 학생건강정보센터(www.schoolhealth.kr)에 탑재된 약물남용교육 자료를 적극 활용하고 약물남용교육 자료 및 프로그램 개발 시 학생건강정보센터를 통한 공유를 의무적으로 해야 한다.

한편 교원 연수를 통한 지도능력 배양 및 인식 제고를 위해 교원연수기관에서는 자격연수 등 교원연수 시 흡연 등 약물남용 예방 내용을 포함토록 하고, 필요한 경우 전문지도자 과정을 운영하는 것이 효과적이다. 아울러 흡연 등에 중독된 학생은 보다 적극적으로 개입하여 금연할 수 있도록 관련 전문기관 등과 긴밀한 협력체제를 도모하고, 유치원 및 초·중·고등학교 교사(校舍) 전체에 대한 절대금연건물 지정(「국민건강증진법 시행규칙」 제7조) 및 운영도 필요하다.

제3절 학교안전공제회 및 안전사고 관련 법규와 사례

1. 학교안전공제회의 일반적 이해

1) 목적

학교교육활동 중의 사고로 인하여 학생이 사망하거나 부상한 경우에 이를 보상하여 학생과 교원 및 학교를 보호하고 안정된 교육 분위기를 조성하여 교육 발전에 기여한다.

2) 보상의 종류

보상의 종류는 다음과 같이 네 가지로 구분한다.

(1) 요양급여 : 치료실비를 보상하며 일반 진료를 받았을 경우는 의료보험조합부담금을 공제 후 지급한다.

(2) 폐질급여 : 상해 학생이 완치 후 신체에 장애가 있을 때에는 장해 정도에 따른 보상과 위로금을 지급한다.

(3) 사망위로금 : 학생이 사망한 경우 장례비를 포함한 경우 장례비를 포함한 유족보상과 위로금을 지급한다.

(4) 지원금 : 학생사고와 관련된 교직원의 쟁송대행 및 그 비용, 압류된 봉급, 법원공탁금, 법인의 지급결정에 의한 합의금, 법원 판결금으로 나눌 수 있다.

3) 보상의 범위 및 구분

보상의 범위와 구분을 보면 학교교육활동 중에 발생하는 사고로 인한 손해로 한정한다고 되어 있다.

(1) 교과시간 : 일반교과, 체육, 실습, 특별활동시간 등

(2) 교과외시간 : 휴식, 점심, 청소 등

(3) 교외학습시간 : 소풍, 수학여행, 백일장, 하계훈련 등으로 사고의 내용에 따라 10~30% 과실상계할 수 있으며 지도교과 과실, 학교시설물 하자 등으로 인한 사고는 원칙적으로 과실상계하지 않는다. 한편 보상에서 제외되는 사고는 아래와 같다.

① 자살, 자해의 경우	⑥ 등 · 하교 중 발생한 사고의 경우
② 천재지변으로 발생하는 경우	⑦ 위탁급식학교의 식품위해사고(식중독)의 경우
③ 가해자 등으로부터 손해의 배상을 받을 수 있는 경우	⑧ 제3자의 시설물에 의한 사고의 경우
④ 회비를 납부하지 않은 경우	⑨ 해외에서 치료를 받는 경우
⑤ 동일한 손해로 다른 곳으로부터 보상을 받을 경우	⑩ 자동차 및 화재로 인한 경우

4) 보상의 기준과 보상금 신청요령

보상액은 국가배상 기준을 준용하되, 요양에 대하여는 치료 실비를 보상하고 사고당 및 회계연도 중 개인당 보상금액은 1억 2천만 원을 초과하지 못한다. 그리고 보상에 관하여 필요한 사항은 안전공제회 이사회의 의결을 거쳐 규칙으로 정하도록 되어 있다. 그리고 구상은 고의나 중대한 과실로 손해의 경우에는 그 정도에 따라 이사회의 의결을 거쳐 시설 관리 책임자 또는 교육활동 수행자에게 구상을 청구할 수 있다. 구상은 「민법」에 따라 피해학생에 대한 치료비 등을 지원한 날로부터 3년 이내에 시행하게 되어 있다.

치료가 끝난 후 보상금지급신청서를 작성하여 구비서류와 함께 제출하면 된다(제출서류는 우편이나 각 시 · 도교육청 안전공제회 함에 넣으면 된다). 구비서류는 ① 요양급여 : 치료비내역서(단, 치료비가 100만 원 이상인 경우는 진단서 또는 치료확인서 첨부) ② 폐질급여 : 장해진단서(노동력상실률 기재 필) 추가 ③ 사망위로금 : 사망진단서 추가(단, 사망의 원인이 불명확한 경우 사체부검서 첨부) ④ 교원지원금 : 사고경위서/학교교육분쟁조정위원회 심의서가 기본적으로 필요한 구비서류이다.

5) 학교폭력 피해학생 先 치료지원-後 처리시스템

최근 청소년들의 학교폭력행사로 많은 청소년들이 학교생활 중 어려움을 겪고 일탈행위로 인해 학교생활에 부적응으로 인해 사회적으로 문제가 되고 있다.

이에 학교폭력에 의한 피해학생이 적기에 정신적 · 신체적 피해를 회복할 수 있도록 우선지원하게 된 제도를 마련하였다. 학교폭력이 발생한 경우 가해자(보호자)가 피해학생의 치료비 등을 우선적으로 부담하되, 원활한 합의가 이루어지지 않을 경우 피해자에 대한 치료비용을 우선 지원하고, 가해자에게 구상을 하도록 하였다(교육과학기술부, 2012).

(1) 관련 근거 및 청구방법 및 절차

「학교폭력예방 및 대책에 관한 법률」 제16조 제6항 및 같은 법 시행령 제18조와 「학교안전사고 예방 및 보상에 관한 법률」 제36조 제4항, 제53조 및 같은 법 시행규칙 등이며 청구권자는 학교폭력 피해학생의 소속 학교장, 피해학생 또는 피해학생의 보호자이고, 청구방법은 제2호 서식(공제급여(학교폭력 피해 치료비용) 청구서)에 의거, 청구서 작성 후 증빙서류를 첨부하여 당해 시 · 도 학교안전공제회에 청구하면 된다(학교장 : 시스템, 피해학생 · 피해학생 보호자 : Fax, 우편 등). 확인심사는 학교안전공제회에서는 학교폭력 가 · 피해학생 소속 학교장으로부터 사실관계를 확인하고 지급결정은 학교안전공제회는 자체 심사를 거쳐 요양급여의 지급 여부를 결정한 후 가해학생(보호자)에게 지급결정 내용을 통보한 후 피해자에게 지급하면 된다.

(2) 치료지원 세부기준

치료유형별 대상 의료(민간)기관에서는 상담 및 조언을 하고 교육감이 지정한 기관(소아정신과전문의 의료기관 우선 지정)이며, 일시보호는 교육감이 지정한 기관이다. 그리고 치료 및 치료를 위한 요양기관은 의료기관, 보건소 · 보건의료원 및 보건지소, 약국 등이다. 한편 치료유형별 치료비 지원기간은 상담 및 치료 등은 2년(2년간의 치료지원에도 불구하고 추가적인 치료가 필요하여 피해자 또는 그 보호자로부터 요청이 있는 경우 법 제58조 제1항에 따른 '학교안전공제보상심사위원회'의 심의를 거쳐 1년 범위 안에서 연장 가능)이다. 특히 일시보호는 30일이며, 치료지원 비용에서 치료비는 제한이 없는 것이 특징이다. 한편 법률시행 이전의 폭력사건에 대한 소급적용 시 대상은 2012년 4월 1일 현재 치료 중인 학생(법률 시행 이전의 학교폭력으로 현재 의료기관 등에 입원하여 치료 중이거나 통원치료 중인 학생)으로 하며, 기간은 최초 학교폭력(직접적인 원인이 되어 치료 등을 받게 된 폭력)이 발생한 날부터 적용한다. 다만, 그동안 치료를 받은 기간과 앞으로 치료를 받아야 하는 기간을 합산하여 2년 이내(법 제58조 제1항에 따른 '학교안전공제보상심사위원회'의 심의를 거쳐 1년 범위 안에서 추가지원 가능)는 가능하다(교육과학기술부, 2012).

6) 보상에 관한 문답

문) 보상급 지급 시 환자의 영양제 투여 및 입원 시 특실 사용에 따른 병실료 차액 지급 여부는?

☞ 학교안전공제회에서는 기본병실(6인실)을 기준으로 보상하고 있다. 환자 본인 및 학부모의 요청에 의한 영양제 투여 및 병실(특실) 사용은 의료보험에서도 비급여로 처리되는 종목으로 학교안전공제회에서도 지급대상에 제외된다.

문) 치료 시 특수진단(MRI)을 촬영하였는데 이에 대한 치료비 보상은?

☞ 환자의 부상 정도에 의거 타박상, 염좌, 골절, 뇌진탕, 뇌부종의 병명에 따라 X레이, CT 촬영, MRI 촬영이 단계적으로 이루어져 치료순서를 지킨 경우와 의사 소견상 병명 판단이 곤란하여 부득이 촬영한 경우에는 지급하고 있다. 단, 학부모들의 학생에 대한 지나친 걱정으로 병명에 특이한 사항이 없음에도 MRI 촬영을 한 경우에는 과잉진료로 판정하여 지급대상에서 제외된다.

문) 학생들의 특기적성 교육 시에 일어난 사고에 대하여는 어떻게 보상대상을 구분하여 치료비를 보상하는가?

☞ 학교 내·외에서 선생님들의 지도감독 하에서 실시되는 특기적성교육과정에서 일어난 사고에 대하여는 학생안전공제회에서 보상이 가능하다. 다만, 학생들이 개인적으로 학원, 체육관 등을 이용하는 경우에는 보상에서 제외된다.

2. 학교에서의 법적 책임

1) 학교안전사고의 법적 근거

학교안전교육의 법적 근거는 크게 세 가지로 구분한다. 첫째, 지도교사의 지도감독 의무이고 둘째, 학교보건법 제12조 관련 근거, 셋째, 아동복지법 제9조 제3항에 근거하여 적용한다. 먼저 지도교사의 지도감독 의무이다. 이것은 민법 제755조에 따르면 학교의 교사는 교육활동 중 학생에 대하여 일반적 지도감독 의무가 있지만, 학생사고와 관련하여 그 사고가 예측 가능하나 통상 발생할 수 있는 사고에 한하여 지도감독 의무를 지며 이러한 경우, 지도감독의무를 해태하지 아니하였다는 사실을 입증하여야 하고 통상 이러한 사실을 입증하는 것은 매우 어려운 일로, 교사는 학생들을 지도 감독함에 있어 사회통념상 일반적으로 요구되는 수준의 학생에 대한 주의의무(지시, 지도, 제지, 설명 등)를 다해야 한다는 것이다. 그다음으로 학교보건법 제12조의 근거이다. 학교의 장은 학생의 안전사고를 예방하기 위하여 학교의 시설·장비의 점검 및 개선, 학생에 대한 안전교육의 실시, 기타 필요한 조치를 하여야 한다. 마지막으로 아동복지법 제9조 제3항에 근거한다. 아동복지시설, 영·유아보육시설, 유치원, 초·중·고등학교의 장은 대통령이 정하는 바에 따라 교통안전, 약물오남용 예방 및 재난대비안전교육을 실시하여야 한다.

2) 안전사고의 법적 책임

모든 조직을 운영하는 기관이나 학교를 경영하는 학교의 장은 반드시 권한이 주어지면 그에 따른 책임이 필수적으로 주어진다는 것이다. 이와 같이 학교안전사고 시에는 법적인 책임은 먼저 불법행위를 행함에 따른 부정행위(예 : 육체적으로 학생을 혹사시킴), 법적 행위를 이용한 불법행위(예 : 학생들의 나이, 성별, 체력에 맞지 않게 연습시키는 것), 반드시 해야 할 법적 행위에 대해 태만한 것(예 : 기계류나 화학적 기구 사용에 따른 안전교육을 하지 않는 것)은 반드시 법적 책임이 주어진다.

또한 법정에서 다루어지는 학교 책임에 관한 논제는 태만과 부정을 포함한다. 특히 나태와 무관심에 대한 것이다. 교사의 태만은 부상의 위험에 대해 예방법을 세워 이를 지키는 것을 불이행한 것으로 규정한다. 같은 상황에서 교사와 학교가 행해야 할 것을 불이행한 것으로 의미한다.

이와 같이 학교현장의 교사는 수업 및 학교생활지도를 함에 있어서 다음과 같이 예측할 수 없는 상황에서 사고가 발생하기 때문에 항상 관심을 가져야 한다. 이에 상해는 다음과 같은 상황에서 예견된다는 것을 명심하여야 한다. 첫째, 무질서한 가운데 군중이 모여 있는 상황과 체육교육, 직업교육, 과학교육에서 생기는 유별난 행동, 둘째, 우연히 교사가 교실을 비운 사이 생긴 일, 교사가 있는 중에도 태만으로 생기는 학생의 부상, 셋째, 중요한 것은 수업 중에 교사가 교실을 비우는 일, 일반적으로 교사가 그 자리에 있었다면 학생들이 부상은 일어나지 않았을 것이라고 설명하게 되는 경우 등이다.

다음은 각종 학교의 원장, 시설장과 교사, 유아와 학부모의 법적 책임을 도표로 정리한 것이다.

(1) 원장, 시설장(기관설립 · 경영자)의 법적 책임

기관설립 · 경영자의 책임(원장, 시설장)	
사립학교 (유치원)	a. 교원의 사용자로서의 책임 • 교사에게 직무상 과실이 있는 경우에 설치 · 경영자는 사용자로서의 책임을 지게 된다. • 설치 · 경영자는 소속 교원이 그 직무 집행과 관련하여 제3자에게 손해를 가한 경우 그 손해를 배상할 책임을 지게 된다(민법). 이때 교원의 선임 및 그 사무 감독의 부주의로 손해가 있음이 인정될 경우 그 손해를 배상할 책임을 지게 된다. • 다만, '교원의 선임 및 그 사무 감독에 상당한 주의를 한 때' 또는 '상당한 주의를 하여도 손해가 있을 경우'에는 손해 배상 책임을 면할 수 있다. • 그러나 사립학교의 설치 · 경영자가 이를 입증하는 것은 쉽지 않을 뿐만 아니라 유아가 미성년자라는 점, 학급당 유아 수가 많아 교사가 유아의 생활을 일일이 관여하여 지도 · 감독하는 데 한계가 있을 수밖에 없다는 점 등에 비추어 교사에게 직무상 과실이 있는 경우에 사용자 책임을 면하기는 어려울 것이다.
	b. 학교 시설물의 설치 · 관리자 및 소유자로서의 책임 • 기관의 시설물 설치나 관리상 하자로 인한 피해 및 손해를 배상할 책임을 지게 된다. • 유아교육기관의 시설물 설치나 관리상의 하자로 유아가 피해를 입은 경우라면 이때 기관의 설립 · 경영자는 그 시설물의 설치 · 관리자 또는 소유자로서의 책임을 지게 된다.
국 · 공립 학교 (유치원)	a. 교원의 사용자로서의 책임 • 국가 및 지방 자치단체는 교원(공무원)이 그 직무를 집행함에 있어서 고의 또는 과실로 법령을 위반하여 타인에게 손해를 가한 경우에 그 손해를 배상할 책임을 지게 된다(국가배상법). • 이때 국가 등이 지는 책임은 민법 규정에 의한 사용자 책임의 성질을 가지는 것으로 이해되고 있다.
	b. 학교 시설물의 설치, 관리자 및 소유자로서의 책임 • 국가 및 지방자치 단체는 그가 설치 · 경영하는 학교의 시설물 설치나 관리상 하자로 인한 피해 및 손해를 배상할 책임을 지게 된다(국가 배상법).

(2) 교사의 법적 책임

교사의 책임
a. 유아(책임 무능력자)의 대리 감독자로서의 책임(민법) • 교사는 법정감독 의무자를 대신하여 유아를 감독하는 대리 감독자로서의 책임이 있다. • 교사의 감독 하에 있는 유아(책임 무능력자)가 타인에게 가한 손해를 배상할 책임이 있다. • 이때 교사의 책임은 친권자인 부모의 책임보다는 그 범위가 좁아진다.
b. 교원이 자신의 고의나 과실로 인하여 유아에게 피해를 입힌 경우의 책임
c. 불법 행위자로서의 책임 • 가해유아의 과실(행동)과 교원의 과실이 경합하여 발생한 경우에 지게 되는 책임이 있다. • 교사는 교육 활동과 직접 관련된 시간에 반드시 출석하여 유아를 지도하여야 하고 구체적인 상황에서 사고 발생의 가능성을 판단하여 세심한 주의를 기울일 직무상 의무가 있다.

(3) 유아와 학부모의 법적 책임

유아와 학부모의 책임	
가해 유아의 책임	• 배상 책임이 없으며 벌도 받지 않는다. • 만 14세 미만의 '책임무능력자'는 '그 행위의 책임을 변식할 지능이 없는 때'로 간주되어 민법상배상 책임이 없게 되며 형법상 벌도 받지 않는다(형법, 민법).
피해 유아의 책임	• 손해배상 등에 있어 유아의 부분적 책임을 인정하고 있다. • 다른 사람의 과실이 직접적 원인을 제공했다 하더라도 법원은 이에 대한 본인의 부주의를 부분적으로 인정하여 손해배상 등에 있어 부분적 책임을 인정하고 있다.
부모의 책임	• 자녀가 제3자에게 가한 손해를 배상할 책임을 지게 된다(감독자, 보호자로서의 책임) • '그 행위의 책임을 번식할 지능이 없는 미성년자'를 가진 부모는 자녀가 제3자에게 가한 손해를 배상할 책임을 지게 된다(민법). • 다만 부모가 '감독 의무를 회피하지 아니한 때'에는 그 책임을 면할 수 있으나 부모의 자녀에 대한 '보호 · 교양할 의무'는 '포괄적 · 윤리적 의무'이기 때문에 만 14세 미만인 자녀가 다른 사람에게 해를 입힌 경우에는 그 책임을 면하기는 사실상 어렵다.

한편 학교구성원들에 대한 소송에서 발생한 다른 상황을 보면 ① 시설물의 불안전한 사용 ② 수시점검의 부족 ③ 학생의 나이와 성숙도에 관한 주의 부족 ④ 적절한 의학적 보조기구 제공의 실수를 말한다.

3. 학교안전 사고결과 공제회 활동사례

1) 경기 ○○초등학교 학교급식 안전사고

2002년 4월 중순, 점심시간에 급식당번 학생 2명이 배식차를 교실로 물고 오는 중이었는데, 담임교사는 교실에서 급식 준비 및 안전 지도를 하고 있는 순간에 서로 장난을 치고 있었으며 뒤에서 밀던 학생이 킥보드 타듯이 배식차를 지그재그로 운행하면서 옆반 신발장으로 배식차가 밀려서 피해자 학생의 왼쪽 손톱이 파절된 사고이다.

인근 병원으로 후송, 응급조치 후 수술하여 치료하였으나, 학부모는 배식 방법과 급식조 구성 등에 대하여 이의를 제기하여 담임교사와 학교 측에 책임을 요구하고 교육청에 항의한 사고로 학교안전공제회 활동은 사건 발생의 경위 및 정황을 파악하고, 관계 법령 검토 및 담임교사에게 처리방법, 대응책을 전달(3차)하였으며, 학교장 및 교육청에 담임교사 피해방지를 협조하였다. 그 결과는 가 · 피해자 학부모 간 합의 실패, 학교안전공제회 치료비 지원으로 원만한 합의, 담임교사의 피해는 없었지만 정신적 피해가 지속되었으나 종결된 사고였다.

2) 대전 ○○초등학교 병설유치원 학교안전사고

2001년 9월, 분반수업(실내 및 실외) 중 운동장에서 자원봉사자의 지도하에 실외놀이(4인 그네)를 하던 중, 한 어린이가 그네를 놓치면서 허벅지를 부딪치는 사고가 발생하였다.

담임교사는 실내 수업을 하고 있었고, 구급차로 인근 병원으로 옮겨 3개월 반 동안의 치료 후, 정상적으로 생활하고 있다. 특히 학교안전공제회의 치료비 전액 지원으로 12월 말에 일단락된 사고로 2002년 4월, 국민건강보험공단 대전동부지사에서 대전시교육감에게 보험처리 금액에 대하여 구상권(400만여 원)을 행사하여 관할교육청을 통하여 학교와 담임교사에게 해결을 종용하였으며, 이에 학교안전공제회 활동은 관계 법령 검토 결과 구상의무 없음으로 판단을 내렸다. 그리고 담임교사와 협의 및 대응방안을 전달하고 추후 법적 진행사항을 검토하였으나, 결과적으로 학교의 부담으로 담임교사는 피해 없이 종결된 사고이다.

3) 서울 ○○초등학교 학교안전사고

5월 18일 알코올램프를 이용한 실험시간에 한 학생이 일어서면서 무의식적으로 삼발이를 손으로 쳐서 다른 학생이 팔뚝에 화상을 입은 사고이다. 화상전문병원(한강성심병원)에 입원하여 치료하여 조치하였으며, 치료비, 개호비(介護費), 흉터제거 비용 등을 학교 및 담임교사에게 요구하여, 학교안전공제회 활동은 관계 법령 검토와 대응방안을 협의하고 전달하였다. 특히 보호감독자의 책임이 아닌 사용자 책임으로 보는 것이 타당하다는 결론이 났으며, 치료비는 학교안전공제회에 청구토록 하고 추후 법적 전개사항 검토와 준비한 결과 결론적으로 학교안전공제회에서 치료비 전액을 부담하고 학부모와의 원만한 합의로 종결된 사고이다.

4) 경기 ○○○초등학교 안전사고

5월 27일, 체육시간(축구경기) 도중 공중의 볼을 잡으려고 경합하면서 헤딩 처리한 다음

친구의 등을 타고 넘어져 왼쪽 팔을 땅에 찢음으로 인해 '외상성경막하수종의증'의 피해가 발생하였다. 그러나 다른 학생과의 인과관계는 명확치 않았다. 이에 학부모는 담당 교사 및 학교에 책임을 요구하였다. 이에 학교안전공제회 활동은 관계 법령 및 자료를 분석하고 학교안전공제회에 신청을 유도하여 학부모는 교육청에 대한 대응 방안을 전달하였으며, 이에 대한 결과는 학교안전공제회 치료비 부담, 학생 정상 등교, 양부모 및 학교가 원만한 합의로 종결된 사고이다.

〈학교안전사고 보고서를 작성하는 데 반드시 필요한 구성요소〉

① 사건의 시간과 장소
② 관련된 행동
③ 관계자들의 확신
④ 상해의 묘사(a. 상해의 수법, b. 신체 부분의 상해, c. 응급치료 방법)
⑤ 어떤 일이 발생했는가에 대한 상세한 진술
⑥ 최종적 정리(a. 의학적 진단, b. 학생이 회복된 날짜)

이와 같이 사건보고서의 사용은 위험을 제거하기 위한 것이며, 안전 감독관에 의한 사건자료의 정기적인 기록과 상해 경향과 위험기구의 확인 결과, 학교지역의 위치를 결정하는 데 중요한 자료로 이용할 수 있다.

학습정리

1. 학교안전교육과 안전관리

① 안전교육 : 안전은 아동 · 학생들이 안전에 필요한 사항을 의식에 내면화되고 이것들을 습관화시켜 일상생활에 적용하여 항상 안전한 행동을 할 수 있도록 여건을 조성하여야 한다.

② 안전관리 : 아동 · 학생들의 학교생활을 안전하게 행할 수 있도록 안전에 관하여 필요한 조건을 정비하기 위한 안전관리지도이다.

2. 학교보건 및 급식의 개념

① 학교보건 : 아동, 학생 및 직원의 건강 복지증진을 도모하고 더불어 학교교육을 원활히 실시할 수 있도록 정해진 학교에서의 보건관리 및 안전관리를 말한다.

② 학교급식 : 학교급식은 본질적으로 먹는 것에서부터 출발하여 생명 순환의 가치를 인간과 자연의 나눔을 통해 총체적으로 배워가는 범교과적인 하나의 중요한 교육과정이다.

3. 학교안전공제회

학교교육활동 중의 사고로 인하여 학생이 사망하거나 부상한 경우에 이를 보상하여 학생과 교원 및 학교를 보호하고 안정된 교육 분위기를 조성하여 교육 발전에 기여하기 위함이다.

4. 학교안전공제회의 보상에서 제외되는 사고

① 자살, 자해의 경우
② 천재지변으로 발생하는 경우
③ 가해자 등으로부터 손해의 배상을 받을 수 있는 경우
④ 회비를 납부하지 않은 경우
⑤ 동일한 손해로 다른 곳으로부터 보상을 받을 경우
⑥ 등 · 하교 중 발생한 사고의 경우
⑦ 위탁급식학교의 식품위해사고(식중독)의 경우
⑧ 제3자의 시설물에 의한 사고의 경우
⑨ 해외에서 치료를 받는 경우
⑩ 자동차 및 화재로 인한 경우

제 5 장

생활 속의 교통안전

학습 목표
1. 교통사고의 정의와 발생 원인에 대하여 설명할 수 있다.
2. 어린이 교통사고의 유형과 대책에 대해 이해할 수 있다.
3. 교통사고 시 운전자의 기본적인 행동요령과 사고 발생 시 합의요령을 이해할 수 있다.

학습 키워드 교통사고의 개념 및 발생원인, 어린이 교통사고, 교통사고 예방대책, 손해배상책임

제1절 교통사고의 일반적 이해

1. 교통사고의 개념과 유형분석

1) 교통사고의 개념

교통사고라 함은 광의의 교통사고, 협의의 교통사고, 최협의의 교통사고의 세 가지로 구분하여 정의할 수 있다. 첫째, 광의의 교통사고는 차량, 궤도차, 열차, 항공기, 선박 등 교통기관이 운행 중 다른 교통기관, 사람 또는 사물과 충돌 접촉하거나 충돌 접촉의 위험을 야기하게 하여 사람을 사상하거나 물건을 손괴한 결과가 발생하는 것을 말한다. 그리고 협의의 교통사고는 차 또는 궤도차의 통행으로 인하여 사람을 사상하거나 물건을 손괴한 경우를 말한다. 즉 차의 운전자, 조종자 또는 그 밖의 보조자 등이 고의과실에 의하여 다른 차 등이나 사람 또는 물건에 접촉 충돌하거나 충돌할 위험을 야기하여 사람을 사상하거나 물건을 손괴하여 피해 결과를 발생시키는 것이다. 즉 요건은 ① 차 또는 궤도차의 통행으로 인하여 야기된 사고일 것, ② 도로상에서 야기되는 사고일 것, ③ 사람을 사상하거나 물건을 손괴한 결과가 있어야 한다. 마지막으로 최협의의 교통사고는 도로교통법(이하 "법") 제50조 제1항에서 말하는 '도로에서 차의 교통으로 인하여 사람을 사상하거나 물건을 손괴한 경우'로 한정하여 보면 최협의의 교통사고는 다음과 같다.

(1) '도로'에서 발생되는 사고로써 원칙적으로 '도로'에서의 사고에 적용되며, 도로 이외의 장소에서는 적용이 되지 않는다. 여기서 도로라 함은 도로법에 의한 도로(고속국도, 일반도로, 특별시 · 도, 지방도, 시 · 도, 군 · 도 등), 유료도로법에 의한 자동차전용도로, 사도법에 의한 사도, 자동차운송사업법 및 도로법에 의한 자동차전용도로, 고속국도법에 의한 고속도로 등 공공장소로 공중의 교통에 이용되는 곳과 사실상 불특정 다수인에게 이용이 허용되고 실제 이용되고 있는 곳이면 도로로 해석된다.

(2) '차'에 의한 사고는 법 제2조 제13호의 '차마'라 함은 우마와 차를 말하며, 우마라 함은 교통운수에 사용되는 가축 자체를 말하기 때문에 교통사고의 주체인 '차'로 볼 수 없다. '차'라 함은 자동차관리법 제3조에서 말하는 자동차(승용, 승합화물, 특수, 이륜), 경운기 · 중기차에 해당되며, 그 외 인력 축산 · 동력에 의하여 도로에서 운반되는

것을 말한다. 손수레가 인력에 의한 차이면 우마차는 가축력에 의한 차이고 원동기 장치 자전거는 동력에 의한 차이기 때문에 우마차 · 손수레 · 경운기 · 중기에 의한 사고도 교통사고에 해당된다. 다만 다른 법령에 의한 기차, 전차, 케이블카, 전동차, 항공기, 선박 등은 포함시키지 않으며, 유모차 · 신체장애자용 의자차 등도 법에 의해 보행자로 보기 때문에 제외된다.

(3) 교통으로 인하여 발생한 사고다. 교통이라 함은 사람을 운송하거나 물건을 수송하는 운행행위를 말한다. 즉 차의 본래 목적에 의하여 사용 중 발생된 사고는 교통사고로 보아야 하나, 차의 운행행위로 인한 사고로 볼 수 없는 '사고는 교통사고라 할 수 없으며, 사고의 원인행위와 피해결과와의 사이에는 상당한 인과관계가 있어야 한다.

(4) 피해의 결과가 발생한다. 교통사고는 타인의 신체 · 생명 · 재산에 대하여 피해의 결과가 발생하여야 하며, 피해의 결과가 없으면 법규위반의 문제일 뿐 교통사고는 아니다. 이때의 피해는 타인의 피해를 말하며, 자기 자신의 피해는 말하지 않는다.

2) 교통사고 통계

경찰청(2021)은 최근 3년간(2017 → 2020), 국민들의 적극적인 참여 · 협조와 더불어 교통안전대책을 적극적으로 추진한 결과 교통사고 사망자 수는 큰 폭으로 감소(△26.4%)하였다 (2017년 4,185(△2.5%) → 2018년 3,781(△9.7%) → 2019년 3,349(△11.4%) → 2020년 3,081(△8.0%)).

교통사고 사망자는 2017년 4,185명에서 2020년 3,081명으로 감소하였으며, 2018년 3천명대 진입 이후 3년간 연평균 사망자 감소율은 9.7%로, 최근 20년간 가장 높은 수준을 기록하였다(2003~2007년 5년간 평균 △3.1%, 2008~2012년 5년간 평균 △2.6%, 2013~2017년 5년간 평균 △4.9%).

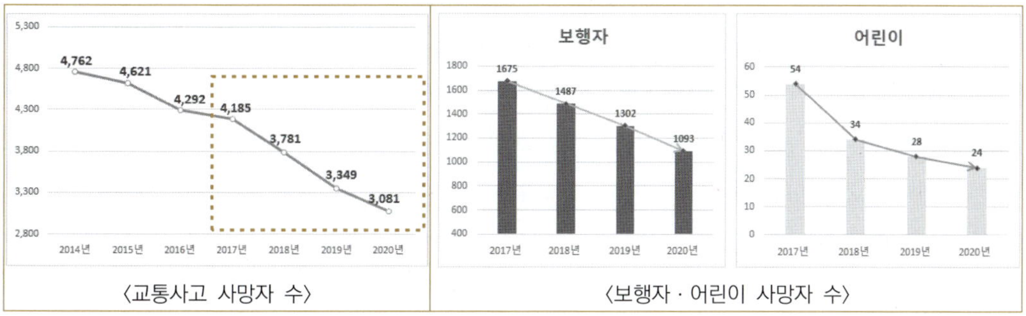

▲ 그림 5-1 교통사고(2014~2020)와 보행자 및 어린이(2017~2020) 사망자 수 비교

특히, 보행자 △34.7%, 어린이 △55.6%, 음주 △34.6%, 사업용 △30%, 고령자 △24.1% 등 주요 분야별 사망자도 크게 감소하였다(2017 → 2020).

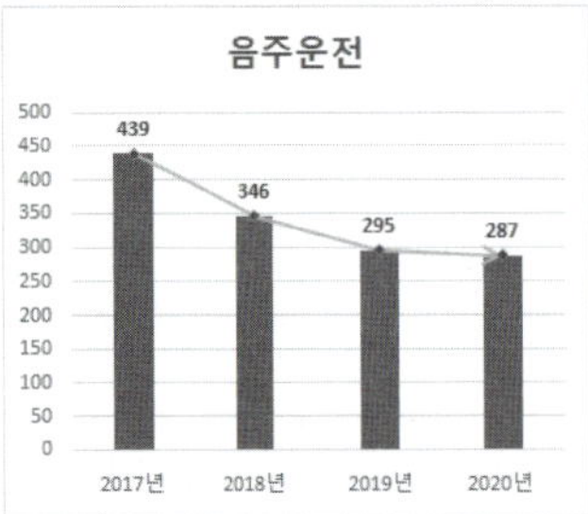

〈음주운전 사망자 수〉

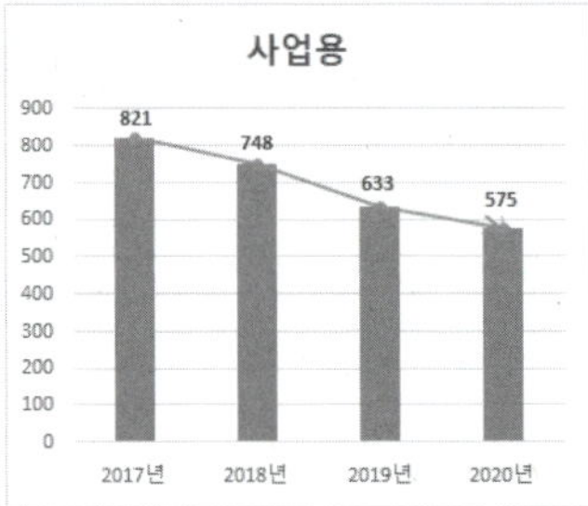

〈사업용 차량 사망자 수〉

〈노인 사망자 수〉

▲그림 5-2 음주운전, 사업용 차량, 노인의 사망자 수 비교(2017~2020)

하지만 이러한 성과에도 불구하고, 인구 10만명당 사망자는 5.9명(2020)으로 OECD 평균 5.6명(2018)에는 미흡하며, 특히, 전체 사망자 중 보행자가 차지하는 비중은 약 40%(2017~2019)로 OECD 평균(20.5%) 대비 2배 높은 수준(OECD 27/28위)을 보이고 있다(우리나라 인구 10만명당 사망자 : 7.3명(2018년 OECD 29위) → 6.5명(2019년 26위) → 5.9명(2020년 23위)).

보통 교통사고는 야간에 전체교통사고의 49%, 주간에 51%이고 사망사고는 그 반대로 야간 51%, 주간 49%의 비율로 발생한다고 한다. 이처럼 우리나라에서 교통사고가 빈번한 이유는 교통 여건이나 여러 환경이 선진국에 비해 상당 부분 열악함으로 인한 것으로 시급한 대책도 필요하다고 본다.

한편 우리나라 국토의 특성상 전국의 70%가 산악지대로 도로 형성 시 오르막과 내리막이 많고 산의 경사로 인해 커브 구간이 많은데 커브 구간은 사고가 자주 발생하는 지역으로 교통사고를 줄이는 데 가장 큰 걸림돌이 되고 있다. 교통사고를 줄이기 위해서는 인적 측면, 도로 환경적 측면 등 여러 가지로 접근하여 그 해결점을 찾아야 하고, 도로환경 개선을 위해 다각도로 사고예방을 줄이는 방안이 모색되어야 할 것이다. 특히 교통사고 발생 건수의 30%가 신호위반으로 인한 사고임을 비추어 볼 때 보행자나 운전자 모두 안전의식과 교통문화 개선에 따른 국민들의 교통질서도 중요한 요인이 된다.

▼ 표 5-1 연도별 교통사고 사망자

구 분	2007	2008	2009	2010	2011	2012	2013
사망(명)	6,166	5,870	5,838	5,505	5,229	5,392	5,092
증감률(%)	-2.5	-4.8	-0.5	-5.7	-5.0	3.1	-5.6
구 분	2014	2015	2016	2017	2018	2019	2020
사망(명)	4,762	4,621	4,292	4,185	3,781	3,349	3,081
증감률(%)	-6.5	-3.0	-7.1	-2.5	-9.7	-11.4	-8.0

출처 : 경찰청(2021).

3) 교통사고의 유형 및 원인분석

(1) 교통사고의 유형

① 고속도로의 교통사고

고속도로는 일반도로와는 달리 차량의 주행속도가 빠르기 때문에 사고가 발생할 경우 그 피해도 커지게 된다. 고속도로 사고의 원인은 주로 과속 및 난폭운전 · 안전거리 미확보 · 졸음운전 · 전방주시 태만 등이다.

② 일반도로의 교통사고

국도, 시 · 군도 등의 지방도로 및 일반도로는 고속도로에 비해 주행 여건이 상대적으로 좋지 않고 장애물이 많기 때문에 다음과 같은 유형의 사고가 발생하기 쉽다. 도로의 폭이 좁고 굴곡이 심한 곳에서 감속 · 서행하지 않거나 안전거리를 무시하고 운전한 경우에는 차가 도로 밖으로 벗어나거나 중앙선을 침범하여 일어나는 사고가 많다. 오르막길 등 전방시야가 확보되지 못한 곳에서 무리한 앞지르기를 시도하다가 마주 오는 차량과 충돌하는 사고가 많다. 별도의 횡단보도가 없는 곳에서 일어나는 보행자 사고가 많다.

③ 커브길 사고

커브길에서 도로를 벗어나거나 전복, 충돌 등의 사고가 많이 발생하는 원인이다. 충분히 감속하지 않고 주행하기 때문에 급커브일수록 원심력이 크게 작용해서 차가 전복되거나 이탈될 가능성이 높으므로 커브길에서 과속으로 운행하는 것은 매우 위험하다.

④ 교차로 사고

교통이 혼잡한 시내도로에서 교통사고가 자주 발생하는 지역은 주로 교차로나 그 부근이다. 교차로는 교통량이 많아 조금만 부주의하더라도 접촉사고나 보행자 사고가 일어나기 쉽다. 녹색 진행신호보다 먼저 출발한 직진 차량이나 좌회전 차량이 뒤늦게 진입한 좌우측 도로의 진입차량과 충돌하는 사고가 많다. 교차로의 정체로 인하여 앞차가 급제동할 때 안전거리 부족으로 인한 추돌사고가 많다. 우회전할 때 부주의로 인해 횡단보도의 보행자를 치거나 모퉁이를 돌아 나오는 오토바이 등과 접촉사고가 나는 경우가 많다.

⑤ 대형교통사고

대형교통사고는 일반적으로 사망자가 3명 이상이거나 부상자가 20명 이상 발생한 사고 또는 사회적으로 물의를 일으킨 사고를 말한다. 대형사고의 대표적인 유형은 중앙선 침범으로 인한 정면 충돌사고, 과속에 따른 급정지, 급작스러운 차로변경 등에 의한 사고가 많다. 또한 비 또는 눈이 오거나 안개가 심하게 낀 기상 조건에서 상대적으로 많이 발생한다.

(2) 교통사고의 원인분석

교통사고의 발생요인은 대부분의 경우 여러 가지 요인이 복합적으로 작용하여 그 요인을 명확히 규명하기는 쉽지 않다. 각각의 요인이 개별적 또는 복합적으로 작용하여 사고가 발생한다. 일반적으로 교통사고의 주요 네 가지 요인은 다음과 같다.

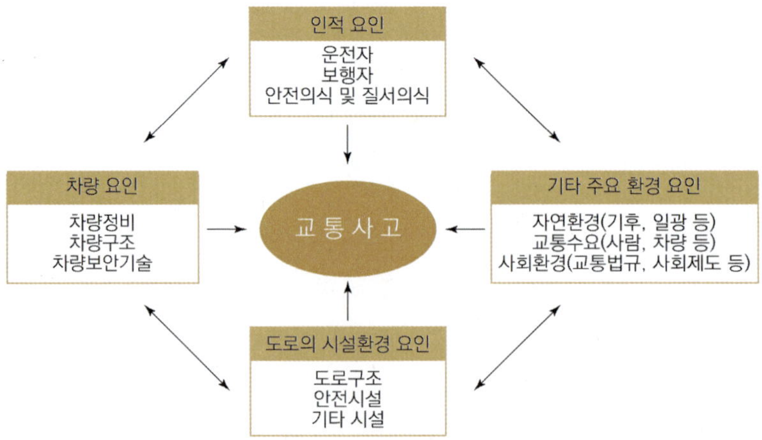

출처 : 유재환 외(2005). 안전관리.

▲ 그림 5-3 교통사고의 발생 요인

① 인적 요인

운전자 및 보행자의 법규위반이나 기타 과실에 의한 인적 요인이 대부분이다. 교통사고의 대부분은 사람(운전자 또는 보행자)의 부주의나 실수 때문에 일어난다. 교통사고통계를 보면 우리나라 교통사고의 90% 이상은 운전자와 보행자의 교통법규 위반 및 안전의식의 부재에 의한 사고로 나타났다. 운전자의 잘못된 운전습관이나 심리상태, 질병, 건강상태 등도 교통사고에 직·간접적으로 영향을 주게 된다.

② 차량 요인

차량의 구조, 차량의 정비 및 검사제도, 차량의 보안기술 수준 등의 불량 및 미비에서 오는 경우다. 자동차의 정비 불량이나 구조적 결함 등 차량적 요인에 의한 교통사고는 근래 빈번하게 일어난다. 자동차 제조 및 정비기술의 발달로 인해 감소 추세와 주행 중에 차량의 사소한 이상이나 고장이 발견되면 운전자가 심리적으로 당황하게 되어 사고로 이어지는 경우가 많다. 또한 교통사고가 발생한 경우 자동차가 이미 훼손되어 차량적 요인에 의한 사고임을 확인하기 곤란한 경우가 대부분이며, 고속으로 주행하는 자동차는 차량의 사소한 이상이나 고장도 사고로 이어질 수 있음을 인지하고, 정기점검은 물론 장거리 주행 전에는 자동차를 점검하는 것이 필수적이다. 예를 들면 타이어는 상태에 따라 대형사고와 직결되는 경우가 많기 때문에 마모 정도나 공기압 등을 확인하고 예비 타이어도 확보하는 것이 필수적이다.

③ 도로의 시설 환경 요인

도로의 여건, 노폭, 차선 수, 노면, 구배, 교차로 등과 관련된 도로구조, 교통표지, 신호기, 신호등, 횡단보도, 지하도, 교각정리, 육교, 충격흡수장치 등의 도로교통안전시설, 그리고 기후, 일광 등의 자연환경과 사람 및 차량의 통행에 의한 교통수요에 의해서 사고가 발생한다.

④ 기타 주요 환경 요인

사람 및 차량의 통행에 의한 교통수요, 교통법규 및 보험 등을 포함한 기타 사회제도 등에 의해 사고가 발생한다. 장마철이나 태풍이 올 때 도로에 낙석이나 쓰러진 가로수 등 돌발적인 장애물이 나타나 사고로 이어지는 경우가 많다. 비나 눈이 오거나 안개가 끼는 등의 기상상태와 햇빛의 반사 등 자연환경적인 요인과 비나 눈이 올 경우 노면이 미끄러워 사고 위험성이 더욱 높아진다. 노면이 미끄러울 때의 제동거리는 평소의 1.5배 정도 늘어나며 급브레이크를 밟아 차량이 옆으로 미끄러져 대형사고로 이어질 가능성이 크다.

2. 운전자 안전

1) 운전과 인간의 특성

(1) 교통심리 측면

운전적성이란 운전에 적합한 시력 · 청력 · 운동능력 · 정신적 판단능력 등을 골고루 갖추어 교통정보에 대하여 신속하고 정확한 인지와 인지된 정보를 분석 · 종합하여 정확한 판단과 신속한 조작으로 이어지는 과정에 적합한 능력을 소지한 것을 말한다. 여기서 안전운전의 적성 조건은 먼저 의학적 조건에서는 심신이 건강해야 하고 감각 · 동작의 기초적 기능 조건에서는 반응시간의 적정, 일정한 수준 이상의 시력, 시각 · 지각과 반응 동작이 균형 있게 일치되어야 한다.

(2) 심리적 조건

자기억제력이 강해야 하고, 주의집중능력이 있어야 한다. 그리고 반응특성은 감각수용기를 통하여 입수된 정보에 대응하는 행동은 운동기관이 동작을 시작함으로써 개시되며, 운동기관의 동작이 완료될 때까지의 시간을 '반응시간'이라 하며, 자극을 주는 감각의 종류와 신체 부위에 따라 반응시간은 달라진다. 선택반응시간은 반응을 일으키기 전에 판별을 필요로 하는 자극 수에 따라 다르며, 자극이 복잡해질수록 반응시간은 길어지는 현상이 나타난다. 반응시간은 제시된 자극의 성질에 따라 다르게 나타나며, 데시엘(Dashiell)은 선택지가 둘인 경우 자극색의 대비 관계를 바꿔서 선택반응의 차이를 조사한 결과 두 색의 대비가 명료하면 선택반응시간이 짧고, 두 색이 같은 계열의 색일수록 반응시간이 길어진다는 사실을 알아냈다. 반응시간은 자극의 강도에 따라 약간의 차이가 있다. 연령과 성별에 따라 차이가 있어서 어린이 · 고령자 · 여자 등은 반응시간이 길고 피로, 음주 등이 반응시간의 길이를 길게 하며, 음주의 경우 위스키 60ml 정도의 소량에서는 오히려 반응시간이 짧아진다. 이 경우 착오반응수가 늘어남으로써 치명적인 위험요인이 수반된다.

(3) 시각특성

정지시력은 정지한 상태에서 물체를 볼 수 있는 시력을 '정지시력'이라 한다. 한곳을 주시하면 주시점의 물체는 뚜렷하게 보이나, 주시점에서 2도를 벗어나면 시력은 1/2로, 10도를 벗어나면 1/5로 줄어들어 주시점 이외의 다른 곳은 부주의 상태가 되므로 운전 중에는 한곳을 오래 주시하지 말고, 전방을 넓게 고루 살펴보아야 한다.

동체시력은 주행 중 운전자의 시력을 동체시력이라고 한다. 동체시력은 자동차의 속도가 빨라지면 그 정도에 따라 점차 떨어진다. 동체시력은 개인차가 있어서 20대보다 30대가, 즉 연령이 많아질수록 저하율이 크다. 같은 개인에 있어서도 피로하면 저하하게 된다. 일반적으로 동체시력은 정지시력에 비해 30% 정도 낮다.

(4) 야간시력

야간운전이 주간운전보다 어렵다는 사실은 누구나 동감한다. 운전자의 시력과 밀접한 관계를 맺고 있는바, 어떤 실험에 의하면 야간시력은 일몰 전에 비하여 약 50% 저하된다고 한다. 이는 우리 눈의 망막상에 있는 추체와 간체라고 하는 세포의 기능 차이에 의한 것이다. 즉 추체는 낮에 활동하고 간체는 야간에 활동하는데, 일몰 시에는 양쪽 세포가 모두 제 기능을 발휘하지 못하기 때문이다.

(5) 암순응과 명순응

밝은 장소에서 어두운 곳으로 들어가서 눈이 익숙해져서 시력을 회복하는 것을 암순응이라고 하며, 반대의 경우를 명순응이라고 한다. 암순응에 걸리는 시간은 일반적으로 명순응에 걸리는 시간보다 길어서 완전한 암순응에는 30분 혹은 그 이상 걸리기도 한다. 급격한 명암의 변화는 순응에 장애를 일으키며, 특히 암순응은 교통의 실제 장면에서 명순응보다 많은 장애를 일으키게 된다. 시각장애를 방지하기 위해서는 밝음에서 어둠으로의 조도 변화를 적게 하여 서서히 조도를 감소시키는 것을 완화조명이라고 하며, 이 방법은 터널 입구부 · 지하보도 입구부 등의 조명에 이용되며, 한편 도로 옆에서 '터널 내 점등운행'을 운전자에게 환기시키고 있는 것도 이 때문이다.

(6) 시야

정지 상태에서 한 물체에 눈을 고정시키고 양쪽 눈으로 볼 수 있는 좌우의 범위를 시야라고 한다. 정상적인 시력을 가진 사람의 시야는 180~200° 정도이며, 한쪽 눈의 시야는 좌우 각각 160°이고, 색채를 식별할 수 있는 범위는 약 700°이다.

(7) 주행 시간

주행 시 운전자의 시각은 정지 상태에 비하여 여러 가지 특성을 지니고 있으며, 운전자 주변의 경치는 끊임없이 이동(변화)하며, 가까운 거리에 있는 대상물일수록 급속히 이동하는 것처럼 보인다. 중간 정도의 거리에 있는 것은 조금은 확인되지만 한번 놓친 것은 주행 중 다시 보기 힘들다. 먼 대상물만이 움직이지 않고 천천히 바라볼 수 있고, 운전자는 고속도로에서 300~600m 전방을 주시점으로 하여 운전한다. 한편 고속운전이 될수록 주시점은 멀어진다. 이것은 멀리서부터 교통상황을 인지하고, 만일의 긴급사태에 단 1초의 여유라도 더 가지고 대처하라는 자연스러운 운전자의 심리결과이다.

(8) 색각

색각은 교통장면에서 색채조절의 의미는 안전표지 · 노면표지 · 안내판 등의 시인성과 식별력을 향상시키는 데 있으며, 색채가 갖는 심리적 · 생리적 효과에 의해 안전의식 향상, 기분전환, 진정감을 갖게 될 수 있다. 그리고 색광으로 가장 멀리에서 약한 빛으로 알아보기 쉬운 것은 적－녹－황백색의 순이며, 표면색을 읽기 쉬운 것은 흑/황, 녹/백, 적/녹, 청/백, 흑/백색의 순이다. 적/황, 녹/적색은 읽기 쉽지 않은 것으로 알려져 있지만, 전체적으로 보아 양색을 포함한 적/황색이 주의를 가장 잘 환기시킬 수 있다.

(9) 성격특성

인간의 성격특성은 매우 중요하다. 곧 그 사람의 가치관과 행동양식이기 때문이다. 이러한 행동양식은 교육을 통해 어릴 때부터 형성되면서 길러진다는 것이다. 결국 인성교육이 필요하다고 본다. 우리가 면허증을 취득하면 안전교육을 반드시 이수해야 하는 것도 이런 성격의 여러 특성을 운전 시에 자기 자신의 감정을 억제하고 침착하게 행동을 하기 위해서이다. 따라서 우리가 "운전은 그 사람의 성격을 반영한다"는 말이 있다. 침착한 사람은 침착하게 운전하고, 성급한 사람은 성급하게 운전하기 마련이다. 가령, 성급한 사람은 속도가 빨라지기 마련이고, 추월이 많아지게 될 뿐만 아니라, 틈만 생기면 앞지르기를 하려하며, 1초 만이라도 앞서고자 안간힘을 다한다. 그리고 결국 언젠가 사고와 직면하게 된다. 사람에 따라서는 아주 성급한 성질을 지니면서도 운전대에 앉기만 하면 낚시꾼 모양으로 느긋해지는 사람도 없는 것은 아니나, 일반적으로 그렇지 못한 경우가 대부분이다. 무엇 때문에 그렇게 서둘러야 하는지 운전자의 심리상태를 이해하기 힘든 때가 많다. 사고를 자주 일으키는 사람은 타인을 생각하지 않고 싸움을 하려고 하는 일촉즉발의 운전자가 많으며, 적극적이기는 하지만 내적 자기통제가 약하고 반항심이 강해서 불만을 갖기 쉽다. 이를 정리하면 다음과 같다.

〈사고를 자주 일으키는 사람의 특성〉

① 초조해하며 행동이 즉흥적이다.
② 사회성(협조성)이 결여되어 있다.
③ 충동적이며 자기 통제력이 약하고 폭발적으로 격노하기 쉽다.
④ 정서가 불안하고 사소한 일에도 감정을 노출하기 쉽다.
⑤ 주의가 치밀하지 못하고 주의력의 지속력이 약하며 주의가 산만하여 부주의에 빠지기 쉽다.

우수운전자의 성품은 온화하고, 따뜻한 정이 들고, 남과 다투기를 좋아하지 않고 협조적이며, 주위를 융화시키는 태도를 가진 사람이 많고, 세심하고 주의 깊으며 직업의식에도 철저하고, 향상을 위한 노력을 하고, 사물을 냉정하게 객관적으로 관찰하고, 자기의 결점을 잘 알고 있으며 진실하고 착실하며 머리를 숙일 줄 안다.

안전한 운전에 필요한 성격을 알아보면 첫째, 안전의식이 높다. 사람의 생명에 대한 존엄성이 뿌리박힌 신중성을 가지고 있으며, 둘째, 상호성이다. 보행자나 다른 차량에 길을 양보해주는 겸허한 성품을 지니고 타인과 좋은 인간관계를 만드는 협조적인 성품이다. 마지막으로 안정된 정서, 평정한 태도를 지니고 있다. 자기의 감정을 억제, 통제할 줄 아는 능력과 성품을 갖고 환경에 지배되지 않는 자주성으로 일에 대한 애정, 생활에 대한 즐거움을 갖고 운전을 좋아하며 이를 자랑으로 알고 책임을 느낄 줄 아는 성품이다.

한편 운전 작업에서 '인지→판단'은 운전자들에게 정신적 피로를 유발시키고, 자동차의 '조작'은 육체적 피로를 느끼게 한다. 이밖에도 한정된 공간과 앉은 자세에서 계속적으로 손과 발만을 사용하게 되므로, 차량을 조작하는 데서 오는 피로와는 또 다른 육체적 피로를 느끼게 된다. 피로는 잠재적 사고라 할 수 있는 운전자의 잘못, 주의력 집중의 편재, 외부의 정보를 차단하는 졸음 등을 발생시켜 결국 직접적 사고를 유발하는 요인이 된다.

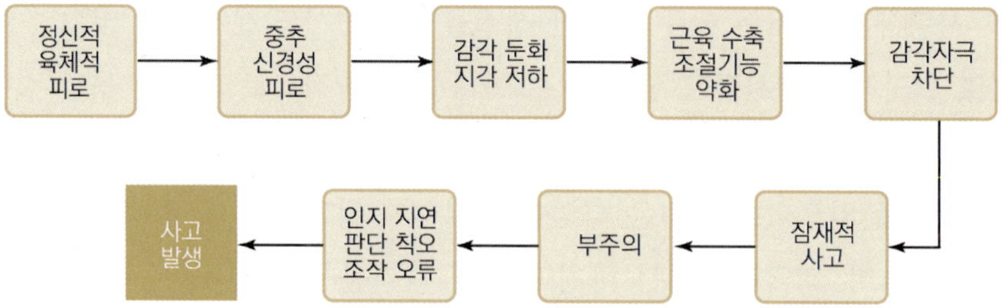

▲ 그림 5-4 피로로 인하여 사고가 발생하는 과정

아울러 장거리 운전 등을 할 때에는 다음의 조치를 하여 주의력 저하와 피로를 방지하는 것이 효과적이다. 출발 전에 충분히 휴식을 취한다. 운전 중에는 눈을 계속 움직인다. 과식하거나 알코올 성분이 들어 있는 음료수를 마시지 않는다. 차창을 열어 차내에 신선한 공기를 소통시킨다. 2시간 정도 계속 운전한 뒤에는 반드시 5~10분간 충분한 휴식을 취한다. 겨울철에는 운전석 히터는 운전석 밑으로 켠다.

음주는 피로를 유발하는 중요한 요인으로 작용하며 음주운전은 살인행위이다. 음주가 인체에 미치는 영향은 여러 가지가 있지만, 특히 차량운행 시에 음주는 법으로 금지되어 있고 지켜지지 않을 시는 크고 작은 인명과 물적 손실에 직결되기 때문에 절대 음주운전은 해서는 안 된다.

▼ 표 5-2 음주가 인체에 미치는 영향

구분	음주량	혈중알코올농도(%)	증상
미취	소주 약 2~5잔	0.05~0.15	• 기분이 좋아서 결단이 빠르거나 오판하기 쉽다. • 안면과 경부의 피부가 충혈된다. • 침착성이 없어진다. • 이 정도의 취기는 오히려 능률이 향상된다고 본인은 생각하나 사실은 운동신경이 저하되고 있다. • 혈중알코올농도가 0.05%의 경우 반응시간은 정상시의 2배이고 0.1%가 되면 4배가 된다
경취	소주 약 6~9잔	0.16~0.25	• 자기 자신이 술에 취했다는 것을 알게 된다. • 기분이 매우 좋아지고 쾌활해지며 운동신경이 마비되어 비틀거리게 된다. • 말이 다소 흐려지고 화제가 자주 변하게 된다. • 감각이 둔해지며 작은 상처를 입어도 모르게 된다. • 주의력이 산만하고 판단력이 둔하기 때문에 운전사고를 내기 쉽다.

구분	음주량	혈중알코올농도(%)	증상
심취	소주 약 10~13잔	0.26~0.35	• 운동신경의 마비가 극심하며 보행이 자유롭지 못하다. • 언어는 전혀 알아듣지 못하게 된다. • 여러 가지 신체적 반사작용이 현저하게 저하된다. • 신체적 마비로 의식이 점점 흐려진다.
만취	소주 약 14잔 이상	0.36 이상	• 장소를 가릴 것 없이 아무 데나 쓰러지게 되고 혼수상태에 빠진다. • 근육의 힘이 빠져 중심을 잃게 된다. • 대 · 소변을 함부로 하게 된다. • 호흡이 완만해지고 체온도 떨어진다. • 때에 따라서는 호흡이 곤란해지고 방치하면 사망한다.

2) 안전운전 요령

(1) 안전운전 자세

안전운전 자세를 보면 나름의 체질적인 요인에 의해 방법을 강구하지만 우선 앉은 자세를 부드럽게 한다. 그리고 등과 허리는 시트에 밀착시켜 앉는다. 눈은 상면 15도 각도로 앞을 바라보는 자세로 한다. 핸들 윗부분을 잡으면 팔굽이 조금 구부러질 정도로 시트를 조절한다. 핸들은 9시 15분 또는 에어백이 장착되었을 경우에는 10시 10분 위치로 두 손으로 잡는다. 클러치 페달을 꽉 밟았을 때 다리가 조금 굽혀질 정도로 시트의 간격을 조절한다. 안전벨트가 배가 아닌 골반에 위치하도록 단단히 착용한다. 발뒤꿈치를 바닥에 붙이고 발바닥으로 가속페달을 부드럽게 조작한다. 변속을 한 후에는 클러치 페달에서 발을 뗀다.

(2) 방어운전

승패를 다투는 스포츠 경기뿐만 아니라 운전에서도 제대로 된 방어는 아주 중요하다. 하지만 '자동차 1천만 대 시대'의 우리나라 운전자들은 추월이나 끼어들기 같은 공격운전에는 프로급이면서도 방어운전에는 아마추어인 경우가 많다. 방어운전이란 미리 위험한 상황을 피하거나, 위험한 상황을 만들지 않는 운전기술이다. 먼저 정보 수집을 한다. 오늘날과 같은 변화무쌍한 교통상황에서 방어운전을 제대로 하기 위하여 유용한 정보가 요구된다. 다양한 자료원으로부터 제공되는 많은 정보는 안전운전에 긴요하며, 정보의 인지는 빠르고 정확해야 한다. 반성과 자세이다. 운전의 세계에서 흔히 볼 수 있는 현상은 다른 차의 잘못에 대해서는 신경과민이지만, 자기 자신의 독선적인 운전 따위에 대해서는 그것을 느끼지 못하고, 비록 느꼈다고 하더라도 반성하지 않는 경향이 강하다. 조심성이다. 자신을 보호하는 가장 좋은 방법은 언제든지 다른 운전자들을 잘 관찰하는 것이며, 운전 중에 졸음이 오거나 기분이 나쁠 때는 무리하게 운전하지 않아야 한다. 불가피할 경우 휴식을 취한 후에 운전한다. 최악의 상태를 예상하고 "상대 자동차가 양보할 것이다", "보행자가 알아서 멈추거나 피해갈 것이다"라는 막연한 기대보다는 "그렇지 않을 것이다"라고 생각하며 대처해야 한다. 그리고 중요한 것은 양보정신이다. 운전할 때는 자기중심적인 생각을 버리고 상대방의 입장을 생각하며 서로 양보하는 마음의 자세가 필요하다. 운전자 상호 간에도 서로 상대방의 입장에서 운전해야 한다. 운전은 자기 혼자만 하는 것이 아니라 주위에서 같이 달리는 자동차의 운전자와 길을 건너고자 하는 많은 보행자를 같이 생각해야 하는 것인 만큼 양보하는 마음 자세가 몸에 배도록 해야 한다.

(3) 방어운전기법

방어운전기법에서 중요한 것은 운전자는 시야를 멀리 앞차의 전방까지 둔다. 장애물이 나타나 앞차가 브레이크를 밟으면 즉시 브레이크를 밟을 수 있도록 준비 자세를 갖춘다. 그리고 뒤차의 움직임을 룸미러나 사이드미러로 끊임없이 확인하면서 방향지시등이나 비상등으로 자기 차의 진행 방향이나 운전 의도를 분명히 알린다. 교통신호가 바뀐다고 해서 무작정 출발하지 말고 주위 자동차의 움직임을 관찰한 후 진행한다.

보행자가 갑자기 나타날 수 있는 골목길이나 주택가에서는 상황을 예견하고 속도를 줄여 충돌을 피할 시간적 · 공간적인 여유를 확보한다. 그리고 기상 변화에 대비해 체인이나 스노타이어 등을 미리 준비한다. 눈이나 비가 올 때는 가시거리 단축 · 수막현상 등 위험요소를 염두에 두고 운전한다. 아울러 교통량이 너무 많은 시간대나 도로는 피하여 운전한다. 교통이 혼잡할 때는 조심스럽게 교통의 흐름을 따르고, 끼어들기 등을 삼간다.

과로로 피로하거나 심리적으로 흥분된 상태에서는 운전을 자제하고 앞차를 뒤따라갈 때는 앞차가 급제동하더라도 추돌하지 않도록 차간거리를 충분히 유지한다. 4~5대 앞차의 움직임까지 살핀다. 대형차를 뒤따라갈 때는 가능한 한 앞지르기를 하지 않도록 한다. 뒤에 다른 차가 접근해 올 때는 속도를 낮추고, 앞지르기하려고 하면 양보해준다. 뒤차가 바짝 뒤따라올 때는 가볍게 브레이크 페달을 밟아 제동 등을 켜고 진로를 바꿀 때는 상대방이 잘 알 수 있도록 여유 있게 신호를 보낸다. 보낸 신호를 상대방이 알았는지 확인한 다음에 서서히 행동한다. 교차로를 통과할 때는 신호를 무시하고 뛰어나오는 차나 사람이 있을 수 있으므로 반드시 전후좌우로 도로의 안전을 확인한 뒤에 주행한다.

밤에 마주 오는 차가 전조등 불빛을 줄이거나 아래로 비추지 않고 접근해 올 때는 불빛을 정면으로 보지 말고 시선을 약간 오른쪽으로 돌리고 감속 또는 서행하거나 일시 정지한다. 그리고 밤에 산모퉁이 길을 통과할 때는 전조등을 상향과 하향을 번갈아 켜거나 껐다켰다 하여 자신의 존재를 알리면서 주위를 살피면서 서행한다. 횡단하려고 하거나 횡단 중인 보행자가 있을 때는 속도를 줄이고 주의하여 진행하면서 보행자가 차의 접근을 알고 있는지 확인한다. 특히 어린이가 진로 부근에 있을 때는 어린이와 안전한 간격을 두고 진행하고 서행 또는 일시 정지한다. 한편 다른 차의 옆을 통과할 때는 상대방 차가 갑자기 진로를 변경할 수도 있으므로 미리 대비하고 충분한 간격을 두고 통과한다.

특히 대형화물차나 버스의 바로 뒤를 따라서 진행할 때에는 전방의 교통상황을 파악할 수 없으므로, 이럴 때는 함부로 앞지르기하지 않도록 하고, 또 시기를 보아 대형차의 뒤에서 이탈하여 진행하는 것이 필요하다. 그리고 신호기가 설치되어 있지 않은 교차로에서는 좁은 도로로부터 우선순위를 무시하고 진입하는 자동차가 있으므로, 이런 때는 속도를 줄이고 좌우의 안전을 확인한 다음에 통행한다.

(4) 교통흐름과 방어운전

운전자는 자기의 안전뿐만 아니라 주위 차량에 대하여도 잘 생각하면서 달리는 것이 결국은 자기의 운전환경을 보다 안전하게 만드는 것이다. 흔히 저속으로 달리기만 하면 안전하다고 생각하여 주위의 교통흐름을 무시하고 자기 차만 천천히 달리는 광경을 보게 되는데, 이러한 행동은 다른 차의 운전자들을 짜증스럽게 하여 무리한 추월을 하게 만들어 도리어 위험하다. 그리고 주행 중에는 전후좌우에서 달리는 차의 성질을 알아차려 그때그때에 적절한 대응을 하면서 달리는 것이 안전하다.

택시 · 초보운전자 · 대형트럭 · 탱크로리 · 노선버스 · 우편차 · 밴 · 쓰레기 수거차 등은 제각기 특유한 주행방법과 버릇이 있다. 이런 차들의 주행방법을 빨리 이해하여 각 차에 적합한 대응 운전기술을 몸에 익혀야 한다. 한편 다른 운전자를 당황하게 하는 당돌한 행동을 하여서는 안 된다. 주행 중에 차선을 변경하거나 좌 · 우회전할 경우에는 미리 3초 혹은 300m 전방에서부터 그 사실을 방향지시등을 사용하여 주위 자동차에 알리도록 한다. 이유는 주위 자동차의 운전자가 불의의 상황 변화에 놀라거나 당황하지 않고 행동하게 하는 데 있으므로 모든 경우에 위험예고를 할 필요가 있다. 그리고 시가지 등에서 많은 차가 줄지어 흐르고 있을 때는 무리하게 끼어들면 접촉 혹은 추돌사고 등을 유발하므로 무리하게 끼어들지 않도록 한다.

3. 선박 및 항공기 탑승 시 안전

지난 2014년 4월 15일 인천 연안여객터미널 출발, 제주도로 향하던 여객선 세월호(청해진해운 소속)가 4월 16일 전남 진도군 병풍도 앞 인근 해상에서 침몰해 수백 명의 사망·실종자가 발생한 대형참사가 있었다. 이 사고로 탑승객 476명 가운데 172명만이 생존했고, 300여 명이 넘는 사망·실종자가 발생했다. 특히 세월호에는 제주도로 수학여행을 떠난 안산 단원고 2학년 학생 324명이 탑승, 어린 학생들의 피해가 컸다(네이버 지식백과, 시사상식사전, 박문각). 이러한 대형 사고에 대한 안전의식의 중요성을 인식하고 위급한 상황 발생 시 평소에 안전수칙 및 위기상황 조치를 사전에 이해하고 숙지하는 것이 매우 중요하다.

1) 선박 탑승 시 안전 관련 사항

먼저 비상사태가 발생하면, 기적 소리 또는 비상벨로 신호를 주고 방송으로 선내에 알린다. 둘째, 동요하지 말고 승무원의 안내에 따라 침착하게 행동해야 한다. 셋째, 대피 시 통로, 계단에서 질서를 지켜야 하며, 마지막으로 승선 직후에는 비상사태 발생을 대비하여 비상구 및 탈출 경로를 미리 알아두어야 한다. 비상신호는 7회 이상(1~5초) 간 화재신호는 7회 이상(5회), 퇴선신호 10초 이상으로 되어 있다.

(1) 구명동의 조끼형 착용법

① 조끼를 입듯 양손을 소매에 껴입는다.
② 가슴끈을 단단히 조여 맨다.
③ 허리끈을 당겨 몸에 한 바퀴 돌려 단단히 묶어준다.
④ 목끈을 앞으로 당겨 매듭이 풀리지 않도록 조여 맨다.

(2) 비상탈출구

선박 비상탈출구 위치는 불이 들어오지 않을 때를 대비하여 야광 재질로 만들어져, 배 곳곳에 화살표로 표시되어 있다. 비상탈출구 위치는 선내 배치도에서도 다시 한번 확인할 수 있다.

(3) 구명동의

동료가 물에 빠진 경우	① 수면 위에 뜨게 한다. 구명부의를 착용하고 있지 않은 경우에는 신속히 부력을 유지할 수 있는 물건을 투하하고, 표류자가 신체를 부유물에 고정할 수 있도록 가능한 한 신속히 부력이 있는 로프 등을 던져 도와준다. ② 위치를 파악한다. 표류자의 위치와 상태를 파악하고, 표류자가 사용할 부유물과는 별도로 부유체를 투입하여 표류자를 놓칠 가능성을 적게 한다.
내가 물에 빠진 경우	① 침착하게 크게 심호흡한다. 사람은 이 같은 경우 패닉 상태에 빠질 수 있다. 냉정을 유지하는 것이 가장 중요하며, 크게 호흡을 하면 안정되고 차분하게 된다. ② 초조해하지 않는다. 근처 선박을 발견하지 못하더라도 반드시 구조된다는 신념을 가진다. ③ 동작을 최소화한다. 물속에서 움직임이 많으면 열량 소모도 커지게 된다. 가능한 한 동작을 작게 하여 보온에 힘쓰고 열량을 소모하지 않는 자세를 취하는 것이 중요하다.

(4) 선박사고 발생 시 대처하는 방법

① 배가 침몰할 경우, 상황에 따라 배가 기우는 반대 방향, 제일 높은 쪽이 유리하다.

② 탈출 시에는 구명조끼를 착용하고, 신발을 벗고 수직으로 다이빙한다.

③ 탈출 후에는 와류현상에서 벗어나기 위해 침몰하는 배에서 멀리 떨어져야 한다.

④ 저체온증을 대비해 가능한 한 구명보트나 부유물을 이용하여 신체를 최대한 물 밖으로 유지해야 한다.

⑤ 구명보트를 탄 경우, 조명탄을 쏘아 위치를 알리고 구조를 기다린다.

⑥ 화재가 발생하면 큰소리로 외치거나 경보기를 눌러 주변 사람들에게 신속하게 알려야 한다.

2) 항공기 탑승 시 안전 관련 사항

(1) 비상상황 발생 시

① 비행 전 승무원의 브리핑에 귀를 기울이고 상황 발생 시 승무원의 안내에 따라야 한다.

② 어린이나 노약자(환자)를 위한 별도의 비상 장비가 있는지 승무원에게 문의한다.

③ 만일 비행 중 비상용 산소마스크가 내려올 경우에는 보호자가 먼저 마스크를 착용하고 어린이나 노약자를 도와주어야 한다.

④ 비상탈출용 슬라이드 이용 시, 굽이 높은 구두나 모서리가 날카로운 장신구와 소지품을 기내에 남겨 두고 탈출한다.

⑤ 충돌 전 좌석 등받이를 앞으로 세우고 안전벨트를 착용한 후 부상을 최소화할 수 있는 자세를 취한다.

(2) 항공기 여행 시 주의사항

① 기내 수화물은 유사시 신속한 탈출에 방해되지 않도록 지정된 부피와 무게를 준수한다.

② 복장은 유사시 화상을 방지하기 위해 가급적 합성 소재가 아닌 면과 같은 천연소재 의류를 이용한다.

③ 난기류 등에 의한 기체 요동에 대비하여 비행 중 좌석에서는 항상 안전벨트를 착용한다.

④ 만일 어린이나 노약자에게 비행 중 발생 가능한 신체·의학적 문제가 있다면 항공사 직원이나 승무원에게 탑승 전에 반드시 주지시켜주어야 한다.

⑤ 출발 전 배정된 좌석에 착석한다. 배정된 좌석을 임의로 변경하는 것은 항공기의 비행에 문제를 야기할 수 있다(행정안전부, 2021).

제2절 어린이 교통안전

1. 어린이의 발달특성

1) 어린이의 발달특성과 교통사고

아동기에는 육체적 · 정신적 성장이 급속히 이루어지며, 이 시기의 아동은 육체적 활동이 왕성하며 다른 사람을 존중해야 한다는 사실을 깨닫기 시작한다. 이와 함께 분배와 자아통제, 그리고 복종에 대한 보다 성숙한 의미를 이해하게 된다. 어린이는 이러한 자신의 특징들을 발전시킬 수 있는 많은 기회를 필요로 하게 된다.

어린이의 행동특성은 네 가지, 즉 탐험에 대한 충동, 자아통제와 자아단련, 방어적 행동, 풍부한 상상 활동으로 구분할 수 있다. 첫째, 탐험에 대한 충동은 아동기에는 끊임없는 놀이를 통해 활기 있게 새로운 세계를 탐험하는 것을 특징으로 한다. 어린이가 성장하고 성숙해짐에 따라 어린이의 놀이와 일상생활은 점차 현실적으로 변모해 간다. 놀이에도 단순한 탐험이나 실험 단계에서 능력을 개발시키기 위한 목적 있는 유용성의 단계로 변화한다. 능력을 개발한다는 것은 보다 복잡한 책임감 있는 과업을 성취하기 위한 활동을 말한다. 또한 어린이들은 늘 새로운 세계에 대한 충동을 가지게 됨으로써 성인들이 예상치 못한 사고를 유발할 수 있다. 즉 탐험에 대한 충동과 호기심을 충족하고자 하는 어린이들의 욕망은 어린이를 둘러싼 세계에서 늘 사고의 위험성이 뒤따른다.

그리고 어린이들에 대한 교통안전교육은 사회의 질서 및 규칙과 관련하여 교통안전을 스스로 생각하도록 하고, 교통안전 수칙을 지키도록 함으로써 새로운 세계에 대한 어린이들의 탐험심이나 호기심을 규칙과 질서 내에서 승화시켜 나갈 수 있도록 지도해야 한다.

둘째, 자아통제와 자아단련이다. 어린이들은 사고에 대한 자가 보호 능력을 가지게 됨에 따라 자아통제와 자아단련 그리고 스스로를 보호해야 하는 자신의 역할을 발전시켜가게 된다. 어린이에게 필요하고 바람직한 행동을 하도록 지도하는 것도 중요하지만, 위험한 상황에 대처하는 능력을 키워주는 것이 더욱 바람직하다. 사고의 위험에 직면한 어린이는 그 위험을 회피하기 위하여 상황을 파악하고 그에 따른 어떤 결정을 해서 곧 실천으로 옮긴다. 이와 같이 어린이들의 일상생활 속에서 요구되는 행동에 대해 스스로 대처할 수 있는 능력을 키워주어야 한다. 한편 어린이들이 매일 안전하게 통학할 수 있도록 지도해야 한다. 걸어서 통학하는 어린이들은 종종 차도로 뛰어들어 사고를 당하게 된다.

어린이에게 차도를 건널 때는 반드시 횡단보도를 이용해야 한다거나 신호등이 바뀌어 정지신호가 켜지거나 횡단보도를 건너갈 때에는 늘 주위를 살피고 조심해야 한다는 것을 가르쳐야 한다.

셋째, 방어적 행동이다. 어린이들은 차츰 방어적인 행동을 배우기 시작하면서 규칙을 지키지 않는 사람들도 있다는 사실을 이해하게 된다. 어린이들로 하여금 규칙을 준수하지 않는 다른 사람들의 잘못에 대처하기 위한 준비를 마련해 주어야 한다.

자전거를 타고 통학할 경우 건널목에서 정지하는 규칙과 회전을 허용하는 신호표지판을 알고 있어야 하며, 복잡한 교통질서에 안전하게 대처할 수 있을 만큼 충분한 능력과 기능을 제대로 갖추고 있는지를 확인해야 한다. 대부분 초등학교 1학년 학생들은 이런 능력을 갖추지 못하고 있다. 만 6세 어린이는 자전거를 타고 통학할 수 없을 만큼 손발의 동작도 미숙하다. 따라서 버스나 전철로 통학하는 어린이들은 안전하게 승·하차하는 방법을 배워야 한다. 자동차 안에서는 안전하게 행동하며 시끄러운 괴성을 지르거나 장난을 쳐서 운전자를 어수선하게 만들지 않도록 주의를 주어야 한다. 어린이들에게 안전에 대한 습관을 길러주는 것은 이들에게 사랑과 관심을 기울인다는 것이다. 또한 어린이 스스로가 자신을 보호할 수 있도록 격려하면서 자신을 가치 있는 존재로 인식시키는 것 역시 교통안전에 대한 습관을 길러주는 데 도움을 준다.

마지막으로 풍부한 상상활동이다. 아동기에는 상상활동이 풍부하게 되는데, 창조적 상상과 남이 상상하는 바를 그대로 따라하는 모방적 상상이 있다. 상상의 특성에는 비현실성·자발성·미래·융통성 등이 있으며, 개인에 따라 차이가 크게 나타난다. 창조적인 상상은 8~9세부터 발달하기 시작하여 13~14세에 왕성해진다. 상상과 현실이 분화되어 자연현상이나 물리적인 변화에 대한 호기심과 모험적이고 탐구적인 요구가 높아지기 때문에 이 시기를 자식 생활시대, 객관적 생활시대라고도 한다. 어린이들 상상활동은 매스컴에서 나오는 주인공들이나 흥미로운 동작에 대한 모방을 자극하여 사고를 일으키게 되는 원인이 된다. 어린이들의 풍부한 상상활동이 긍정적으로 이루어질 수 있도록 하며, 단순 모방에 따른 위험요인을 일깨워주는 것이 좋다. 규칙을 배우고 자기를 통제하며 방어적으로 행동하는 능력은 보다 먼 미래에 완전히 독립하게 될 것에 대비해서 성장과정을 통해 계속 발전시켜 나가야 한다. 아울러 부모는 어린이의 자기 불신, 혼돈 그리고 비난 등으로 인한 스트레스를 이해하고 이에 대비해야 한다. 한편 어린이들의 교통안전을 위협하는 가장 심각한 도전은 금지된 행동에 대해서 매우 호기심을 갖는 것이기 때문에 어린이들에게 자아통제와 독립적 판단력을 가질 수 있도록 일찍부터 지도해야 한다.

▼ 표 5-3 어린이 보호구역 및 교통사고 현황

구분		계	2016	2017	2018	2019	2020
어린이 보호구역 지정현황	지정개소	-	1,730	1,733	1,730	1,760	1,751
어린이 보호구역 내 어린이 교통사고	발생(건)	430	96	81	77	114	62
	사망(명)	6	2	1	1	2	0
	중상(명)	147	29	27	23	28	21

출처 : 한국소비자원(2021).

2. 어린이 교통사고 유형과 대책

어린이 교통사고는 성인의 사고유형과는 다른 특성이 있다. 어린이의 교통사고는 대체로 통행량이 많은 낮시간에 주로 집 부근에서 발생하며, 또한 보행자 사고가 대부분이고 성인에 비하여 치사율도 매우 높다. 어린이가 당하기 쉬운 교통사고유형은 다음과 같다.

1) 도로에서 갑자기 뛰어들기

어린이 보행자 사고의 70% 정도는 도로에 갑자기 뛰어들기로 인하여 사고가 발생한다. 특히 뛰어들기 사고는 주거지역 내의 폭이 좁고 보도와 차도가 구분되지 않은 이면도로에서 많이 발생하고, 어린이의 정서적·사회적 특성과도 관계가 깊다. 시야가 나쁜 골목이나 대문 밖이 바로 도로인 집 앞에서 그대로 도로에 뛰어들어 달려오는 차와 부딪치는 경우, 길 건너편에서 어머니가 부르거나 가게에 진열되어 있는 물건을 사기 위하여 도로로 뛰어드는 경우, 놀이터나 공터에서 놀다 공이나 풍선 등을 잡기 위하여 도로에 뛰어드는 경우 등으로 달려오는 자동차에 의하여 사고를 당한다.

2) 도로횡단 중의 부주의

어린이는 몸이 작기 때문에 주차 또는 정차한 차량 바로 앞·뒤로 도로를 횡단하면 차를 운전하는 운전자는 어린이를 볼 수 없으며, 주차나 정차된 차에 가려 다른 차를 볼 수 없으며, 자동차가 많은 길에서 어린이가 도로를 횡단하는 것은 대단히 위험하다. 부모와 같이 버스를 타고 오던 어린이가 부모보다 먼저 내려 타고 온 버스의 앞이나 뒤로 횡단하다가 버스 뒤에서 달려오는 차나 맞은편에서 오는 차에 의하여 사고를 당한다거나 횡단보도가 아닌 곳에서 신호대기로 서 있는 자동차 사이로 건너가다가 운전석이 높아 바로 앞이 잘 보이지 않는 큰 차(대형트럭이나 버스 등)가 움직이는 바람에 사고를 당할 수 있으며, 신호등이 있는 횡단보도를 횡단할 때에도 신호를 잘못 보거나 신호가 갑자기 바뀌어 당황하다가 사고를 당하는 경우도 있다.

3) 도로상에서 위험한 놀이

어린이들이 길거리나 주차한 차량 가까이서 놀다가 당하는 사고도 10% 이상을 차지한다. 어린이들이 노는 것에만 열중하다 보면 달려오는 자동차에 뛰어들기도 하고, 갑자기 다가오는 차에 당황하여 사고를 당하기도 한다. 집 앞에 주차되어 있는 차의 뒤나 옆에서 놀던 어린이가 운전자가 확인하지 않고 차를 후진하거나 움직이는 바람에 사고를 당하는 경우도 있다.

4) 자전거 사고

차도에서 자전거를 타고 놀거나 골목길에서 일단 멈추지 않고 그대로 넓은 길로 달려 나오다가 자동차와 부딪치는 사고가 발생하기도 한다. 어린이들에게 자전거를 사줄 때는 그냥 사줄 것이 아니라 '자전거의 안전장치에 이상이 없는지'에 대한 점검과 안전하게 자전거를 탈 수 있는 장소와 타서는 안 되는 장소에 대한 교육을 먼저 실시해야 한다.

5) 차내 안전사고

자동차가 빠른 속도로 달리다 급정지할 경우에는 관성에 의해 몸이 앞으로 쏠리면서 차 내부의 돌기물에 부딪치게 된다. 안전벨트를 착용하게 하고 차 안에서 장난하거나, 머리나 손을 창밖으로 내밀지 않도록 해야 한다. 간혹 운행 중에 차문을 여는 경우도 있으므로 안전장치의 확인에도 신경을 써야 한다.

3. 보행자 교통안전

자동차 사고의 인적 요인으로 보행자의 불안전한 행동을 들 수 있다. 시끄러운 음악을 들으면서 건널목을 건너는 행동 신호가 녹색불로 채 바뀌기도 전에 급하게 길을 건너가는 행동, 건널목이 가까이 있는 데도 빨리 건너기 위해 무단횡단하는 행동 등 특히 택시를 잡기 위해 차도로 내려와 손을 뻗는 행동 등은 그 당시에는 사고를 당하지 않았다 하더라도 언젠가는 사고를 당할 가능성이 매우 높다고 할 수 있다.

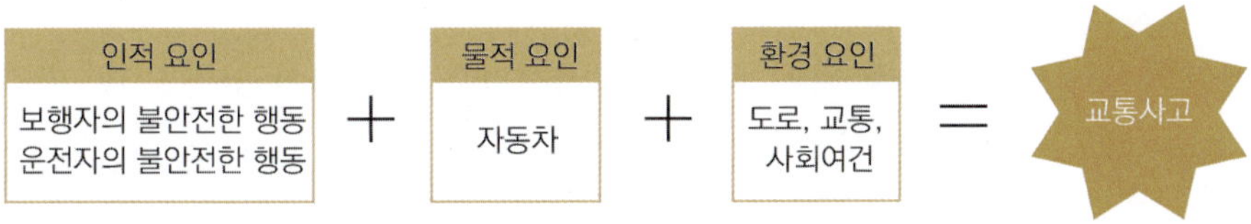

▲ 그림 5-5 교통사고의 발생요인 도식표

제3절 교통사고 발생 시 대처방법

1. 교통사고 발생 시 일반적 대처방법

일반적으로 자동차를 운전하는 사람들 대부분은 사고에 대한 경험이 없거나, 사고발생 시 어떠한 조치를 취해야 하는지 모르고 당황하는 경우가 많다. 따라서 본 절에서는 교통사고가 발생 시 단계별 사고수습 절차를 언급하고자 한다.

먼저 차량에 의한 교통사고가 발생하면, 첫째, 법률적으로 규정된 신고의무와 부상자에 대한 응급구호조치를 취하고, 둘째, 사고현장에 대한 증거자료도 필수적으로 확보해야 한다. 셋째, 사고 당사자인 자신도 사고에 대한 자료를 확보하여야 억울하다고 생각되었을 때 그 자료를 토대로 교통사고의 원인 등을 전문적으로 밝히는 기관에 가서 사고 원인을 분석하여 잘못된 결론에 대해 바로잡을 가능성이 있는 것이다. 이와 같이 사고는 언제 어디서 일어날지 모르기 때문에 항상 사고의 위험성을 염두에 두고 방어운전을 하여야 한다.

2. 운전자(동승자 포함)가 취해야 할 기본적인 행동요령

사고를 당하였을 때 당황하지 말고 침착하게 사고수습을 하는 방법을 평소에 알아두는 것이 중요하다. 다음 내용에서는 사고발생시 사고 수습절차에 대한 8가지의 단계별 절차를 소개하고자 한다.

1) 안전조치

(1) 기본적 안전조치

교통사고가 발생했을 때에는 즉시 차량을 정지시키고, 부상자가 있는지 확인하고, 부상자가 있으면 응급처치요령에 따라 적절하게 조치한다. 연료의 유출 여부와 엔진의 작동 여부 등 화재가 발생할 가능성이 있는지 확인하고, 위험이 있으면 부상자와 함께 안전한 장소로 대피한다. 연쇄사고를 예방하기 위해 표지판을 설치하거나 비상등을 켜고, 다른 차량의 운전자나 보행자에게 후속 차량의 피행 및 유도 등의 도움을 요청한다. 긴급전화로 사고를 신고하고, 부상자 구호를 위해 119구급차의 출동을 요청한다.

(2) 부상자 구조요령

자동차 사고가 발생하면, 대다수의 사람들은 환자를 신속히 병원으로 옮기는 것이 바람직하다고 생각하는데, 오히려 환자의 생명을 단축시키거나 치명적인 합병증을 유발할 수 있다. 구급차가 현장에 도착할 때까지 5~10분을 기다리는 것이 더욱 안전한 방법이다. 화재가 발생할 가능성 등 2차적인 위험이 우려되는 상황일 경우에는 응급구조 지식이 없다고 하더라도 부상자를 안전한 장소로 이동시키는 것이 바람직하다.

(3) 신고요령

긴급 상황에 처한 사실과 장소(예 : ○○구 ○○동 ○○부근 교차로에서 승용차 2대의 추돌사고가 발생하였습니다)를 알리고, 부상자 수와 부상 정도, 연료 유출 등 2차적인 위험 유무를 확인(예 : 부상자는 중상자 1명, 경상자 1명이며, 사고 차량에서 연료가 유출되고 있습니다)하여야 한다. 현장의 교통상황 및 기타 상황, 신고자 성명 등(예 : 사고차량이 2개 차선에 놓여 있어 심하게 정체되고 있습니다)을 반드시 알린다.

2) 현장보존을 위한 조치

교통사고현장은 사고의 원인규명을 위해 중요하기 때문에 반드시 현장을 있는 그대로 보존할 필요가 있다. 현장부근에 있는 사고 잔해나 물건 등을 필요 이상으로 이동시키거나 함부로 치워서는 안 된다. 교통사고 현장보존을 위한 요령은 첫째, 사고현장을 여러 각도에서 촬영한다. 둘째, 스프레이나 페인트 등을 이용하여 사고 지점을 표시한다. 셋째, 목격자의 인적사항이나 연락처 등을 확인해둔다. 넷째, 증거가 될 만한 증거물을 확보하여야 한다.

3) 교통사고(자동차) 관계자가 유의할 사항

(1) 구호의무

교통사고가 나면 사고차량의 운전자나 승무원은 자기에게 과실이 있건 없건 즉시 차를 세우고 사상자를 구호하는 데 필요한 조치를 취하여야 한다. 구호조치를 취하지 아니하면 설사 수사결과 교통사고 자체에 과실이 없다고 판단되더라도 처벌을 받게 된다. 그리고 현장에서 도주해 버리면 수사상 과실이 많은 것으로 불리한 취급을 받게 되고 일단 도주차량의 혐의가 인정되면 일반 교통사고와 달리 징역 1년 이상 사형까지 엄중한 법의 심판을 받게 된다.

(2) 신고의무

교통사고의 내용이 인적 피해, 물적 피해 어느 쪽이든 간에 전술한 구호조치가 끝난 다음 즉시 가까운 경찰관서에 신고를 하여야 한다. 설사 피해자가 신고하지 않기를 원한다고 하더라도 신고의무를 위반하면 처벌받게 된다. 자동차만 손괴한 것이 분명하고, 사고 후 또 다른 사고가 나지 않게 함은 물론 교통소통에도 장애가 없도록 필요한 조치를 한 때에는 신고의무가 면제된다.

4) 사고운전자의 사고처리 요령

인사 또는 접촉사고가 발생했을 때는 도로교통법 제50조(사고발생 시의 조치) 규정에 의하여 다음과 같은 의무를 진다.

(1) 즉시 정차

조치를 취하지 않고 운전을 계속하다가는 사고야기 도주로 간주되어 후일 몹시 불리하게 처리되는 수가 있다(다만 운전자가 판단하여 다른 교통에 방해가 되지 않도록 사고지점 부근의 도로 측면에 정차시키거나, 부상자의 이송을 위하여 즉시 현장을 떠나도 법적으로는 현장 이탈의 책임을 지지 않음).

(2) 부상자를 구호

사고운전자가 취해야 할 준수사항 중에서 가장 중요한 의무이며, 의무의 위반은 신고의무의 불이행과 병합하여, 이른바 뺑소니 행위도 적용되어 교통사고처리 특례법에서 규정한 형사면책 혜택에서 제외된다. 특정범죄가중처벌법에 의하여 큰 벌을 받게 된다(또 운전자가 피해자를 사고 장소로부터 옮겨 유기하고, 피해자를 치사 후 도주하거나 도주 후 피해자 사망의 경우는 가중 처벌되며, 형법상의 유기죄와도 경합).

(3) 위험방지 조치를 취함

부상자가 없고, 접촉사고 등의 경우는 현장보존을 위해 정차한 장소 부근 교통에 지장이 없도록 경고등이나 표시기재를 사용한 교통정리로 더 큰 사고의 발생을 미연에 예방하여야 한다.

(4) 경찰관서에 신고

인적 · 물적 사고를 막론하고 사고발생 3시간 내에 이행하여야 하며, 그 이후의 신고는 지연신고로 규정되어 행정처분을 받는 경우가 있다(다만 학교운동장이나 정비공장 등 일반 공장 내, 공원, 부대의 연병장 등 도로가 아닌 곳에서의 차에 의한 사고는 행정상의 교통사고로 분류되지 않으므로 신고의무 없음).

(5) 경찰관의 지시를 받는다

필요한 긴급조치가 끝나면 신고를 받고 현장에 출동한 경찰관의 지시를 받는다. 여기서 유의할 점은 사고운전자가 당황하여 자신의 과오를 인정하는 듯한 주관적인 경솔한 말을 하여서는 안 된다. 이는 후일 불리하게 이용될 때가 있다.

(6) 보험회사나 차주에게 즉시 통고한다.

사고운전자의 과실이 교통사고처리 특례법의 8대 과실에 해당되지 않은 부상 사고의 경우에는 차량이 종합보험 등에 가입되어 있을 경우나 피해자와 합의가 성립되었을 경우는 '공소권 없음' 처분으로 일단 석방된다.

(7) 인사사고의 증거확보

교통사고가 나면 교통계와 형사계 직원은 현장에 나가 스키드마크를 비롯한 현장 약도나 현장의 유기물, 차량의 파손상태 등을 조사하여 사고발생 과정과 피해경위를 추리하는 데 필요한 객관적인 자료를 수집하여 일건 서류에 첨부한다. 사고운전자들은 대부분 이런 조사에 별로 주의를 하지 않고 방관하고 있는 것이 상례이다.

이러한 자료들은 후에 사실의 진부를 가리는 데 결정적인 열쇠가 되므로 운전자는 자기에게 유리한 증거가 있을 때는 꼭 기억해 두었다가 후에 진술해야 한다. 한편 물적 증거, 인적 증거도 중요하므로 목격자의 확보가 무엇보다 중요하다.

(8) 인사사고 운전자의 사고 대응 요령

경찰조사 대응 요령은 먼저 초동수사를 비롯 구속기간의 수사과 직원에 의한 진술조서 작성 때 운전자는 정신을 똑바로 차려, 자신이 도로교통법을 위반하였는지, 업무상 주의 의무를 다하였는지, 자신의 진술이 조서에 그대로 반영되었는지, 자신에게 유리한 증거는 확보되어 있는지 등에 세심한 주의가 필요하다.

흔히 세간에서는 돈을 써야 나온다는 말이 있는데, 이를 진실로 알고 수사관을 매수하여 사건을 유리하게 해결하려고 안간힘을 다 쓴다. 수사관의 취조태도의 완화 정도나 기대할 수 있을 뿐, 사건 브로커의 이익을 채워주는 결과 밖에 되지 않음을 명심하여야 한다. 사고운전자는 자신이 절대로 무죄라고 생각되면 끝까지 과실인정을 거부하고 정식재판 청구의사를 표명하고 스티커 발부도 거부해야 한다. 운전자가 스티커에 서명, 날인하는 것은 자신의 범칙행위를 인정하는 것이고, 그에 따른 민·형사, 행정상의 책임을 승복하겠다는 의사표시가 되는 것이다.

(9) 불구속운전자의 대응요령

사고운전자가 특례법의 형사면책 사유에 해당되면 '공소권 없음'으로 행정처분만 받고 석방되거나 그것도 면책되어 무혐의로 석방되어 나온다. 피해 정도가 경미한 사건 등 사안에 따라서는 비록 사고원인이 운전자의 10대 과실에 해당되는 경우라도 검사의 재량권에 의해 불구속입건이 되어 석방되는 경우도 있다. 불구속이라고 안심하지 말고 피해자에게 도의적인 책임이 있으므로 찾아가 진심으로 사과와 위로하여 성의를 표명하는 한편, 피해자 측의 대응 자세를 살펴보고 심상치 않다고 느껴지면 이에 대응하는 준비를 게을리하면 안 된다.

(10) 구속운전자 가족의 유의사항

사건의 진상을 정확하게 알아보고 이에 대한 대처방안을 연구해야 한다. 피해자나 그 가족을 찾아가 운전자의 석방을 청원하는 진정서나 형사합의서를 얻어 오도록 노력하는 것이 중요하다. 그리고 사고운전자의 과실이 10대 과실에 해당하거나 사망사고, 뺑소니사고 등의 경우에는 비록 사고차량이 종합보험 등에 가입됐거나 피해자와 합의했더라도 사고운전자는 일단 구속 입건된다. 교통사고는 반의사불벌죄 개념을 원칙으로 하고 있기 때문에 피해자가 가해 운전자의 처벌을 원하지 않을 경우에는 사안에 따라 검사가 기소유예 또는 불구속기소 혹은 약식명령 청구 등 관대하게 처분할 수 있고, 구속재판의 경우라도 판사의 선고유예 또는 집행유예 등의 은전을 기대할 수 있다. 변호사를 찾아가서 피해자와 가해자의 주장과 경찰의 수사 내용을 사실대로 설명하고 객관표인 법률상담을 청하는 것이 좋다. 대부분의 가족은 가해자에게 유리한 주장만을 말하여 변호사의 판단을 그르칠 경우가 있는데 이런 자세는 오히려 운전자에게 이익이 되지 못한다.

5) 인사사고 피해자의 사고처리 요령

① 즉시 가족 또는 친지에게 피해사실을 연락하여 줄 것을 요청하고, 전화번호 또는 주소, 성명을 알려 주어야 한다.

② 병원 관계자에게 가해자의 신원과 사고차량의 소속이나 차량번호 등을 정확히 파악하여 줄 것을 요청해야 한다.

③ 가해자의 신원이 파악됐으면 종합보험이나 공제조합에 가입하였는지 여부를 알아봐야 한다. 또한 종합보험에 가입하였어도 보험료의 미납으로 보험계약이 실효된 경우가 있으므로 이런 점도 철저히 알아두어야 한다.

④ 가해자의 재산 상태를 조사한다. 가해자에게 동산이나 부동산의 소재가 파악되면 피해의 정도를 감안한 손해액을 대강 산출하고 이들 재산에 가압류 조치를 취한다.

⑤ 경찰에 연락한다. 교통사고의 신고의무는 사고야기 운전자에게만 있는 것이 아니라 피해운전자나 피해자에게도 있다고 봐야 한다. 어떤 경우에는 가해운전자가 자신의 성의와 능력을 다하여 피해자에게 억울함이 없도록 책임을 다할 것이니 신고를 하지 말아달라고 요청해 오는 경우가 있다. 이런 때에는 운전자의 신원을 확실히 파악하고 보호자와 상의하여 손해배상 방법이 합리적이라고 생각되면 피해자의 요청을 받아들이는 것도 좋다.

3. 교통사고 시 합의요령

1) 형사합의 요령

(1) 피해자가 유의할 사항

보통의 합의서에는 흔히 "앞으로 쌍방이 민·형사상 일체의 책임을 묻지 않기로 합의한다"는 내용을 기재한다. 그런데 이런 합의서는 이 교통사고에 대한 민·형사상 일체의 조건이 합의되었을 때의 말이고 형사합의서는 운전자의 형사문제에 대해서만 우선적으로 합의하여 주는 것이므로 절대로 위와 같은 문장이 기재된 합의서에 서명, 날인해서는 안 된다.

합의금은 민사배상 문제의 종합보험처리나 차주와의 직접 합의일 때에는 공제되지 않지만, 소송을 통한 손해배상청구일 경우에는 청구액에서 공제받는다. 피해자 측은 소송까지 가지 않고 보험처리 혹은 차주와의 직접 합의할 의사가 있는 경우에는 가해자 측에서 형사합의를 제의하여 오면 가해자 측이 도저히 감당할 수 없는 무리한 합의금을 요구하지 말고 적정한 수준의 합의금으로 합의를 하는 것이 좋다.

(2) 가해자가 유의할 사항

특례법의 입법취지는 피해자의 명시한 의사에 반하여 가해자를 처벌하지 않는다는 반의사불벌죄의 개념을 교통사범에 적용시킨 것이다. 따라서 형사합의서에는 이 점을 분명히 하여 피해자 측은 사고운전자의 형사상 처벌을 원하지 않는다는 문장을 꼭 기재해 두어야 한다. 형사합의는 빠를수록 좋다. 대부분의 경우 합의금액을 놓고 흥정의 줄다리기를 하여 시일을 지연시키는데, 이것은 구속 운전자에게 좋지 않다. 합의서는 1심 판결 이전에 제출되어야 한다.

피해자가 무리한 합의금의 요구를 하면 가해가 측은 적정선을 계시하여 관례를 설명하고, 가정형편을 이해시켜 여러 번 설득을 시도하다가 그래도 합의가 안 되면 검사의 조사기간이 끝나고 법원에 송치되기 전에 "할 수 없다. 몸으로 때우라고 할 수밖에 없다"하고, 합의포기를 선언하고 자리를 뜨는 모션을 써 보기도 한다. 그러면 의외로 합의가 잘되는 수도 있다.

합의 시에는 피해자측 당사자의 신분을 확인하는 것이 중요하다. 피해자와 직접 합의할 때에는 별 문제가 없으나, 친족 대표나 교통사고 처리에 능숙한 대리인 등을 교섭 대표로 앞세우는 경우가 있는데 이 경우 피해자나 그 배우자가 합의에 불복하고 합의의 무효를 주장하는 수도 있다. 따라서 될 수 있으면 피해자의 직계상속권자와 합의하고 합의하지 못할 때는 이들의 위임장과 인감증명서를 받아 놓고 합의하는 것이 안전하다. 합의서 외에 진정서를 함께 받아두면 더욱 좋다. 진정서도 호소력을 가질 수 있다. 형사합의는 어디까지나 법관의 양형결정의 참작 사유가 될 뿐 뺑소니 사건 등 죄질이 워낙 악질이거나 전과가 많을 때에는 효과를 얻지 못하는 경우도 있을 수 있음에 유의한다.

2) 공탁제도

(1) 피해자와의 형사합의 교섭과정

피해자 측에서 합의금액에 관계없이 강력히 가해자의 처벌을 원할 경우, 피해자 측이 관행이나 상식을 벗어나는 과대한 합의금을 요구할 때, 관행상 합당한 금액을 피해자 측에서 요구하지만 가해자 측이 능력이 없을 때 등의 경우 가해운전자의 불구속이나 형사처벌의 완화를 바라는 가해자 측 가족은 공탁제도를 이용하는 방법이 있다.

(2) 가해자 측의 공탁제도 이용

피해자와의 형사합의가 결렬된 가해자 측은 자신이 상당하다고 생각하는 합의금을 법원이 지정하는 은행에 공탁하고, 공탁증명서를 발급받아 형사사건이 계류 중인 관청에 제출한다. 이 공탁서로서 합의가 된 것으로 간주하여, 가해자에 대한 형사처리에 참작사유로 반영시켜 주고, 피해자 측에게는 공탁금입금을 통보하여 준다. 가해자의 형사법원 1심 판결 선고 전까지 피해자 측에서 공탁금을 찾아가지 않을 때는 공탁금의 효력은 소멸하고 공탁자가 공탁은행에서 환불받을 수 있고, 피해자 측의 민사소송을 받을 수밖에 없다.

3) 사고운전자의 형사상 책임

(1) 교통사고처리 특례법(약칭 특례법) 개요

동법 제3조 제1항 "차의 운전자가 형법 제268조(업무상 과실 또는 증대한 과실로 인하여 사람을 사상에 이르게 한 자는 5년 이하의 금고 또는 2,000만 원 이하의 벌금)에 처한다. 죄를 범한 때에는 5년 이하의 금고 또는 2,000만 원 이하의 벌금에 처한다."의 규정에 근거하여 형사상 책임을 진다.

그리고 접촉사고를 낸 운전자는 도로교통법 제108조(제차의 운전자가 업무상 주의태만으로 교통사고를 야기하며, 타인의 건조물을 손괴했을 때에는 2년 이하의 금고 또는 500만원 이하의 벌금에 처한다)와 특례법에 근거하여 처벌을 받게 된다.

특례법 제3조에서 형법 제268조와 현행 도로교통법 제151조를 범한 운전자라도 뺑소니 운전자와 아래의 10가지 유형에 의한 교통사고를 제외하고는 피해자가 사망하지 않았고 피해자와 가해자 간에 피해배상의 합의가 이루어졌을 때에는 피해자가 가해자의 처벌을 원하지 않는 것으로 간주한다는 반의사불벌죄를 적용하여 검사의 공소권을 배제하였다.

〈형사면책에서 제외된 10대 과실〉

① 경찰관이나 안전표시 또는 신호 등의 지시를 위반
② 중앙선 침범 또는 고속도로상의 횡단, 회전, 후진 등
③ 당해도로의 제한속도의 20㎞/ph 이상 과속
④ 부당한 추월
⑤ 건널목 통과방법 위반
⑥ 횡단보도상의 보행자 보호 의무를 이행하지 않았을 때
⑦ 무면허운전
⑧ 주취 또는 약물복용으로 정상운전이 어려울 때
⑨ 보도를 침범하거나 보도횡단 방법을 위반
⑩ 개문발차 등 승객의 추락방지의무를 위반

특례법 제4조에서는 가해차량이 피해배상의 무한보상을 보장하고 있는 대인 자동차종합보험이나 영업용 차량 등 외 공제조합에 가입되어 있을 경우에는 피해자와 합

의가 이루어지지 않았을 경우에도 합의가 성립된 것으로 간주하여 형사처벌을 면제받게 된다.

(2) 특례법 운용 실태

사고원인이 위의 예외사항에 해당되지 아니한 가벼운 사고라도 가해차량이 종합보험이나 공제조합에 가입하지 않았거나, 합의가 안 됐을 때에는 운전자에게 과실이 있을 경우 형사처벌을 받는다. 형사입건된 위 제3조 제1항의 경우 교통사범으로 경찰, 검찰. 법원 등에 계류 중인 사건이라도, 1심판결 선고 전에 피해자와 합의가 이루어지면 즉시 검사의 공소권은 소멸되고 당일로 형사사건은 종결짓게 된다. 형사면책된 사고라도 사고발생 원인이 운전자의 교통법규 위반에 있을 때 또는 다른 과실이 운전자에게 있을 때에는 결과별 행정처분 벌점제에 의한 운전면허증의 정지처분 등 행정상의 처벌로 사건은 종결되고 가해차량이 특례법의 적용으로 형사면책사유가 될 때에는 비록 피해자가 가해자의 처벌을 원하더라도 형사면책이 된다. 사고발생 원인에서 사고의 불가피성이 법원에서 인정되면 행정상으로도 운전자는 면책이 가능하다(법무법인 애중, 2019).

(3) 교통사고처리특례법 단서12개 법규위반

① 무면허운전(면허취소 또는 정지기간 중 운전포함)

② 속도위반(제한속도 20km/h 초과)

③ 건널목 통과방법 위반

④ 중앙선침범 또는 고속도로(전용도로)에서 횡단, 회전, 후진 위반

⑤ 앞지르기 위반

⑥ 횡단보도사고(보행자보호의무 위반)

⑦ 보도침범사고

⑧ 개문발차(승객추락방지의무 위반)

⑨ 신호 위반

⑩ 음주운전(혈중 알코올농도 0.03% 이상)

⑪ 스쿨존(어린이보호구역) 사고

⑫ 화물추락방지 의무 위반

4. 민사상 손해배상 책임의 근거 사례

1) 맡긴 차의 사고의 경우

① 사건개요 : 자동차의 수리, 정비, 점검 등 일을 시키기 위해 이들 업소에 차를 맡기고 열쇠를 종업원에게 맡기거나, 또는 식당, 호텔 등 시설에 들어가 자동차를 주차장에 주차하기 위해 안내인에게 차를 맡겼는데 종업원이나 안내인이 교통사고를 야기하였다.

② 대법원판결 : 차의 보관을 종업원에게 맡긴 때로부터 차의 운행지배는 소유주로부터 종업원에게 넘어간 것이고. 종업원이 차를 운행시킨 것이 차의 소유주의 이익을 위한 것이라고 볼 수 없으므로 차의 소유주에게 배상책임이 없다(1988.10.25. 대법원판결). 결국 이 사고의 배상책임은 민법 제756조(사용자 책임)의 규정에 의하여 이들 업소의 주인이 지게 된다.

2) 무단 운행한 사고의 경우

① 사건개요 : 자기 볼일을 보기 위해 상사나 차량관리자의 승낙 없이 회사차를 무단운행하다가 교통사고를 야기하였다.

② 대법원판결 : 회사는 자기 일을 위하여 차를 소유하였고, 그 차의 운행이익과 운행지배는 회사에서 떠났다 하더라도 회사는 직원의 감독을 소홀히 한 과실이 있으므로 회사에 배상책임이 있다(1981.7.7. 대판). 회사는 피해자에게 손해배상을 해준 후 사고를 낸 자에 대하여 민법 제756조 규정에 의하여 구상권을 행사할 수 있다.

3) 도난차에 의한 사고의 경우

① 사건개요 : 도둑이 차고에 있던 차를 훔쳐 운행하다가 인사사고를 냈는데 배상능력이 없을 경우 사안을 나누어 살펴볼 수 있다. 첫째, 차량 소유주가 차고의 문을 잠그고 차의 열쇠를 뺐는데도 도둑이 차고의 자물쇠를 부수고 대리열쇠 등으로 절취하여 갔다면 그 차의 운행이익과 운행지배권은 완전히 차량소유주로부터 배제되었고, 차량관리를 위한 그 이상의 주의의무를 차량관리자에게 요구할 수 없으므로 차량소유주에게는 배상책임이 없다. 둘째, 차량소유주가 차고의 문단속을 소홀히 한 경우.

차의 열쇠를 그대로 꽂아두었던 경우 등은 차의 소유주로서 차량관리를 소홀히 한 과실이 있으므로 차량 소유주는 자동차손해배상 보장법 제3조의 규정에 의하여 배상책임을 져야 한다(1988.3.22. 대판). 단, 대물사고의 경우에는 차주의 배상책임은 자배법에 규정이 없으므로 배제한다.

4) 빌려준 차에 의한 사고의 경우

① 사건개요 : 갑은 가족과 들놀이를 하기 위해 을로부터 자동차를 빌려 운행하다가 인사사고를 야기하였다.

② 대법원판결 : 비록 갑이 일시적으로 차를 운행하였다 하더라도 을도 차의 대여로 정신적 만족감 또는 경제적 이익이 있는 것이며 완전히 을의 운행이익과 은행지배권을 잃었다고 볼 수 없으므로, 을에게도 배상책임이 있다(1987.1.27. 대판).

5) 운전자에게 술을 권한 자의 배상책임

① 사건개요 : 잔칫집에 갔다가 잔칫집 주인의 권유로 술을 마시고 차를 운행하다가 도로 밖으로 추락하는 사고를 야기하였다.

② 대법원판결 : 운전자에게 술을 먹이면 사고발생의 원인이 된다는 것은 사회의 상식이다. 이러한 위험을 유발케 한 잔칫집 주인은 현대에서 사회인이 지켜야 할 주의의무를 태만한 과실이 있으므로 차주와 부진정연대책임이 있다(1982.3.15. 대판).

6) 미등록 이전차량 사고의 배상책임

① 사건개요 : 갑은 을에게 대금을 전부 받고 차량을 인계하였으나 자동차등록원부상 이전등기는 아직 되지 않은 상태에서 을의 운전사가 교통사고를 야기하였다.

② 대법원판결 : 비록 등록원부상 명의는 갑으로 되어 있으나 매매대금이 결제되었고, 차의 운행지배권과 운행이익은 을에게 넘어갔고, 을은 운전사의 선임과 감독을 소홀히 한 과실이 있으므로 을에게 배상책임이 있다(1983.12.13. 대판).

학 습 정 리

1. 사고를 자주 일으키는 사람의 특성

① 초조해하며 행동이 즉흥적이다.
② 사회성(협조성)이 결여되어 있다.
③ 충동적이며 자기통제력이 약하고 폭발적으로 격노하기 쉽다.
④ 정서가 불안하고 사소한 일에도 감정을 노출하기 쉽다.
⑤ 주의가 치밀하지 못하고 주의력의 지속이 약하며 주의가 산만하여 부주의에 빠지기 쉽다.

2. 어린이의 네 가지 행동특성

① 탐험에 대한 충동
② 자아통제와 자아단련
③ 방어적 행동
④ 풍부한 상상활동

3. 사고운전자의 사고처리 요령

① 즉시 정차
② 부상자 구호
③ 위험방지 조치를 취함
④ 경찰관서 신고
⑤ 경찰관의 지시를 받는다.
⑥ 보험회사나 차주에게 즉시 통고
⑦ 인사사고의 증거 확보
⑧ 형사면책에서 제외된 10대 과실

4. 형사면책에서 제외된 10대 손실

① 경찰관이나 안전표시 또는 신호 등의 지시를 위반
② 중앙선 침범 또는 고속도로상의 횡단, 회전, 후진 등
③ 당해도로의 제한속도의 20km/ph 이상 과속
④ 부당한 추월
⑤ 건널목 통과방법 위반
⑥ 횡단보도상의 보행자 보호 의무를 이행하지 않았을 때
⑦ 무면허운전
⑧ 주취 또는 약물복용으로 정상운전이 어려울 때
⑨ 보도를 침범하거나 보도횡단 방법을 위반
⑩ 개문발차 등 승객의 추락방지의무를 위반

생활 속의 화재 · 전기 · 가스안전

학습 목표
1. 화재, 전기, 가스사고의 발생 원인에 대하여 설명할 수 있다.
2. 소화기 사용법을 설명하고 이해할 수 있다.
3. 계절별 가스안전관리에 대하여 이해할 수 있다.

학습 키워드 화재, 전기, 가스사고의 발생원인, 어린이 교통사고, 교통사고예방대책

제1절 화재안전

1. 화재안전의 일반적 이해

1) 화재의 개념

(1) 불과 화재

화재란 말 그대로 불로 인한 재앙이라고 할 수 있다. 또한 불이란 어떤 물질이 산소와 화합하여 열과 빛을 내며 타는 현상을 말한다. 불은 이로운 불과 해로운 불로 나누어 생각할 수 있는데, 그중에서 해로운 불을 '화재'라고 정의하기도 하고, 과실로 인한 실화 또는 고의에 의한 방화로 발생하는 연소 현상을 중지시키기 위하여 소화할 필요성이 있는 연소현상을 '화재'라 하기도 한다.

(2) 화재의 분류

NFPA(전미방화협회)에서는 화재의 연소 특성에 따라 다음 4종으로 분류하였다. A급 화재(일반 가연물화재)는 연소 후 재를 남기는 종류의 화재로서 목재, 종이, 섬유 등의 화재를 말한다. B급 화재(유류 및 가스화재)는 연소 후 아무것도 남기지 않는 종류의 화재, 즉 인화성 액체·기체 등의 화재를 말한다. C급 화재(전기화재)는 전기기계·기구 등의 화재로써 전기적 절연성을 가진 소화기로 소화해야 하는 화재를 말한다. D급 화재(금속화재)는 마그네슘 같은 금속화재가 이에 속한다.

(3) 소화방법

소화방법은 다섯 가지로 구분한다.

첫째, 냉각소화법이다. 액체를 사용하는 방법은 물이나 그 밖의 액체로 증발잠열을 이용하여 냉각시키는 방법으로서 물을 분사하면 더욱 효과를 거둘 수 있다. 고체를 사용하는 방법은 튀김 냄비의 기름에 인화되었을 때 싱싱한 채소를 넣어 기름의 온도를 내림으로써 냉각하는 방법이다.

둘째, 질식소화법이다. 먼저 불연성 포말로 연소를 감싸는 방법은 공기 또는 이산화탄소(탄산가스)를 포함한 포말로 산소공급을 차단하는 방법이 있다. 포말은 공기포와 화학포가 있으나 점성이 있고 열에 강한 막을 지녀 강풍으로 파괴되지 않는 안전성이 있어야 한다. 알코올이나 아세톤 등은 소포성이 있으므로 내알코올포를 사용하는 것이 좋다. 그리고 고체로 연소물을 감싸는 방법은 토사 · 침구 · 거적 · 모포 등으로 산소의 공급을 차단하는 방법이 있다.

셋째, 연료제거소화방법이다. 가연물을 제거함으로써 연소물을 제거시켜서 소화하는 방법인데, 가스의 밸브를 잠그든가 삼림화재의 경우 연소방향의 수목을 제거하는 방법 등이 있다.

넷째, 희석소화방법이다. 가연성 가스의 산소농도나 가연물의 조성을 연소한계점 이하로 낮추어 소화하는 방법으로, 공기 중의 산소농도를 이산화탄소가스로 엷게 하거나, 수용성의 가연성액체(알코올, 아세톤 등)를 물로 묽게 희석시키는 방법 등이 있다.

다섯째, 기타 소화방법이다. 촛불을 입김으로 불어서 끄거나 유전의 화재를 폭약의 폭풍으로 불어서 끄는 것, 부촉매작용에 의한 소화방법 등을 들 수 있다. 실제로 어떤 작용에 의한 소화라고 단정할 수 없는 경우가 많은데, 예를 들어 물을 사용한 경우 주요한 냉각효과 이외에 질식효과도 있고 무상으로 하면 희석효과도 있는 등 몇 개의 소화효과가 중복되어 작용할 수 있다.

2) 화재의 종류와 원인 및 예방

(1) 전기화재

① 전기화재 원인

발화요인은 통계적으로 볼 때 합선(또는 단락)에 의한 화재가 가장 많고, 그다음이 누전 · 과부하 · 절연불량 · 스파크 등으로 나타나고 있으며, 발화원인은 배선불량 · 전기기구과열 · 전기기구의 절연불량 등으로 나타나고 있다. 합선(또는 단락)에 의한 발화, 전선이나 전기기구의 절연체가 파괴되거나 두 가닥의 전선이 어떤 원인에 의해 서로 접촉하여 순간적으로 큰 전류와 높은 열을 발생하는 현상이다.

누전에 의한 발화는 전선이나 전기기구 · 기계 등에서 절연불량 등의 원인으로 전류가 건물 내의 금속체를 통하여 흐르게 되어 이로 인한 저항열에 의해 발열을 일으키는 현상이다. 과전류(과부하)에 의한 발화는 전선의 허용전류를 초과한 전류를 과전류라 하며, 하나의 콘센트에 많은 전기 기구를 사용하든가 적정용량을 초과하여 전기를 과다하게 사용할 경우에 일어나는 현상이다. 기타 원인에 의한 발화는 규격 이하의 전선 또는 전기기계·기구 등에 충격이 가해져 발생한 절연불량상태로 인한 화재 등이 있다.

② 전기화재의 예방대책

먼저 전기용품 선택 시의 주의사항을 보면 전기기구를 구입할 때에는 (전) 또는 KS마크 표시가 있는 신용 있는 회사의 제품을 선택하여야 한다. 적정용량의 전기제품을 선택하여 사용하여야 한다. 일반 가정용 콘센트 한 개의 한계 전기용량은 대개 1,200와트인데, 콘센트 하나에 두 개 이상의 전기용품을 연결하여 사용하면 위험성이 따르므로 전문가의 사전점검을 받아야 한다.

자동온도조절기 등 부속품이 딸린 전기용품을 구입할 때에는 특히 이러한 부속품이 정확하게 작동하는가를 확인하고 구입하여야 한다. 이밖에 플러그와 콘센트는 튼튼한지, 서로 맞닿는 부분의 접촉은 잘 되는지, 스위치는 부드럽게 움직이는지 등을 시험해보고 구입해야 한다.

전기기구 사용 시의 주의사항은 먼저 개폐기의 퓨즈는 전기를 너무 많이 사용하면 저절로 끊어져 사고를 예방할 수 있도록 되어 있다. 따라서 퓨즈는 절대 철사나 구리줄로 된 것을 사용하지 말고 반드시 정격용량의 퓨즈를 사용하여야 한다. 퓨즈가 자주 끊어질 때에는 단순히 퓨즈만을 교체할 것이 아니라 근본적으로 그 원인이 무엇인가를 규명·개선하여야 한다. 한 개의 콘센트나 소켓에서 여러 선을 끌어 쓰거나 한꺼번에 여러 가지 전기기구를 꽂아 사용하지 말아야 한다. 그리고 전기다리미·전자레인지 등 전열기구를 사용하는 도중에 갑자기 정전이 되면 반드시 스위치를 꺼두어야 하고, 만약 그냥 놓아둔 채로 전기가 다시 통하게 되면 과열로 인해 화재를 유발하게 된다. 플러그를 뺄 때에는 전선을 잡아당기지 말고 반드시 플러그 몸체를 잡고 빼야 하며, 가끔 플러그의 나사를 죄어주어야 한다. 전열기 근처에는 타기 쉬운 가연물을 두지 말아야 하고, 비닐장판이나 양탄자 밑으로는 전선이 지나지 않도록 해야 한다.

전기담요는 자주 밟거나 접히지 않도록 하고, 각종 장식용 소형전구는 너무 장시간 켜두지 않도록 하며, 전구를 보온용으로 사용하는 일이 없도록 해야 한다. 용도에 맞는 적정한 전선을 사용해야 한다. 예를 들어 비닐코드에 사용된 비닐피복은 열에 약하기 때문에 전열기용 코드는 고무절연코드와 같이 열에 잘 견디는 전선을 사용해야 한다. 전기기구를 사용하지 않을 때에는 스위치를 꺼두는 데 그치지 말고 아예 플러그를 빼두는 것이 좋다.

(2) 유류화재

① 유류화재의 원인

유류는 대부분 가연성 액체로서 상온 이하의 인화점을 갖고 있으므로 가연성 증기를 발생시키는데, 이 증기가 공기와 적당히 혼합된 상태에서 불씨와 접촉하면 쉽게 인화되어 화재가 발생하게 된다. 유류는 불이 붙으면 급격히 확산되어 소화활동이 매우 어려우므로 항상 주의하여야 한다. 유류화재의 주요 원인은 다음과 같다.

석유난로 등 유류기구를 과열시켜 놓고 장시간 자리를 뜨거나 하여 가연물질에 착화되는 경우, 유류의 증기가 공기와 적당히 혼합된 상태에서 점화원과 접촉했을 경우, 주유 중 흘린 기름이나 유류기구에서 새어나온 기름에 불씨가 닿을 경우, 기타 연소기구의 전도, 가연물 낙하 등에 의하여 발화되는 경우가 있다.

② 유류화재의 예방대책

겨울철 석유난로 · 버너 등은 사용 중에는 절대 기름을 넣어서는 안 된다. 가연성 증기의 발생으로 인한 폭발의 위험이 크므로 반드시 완전히 불을 끈 다음에 기름을 넣어야 한다. 급유 시에는 다른 곳에 시선을 두지 말아야 하며, 기름은 너무 많이 넣지 않도록 하고, 급유 중 흘린 기름은 반드시 깨끗이 닦아낸다.

석유난로 등은 사용 도중에 옮기지 말아야 한다. 왜냐하면 옮기는 도중에 기름이 흐를 수 있고, 더욱이 넘어지면 화재의 위험이 크기 때문이다. 열기구 가까이에 가연성 물건을 놓아서는 안 되며, 반사판이 있는 열기구인 경우에는 가연물이 그 방향으로부터 적어도 1미터 이상은 떨어져 있도록 한다. 석유난로 심지와 같은 화기조절장치에 이상이 있을 때에는 반드시 수리한 다음에 사용한다. 열기구는 본래의 사용목적 이외의 다른 용도로 사용해서는 안 된다(예 : 난로를 풍로용으로, 또는 풍로를 난로용으로 사용하는 경우).

열기구는 (열) 또는 (KS) 등의 표시가 있는 제품을 구입한다. 석유난로 · 버너 등은 사용 중 넘어지지 않도록 안전조치를 하고, 석유난로 주변은 항상 깨끗이 정돈하고, 화재에 대비하여 모래나 소화기를 준비해야 한다. 열기구의 받침대는 열이 잘 전도되는 금속제는 피하고 석면과 같이 차열성능이 있는 불연 재료의 받침대를 사용하는 것이 좋다.

한편 석유난로 등을 켜놓은 채 장시간 자리를 뜨는 일이 없도록 한다. 유류는 유류 이외의 다른 물질과 함께 저장해서는 안 되며, 연탄불·담뱃불과 같은 화기를 가까이해서는 안 된다. 유류저장소나 취급소에서는 환기가 잘되게 하여 인화성 증기를 제거시켜야 하며, 가정에서 사용하는 열기구에 불이 붙었을 경우에는 물에 젖은 담요나 모포 등으로 덮어씌운 후 안전한 곳으로 옮겨 불을 끄도록 한다. 가솔린 등 인화성 물질은 제 용도에 맞게 사용해야 하고 석유난로 등에 올려놓은 주전자 등의 물이 끓어 넘쳐 불길에 닿으면 이상연소를 일으켜 위험하므로 주의하여야 한다. 특히 외출을 할 때에나 잠자리에 들기 전에는 반드시 석유난로 등 열기구를 점검하는 습관을 가져야 한다.

(3) 가스화재

① 가스화재의 원인

가스는 열량이 높고 사용하기가 편리하며 일반적으로 많이 사용되고 있는 연료 중 하나이다. 그러나 가스는 공기와 일정 비율로 혼합되어 있을 경우에 착화되면 급격히 연소 또는 폭발하기 때문에 매우 위험하다. 가스 사고는 사람들의 취급 부주의에 의한 것이 대부분이며, 그다음이 제품 및 시설불량 등에 의한 것으로 나타나고 있다. 그리고 음식점·다방 등 요식업소와 공장 등에서 사고가 많이 발생하고, 그다음으로 아파트나 일반 가정 순으로 되어 있다.

② 가스사고의 예방대책

사용할 때의 주의사항은 사용 전에는 가스가 새고 있는지를 냄새로써 확인하고, 가연성 물질 등은 가스레인지 가까이에 두지 말아야 한다. 콕을 돌려 점화할 때는 불이 붙었는지 꼭 확인하여야 한다. 그리고 파란 불꽃이 되도록 공기구멍을 조정하여야 한다. 가스기구를 사용할 때는 장시간 자리를 뜨지 말고 주의하여 지켜보아야 한다. 사용 후에는 콕과 중간밸브를 확실히 잠가야 하며, 외출할 때에는 가스용기의 밸브도 잘 잠가두어야 한다. 연소기구를 이동시키면 연결 부분이 빠져 가스가 새어 나올 수 있으므로 이동시키지 말아야 한다.

한편 기구 사용 시 주의사항은 먼저 가스 사용시설의 설치나 개·보수는 반드시 허가를 받은 업소의 기술자에게 맡기고 용기밸브 및 조정기는 함부로 만지거나 분해하지 않도록 한다. 연소기는 구멍이 막히지 않도록 솔로 가끔 닦아주어야 한다. 가스레인지 등 연소기구는 LP가스와 도시가스용이 각기 구분되어 판매되고 있으므로 용도에 맞는 것을 사용하여야 한다. 가스가 샐 만한 연결 부분은 가끔 비누 거품 등을 발라서 가스가 새고 있지 않은가를 확인하여야 한다. 그리고 가스보일러의 굴뚝은 지붕과 90cm 이상 띄워 설치하여야 한다. 왜냐하면 완전 연소되지 못한 가스가 누적될 우려가 있기 때문이다.

용기 취급 시 주의사항은 먼저 용기를 옮길 때는 절대로 밸브 손잡이를 잡지 말고 밸브 보호판을 잡아야 한다. 가스가 없는 빈 용기라도 밸브는 반드시 잘 잠가두어야 한다. 용기는 직사광선을 피하고 통풍이 잘되는 곳에 설치하여야 하며, 용기는 사람의 왕래가 없는 옥외에 설치하여야 하며, 넘어지지 않도록 고정시켜 놓아야 한다.

가스가 샐 때의 긴급조치요령은 연소기의 콕과 중간밸브, 용기밸브를 잠그고 LP가스의 경우에는 창문을 열어 환기를 시킨 후 바닥에 깔려 있는 가스를 비나 방석 등으로 쓸어내듯이 밖으로 내보내야 한다. 주변의 불씨를 없애고 전기기구는 절대로 조작해서는 안 되며 즉시 가스 판매업소에 연락하여 안전조치를 받아야 한다.

(4) 불장난화재

① 불장난화재의 원인

어린이들의 불장난에 의한 화재가 화재원인 중 일정 부분을 차지하고 있다. 불장난에 의해서 발생하는 화재는 어린이들이 난롯불 · 모닥불 · 라이터 · 전기다리미 · 전자레인지 · 양초 등을 갖고 놀거나 장난을 하다가 화재가 발생되는 경우도 있다. 이외에도 불꽃놀이 · 화약놀이 · 촛불놀이 · 소꿉장난 등에 의해서도 일어나고 있는데, 이러한 원인으로 일어나는 불장난화재는 대부분 3~7살 된 어린이들에 의해 종종 발생되고 있다.

② 불장난화재 예방대책

라이터 · 유류 등을 가지고 놀지 않도록 해야 하며, 위험한 물건은 어린이들의 손이 닿지 않는 안전한 곳에 두어야 한다. 불이 있는 곳에서는 휴지나 헝겊 등 불붙기 쉬운 물건을 가지고 장난하지 않도록 해야 하며, 양초, 라이터 등 불을 켜고 노는 장난을 하지 않도록 하며, 어린이가 불에 대하여 올바른 인식을 갖도록 교육한다.

(5) 담뱃불화재

① 담뱃불화재의 원인

담뱃불에 의한 화재도 많이 발생하고 있다. 담뱃불화재는 어른들의 부주의로 인해서 일어나는 화재인데, 담배꽁초를 함부로 버리거나, 담뱃불방치 등으로 주변의 종이 · 쓰레기 · 이불 등에 옮겨 붙어 발생하는 경우도 있으며, 주로 봄 · 가을에 건조한 기후에 담뱃불로 인한 부주의로 가옥이나 산불이 빈번하게 발생하고 있다.

② 담뱃불화재의 예방대책

가정이나 사무실에서는 반드시 정해진 흡연장소에서만 흡연을 하고 담뱃불을 끌 때에는 반드시 비벼서 끄도록 하고 재떨이는 자주 비워 깨끗이 해두어야 한다. 담배를 피우는 장소는 안전한 곳에 마련하여야 하며, 금연 장소에서는 금연규칙을 지키도록 한다. 담배를 피워서 위험한 장소에는 반드시 '금연'이라 써 붙이고 라이터 등을 사용하지 않도록 한다. 학교나 직장의 당번은 일과가 끝난 후 반드시 재떨이와 휴지통을 점검하고 확인하여야 한다.

2. 화재발생시 행동요령

1) 발화 초기의 행동요령

처음에 불이나 연기 등 화재를 목격한 사람은 "불이야"하고 큰 소리로 주위 사람들에게 알리고, 비상경보설비가 있으면 비상벨을 누르고 전화로 방재센터나 소방관서에 화재발생신고를 하여야 한다. 소방관서에 화재신고를 할 때에는 화재발생장소와 위치 등을 상세히 설명해야 한다. 화재가 초기일 때에는 침착하게 주위에 비치된 소화기나 옥내소화전을 이용하여 소화 작업을 하고, 만약 화재가 확대될 것이라 생각되면 빨리 대피하는 것이 좋다.

전기에 의한 화재가 발생하면 개폐기를 내려서 전기의 흐름을 차단하여야 하고, 유류화재가 발생하면 모래나 물에 젖은 모포 또는 담요 등을 덮어씌워 불을 끈 다음 안전한 곳으로 옮겨 남은 불씨를 완전히 제거해야 한다. 가스화재에는 우선 밸브를 잠그고 용기를 불에서 멀리 떨어진 장소로 옮겨놓아야 한다.

2) 대피요령

화재가 발생하여 대피하여야 할 때에는 안내원이 있으면 안내원의 지시에 따라 대피하고, 안내원이 없으면 통로의 유도등을 따라 낮은 자세로 침착하고 질서 있게 신속히 대피하여야 한다. 대피 중에 화재경보기가 발견되면 경보기의 벨을 눌러 다른 사람에게 화재사실을 알리면서 대피하고, 비상구 등 개구부를 통하여 대피할 때에는 문을 닫으면서 대피하여 화재와 연기의 확산을 지연시켜야 한다.

엘리베이터는 화재발생층에서 문이 열리거나 정전으로 멈추어 갇히는 경우가 있기 때문에 화재 시 승강기를 이용해서는 안 된다. 화재 시 가장 주의하여야 할 점은 유독가스와 연기이다. 대피할 때에는 수건을 물에 축여서 코에 대고 숨을 짧게 쉬면서 낮은 자세로 대피하여야 한다. 대피실에 들어서기 전에 연기나 불길이 확산되었는지 확인한 후 조심해서 대피하여야 하며. 비상구 등 출입문을 열고 대피할 때에는 출입문을 함부로 열지 말고 우선 문에 손을 대어본 후 문이 뜨겁거나 문틈에서 연기가 새어들어 오면 이미 밖에 불길이 번져 있거나 유독가스와 연기가 차있다는 증거이므로 문을 열고 대피하여서는 안되며, 다른 피난구를 찾아야 한다. 그러나 출입문 밖에 화기가 없다고 판단되면 문과 반대 방향으로 고개를 돌리고 숨을 멈춘 후 조심해서 비상구나 출입문을 열고 대피하여야 한다.

3) 건물 안에 갇혔을 때의 행동요령

불길이나 연기가 주위까지 접근하여 대피가 어려울 때는 통로나 계단을 통해 무리하게 대피하기보다는 건물 내에서 안전조치를 취한 후 외부에 알려 구조를 기다린다. 갇혀 있는 사람은 화기나 연기가 없는 창문을 통해 소리를 지르거나 물건을 던지거나 흰 천을 창문 밖으로 흔들어 갇혀 있다는 사실을 외부에 알려야 한다. 연기가 창문이나 문틈 사이로 새어들어 오면 담요나 시트 · 양말 등을 물에 적셔 틈을 막아야 하며, 낮은 자세로 바닥에 엎드려 짧게 숨을 쉬어야 한다.

실내에 물이 있으면 불에 타기 쉬운 물건이나 칸막이 · 커튼 등에 물을 뿌려 화재의 확산을 막고 손수건 등을 물에 적셔 마스크를 하는 한편, 두꺼운 천이나 담요 등으로 화상을 입기 쉬운 다리와 손 · 얼굴 등 노출된 부분을 감싸두어야 한다. 위급한 상태일지라도 최선을 다하여 구조를 기다려야 하며, 불길이 있는데도 불구하고 함부로 출입문을 열거나 창밖으로 뛰어내려서는 안 된다.

이상에서 장소 및 원인별 화재발생의 예방대책과 화재발생시 안전조치 및 대피 요령에 대하여 알아보았다. 마지막으로 화재로부터 인명피해를 줄이기 위한 방안은 첫째, 건물주들이 피난시설을 잘 갖추어야 함은 물론, 도난을 이유로 비상계단이나 비상구를 잠가 놓거나 피난기구를 창고에 방치해두고 검사할 때에만 전시해 두는 등의 행위를 하여서는 안 되며, 비상시에 대비하여 점검은 물론 시설의 유지관리를 철저히 하여야 한다.

둘째, 피난시설이 잘 갖추어져 있어도 유사시 당황하거나 사용방법 미숙 등으로 사용하지 못하는 경우가 많으므로 평소 대피훈련을 철저히 하여 화재로부터 자신의 생명을 안전하게 지키도록 한다.

3. 소화기 사용법

소화기는 화재가 발생하였을 때 건물 내에 있는 사람이 가장 손쉽게 사용할 수 있는 소방시설 중 하나로서 화재의 초기 진압에 중요한 역할을 담당한다.

소화기는 항상 사용하는 것이 아니고 화재가 발생한 경우에 단 한 번 사용하게 되는 것이므로 소화기의 필요성을 망각하고 방치해두는 일이 많다. 소화기를 잘 간수하지 않고 오랫동안 방치상태로 둔다면 시간이 경과함에 따라 부속품이 손상하거나 부식되어 소화약제의 변질 및 굳어지는 결과를 초래하여 쓸모없는 소화기가 되어버린다. 따라서 항상 소화기를 양호하게 관리하여 사용에 지장이 없도록 하여야 한다.

1) 소화기의 종류

(1) 분말소화기

분말소화기는 현재 우리나라에서 가장 널리 보급되어 있는 소화기로 일반화재(A급 화재), 유류화재(B급 화재), 전기화재(C급 화재) 모두에 효과가 있는 ABC급 소화기와 유류화재 및 전기화재에 주로 사용할 목적으로 생산된 BC급 소화기로 구분된다.

이 소화기는 건조된 분말을 주성분으로 하고, 분말상태가 장기간 유지하도록 방습제 등을 첨가하여 용기 본체에 충전하여 분말 약제를 방사할 수 있도록 압축가스를 봉입한다. 이 압축가스의 봉입방법에 따라 용기 본체에 직접 봉입하는 축압식과 별도의 용기에 충전하여 소화기 본체에 부착하는 가압식이 있다. 이 소화기는 안전핀을 제거하고 손잡이를 누르면 봉판이 파괴되는데, 이때 압축가스에 의해 약제가 방사된다.

(2) 이산화탄소(CO_2) 소화기

이산화탄소 소화기는 고압가스 용기를 사용하기 때문에 중량이 무겁고 고압가스의 취급이 용이하지 못하다는 단점이 있으나 소화약제에 의한 오손이 적고 전기 절연성도 크기 때문에 전기화재에 많이 사용된다.

(3) 할론 소화기

소화효과는 이산화탄소 소화기와 유사하나, 이산화탄소 소화약제가 인체에 질식의 우려가 있는 반면, 할론 소화약제는 소화효과가 크며 약제의 종류에 따라 정도의 차이는 있으나 인체에는 큰 피해를 주지 않는다. 다만 밀폐된 곳에서 장시간 사용하는 것은 좋지 않다. 소화기의 구조는 이산화탄소 소화기와 비슷하며 유류화재와 전기화재에 많이 사용된다.

2) 소화기의 취급요령과 사용법

소화기는 기본적이면서 최초의 불씨를 조기에 차단하는 데 매우 효과적이며 필요한 도구이다. 이러한 도구의 보관상 유의점을 올바르게 이해하고 알아두어야 한다. 먼저 넘어지지 않게 안전한 장소에 설치하고, 습기가 적고 건조하며 서늘한 곳에 둔다. 소화기 상부에는 어떠한 물건도 올려놓지 않도록 하며, 소화기는 수시로 점검하여 파손, 부식 상태 등을 파악한다.

소화기 사용법을 잘 몰라서 화재발생시 우왕좌왕하게 되고 초기화재를 진압 못하는 경우를 종종 볼 수 있다. 사용법을 보면 첫째, 소화기의 안전핀을 뽑는다. 둘째, 성능에 따라 불 가까이에 접근하여 사용한다. 셋째, 바람이 부는 방향을 등지고 사용한다. 잘못 이해하면 바람이 부는 방향으로 사용한다고 착각하는 경우도 발생한다. 반드시 바람이 부는 방향으로 등지고 사용한다는 것을 명심해야 한다. 마지막으로 양옆을 비로 쓸듯이 골고루 약제가 방사되도록 사용한다.

제2절 전기안전

1. 전기안전의 일반사항

1) 전기의 위험성

일반적으로 감전재해는 다른 재해에 비하여 발생률이 낮으나, 일단 재해가 발생하면 치명적인 경우가 많으며, 또한 다행히 생명을 건졌다 하더라도 일생 동안 불구가 되는 예가 적지 않다. 이것은 감전되었을 때의 호흡 정지 · 심장마비 · 근육수축 등 신체기능 장애와 감전 사고에 의한 추락 등으로 인한 2차 재해 때문에 일어난다.

2) 인체의 전기적 특성

전격에 의한 인체의 반응 및 사망의 한계는 그 속성상 인체실험이 어렵고, 또 어떠한 실험결과가 나와도 그것은 검증이 어렵다는 점과 인간의 다양성 · 재해 당시의 상황변수 등의 이유로 획일적으로 정하기는 어렵지만, 인체의 감전 시 그 위험도는 통전전류의 크기 · 통전시간 · 통전경로 · 전원의 종류에 의해 결정된다. 인체에 대한 전격의 영향은 크게 두 가지로 나눌 수 있는데, 첫째는 전기신호가 신경과 근육을 자극하여 정상적인 기능을 저해함으로써 호흡 정지나 심실세동을 일으키는 현상이며, 둘째는 전기에너지가 생체조직의 파괴 · 손상 등 구조적 손상을 일으키는 것이다.

(1) 통전전류에 의한 영향

① 최소 감지전류 : 교류(상용주파수 60Hz)에서 이 값은 2㎃ 이하인데, 이 정도의 전류로는 위험이 없다.

② 고통 한계전류 : 전류의 흐름에 따른 고통을 참을 수 있는 한계전류로서, 교류(상용주파수 60Hz)에서 성인 남자는 대략 7~8㎃이다.

③ 이탈전류와 교착전류(마비 한계전류) : 통전전류가 증가하면 통전경로의 근육경련이 심해지고 신경이 마비되어 운동이 자유지 않게 되는 한계전류를 교착전류, 운동의 자유를 잃지 않는 최대한도의 전류를 이탈전류라 하는데, 이 값은 교류(상용주파수 60Hz)

에서 대개 10~15mA이다. 심실세동전류는 일반적으로 심장맥박에 영향을 주어 혈액순환이 곤란해지고 끝내는 심장 기능을 잃게 되는 현상을 심실세동이라 부르는데, 심실세동을 일으켰을 때 그대로 방치하게 되면 몇 분 내에 사망하게 되므로 즉시 인공호흡을 실시하여야 한다.

(2) 통전경로의 영향

인체 감전 시의 영향은 전류의 경로에 따라 그 위험성이 달라지며, 전류가 심장 또는 그 주위를 통하게 되면, 심장에 영향을 주어 더욱 위험하게 된다. 즉 인체에 전류가 통과하게 되면, 심실세동이 일어날 수 있는 것은 물론이고, 통전경로에 따라서는 그보다 낮은 전류에서도 심실세동의 위험성이 있으며, 이에 대한 것을 심장전류계수로 나타내면 다음과 같다.

(3) 통전경로별 심장전류계수

위의 표에서 숫자가 클수록 위험도가 높다. 예를 들면 왼손과 가슴 사이에 53mA의 전류가 통전될 때(위험도 : 53mA × 1.5=80mA)와 양손과 양발 사이에 80mA의 전류가 흐를 때(위험도 : 80mA × 1.0=80mA)의 위험도는 서로 같다. 왼손과 가슴(심장)으로 전류가 통과할 때 가장 위험하고, 오른손보다는 왼손이 통전경로가 되는 경우에 심장을 통과할 가능성이 크므로 더 위험하다.

(4) 허용 접촉전압

인체의 감전위험을 방지하기 위하여 안전상 허용접촉전압은 주변 환경을 고려하여 정할 수 있다.

(5) 전격에 의한 인체상해

감전에 의한 사망의 대부분은 감전사고 발생 직후로, 충전부에 손이 접촉되어 흐르는 전류가 심장을 관통하여 생기는 경우가 많으며 사인의 대부분은 심실세동 때문이다. 감전이 되면 심장근육은 경련을 일으켜 펌프작용을 정상적으로 하지 못하게 되어 혈액순환이 정지되므로 호흡도 멈추게 되어 사망하게 된다. 심장과 호흡작용은 서로 밀접한 관계가 있으므로 감전에 따른 의식불명 시에는 즉시 응급처치로 심장마사지와 인공호흡을 한다.

3) 감전사고의 응급조치

감전쇼크에 의해 호흡이 정지되면 혈중 산소함유량이 약 1분 이내에 감소하기 시작하여 산소결핍현상이 나타난다. 그러므로 단시간 내에 인공호흡 등 응급조치를 실시하면 감전재해자의 95% 이상은 소생시킬 수 있다.

2. 전기안전의 실제

1) 가정 내 전기안전

젖은 손으로 전기기구를 만지면 안 된다. 왜냐하면 전류는 물기가 있을 때 더욱 잘 통하기 때문이다. 안전기에는 반드시 정격퓨즈를 사용해야 하며, 정격퓨즈를 사용하지 않을 경우 화재의 위험이 높아진다. 전기기구를 문어발식으로 사용하지 말아야 한다. 한 개의 콘센트에 많은 전기기구를 연결하여 쓰면 한꺼번에 많은 전류가 흐르게 되어 화재의 위험이 있다. 불량전기제품을 사용해서도 안 된다. 불량전기제품을 사용하면 누전이나 합선 등으로 인해 감전 · 화재의 위험성이 높아지므로 KS마크 등 안전을 인정받은 제품을 사용하여야 한다. 그리고 콘센트에 완전히 접속하고, 플러그를 뽑을 때에는 반드시 플러그를 잡고 뽑아야 한다. 왜냐하면 전선을 잡아당기면 전선이 끊어지거나 합선이 될 우려가 있기 때문이다. 그리고 플러그가 콘센트에 완전히 접속되지 않으면 접촉 불량으로 과열되어 화재발생 위험이 있다. 세탁기 등 습기가 많은 장소에서 사용하는 전기기구는 반드시 접지하여야 한다. 전기기구 외함 등을 통해 전류가 누전될 경우 누전차단기가 동작되어 감전사고를 예방할 수 있다. 접지가 곤란하면 꽂음 접속식 누전차단기를 사용한다.

누전차단기의 작동 여부를 정기적으로 시험한다. 월 1회 이상 시험버튼을 눌러 정상적으로 작동되는지 확인하여 누전 시 발생될 수 있는 감전사고나 화재 등에 대비하여야 한다. 누전차단기가 자주 작동한다고 해서 누전차단기를 제거하면 위험하므로, 반드시 전기공사업체의 확인 및 점검을 받은 후 안전하게 조치하여야 한다.

2) 주택 전기안전 체크리스트

- 코드는 닳아서 해지거나 갈라지지 않도록 좋은 상태를 유지해야 한다. 차량통행지역

에 두어도 안 되고, 못이나 스테이플 등으로 다른 물체에 고정시켜서도 안 되며, 코드 위에 가구를 놓아서도 안 된다.

- 플러그는 각 콘센트에 적합한 타입의 플러그를 사용해야 한다. 방에서 2구 콘센트에 3핀 플러그를 사용할 때에는 전기적 충격 위험이 있으므로 접지 핀을 플러그에서 분리하면 안 된다. 이에 대한 해결방안은 2핀 어댑터를 사용하는 것이다. 화재나 감전이 발생될 수 있으므로 플러그가 콘센트에 맞지 않을 때 억지로 끼우면 안 된다. 플러그는 콘센트에 안전하게 삽입되어야 하고, 콘센트가 과부하되어서도 안 된다.
- 콘센트는 플러그가 느슨하게 끼워져 있으면 과열로 인해 화재가 발생할 수 있으므로 꼭 확인해야 한다. 파손된 것은 바꾸고, 쓰지 않는 콘센트는 아이들이 손댈 수 없도록 커버를 해야 한다.
- 누전차단기는 물과 전기가 접촉될 수 있는 모든 장소에서 사용되어야 하며, 월 1회 작동시험을 한다.
- 전구는 전등설비에 적정한 와트량이 사용되었는지 모든 전구를 확인해야 하며, 적정 와트량보다 높은 전구는 바꾸어야 한다. 만약 적정한 와트량을 모를 경우에는 제조회사에 확인하고, 헐겁게 끼워진 전구는 과열될 수 있으므로 안전하게 끼워졌는지 확인한다.
- 차단기/퓨즈는 차단기와 퓨즈는 회로에 맞게 적정규격을 사용한다. 만약 적정규격을 모를 경우에는 전기기술자의 확인을 받아 규격표시를 한다.
- 물과 전기는 접촉되지 않도록 멀리하고 전기기구를 싱크대 · 욕조와 같이 물이 있는 근처에 두지 말아야 하며, 물 근처에서 사용되는 전기기구를 사용하지 않을 때에는 플러그를 빼둔다. 전기기구가 물에 젖었을 때에는 플러그를 뽑고 전문 수리공의 점검을 받기 전까지 사용해서는 안 된다.
- 오락/컴퓨터 설비는 설비의 상태가 양호하며, 정상적으로 작동되는지 확인한다(배선, 플러그, 코드, 접속 기구의 갈라짐이나 손상 여부).

3) 어린이 전기안전

일상생활 속에서 어린이의 전기안전은 매우 중요하다. 전기에 관련되는 위험요소는 사전에 확인해서 없애야 한다. 특히 전력선 부근에서 모형비행기 날리기, 철사 던지기 등의 장난은 감전사고와 연결되어 위험하다. 그리고 전력선에 근접된 나무나 건물에 오르는 일이 없도록 해야 하며, 주택인 경우 집 옥상 등 특히, 전력선이 가까이 있는 곳에서는 막대기 · 낚싯대 · 알루미늄 봉(TV 안테나) · 철사 등으로 놀이를 하지 못하게 한다(직접 접촉되지 않고, 전선에 가까이 근접되어도 감전될 수 있음). 위험 · 고전압 · 접근금지 등의 표시가 있는 전기설비에는 가까이 가지 못하게 해야 한다. 전주에는 추락과 감전위험이 있으므로 절대로 올라가지 않도록 하여야 한다. 몸이 젖었거나 물속에 있을 때에는 어떠한 전기설비도 만지면 안 된다. 특히 가정에서 유아들이 콘센트에 이물질을 넣거나 젖은 손가락 등으로 만지지 않도록 각별한 관심과 주의가 필요하다. 전기코드나 전선 등을 갖고 놀지 못하게 한다.

제3절 가스안전

1. 가스안전의 이해

1) 가정용 연료가스의 종류

(1) 액화석유가스

액화석유가스(LPG)는 유전에서 원유를 채취하거나 원유정제 시 나오는 탄화수소를 비교적 낮은 압력(6~7kg/cm^2)을 가하여 냉각 · 액화시킨 것이다. 기체가 액체로 되면 그 부피가 약 1/250로 줄어들어 저장과 운송이 편리하다.

LPG의 주성분은 프로판(C_3H_8), 부탄(C_4H_{10})이고, 소량의 프로필렌(C_3H_6), 부틸렌(C_4H_8) 등이 포함되어 있다. LPG는 발열량이 24,000kcal/h로 다른 연료에 비해 비교적 열량이 높다. LPG의 주요 용도는 가정용 · 공업용 · 자동차 연료용 · 절단용 · 비닐류 원료 · 군사용 화염방사기 · 가스라이터 · 합성고무 연료인 부타디엔 제조 등이다. 순수한 LPG는 아무런 냄새나 색깔이 없으나 공업용을 제외한 가정이나 영업소에서 사용하는 LPG에는 누출될 때 누구나 쉽게 감지해 사고를 예방할 수 있도록 마늘 썩는 듯한 불쾌한 냄새가 나는 메르캅탄류의 화학물질을 혼합하여 공급한다. LPG는 공기보다 무거워서(공기에 대한 비중 : 1.5~2배) 누출되면 낮은 곳에 머물게 되고, 연소범위도 낮아서 조금만 누출되어도 화재 폭발의 위험이 있으므로 누출되지 않도록 각별히 주의하여야 한다.

(2) 액화천연가스(LNG)

가스전(田)에서 채취한 천연가스를 액화시킨 것으로, 메탄(CH_4)이 주성분이다. LNG도 무색투명한 액체로 LPG와 같이 공해물질이 거의 없고, 열량이 높아 대단히 우수한 연료이며, 주로 도시가스로 사용된다. LNG는 압력을 가해 액화시키면 부피가 1/600로 줄어들지만, 비점이 영하 162도로 낮아 운송 · 저장 시에는 특수하게 단열된 탱크나 용기에 충전하여 온도를 비점 이하로 유지시켜 주어야 한다. 도시가스로 사용할 때에는 기화시켜 기체상태로 공급한다.

천연가스의 주성분인 메탄은 공기보다 가벼워(공기에 대한 비중 : 0.6) 누출되면 높은 곳에 체류하고 공기와 혼합되면 폭발성 가스가 되므로, 이것 역시 LPG와 마찬가지로 누출되지 않도록 사용 시 각별히 주의해야 한다. 천연가스의 주성분인 메탄의 함유량은 산지에 따라 약간씩 차이가 있으며, 그 밖에 에탄, 프로판, 부탄류, 펜탄류 등의 저급지방족 탄화수소와 질소가 소량 함유되어 있다. 또한 황화합물 · 질소화합물이 함유되어 있지 않고, 연료로 사용한 후 배출되는 가스에는 그을음 등의 발생이 적고, 안정된 연소상태를 얻을 수 있기 때문에 도시가스연료 및 발전용 연료 외에도 일반 공업용으로 널리 사용되고 있다. 액화된 천연가스를 가정 및 사업장에 공급하기 위해서 기화를 시키는데, 이때 기화기에서 얻어지는 냉열(차가운 열)을 이용하여 액화산소 및 액화질소를 제조하거나 냉동창고에도 사용된다.

(3) 도시가스

파이프라인을 통하여 수요자에게 공급하는 연료가스인데, 석유정제 시에 나오는 납사를 분해시킨 것이나 LPG · LNG를 원료로 사용한다. 현재 우리나라에서 사용하고 있는 도시가스의 연료는 두 가지가 사용되고 있다. 주로 천연가스(Natural Gas, NG)가 많이 사용되며, 천연가스의 공급배관이 설치되지 않은 곳에서는 LPG+공기의 혼합가스가 도시가스 연료로 사용되고 있다. 공급지역은 강원도 일부(강릉, 속초), 옛 진해시 일부 지역, 광양시 일부 지역, 충주시에는 아직 LPG+air 방식의 도시가스를 공급하고 있으며, 그 외 지역의 모든 도시가스에는 천연가스로 공급되고 있다.

2) 가스 누출 시 응급조치

가스는 원래 냄새나 색깔이 없지만, 누출되었을 때 쉽게 알 수 있도록 하기 위해 불쾌한 냄새가 나는 물질(메르캅탄류)을 섞어서 공급한다. 그러므로 사용자들은 가스를 사용하기 전에 반드시 냄새를 맡아 가스가 누출되지 않았는지 확인하고 점화하는 습관을 생활화하도록 한다. 가스를 사용하다보면 여러 가지 이유로 누출될 수 있는데, 가스가 누출되거나 그 밖의 이상을 발견하였을 때에는 절대 당황하지 말고 침착하게 응급조치를 하면서 즉시 가스판매업소나 도시가스 관리대행업소에 연락하여 적절한 조치를 받아야 하며, 다음과 같이 적절한 응급조치를 취함으로써 큰 위험이나 사고에서 벗어날 수 있다.

첫째, 가스공급을 차단하고 환기시킨다. 가스냄새로 가스가 새는 것을 발견하면 먼저 연소기의 점화콕과 중간밸브 · 용기밸브를 잠가서 가스공급을 차단하고, 창문과 출입문을 등을 활짝 열어 누출된 가스를 밖으로 몰아내고 신선한 공기로 환기시킨다. LPG는 공기보다 무겁기 때문에 방바닥으로 가라앉으므로 침착히 빗자루 등으로 쓸어내듯 환기시켜야 한다. 둘째, 전기기구를 사용해서는 안 된다. 급하다고 환풍기나 선풍기 등을 사용하면 스위치 조작 시 발생하는 스파크에 의해서 점화되어 폭발할 가능성이 있으므로 전기기구는 절대 사용해서는 안 된다. 마지막으로 판매점 · 도시가스관리업소에 연락하여 안전조치를 받는다. 특히 아파트나 연립주택 등에서는 이웃에게 알려서 도움을 받아 만약의 사태에 대비하도록 한다. 이렇게 한 후 판매점이나 도시가스 관리대행업소에 연락하여 필요한 조치를 받고 안전함을 확인한 후 다시 사용한다.

(1) LPG 사용시설의 응급조치

가스누출로 인해 화재가 발생했을 경우에는 일단 가스기구의 점화콕을 잠근 후 가스용기의 밸브까지 잠근다. 그래야만 가스용기와 가스기구를 연결하는 염화 비닐호스가 열로 인해 녹더라도 가스에 불길이 옮겨붙지 않게 됨으로써 화재의 확대를 방지할 수 있다. 가스용기가 직사광선이나 다른 원인에 의해 열을 받으면 용기 내의 압력이 높아져 용기가 폭발할 수 있다고 우려하는 사람이 많으나 그렇지 않다. 가스용기 밸브에는 안전장치가 설치되어 있어 용기의 내압이 올라가면 자동적으로 안전밸브가 열려 가스를 배출해 압력을 떨어뜨려 주기 때문에 폭발의 위험은 적다. 그러나 안전장치에 이상이 있으면 폭발할 수도 있으므로 가스용기를 불길이 닿지 않는 용기보관실이나 안전한 장소에 설치하는 것이 좋다.

2. 평상시 안전관리

국내 가스 소비량의 증가 추세와 가스사고 발생빈도 · 사고원인 등을 고려할 때 가스사고의 위험성은 계속 높아지고 있다. 따라서 가스의 안전한 사용요령을 바로 알아서 사고를 예방하여 평상시 안전을 지키는 지혜가 필요하다.

1) 사용 전 환기

가스를 사용하기 전에는 연소기 주변을 비롯한 실내에서 특히 냄새를 맡아 가스가 새지 않았는가를 확인하고, 창문을 열어 환기시키는 안전수칙을 생활화한다. 연소기 부근에는 가연성 물질을 두지 않도록 주의한다. 콕 · 호스 등 연결부에서 가스가 누출되는 경우가 많기 때문에 호스 밴드로 확실하게 조이고, 호스가 낡거나 손상되면 즉시 새것으로 교체한다. 연소기구는 자주 청소하여 불꽃 구멍 등에 음식 찌꺼기 등이 끼지 않도록 한다.

2) 사용 중 불꽃확인

사용 중 가스의 불꽃 색깔이 황색이나 적색인 경우는 불완전 연소이므로, 연소효율이 좋지 않을 뿐 아니라 일산화탄소가 발생되므로 공기조절장치를 움직여서 파란 불꽃 상태가 되도록 조절한다. 바람이 불거나 국물이 넘쳐 불이 꺼지면 가스가 그대로 누출되므로 사용 중에는 불이 꺼지지 않았는지 자주 살펴본다.

불이 꺼질 경우 소화안전장치가 없는 연소기는 가스가 계속 누출되고 있으므로 가스를 잠근 다음 샌 가스가 완전히 실외로 배출된 것을 확인한 후에 재점화해야 한다. 폭발범위 안의 농도로 공기와 혼합된 가스는 아주 작은 불꽃에 의해서도 인화 · 폭발되므로 배출시킬 때에는 환풍기나 선풍기 같은 전기제품을 절대로 사용하지 말고, 방석이나 빗자루를 이용하여 전기스파크에 의한 폭발을 막는다. 사용 중 가스가 떨어져 불이 꺼졌을 때에도 반드시 연소기의 콕과 중간밸브를 잠근다.

3) 사용 후 밸브 잠금

가스를 사용하고 난 후에는 연소기에 부착된 콕은 물론 중간밸브도 확실하게 잠그는 습관을 갖는다. 장기간 외출 시에는 중간밸브와 함께 용기밸브(LPG)도 잠그고, 도시가스를 사용하는 곳에서는 가스계량기 옆에 설치되어 있는 메인밸브까지 잠가두어야 밀폐된 빈 집에서 가스가 새어 나와 냉장고 작동 시 생기는 전기불꽃에 의해 폭발하는 등 불의의 사고를 예방할 수 있다. 가스를 다 사용하고 난 빈 용기라도 용기 안에 약간의 가스가 남아 있는 경우가 많으므로 빈 용기라고 해서 용기밸브를 열어놓은 채 방치하면 남아 있는 가스가 새어 나올 수 있으므로 용기밸브를 반드시 잠근 후에 화기가 없는 곳에 보관한다.

4) 평상시 누출 점검

가스가 새었을 때는 냄새로써 누구나 누출을 쉽게 알 수 있게 하였으나, 적은 양이 누출되거나 후각 기능에 장애가 있으면 누출을 알아차리기가 쉽지 않다. 따라서 사고 예방을 위한 최선의 방법은 사용시설에서 가스가 누출되는지 여부를 자주 점검하는 습관을 갖는 것이다. 누출점검방법은 아주 간단해서 가스가 누출될 위험이 있는 부위에 비눗물이나 점검액을 발라 기포가 일어나는지를 알아보는 것만으로 충분하다. 일반 가정의 시설은 호스가 아주 낡았다든가 연소기가 고장난 경우를 제외하고는 호스와 배관의 연결부와 같은 접속 부위를 중점적으로 점검하면 된다.

점검할 때는 가정에서 많이 사용하는 주방용 액체세제를 물과 1:1 정도의 비율로 섞어서 비눗방울이 잘 일어나도록 한 다음 붓이나 스펀지에 묻혀서 호스의 연결부분 주위에 충분히 발라준다. 아무런 반응이 없으면 누출이 없는 것이지만, 조금이라도 누출되는 경우에는 비눗방울이 생겨 쉽게 판별할 수 있다. 만약 누출되는 것을 발견하면 용기밸브나 메인밸브를 잠그고 판매점 등에 연락하여 보수를 받은 후에 사용해야 한다. 이와 같은 비눗물점검은 점검하는 요일을 정해놓고 수시로 실시하는 것이 좋다.

3. 계절별 안전관리

1) 봄철 가스안전관리

겨우내 얼었던 도로나 축대 · 교량 등이 해빙기를 맞아 파손되거나 붕괴되면 설치된 가스시설물이 손상될 위험성이 높기 때문에 시설물에 대한 안전사고 예방이 필요하다.

(1) 해빙기 가스시설 점검

우선 LPG의 경우에는 겨우내 혹한으로 손상된 부분은 없는지, 비가 들이치지는 않았는지, 또 물이 괴거나 용기 받침대나 용기를 묶어놓은 체인이 녹슬지는 않았는지 살펴보는 것이 필요하다. 조정기 · 배관이나 호스의 상태, 연결 부위도 점검한다. 호스는 3m 이내의 길이로 시공하게 되어 있으나, 금속 배관으로 교체해주는 것이 바람직하다. 특히 겨우 내 혹한으로 호스 등의 연결 부위가 헐거워지거나 손상되는 경우가 많은데, 호스의 상태가 양호하면 연결 부위만 잘라내고 새로 연결하면 되지만, 호스 상태가 좋지 않으면 새로 교체하는 것이 바람직하다.

도시가스의 경우에는 지반이 녹으면서 지하에 매설된 배관이 손상될 우려가 있으나, 이는 도시가스 회사에서 전문장비를 이용해 관리하고 있으므로 사용자는 집안 내의 배관 손상 여부를 점검하면 된다. LPG를 사용하는 가정과 마찬가지로 도시가스 관리사무소에 의뢰하여 배관과 호스, 호스와 연소기의 연결 부위가 손상되지 않았는지 살펴보고 적절한 조치를 받는다.

(2) 이사할 때 가스시설 철거는 전문가에게 의뢰

봄철은 이사를 많이 하는 계절로 이사로 인하여 가스기구를 옮기는 경우가 많고 가스난로와 보일러 사용을 갈무리하게 되는 계절이다. 이런 때 가스기구를 떼어내고 난 다음 호스 막음조치를 잘해주는 것은 필수사항이다. 가스배관을 고무테이프나 비닐 등을 이용해 대충 막아둔 채 이사하는 것은 대형 가스사고로 이어질 수 있는 가능성을 제공하는 것과 마찬가지로 매우 위험한 행동이다.

이사갈 때에는 반드시 LP가스판매업소나 도시가스희사 지역관리소에 연락하여 규정된 자격을 소지한 전문가에게 의뢰, 가스시설의 마감조치를 철저하게 해야 한다. 이사와서는 사용하던 가스의 종류가 바뀌면 가스기기제조회사 A/S센터에 연락하여 열량변경 작업을 의뢰해야 한다. 열량변경 작업은 사용하는 가스가 잘 연소되도록 연소기 부품을 교체하는 작업을 말한다.

2) 여름철 가스안전관리

(1) 가스용기관리

LP가스용기는 직사광선이 직접 들지 않도록 따로 보관실에 보관한다. 복사열이나 외부 조건에 의해 안전밸브의 폭발로 가스가 누출될 수도 있으며, 불볕 더위가 계속되면 장독대나 옥상 등 옥외에 보관 중인 가스용기 등은 위험하므로 차광막을 설치해야 한다.

(2) 휴가의 시작은 가스시설 점검부터

휴가나 여행 등 장기간 집을 떠날 때에는 가스연소기의 콕은 물론 중간밸브를 잠그고 LPG는 용기밸브, 도시가스는 계량기 옆에 설치되어 있는 메인밸브까지 잠그는 것이 안전하다. 산과 바다를 찾아 휴가를 즐기는 기간 동안 많이 이용하는 것이 이동식 부탄연소기와 부탄가스이다. 이때 많은 음식을 한꺼번에 조리하기 위해 삼발이 폭보다 무리하게 큰 그릇을 올려놓고 사용하면 복사열로 인해 부탄가스의 폭발위험이 있으므로 사용할 때 이 점에 각별히 주의하고, 다 쓴 용기는 반드시 구멍을 뚫어서 버린다.

휴가를 끝낸 후 집으로 돌아와 가스시설을 다시 사용하기 전에 충분히 환기시키고, 각 가스시설의 이음새 부분을 점검액(비눗물)으로 점검하고 나서 사용해야 안전하며, 태풍이나 폭염에 가스시설이 노출되지 않았는지 체크하고 나서 사용하는 것이 안전하다.

만약 이상이 발견되면 도시가스를 사용하는 가정은 해당 지역관리소에, LP가스를 사용하는 가정에서는 판매소에 연락해 전문가의 진단을 받고 나서 사용하는 것이 사고를 미연에 방지하는 안전생활의 지름길이다.

(3) 장마철 가스안전관리 요령

장마철을 대비하여 각 가정에서 사용하는 가스시설 중에 호스와 가스용품, 배관과 용기, 배관과 호스 등 연결 부분이 잘 조여져 있는지 살펴보고 오래된 시설은 가스누출의 위험이 높으므로 미리 교체해 주어야 가스 사고를 미연에 방지할 수 있다. 특히 장마철에는 대기 순환이 잘 이루어지지 않아 누출된 LP가스가 공기 중으로 확산되지 않고 바닥 같은 낮은 곳에 체류하므로 사고위험이 크다. 특히 침수가 예상되는 지역에서의 가스안전관리 요령은 집중호우로 인해 침수가 예상된다면 도시가스를 사용하는 가정은 중간밸브뿐만 아니라 계량기 옆의 메인밸브까지 잠그고 나서 대피해야 하고, LP가스를 사용하는 가정은 용기에 부착된 용기밸브를 잠그고 체인 등을 이용하여 안전한 장소에 고정시켜 놓고 대피한다. 그리고 침수지역에서 가스시설을 복구할 때의 안전관리 요령을 보면 도시가스 및 LP가스시설 모두 한국가스안전공사나 전문가에게 의뢰하여 안전점검을 받고 사용하는 것이 안전하다. 특히 LP가스시설은 가스시설이 유실되거나 가스용기 자체가 물에 잠기게 되므로 반드시 전문가의 점검을 받은 후 사용한다. 한편, 가스레인지 및 가스보일러 등 가스용품을 복구할 때는 진흙과 같은 이물질을 깨끗한 물로 씻어 완전히 말리고 난 후 전문가의 안전점검을 받고 사용한다.

침수되었던 가스시설 사용요령은 LPG 용기에 연결하여 사용되는 조정기가 있는데, 조정기가 물에 젖었다는 사실을 생각지 못하고 LPG 용기에 부착된 밸브를 돌리면 조정기 내부의 고무패킹이 찢어지면서 제 기능을 못하여 용기 내부의 고압가스가 그대로 방출되거나 고압가스가 호스를 이탈시켜 가스 사고를 일으킬 수 있으므로 조정기를 함부로 다루면 안 된다. 물에 젖었던 가스보일러를 점검받지 않은 채 전원 플러그를 꽂으면, 보일러 내부의 기기판이 타버리는 것은 물론, 안전장치가 타서 가스사고의 위험을 초래할 수 있으므로, 침수 후 점검을 받지 않은 채 가스보일러를 사용하는 것은 절대 금물이다. 가스보일러의 배기통에 물이 찬 것을 모르고 보일러를 가동시키면 보일러에서 나오는 폐가스가 실내로 유입되어 일산화탄소 중독 사고를 일으킬 수 있으며, 또 보일러 자체가 그을러 보일러 수명을 단축시킬 수 있으므로 반드시 보일러사의 A/S를 받고 나서 사용하도록 한다.

3) 가을철 가스안전관리

환절기인 가을철에는 먼저 가스보일러를 새로 가동하기 전에 무엇보다 배기통이 꺾여서 찌그러지지 않았는지, 구멍난 곳은 없는지 외형을 주의 깊게 살펴보아야 한다. 만약 배기통 안에 이물질이 많이 쌓여 있으면 배기가 안 되어 폐가스가 실내로 들어와 사고를 일으킬 위험이 있으므로 깨끗이 청소해주는 것이 중요하다.

(1) 가스보일러 가동 전 안전관리

가스보일러의 경우, 가동 시 사용가스의 약 25~30배 이상의 공기가 공급되어야 안전가동이 가능하다. 대부분의 가스보일러 사고 원인은 거실 또는 환기가 불량한 주방이나 다용도실에 가스보일러를 설치 · 사용하거나, 배기구를 유효단면적보다 터무니없이 적게 설치하여 사용하거나, 배기통 연결부 접속 불량에 의한 배기가스 실내 유출로 인해 발생하는 경우가 많다.

가스보일러의 구입 시에도 사용하는 가스 종류에 따라 또는 도시가스용을 확인하여 결정하고, 가옥구조에 적합한 급배기 방식의 가스보일러를 선택하는 것이 중요하다. 예를 들어 기존 주택 또는 아파트 등 전용보일러실과 급·배기 연결이 없거나 부실한 경우에는 FF식(강제급배기식) 보일러를 선택해야 하고, 전용보일러실과 충분한 유효단면적을 확보한 배기통이 있을 경우에는 CF식(자연배기식) 또는 FE식(강제배기식) 보일러를 선택한다.

가스보일러의 안전한 사용을 위해서는 설치 시에는 반드시 가스보일러 전문 시공회사에 의뢰하고, 반드시 전용보일러실에 설치한다. 그리고 이상 상태를 발견했을 때는 가스보일러에 부착된 시공표지판 또는 명판에 표시된 시공자 또는 제조회사에 A/S를 요청하여 반드시 수리 후 사용하도록 한다.

4) 겨울철 가스안전관리

(1) 올바른 용기보관은 가스안전의 첫걸음

많은 가정에서 가스용기를 옥상이나 외진 구석에 아무렇게나 방치하고 있는데, 이는 가스 사고를 자초하는 위험한 행위이다. 따라서 용기는 조정기의 손상을 막고 가스사고 방지를 위해 반드시 눈·비를 피할 수 있고 환기가 잘되는 옥외에 보관실을 지어서 보관한다. 간혹 용기를 다용도실이나 주방, 지하실에 설치하는 경우가 있는데, 누출된 가스가 주위의 화기 등에 의해 폭발할 수 있으므로 이 역시 사고를 부르는 위험한 행위이다.

또한 바닥에 고일 수도 있는 수분의 영향을 받지 않도록 받침대를 만들고, 체인이나 굵은 끈으로 용기 허리 부분을 고정시켜 용기가 쓰러지지 않도록 하는 것이 좋다.

그리고 기온이 너무 낮아 가스가 남아있는데도 잘 나오지 않으면 두툼한 헝겊으로 용기를 감싸주어 따뜻하게 해준다. 이때 갑작스럽게 용기에 전열기나 불을 갖다대거나 뜨거운 물을 붓는 행동은 다른 사고를 부를 수 있다.

(2) 가스보일러 안전관리

겨울철에는 보일러 등 가스난방기 사용량의 증가에 따른 가스중독 사고 발생률이 높은 계절이기도 하다. 가스보일러를 처음 가동하기 전에 반드시 배기통이 빠져 있거나 꺾인 곳은 없는지 살펴본다. 또한 배기통 안의 이물질을 제거하여 폐가스의 역류로 인한 일산화탄소 중독 사고를 미리 예방하도록 한다.

배기통은 평상시에도 가스사용자는 가스보일러 작동 시 배기통 등이 막히거나 손상되지 않았는지, 배기와 연소가 정상으로 되는지 자주 점검해 볼 필요가 있다. 보일러 사용 중 연소상태가 이상하거나 과열 · 소음 · 진동, 이상한 냄새가 날 때는 즉시 보일러를 끄고 가스밸브를 잠근 다음 전문가에게 의뢰하여 점검을 받은 후 사용해야 한다. 환기구는 빗물이나 바람이 들어온다고 천이나 비닐 등으로 환기구를 막으면 매우 위험하다. 신선한 공기가 유입되고 폐가스가 원활히 빠져나갈 수 있도록 환기구는 항상 열어둔다.

보일러를 새로 설치할 때에는 시공하기 전에 시공자의 자격보유 여부를 반드시 확인하고, 설치 후에는 시공자가 발행하는 시공확인서를 부착하여 이상이 발생할 경우에는 가스보일러에 부착된 시공표지판 또는 명판에 표시된 시공자 또는 제조자에게 A/S를 요청할 수 있도록 한다.

장기간 여행으로 집을 비우게 될 때는 순환수를 모두 빼고 중간밸브와 메인밸브 등을 모두 잠가 차단해 줘야 하고, 단기간 여행 시에는 전원 플러그를 꽂아 놓고 만약의 사태에 대비하여 환기창을 조금 열어두는 것이 바람직하다. 특히 가스보일러의 동파방지장치는 순환수의 온도강하에 의하여 작동되므로 보일러에 부착된 전원 스위치만 끄고 전기콘센트와 중간밸브는 정상상태를 유지한다.

학 습 정 리

1. 감전사고의 응급조치의 중요성

감전쇼크에 의해 호흡이 정지되면 혈중 산소함유량이 약 1분 이내에 감소하기 시작하여 산소결핍현상이 나타난다. 그러므로 단시간 내에 인공호흡 등 응급조치를 실시하면 감전 재해자의 95% 이상을 소생시킬 수 있다.

2. 화재의 분류(NFPA, 미국방화협회) : 화재의 연소 특성에 따라 4종으로 분류

① A급 화재(일반 가연물화재) : 연소 후 재를 남기는 종류의 화재(목재, 종이, 섬유 등)
② B급 화재(유류 및 가스화재) : 연소 후 아무것도 남기지 않는 종류의 화재(인화성 액체, 기체 등)
③ C급 화재(전기화재) : 전기기계 · 기구 등의 화재(전기적 절연성을 가진 소화기로 소화해야 하는 화재)
④ D급 화재(금속화재) : 마그네슘 같은 금속화재

3. 가스 누출 시 응급조치

① 가스공급을 차단하고 환기시킨다.
② 냄새로 가스가 새는 것을 발견하면 먼저 연소기의 점화콕과 중간밸브 · 용기밸브를 잠그고 가스공급을 차단한다.
③ 창문과 출입문을 활짝 열어 누출된 가스를 밖으로 몰아내고 신선한 공기로 환기시킨다.
④ LPG는 공기보다 무겁기 때문에 방바닥으로 가라앉으므로 침착히 빗자루 등으로 쓸어내듯 환기시켜야 한다.
⑤ 둘째, 전기기구를 사용해서는 안 된다. 급하다고 환풍기나 선풍기 등을 사용하면 스위치 조작 시 발생하는 스파크에 의해서 점화되어 폭발할 가능성이 있으므로 전기기구는 절대 사용해서는 안 된다.
⑥ 마지막으로 판매점 · 도시가스관리업소에 연락하여 안전조치를 받는다.

제 7 장

생활체육 (스포츠, 레포츠) 안전

학습 목표
1. 스포츠 및 레포츠 활동에서 발생할 수 있는 사고 및 상해의 발생 원인에 대하여 설명할 수 있다.
2. 스포츠 및 레포츠 활동 시 유의사항을 이해할 수 있다.
3. 스포츠 및 레포츠 활동으로 인한 안전 및 응급조치와 예방법을 이해할 수 있다.

학습 키워드 상해, 스포츠, 레포츠, 세일링, 패러글라이딩, 래프팅

제1절 스포츠 안전의 이해

1. 스포츠 안전과 상해원인

1) 스포츠 참여의 증가와 안전

4차산업혁명시대는 삶의 질이 향상되고 스포츠문화산업의 발달로 스포츠 인구가 늘어나면서 그에 따른 각종 안전사고에 많이 노출되어 있다. 그런 만큼 스포츠 기술 및 시설·장비 등에 대한 정보를 보다 쉽게 접할 수 있는 환경의 조성과 개인적으로 소득과 여가시간의 증가, 그리고 미디어의 활성화는 일반인들의 스포츠에 대한 관심과 참여를 급속하게 확산시키고 있다.

또한 인터넷을 통한 스포츠동호회 활동이 확산, 스포츠의 대중화를 선도하는 양상으로 흐르고 있고, 스포츠에 참여하는 것은 경쟁심이 가져오는 강렬한 충동의 배출구로 이용되거나, 단지 즐기기 위하여, 또는 신체적 건강과 스트레스 해소를 목적으로 모두가 즐기고 있다. 스포츠는 신체적 건강과 같은 가시적인 이득, 일상생활에서 겪는 긴장과 불안을 떨칠 수 있도록 하며, 사회 및 직장에서는 충족될 수 없는 성취기회를 부여하는 중요한 요인이다.

이에 요구되는 안전지침을 무시하면 심각한 부상과 건강에 해를 끼치는 것은 물론 인명손실도 초래할 수 있다. 안전은 스포츠 활동에 있어서 일차적인 고려의 대상이며, 스포츠 안전교육은 사고를 예방하고 스포츠를 적절히 즐길 수 있도록 하는 중요한 지침이다. 스포츠 활동은 신체적 위험을 수반, 안전지침을 제대로 지킨다면 그 위험성은 줄어들고 여가를 즐기므로 삶의 질이 향상될 것이다.

2) 스포츠 사고 및 상해의 원인

각종 스포츠 중 비교적 상해가 많이 생기는 종목을 보면 럭비, 축구, 레슬링, 복싱 등과 같은 대인접촉성 스포츠이며, 이러한 스포츠 활동에서는 찰과상·열상·뇌진탕·타박상·염좌·탈구·아킬레스건 절단 등의 상해를 입기 쉽다. 특히 수상스포츠(수영, 요트, 카누 등), 산악스포츠(등산, 백패킹, 산악자전거 등), 동계스포츠(스키, 스케이트, 스노보드 등) 등 야외에서 자연을 대상으로 하는 스포츠 활동에서는 신체상해는 물론 실종이나 조난·사망사고까지 발생할 위험이 크다. 따라서 스포츠 활동에서 발생할 수 있는 사고 및 상해의 원인은 크게 9가지로 구분해 보면 다음과 같다.

① 미숙한 기술	② 지식 부족	③ 자기 과신	④ 관리자의 소홀	⑤ 준비 부족
⑥ 시설 불량	⑦ 신체적 조건	⑧ 부적절한 복장 및 장비		⑨ 불가항력

(1) 미숙한 기술로 인한 사고·상해

바람·기온·조명상태 등과 같은 환경 변화에 적응하는 능력 또한 기술의 숙달과 관련이 있으며, 미숙한 기술로 인한 사고 및 상해를 예방하기 위해서는 기초운동능력과 체력의 단련과 스포츠 종목에 필요한 기본적인 기술을 습득·숙달하는 것이 중요하다.

(2) 지식 부족으로 인한 사고·상해

어떤 종목의 스포츠들은 그 스포츠와 관련된 다양한 지식을 필요하며, 필요한 지식을 갖추지 못하면 사고가 발생할 가능성이 커지게 된다. 실제로 지식의 부족으로 인하여 상해 및 사망사고가 발생하는 경우가 많다. 예를 들면 등산을 할 때 겨울 산과 여름 산에 관한 지식이나 기구·시설에 관한 지식을 잘 알고 있다면 사고는 크게 줄어들 것이다.

(3) 자기 과신으로 인한 사고·상해

자신의 스포츠기술 수준을 정확하게 판단하기란 매우 어렵고, 환경의 변화라는 변수에 맞추어 자기 능력을 판단하는 것은 더욱 어려운 일이다. 그리고 경험이 적은 사람은 자신의 능력을 과신하고 무모한 스포츠 활동을 삼가야 한다.

(4) 준비 부족으로 인한 사고·상해

스트레칭 및 준비운동을 충분히 하여 근육을 이완시키거나 관절을 풀어주고, 호흡과 순환을 조절하며, 정신적으로도 적당한 긴장상태를 유지하는 것은 모든 스포츠 활동의 상식이다. 활동에 필요한 시설·용구·복장·장비 등도 사전에 점검·정비하는 것이 스포츠 안전을 위해서 중요하다. 사전 준비 없이 갑자기 연습을 시작하거나 경기를 진행하여 상해를 입는다면 자신의 신체적 손상은 물론 타인에게 불편과 피해를 끼치게 되며, 이후의 스포츠 활동에도 지장을 초래하게 된다.

(5) 관리자의 소홀로 인한 사고 · 상해

학교 내에서 과외활동 중 상해를 입거나 공설운동장 등 공공체육시설에서 일어나는 사고 등은 대개 관리를 제대로 하지 못했을 때 많이 발생하며, 학교라는 특정된 장소에서 학생들의 체육활동 중에 발생한 사고와 상해는 학교장의 책임이다. 정과 · 과외를 불문하고 학생의 체육활동에는 시간과 장소 · 시설용구, 지도자의 배치, 응급구호 등의 관리를 위해 학교 자체적인 안전관리체계를 갖추어야 한다. 공공체육시설 및 상업적 목적의 민간 스포츠센터 역시 학교의 안전관리체계에 준한 관리가 필요하며, 입장료 또는 사용료를 징수하는 시설은 물론 국가나 지방자치단체에서 무료로 제공하는 체육공원 등의 사회체육시설 모두 일반인들이 그 시설을 안전하게 이용할 수 있도록 관리자가 관리상의 책임을 져야 한다.

(6) 시설 불량으로 인한 사고 · 상해

시설 불량의 예와 관리요령 및 시설물의 설치와 관리 지침이 부실하거나 운동장을 사용하기 전에 돌멩이 · 철사 · 유리 조각 등 안전에 영향을 줄 수 있는 물건을 치우고, 운동장의 상태를 확인하고 사용 및 시합 전 안전점검을 한 후 사용한다. 또한 고정된 스포츠 시설의 지주는 매년 장마가 시작되기 전에 지주 둘레를 파고 방부제를 칠한다. 모래밭은 자주 파헤쳐 딱딱하게 굳어있는 곳이 없도록 하며, 시설물 중 그네가 있다면 그네 주위에는 적당한 거리를 두고 벽을 쌓아서 다음 순번을 기다리는 어린이를 보호하도록 해야 한다. 운동장과 건물 주위의 맨홀 뚜껑이 파손되거나 열려 있는지 확인하는 것도 중요하다. 체육관이나 교실의 마룻바닥이 파손되었거나 미끄럽지 않은지 점검한다.

체육용구는 무거운 것은 밑에, 가벼운 것은 위에 정리하고, 뜀틀은 세로로 나란히 정리하여 사용이 편리하도록 한다. 체육관은 정기적으로 대청소를 하며, 사용 전후에 청소를 하여 항상 깨끗한 상태로 유지하며, 매트나 기타 기구의 파손을 발견하면 즉시 수리하거나 폐기한다. 특히 축구 · 핸드볼 · 농구 등의 이동식 골대는 잘 고정하여 사용하고, 사용 후에는 눕혀서 보관한다.

(7) 신체적 조건에 의한 사고 · 상해

스포츠 활동에서 신체적인 조건에는 육체적인 면과 정신적인 면이 매우 중요하며, 체육지도자나 스포츠 활동을 하는 사람은 항상 심신의 상태에 유의하고 사전 예방을 위한 대책을 강구한다.

〈사고 및 상해예방을 위한 고려사항〉

① 매년 1회 정기적으로 건강진단을 받는다.
② 경기에 출전하기 전에 검진을 받는다.
③ 규칙적인 일상생활을 한다.
④ 평소의 연습은 2시간을 넘지 않도록 한다.
⑤ 1주에 2일은 휴식을 취한다.
⑥ 피로가 하룻밤 사이에 풀리지 않으면 과로로 보고 휴식을 취하며, 동시에 신체 이상을 점검한다.
⑦ 운동하기 전에는 반드시 준비운동을 실시하며, 운동 후에는 정리운동을 한다.
⑧ 항상 같은 패턴으로 준비운동을 하지 말고, 운동 종목 · 신체적인 상태 · 기온 등에 따라서 내용과 방법에 변화를 준다.
⑨ 과도한 신체단련은 하지 않는다.

(8) 부적절한 복장 및 장비에 의한 사고 • 상해

적절한 복장이란 스포츠 활동에서 가장 효과적으로 기능을 발휘할 수 있고, 운동 중에 일어날 수 있는 사고나 상해를 방지하여 안전하게 경기에 임하게 된다. 복장 및 장비가 그 기능을 제대로 발휘하지 못하게 되면 예기치 못한 사고를 유발하기 때문에 마음가짐도 중요하다. 유행만을 추구하여 형태나 색채, 액세서리에만 신경 쓴다면 스포츠맨으로서 문제가 될 수 있을 것이다. 진정한 스포츠 애호가라면 장비의 형태보다는 낡더라도 그 운동에 필요한 조건을 충족시키는 것을 사용할 것이다. 올바른 복장과 함께 올바른 마음가짐과 몸가짐을 유지함으로써 적당한 긴장을 유발시켜 안전을 지켜준다는 것이다.

(9) 불가항력에 의한 사고 • 상해

자연재해나 천재지변은 인간의 능력으로 막을 수 없는 것이긴 하지만, 미리 대비하고 주의한다면 피할 수 있는 경우도 적지 않다. 예를 들면 낙뢰 및 지진, 쓰나미 등에 의한 사망사고는 천재에 의한 것이 분명하지만, 사고 당사자나 지도자의 분야별 자연재해에 대한 상식 및 주의 부족도 원인으로 작용할 수 있다. 그러나 사고 당시에 낙뢰, 지진, 쓰나미 등이 있을 것이라는 예측할 수 없는 점은 인간 능력의 한계, 즉 불가항력적이다.

안전에 관한 한 스포츠 지도자 및 스포츠 전문가는 스포츠 활동에서 불가항력의 내용에 대하여 안이한 해석을 내려서는 안 된다. 가장 중요한 점은 불가항력에 가까운 요소가 있다 하더라도 보다 안전하게 스포츠 활동을 하고 손실을 최소화할 수 있도록 자신의 능력을 최대한 발휘하는 것이다.

2. 스포츠 상해 예방과 준비운동

실제로 스포츠 활동 시 상해 예방을 위한 프로그램이 있다 하더라도 그것만으로는 완벽할 수 없다. 상해나 부상은 물론 돌발적으로 발생할 수 있는 긴급사태까지 대비하는 것이 바람직하다.

1) 스포츠 지도자들의 현장에서 스포츠 상해 예방을 위해 고려할 사항

① 선수의 건강상태에 관한 정보를 얻어야 한다.
③ 선수 개개인의 상해 · 부상에 대비하여 적절한 체력훈련을 계획 · 운영한다.
③ 가벼운 부상이라 하더라도 신속히 치료하여 부상이 커지지 않도록 한다.
④ 사용할 장비 및 도구 등은 항상 사전에 점검한다.
⑤ 훈련 또는 경기 중에 발생할 가능성이 있는 문제를 점검한다.
⑥ 심판 및 진행요원, 그리고 다른 지도자들과도 긴밀한 협조체계를 유지하는 것이 바람직하다.
⑦ 경기력이나 연습량이 부족한 선수를 경기에 성급하게 투입해서는 안 된다.
⑧ 선수별로 발생한 상해 및 부상을 지속적으로 기록 · 점검한다.

2) 스포츠 상해 예방을 위한 준비운동

모든 스포츠 경기나 훈련과정에서 준비운동을 하는 것은 불문율로 인식되고 있다. 적절한 준비운동은 부상 및 상해에 대비한 예방 프로그램의 하나이며, 이것은 사고예방을 위한 필요성과 중요성을 인정받고 있다. 따라서 준비운동이 필요한 이유는 첫째, 운동 중에 많이 사용되는 부위, 특히 근육 · 건 · 인대 등을 적절하게 이완시킨다. 둘째, 신체를 적절하게 가동 · 가열시킴으로써 근육이나 관절과 같은 신체 내부의 기능을 효율적으로 활용할 수 있도록 한다. 셋째, 선수에게 정신적 · 신체적인 자극을 주어 예상되는 신체활동에 대비할 수 있도록 한다. 따라서 준비운동의 방법과 실제 스포츠 종목 또는 지도자의 성향에 따라 다양하게 나타난다. 따라서 지도자 입장에서 효율적으로 준비운동을 어떻게 시키느냐에 따라 성과도 차이가 나타난다.

〈기본적인 준비운동의 세 가지〉

① 스트레칭(stretching exercise)
② 활발한 운동(vigorous exercise)
③ 모의운동(simulation exercise)

한편 준비운동 프로그램의 계획 및 실행 시 스포츠 지도자의 고려사항은 ① 준비운동은 체계적으로 하여야 한다. ② 다양성이 있어야 한다. ③ 근육에 주는 부하를 조절하면서 준비운동을 한다. ④ 개인차를 고려하여야 한다. ⑤ 가능한 한 많은 시간을 할애한다. ⑥ 해당 스포츠 종목에 적절한 프로그램을 짜서 진행한다.

3. 스포츠 상해의 일반적인 구급처치법과 종목별 주요 상해

1) 스포츠 상해의 일반적인 구급처치법

스포츠 활동 중 예고 없이 각종 다양한 사고가 빈번하게 발생된다. 이러한 상해를 초기에 응급처치를 하는 것이 매우 중요하다. 그러므로 상해의 일반적인 구급처치법은 첫째, 안정이다. 상처 부위는 되도록 움직이지 않도록 하고, 경우에 따라서는 고정시켜야 한다. 둘째, 냉각이다. 다친 후 48시간이 경과할 때까지는 냉찜질을 실시하여 통증을 완화시켜야 상처가 악화되지 않는다. 셋째, 압박이다. 상처를 압박하여 붓는 것을 방지한다. 이때 너무 오랫동안 강하게 압박하지 않도록 주의해야 한다. 마지막으로 환부를 높여야 한다. 이것은 상처 부위를 심장의 위치보다 높게 하면 출혈을 멈추는 데 도움이 되며, 붓는 것도 줄일 수 있다. 이상의 조치를 3시간 동안 반복 실시, 즉 30분간은 냉각과 압박을 동시에 실시하고, 15분간은 압박붕대를 풀고 피부를 따뜻하게 해서 혈액순환을 좋게 한다.

2) 종목별 주요 스포츠 상해

참여하는 스포츠의 종목에 따라 상해가 자주 발생하는 부위가 있다. 즉 자주 쓰는 특정한 부위에 집중적으로 상해가 발생하는 현상이 나타난다. 예를 들면 테니스 팔꿈치와 같은 상해는 테니스 선수에게서 나타나는 특별한 증상이다.

▼ 표 7-1 종목별 주요 스포츠 상해

종목	스포츠 상해
농 구	발관절 염좌, 손가락 염좌, 아킬레스건 단열, 무릎관절 염좌
배 구	손가락 염좌, 손관절 상해, 발관절 염좌, 요통
야 구	손가락 염좌, 발관절 염좌, 팔꿈치 및 어깨 통증, 요통
축 구	종아리 및 발목좌상, 발관절 염좌, 무릎관절 염좌
탁 구	요통, 발관절 염좌, 손가락 염좌
테니스	발목 좌상, 발관절 염좌, 아킬레스건 단열, 테니스 팔꿈치
핸드볼	손가락 염좌, 발관절 염좌, 아킬레스건 단열
유 상	발관절 염좌, 무릎판 상해, 아킬레스건 단열, 종아리뼈 골절, 요통
체 조	위팔 골절, 노뼈 골절, 발관절 염좌
수 영	요통, 목뼈 어긋남, 머리 부위 좌상
씨 름	빗장뼈 골절, 가슴 부분 좌상, 위팔 골절, 정강뼈 골절
유 도	어깨 부위 좌상, 빗장뼈 골절, 요통, 복장뼈 골절, 무릎관절 상해
검 도	아킬레스건 단열, 팔꿈치 좌상, 빗장뼈 골절, 가슴 부분 좌상
태권도	발관절 염좌, 무릎관절 염좌, 어깨관절 탈구, 손가락 골절, 뇌진탕
스케이트	얼굴 좌상, 종아리 좌상, 뇌진탕, 발관절 염좌
스 키	발관절 염좌, 무릎관절 염좌, 종아리뼈 골절, 무릎관절 상해
자전거	빗장뼈 골절, 무릎관절 상해, 아래팔 부위 좌상
승 마	뇌진탕, 머리 부위 좌상, 빗장뼈 골절, 요통

제2절 스포츠 안전의 실제

1. 스포츠 안전의 이해

스포츠에 참여하는 사람들이 안전한 스포츠 활동을 할 수 있도록 도움을 줄 수 있는 일련의 지침이 반드시 필요하다. 이른바 X-스포츠(extreme sports)라 불리는 새로운 스포츠 종목이 개발됨에 따라 그러한 스포츠 활동에서 일어날 수 있는 특정 사고를 예방할 수 있는 새로운 안전 지침 역시 정해져야 한다. 즉 종목별 사고위험성 및 예상 사고에 대한 안전 매뉴얼을 제작하여 경기 전에 안전교육부터 실시하는 것이 바람직할 것이다. 우리 모두는 너무 승부욕에만 집착하는 나머지 안전사고에 대해서는 그다지 신경을 쓰지 않는 것이 현실이 아닌가 생각하면서 본 절에서는 특히 상해가 많은 종목 위주로 안전사고 예방을 위한 주의사항을 알아보도록 한다.

2. 종목별 스포츠 활동 시 유의사항

1) 미식축구

미식축구 선수는 스피드와 민첩성, 지구력, 유연성이 상당히 많이 필요하다. 미식축구가 빠른 속도와 과다한 신체접촉으로 인해 사고 가능성이 높고, 부상의 위험이 크기 때문이다. 미식축구는 많은 다른 스포츠와 비교해 볼 때 상해 비율도 높다. 미식축구 경기 중 발생하는 상해의 대부분은 백필드와 다운필드에서 발생하며, 신체에 가해지는 주요 압박 부위는 발목 · 무릎 · 어깨 · 손 · 팔 · 머리이다.

(1) 주요 보호 장비

① 헬멧 : 헬멧은 귀 · 뺨 · 목 · 머리 · 이마 부위를 보호할 수 있도록 안쪽에 알맞은 패드를 넣어야 하며, 견고한 소재로 만들어야 한다.

② 패드 : 어깨 및 가슴, 목, 엉덩이, 넓적다리, 무릎에 대는 패드는 이 부위에 가해지는 충격을 흡수할 수 있는 소재로 만들어야 한다.

③ 운동화 : 운동화는 선수가 넘어지거나 미끄러지지 않고 멈추어 설 수 있도록 단단히 매야 한다.

④ 장갑, 마우스피스 : 장갑은 손과 손목 및 팔을 보호하기 위하여 착용하며, 마우스피스는 입과 치아를 보호하기 위해 필요하다.

⑤ 유니폼 : 유니폼은 특히 땀이 마르면서 몸이 식을 때 선수를 보호할 수 있도록 튼튼하고 가벼운 소재로 만들어야 한다.

(2) 훈련 중 유의 사항

① 신체의 균형 유지에 중점을 두어야 한다. ② 유연성 강화를 위한 에어로빅이나 경기력 향상을 위한 심장기능 강화 프로그램이 필요하며, ③ 경기 중에 특별히 많이 사용되는 신체부위의 지구력을 향상시키는 훈련도 필요하다. ④ 웨이트트레이닝을 통해 근력을 강화시키고, 자신의 신체에 적합한 식이요법을 실시하여 체력 훈련 및 경기력 향상을 위해 컨디션을 조절해야 하며, ⑤ 모든 상황에서 선수 상호 간의 배려가 중요하다. ⑥ 경기 중 모든 면에서 안전하다는 믿음을 주기 위해서는 선수 각자가 다른 선수들의 안전을 세심히 고려하여야 한다. ⑦ 선수들은 자신의 그릇된 행위가 다른 사람들에게 나쁜 영향을 미칠 수 있음을 자각하고, 엄격하고 주의 깊게 경기에 임해야 한다.

2) 농구

농구의 특성은 발목골절이나 무릎 이상 또는 물집 등 상해의 원인을 제공한다. 농구를 안전하게 즐기기 위해서는 다음과 같은 사항에 유의하여야 한다. 농구에 참여하는 사람에게는 순발력을 높이기 위한 훈련이 필수적이다. 경기에 필요한 지구력과 민첩성을 증진시켜야 한다. 또한 안전의 첫 번째 조건이 건강한 신체이며, 잘 훈련된 건강한 사람은 위험한 순간에도 상해를 입을 가능성이 줄어든다. 한편 좋은 신발을 신고 경기에 임해야 한다. 농구경기에서 요구하는 민첩성은 그 자체로 위험을 수반하며, 발목을 충분히 보호할 수 있는 좋은 신발을 신는 것이 상해 예방의 필수적이다. 코트의 마룻바닥 역시 최상의 조건을 갖추어야 한다. 다음으로 규칙을 숙지해야 한다. 규칙은 시합 중인 선수에게 자신의 안전을 지키고, 불필요한 위험을 야기하지 않도록 유도하며, 다른 선수들의 안전을 존중하는 것도 선수가 지켜야 할 예의이다. 선수들이 코트에서 다른 선수들에게 주의를 기울이고, 안전에 유의한다면 사고와 상해는 상당히 감소하는 효과가 있다.

3) 야구

선수들의 휴식시간이 가장 많은 스포츠 중의 하나로 경기 중에는 전속력으로 움직여야 하는 경우가 많다. 급속하게 움직이거나 정지하는 활동은 상해를 유발하기 쉬우며, 원인은 선수가 경기에 들어가기 전에 적당한 준비운동을 하지 않기 때문이다. 야구에서 발생하는 가장 일반적인 상해는 손과 팔의 상해이다. 특히 투수는 최고의 속도로 공을 던지기 때문에 전체 이닝의 절반 이상을 던졌을 때에는 최소한 3일 이상 휴식을 취해야 한다.

또한 안전하고 즐거운 스포츠 활동을 위해서는 사용자에게 맞는 적절한 보호 장비를 사용하는 것이 중요하며, 배트는 선수 개개인에게 적합한 손잡이 형태와 무게를 고려한 좋은 배트를 선택해야 하며, 글러브도 선수의 포지션에 따른 용도와 패드의 두께 및 가죽의 질을 고려하여야 한다. 신발은 운동장의 흙과 잔디 또는 인조잔디에서 충분히 추진력을 얻고 안전하게 멈출 수 있는 스파이크가 부착되어 있어야 한다. 헬멧은 귀와 머리를 보호할 수 있어야 하며, 특히 배팅할 때와 베이스러닝 중에는 반드시 착용해야 한다.

포수는 투수가 던진 공이나 홈으로 질주해 들어오는 주자로부터 상해를 입을 가능성이 크다. 따라서 다른 포지션의 선수에 비해 안전을 확보할 수 있는 보호 장비를 더 많이 착용해야 한다. 포수를 위한 장비는 튼튼한 재질로 만들어져야 하며, 머리 · 팔 · 다리 · 몸체를 적절히 보호할 수 있는 패드가 장착되어 있어야 한다. 모든 선수들은 태양광선으로부터 눈을 보호할 수 있도록 모자를 써야 한다.

4) 겨울스포츠

겨울에 즐길 수 있는 스포츠의 대표적인 종목은 스케이트나 스키, 스노보드, 눈썰매 등이다. 일반적으로 빙상스포츠는 수상스포츠에 비해 안전하다고 한다. 실내가 아닌 강이나 저수지의 얼음은 충분히 얼지 않은 경우 대단히 위험하다. 스키는 겨울스포츠의 꽃이라 할 만큼 스릴 넘치고 흥분되는 스포츠이다. 스키어는 자신에게 맞는 슬로프를 선택해야 하며, 묘기를 보인다거나 자신의 능력을 넘어서는 시도는 하지 말아야 한다. 장비는 우선 자신의 몸과 수준에 잘 맞는 것으로 고른다. 스키복장은 행동하기에 불편함이 없어야 하며, 추위와 충격으로부터 보호를 받을 수 있어야 한다. 고글은 심한 바람과 햇빛이 반사되는 것을 막기 위해 항상 착용하는 것이 좋다.

(1) 스키를 즐기기 위한 유의사항

스키어는 겔렌데(스키 연습장)에 있는 다른 스키어들에 대한 관심을 게을리해서는 안 되며, 서로 안전에 유의하여야 한다. 무리한 스피드, 난폭한 활주는 자신은 물론 다른 스키어들에게도 위험하다. 따라서 자신의 능력에 맞는 스피드로 활주를 해야 하며, 과시하려는 스피드 활주는 삼가야 한다.

활주를 할 때에는 자신의 앞에서 달리고 있는 스키어를 성급하게 추월한다거나, 바싹 붙어서 활주해서는 안 된다. 추월할 때에는 상대와의 거리를 충분히 두고, 다른 스키어들을 놀라게 하지 말아야 한다.

직활강을 하다가 갑자기 사활강을 하게 될 경우에는 슬로프 아래(앞)와 위쪽(뒤)을 살펴본 다음에 활주 방향을 바꾼다. 슬로프 중간에서 급정지를 할 때에도 역시 위쪽을 살펴보아야 한다. 겔렌데 중간에 정지하는 것은 되도록 피해야 한다. 스키선수가 넘어졌을 때에는 슬로프가 움푹 파이는 경우가 많다. 그 자리를 자신이 메우고 다진 다음 스키를 계속한다.

스노보드는 비교적 최근에 알려져 각광받고 있는 모험스포츠로, 스키와는 달리 업다운 운동이 많고, 온몸을 격렬하게 움직여야 하기 때문에 위험 수준이 높은 것이 특징이다. 스키장에서 일반 스키어들과 함께 활주하는 것은 위험하므로 전용 슬로프에서 즐기는 것이 좋다.

(2) 스노보드를 탈 때 유의해야 할 사항

첫째, 스키장에서 장난을 해서는 안 된다. 둘째, 모험을 즐기는 스포츠이므로 특히 안전에 주의한다. 셋째, 다른 사람의 활주에 방해가 되고 안전을 위협하는 행위를 삼가며, 넷째, 무리하고 난폭한 활주 및 자기과시를 위한 활주를 해서는 안 된다.

눈썰매는 특별한 기술 없이도 남녀노소 누구나 즐길 수 있는 겨울스포츠로서 기본적인 요령만 알면 경사진 눈밭을 신나게 달릴 수 있는 비교적 안전한 스포츠이며, 주로 청소년들에게 매우 인기 있는 스포츠이다.

이와 같이 겨울스포츠는 날씨가 추운 관계로 사전에 충분한 준비운동을 하지 않으면 다른 계절보다 안전사고의 빈도가 높고 특히 썰매를 즐기면서 크고 작은 안전사고가 종종 발생한다. 따라서 기본적인 안전수칙은 반드시 지켜야 하는데 첫째, 추운 날씨로 인해 동상을 입거나 찰과상의 위험이 있으므로 반드시 장갑을 착용해야 한다. 둘째, 어른과 어린이가 함께 출발할 경우에는 가속도가 많이 붙는 어른이 1~2초 정도 먼저 출발하여 충돌하지 않도록 주의한다. 셋째, 썰매를 타는 도중에 넘어지거나 도착 지점에 도착하면 뒤를 확인하고 빨리 출구로 빠져나간다. 마지막으로 5세 미만의 어린이는 낮은 경사에서 부모가 함께 타는 것이 안전하다.

제3절 레포츠 안전의 실제

1. 레포츠 안전의 이해

레포츠(leisure sports)란 한가한 시간에 즐기면서 신체를 단련할 수 있는 운동으로 생활이 윤택해짐에 따라 레포츠의 종류 20여 종목에 이르고 있으며, 이렇듯 다양하게 일상생활 속에서 많이 즐기고 있는 것이 현실이다. 이와 같이 레포츠를 즐기면서 발생하는 안전사고도 지속적으로 증가하고 있는 추세다. 따라서 본 절에서는 일상생활 속에서 많이 즐기는 스쿠버다이빙, 모터보트, 세일링(윈드서핑, 요트), 래프팅, 사이클, 인라인 스케이팅, 패러글라이딩 안전에 대하여 알아보기로 한다.

2. 종목별 레포츠 활동 시 유의사항

1) 스쿠버다이빙 안전

스쿠버(Self Contained Underwater Breathing Apparatus, SCUBA)라는 용어의 의미는 '수중자가 호흡기'라고 해석한다. 스쿠버다이빙은 '레크리에이션 다이빙(recreation diving)' 혹은 '스포츠 다이빙(sports diving)'이라는 용어와 같은 의미로 사용되고 있다. 용어는 취미로 즐기는 스쿠버다이빙에 한하여 제한적으로 함께 사용하여도 무방하다. '스킨 다이빙(skin diving)'이라는 용어도 많이 사용하고 있으며, 스킨 다이빙은 수중에서 호흡하는 기구의 도움을 받지 않는 다이빙을 가리킨다. 스킨다이빙은 단순히 숨을 참고 잠수하는 형태, '맨몸 잠수(free diving)' 또는 '브레쓰 홀드 다이빙(breath-hold diving)'이라고도 한다.

- 다이빙 사고의 원인은 ① 자신의 능력을 넘은 경우 ② 위험한 다이빙 조건 ③ 안전수칙 위반 ④ 불완전한 장비점검, 훈련 미숙 ⑤ 약이나 술에 취한 상태에서의 다이빙을 하므로 인해 사고가 많이 발생한다.
- 사고의 예방을 위해 ① 자신의 능력 범위 내에서 다이빙한다. ② 좋은 조건일 때만 다이빙한다. ③ 안전수칙을 준수한다. ④ 장비를 완전히 갖추고 기술을 익힌다. ⑤ 다이빙 12시간 전에는 음주, 흡연, 약물복용을 피한다. ⑥ 건강 및 체력을 유지하는 것이 매우 중요하다.

2) 모터보트 안전

모터보트는 가솔린엔진 등의 내연기관으로 추진되는 소형선박을 말하며, 5마력 이상의 엔진을 장착한 고무보트, 모터보트, 수상오토바이, 요트 등을 조정하는 경우와 해양경찰청으로부터 동력수상레저기구 조정면허를 받아야 한다.

(1) 모터보트 안전수칙

① 보트가 움직일 때에는 모든 사람은 지정한 자리에 앉아야 한다. ② 선체와 엔진, 기타 장비는 항상 정상적인 상태를 유지해야 한다. ③ 주유 시에 가장 조심해야 한다. ④ 항상 충분한 연료를 확보한다. ⑤ 보트 안에는 구명장비와 소화기를 항상 준비하고 사용법을 익혀둔다. ⑥ 바다에서는 해도를 준비한다. ⑦ 집의 식구나 친지에게 여행 계획과 보트에 대해 설명해 주고 출항한다. 그리고 돌아와서는 반드시 알려주어 안심시킨다. ⑧ 보트의 동승인에게 배의 운전에 대한 지식을 가르쳐 주어 비상시에 대비한다. ⑨ 사람을 정원 이상으로 태우거나 과적하지 않는다. ⑩ 앉을 장소를 지정해 주고 그 외의 위치에는 앉지 않도록 한다. ⑪ 수상스키는 사람이 없는 넓은 곳에서 타고 한 사람은 감시를 한다. ⑫ 수상스키를 타는 사람의 뒤를 따라가지 않는다. ⑬ 물속의 사람을 보트로 끌어 올릴 때에는 반드시 엔진을 정지시킨다. ⑭ 보트의 주변에서 수영을 할 때에는 엔진을 정지시키고 시동키를 뺀다. ⑮ 보트의 앞 · 뒤에 있는 선패드(일광욕자리)는 운행 시 사용하지 않는다. 그리고 데크가 미끄러울 수 있으니 적절한 신발을 착용하며, 운전자는 전방뿐 아니라 사방을 주시하며 운전해야 한다. 아울러 운전 시 반드시 엔진 안전스위치를 손목 또는 허리에 걸어서 갑자기 물에 빠질 경우 엔진 시동이 꺼지도록 한다.

(2) 출항 전 점검사항

① 항해 목적지, 탑승인 명단, 예상 귀항시간 등을 육상에 있는 연락처에 반드시 알려둔다. ② 권장필요장비를 모두 확인한다. ③ 안전 구명장비는 즉시 꺼낼 수 있는 곳에 둔다. ④ 절대로 과적을 피하고 짐을 고루 분산하여 싣는다. ⑤ 배의 정원과 적재정량을 확인한다. ⑥ 장거리 항해 시에는 보조엔진을 준비한다. ⑦ 기상, 조류, 물때(간만시간) ⑧ 여분의 배터리, 윤활유, 연료 ⑨ 승선인원수의 구명동의, 소화기 ⑩ 통신장비, 라디오 GPS, 해도, 컴퍼스, 기타 계기류 ⑪ 앵커(닻), 계류용 로프 ⑫ 엔진 시동 전에 기관실 배기 ⑬ 냉각

수 점검을 출항 전에 반드시 하여야 한다.

이 외 안전사고예방을 위한 권장 준비물 명세표와 해상통행 우선순위는 다음과 같다.

〈권장 준비물 명세표〉

① 앵커, 앵커체인, 앵커로프
② 풍랑용 예비앵커
③ 보트 훅크
④ 물통 등 기타 물 퍼낼 도구
⑤ 컴퍼스 및 해상 안내도
⑥ 정박용 로프
⑦ 비상식량, 식수, 응급 치료약품
⑧ 손전등, 나이프 라이터
⑨ 노, 구명동의
⑩ 엔진공구 및 부속품(예비 프로펠러, 연료호스, 스파크플러그)

〈해상통행 우선순위〉

① 파워보트
② 범선 또는 노로 젓는 배
③ 어선
④ 운행에 제약을 받고 있는 배
⑤ 운행할 수 없는 배
⑥ 높은 마력수의 배에 양보한다.
⑦ 잘 모르는 라이트는 피한다.
⑧ 좁은 통로에 있는 배의 진로는 방해하지 않는다.

3) 세일링 안전(윈드서핑, 요트)

육상의 교통 규칙과 마찬가지로 해상에서도 지켜야 할 규칙이 있으며, 서로 충돌을 피하기 위해서는 기본적인 규칙을 지켜야 한다. 스타보드 정(艇) 우선권은 스타보드태크(흔히 '스타보'라 함)란 마스트 손이 오른손 상태로 세일링하는 것이며, 반대는 포트 태크(줄여서 포트)라고 한다. 포트 정은 스타보와 충돌하려고 하는 경우 러프시키거나 태크하거나 아니면 스타보를 피해야 한다. 그리고 순풍 방향의 정이 우선권이고 같은 태크 정이 접근하고 있는 경우 역풍 쪽에 있는 정은 순풍 쪽에 있는 정을 피해야만 한다. 선행하는 정 우선권은 뒤따르는 정은 선행하는 정을 피해야만 한다. 무리하게 앞의 정의 항로에 들어간다거나 앞의 정을 추돌해서는 안 된다.

(1) 해양레저 스포츠의 기본 예의

윈드서핑은 자연에서 즐기는 스포츠이다. 기본적인 예의를 지켜줘야 보다 쾌적하고 깨끗하게 윈드서핑을 즐길 수 있으며, 자신의 쓰레기는 자기가 처리, 불법주차를 하지 않는 일은 어디서든지 지켜야 할 예의이다. 그리고 어항, 선착장 근처에서는 위험하므로 세일링하지 않도록 하고 어장의 그물망을 횡단하여 피해를 주지 않도록 한다.

(2) 안전수칙

① 선박 가까이는 가지 않는다.
② 해수욕장의 수영객에게는 접근하지 않는다.
③ 낚시꾼, 스쿠버들에게는 접근하지 않는다.
④ 3인 이상의 그룹으로 세일링한다.
⑤ 일몰 1시간 전에 철수한다.
⑥ 폭풍우 때는 세일링을 금지한다.
⑦ 세일링 간의 접촉사고 시엔 육상에서 잘잘못을 가려야 한다.
⑧ 구명동의(라이프 재킷)를 착용한다.

(3) 구조신호(SOS)

본인 또는 타인의 구조 요청 시 보내는 긴급 구조신호(세계 공통)이다. 위급한 상황으로 해안으로 돌아올 수 없다고 판단될 때는 지체 없이 SOS신호를 보내야 한다. 방법은 양손을 넓게 벌리고 상하로 크게 흔들면 된다. 양손을 벌리지 않으면 SOS신호가 아니므로 반드시 양손을 벌리는 것을 잊지 말아야 한다.

4) 래프팅안전

래프팅(rafting)은 물살이 있는 계곡에서 고무보트에 의지해 적게는 3~4명, 많게는 20명에 이르기까지 여러 명이 한 팀을 이루어 장애를 극복해 나가는 수상스포츠로서 원시시대 뗏목을 타고 수렵생활을 하면서 유래되었다. 최근에는 래프팅을 즐기는 수요가 늘어나고 있는 현실이나 그에 따른 안전사고의 위험성과 사고예방을 위한 매뉴얼이 부실하다고 본다.

(1) 래프팅 안전수칙

① 래프팅 중간에 헬멧이나 구명동의를 벗어 두거나 느슨하게 풀어서는 안 된다. ② 배수는 언제나 잘 된 상태여야 한다. ③ 배가 뒤집어졌을 경우 래프트(배) 속에 있어서는 안 된다. ④ 래프트 속에 밧줄을 느슨하게 두어서는 안 된다. ⑤ 초보자들끼리의 급류 타기는 위험하므로 경험이 풍부한 사람과 동행해야 한다.

(2) 급류의 등급

① 1급 - 파도가 없는 잔잔한 물이나 조용히 흐르는 물 ② 2급 - 대수롭지 않은 급류, 파도와 물거품이 조금 이는 물 ③ 3급 - 파도가 높고 불규칙한 급류, 1~2m 정도 잠기면 보트의 모습이 보이지 않음 ④ 4급 - 파도가 높고 길고 험하게 이어지는 급류, 파묻히면 3미터 이상 잠겨 헤쳐 나오려면 중급 이상의 기술이 필요하다. ⑤ 5급 - 격류, 흐르는 물 곳곳에 바위 등의 장애물이 있고 고급 기술이 필요하다.

5) 사이클링 안전

(1) 사이클링 안전수칙

왕복 2차선 도로는 시내보다는 시내 외곽 쪽에 많이 있으며 이런 도로는 갓길도 없기 때문에, 뒤를 주시하며 타야 한다. 자가용보다는 대형트럭이나 버스를 특히 조심해야 하며 길이 좁기 때문에 트럭이나 버스는 도로 한 차선을 모두 차지하기 때문이다.

왕복 4차선 이상의 도로는 차들이 대부분 1차선으로 많이 달리고 2차선에서 달려오고 있는 차도 라이더를 발견하고는 1차선으로 차선을 바꾸면서 추월을 하기 때문에 조금은 덜 위험하다고 할 수 있다. 그리고 택시를 조심한다. 보행자가 택시를 탈 경우 택시 정류장에서 타는 경우는 별로 없다. 아무 곳에서나 택시를 세우려고 손을 든다. 택시도 손을 흔드는 보행자를 보고 급브레이크를 잡는 경우가 많다. 또한 흙이나 모래를 조심한다. MTB와 달리 타이어가 얇기 때문에 미끄러지기가 쉽다. 그래서 흙길은 물론, 도로 위에 모래가 있다면 무조건 브레이크를 잡아 감속해야 하프 모래 위에서 핸들을 급하게 꺾으면 미끄러질 위험이 있으니 주의한다. 안개 낀 아침이나 젖은 도로에서 차선과 지하철공사장 근처의 복공판, 철길 건널목에서 주의한다. 핸들에 손을 얹고 탈 경우에는 반드시 엄지손가락을 핸들바 밑으로 잡아준다. 핸들의 윗부분에 손을 얹고 탈 때, 엄지손가락도 같이 핸들바 위로 하고 타는 사람들이 많다. 도로 위의 요철을 통과하다가 앞바퀴가 튀어 올라 핸들을 놓치는 경우 위험하다.

6) 인라인 스케이팅 안전

(1) 인라인 스케이팅 안전수칙

① 헬멧(helmet)과 보호대(protective gears)는 안전을 위하여 반드시 착용한다. ② 어린이, 초보자, 보행자를 먼저 보호하고 배려한다. ③ 사람이 많은 곳에서는 감속한다. ④ 위험한 스케이팅을 자제한다. ⑤ 부적절한 상황에서의 레이싱 팩(racing pack), 손잡고 타기, 기차놀이 등은 자제한다. ⑥ 주변 상황 파악을 위해 이어폰이나 헤드폰을 끼고 타지 않는다. ⑦ 음주 스케이팅은 하지 않는다.

(2) 로드런 및 스트릿 스케이팅(Road-run & Street Skating) 시 주의사항

① 뒷사람 또는 반대편 사람에게 수신호로 위험요소를 미리 알린다. ② 추월 시에는 “추월합니다.”라는 말로 미리 알려준다. ③ 우측통행 원칙을 지킨다. ④ 위협을 주기 쉬운 호루라기 불기나 소리치기 등은 삼간다. ⑤ 차가 많은 도로에서의 스케이팅은 허가되지 않은 경우 삼간다. ⑥ 스트릿 스케이팅 시 도로교통 법규를 꼭 지킨다. ⑦ 교차로나 골목길에서는 갑작스런 자동차의 출몰에 항상 대비하도록 한다. ⑧ 사이클리스트, 마라토너 등 같은 공간을 점유하고 있는 상대의 입장을 이해한다.

(3) 대회(Competition) 참가 시 주의사항

① 주최 측의 안내와 통제에 적극 협조하며 대회 규정을 준수한다. ② 다른 사람의 스케이팅을 방해하지 않으며, 다른 사람이 앞서 나갈 때는 격려한다. ③ 뒷사람을 위해 침이나 가래를 뱉지 않으며 제공되는 음료와 간식을 아껴 사용한다. ④ 진행요원, 자원봉사자 및 연도의 시민들에게 감사의 마음을 표시한다.

7) 패러글라이딩 안전

패러글라이더는 국제적으로 안전의 기준이 되는 DHV와 ACPUL이라는 검증기관이 있어서 새로 제작되는 장비는 검증을 받고 있다. 보통 12개 항목에 거쳐 안전도를 테스트하게 되며, 테스트에서 그 장비의 성능과 특성이 결정된다. 테스트는 주로 공중에서 기체가 접혔을 때 얼마나 빨리 자동적으로 원상태로 회복되는가? 하는 시간을 테스트하며 기체가 접힐 수 있는 여러 가지 상황들을 모두 테스트한다.

테스트에서 장비는 등급이 나누어지며 여기서 구분된 기체의 등급은 주로 상급, 중급, 초급의 기체로 사용된다. 상급의 기체는 빠른 속도를 가진 반면, 조금 불안정하고 초급의 기체는 속도는 느리지만 최고의 안전성을 보장한다.

(1) 안전수칙

① 음주비행(비행 전날의 음주 포함), 단독비행은 절대 하지 않는다. ② 비행에 필요한 신체조건 및 체력관리에 유의한다. ③ 공인된 사람에게 지도받는다. ④ 감항 검정이 확인된 기체를 우선적으로 선택한다. ⑤ 낙하산 등의 안전장비는 반드시 착용한다. ⑥ 충분한 훈련 없이 비행하지 않는다. ⑦ 불완전한 기체로 이륙하지 않는다. ⑧ 충분한 이륙 달리기 없이 기체에 올라타지 않는다. ⑨ 자만하거나 보여주기 위한 비행을 하지 않는다. ⑩ 파일럿에게 있어 설마라는 불확실한 단어는 없다. ⑪ 구름 속으로 들어가는 비행은 하지 않는다. ⑫ 성장하는 적란운에 접근하지 않는다. ⑬ 보이지 않는 곳에 불시착했을 경우 기체를 접지 말고 구조를 기다린다. ⑭ 착륙장을 벗어날 때 착륙장의 위치 연계도로망을 확인하고 안전한 장소에 착륙한다.

학 습 정 리

1. 스포츠 활동에서 발생할 수 있는 사고 및 상해의 원인

① 미숙한 기술 ② 지식의 부족 ③ 자기과신
④ 준비 부족 ⑤ 관리 소홀 ⑥ 시설 불량
⑦ 신체적 조건 ⑧ 부적절한 장비 및 복장 ⑨ 불가항력

2. 스포츠 상해의 일반적인 구급 처치법

① 안정 상처 부위는 되도록 움직이지 않도록 하고, 경우에 따라서는 고정시킨다.
② 냉각 : 다친 후 48시간이 경과할 때까지는 냉찜질을 실시하여 통증을 완화시킨다.
③ 압박 : 상처를 압박하여 붓는 것을 방지한다. 이때 너무 오랫동안 강하게 압박하지 않도록 주의한다.
④ 환부 높임 : 상처 부위를 심장의 위치보다 높게 하면 출혈을 멈추는 데 도움이 되며, 붓는 것도 줄일 수 있다.
☞ 이상의 조치를 3시간 동안 반복 실시, 즉 30분간은 냉각과 압박을 동시에 실시하고, 15분간은 압박붕대를 풀고 피부를 따뜻하게 해서 혈액순환을 좋게 한다.

3. 스노보드를 탈 때 유의해야 할 사항

① 스키장에서 장난을 해서는 안 된다.
② 모험을 즐기는 스포츠이므로 특히 안전에 주의한다.
③ 다른 사람의 활주에 방해가 되고 안전을 위협하는 행위를 삼간다.
④ 무리하고 난폭한 활주 및 자기과시를 위한 활주를 해서는 안 된다.

4. 래프팅 시 급류의 등급

① 1급 : 파도가 없는 잔잔한 물이나 조용히 흐르는 물
② 2급 : 대수롭지 않은 급류, 파도와 물거품이 조금 이는 물
③ 3급 : 파도가 높고 불규칙한 급류, 1~2m 정도 잠기면 보트의 모습이 보이지 않음
④ 4급 : 파도가 높고 길고 험하게 이어지는 급류, 파묻히면 3미터 이상 잠겨 헤쳐 나오려면 중급 이상의 기술이 필요하다.
⑤ 5급 : 격류, 흐르는 물 곳곳에 바위 등의 장애물이 있으며, 고급 기술이 필요하다.

제 8 장

생활 속의 산업 및 야외활동 시 안전

학습 목표
1. 산업안전 일반에 대한 제반 이해와 사고 및 안전대책을 설명할 수 있다.
2. 수상 활동 시 안전대책 및 수상안전사고에 대한 법적 조치를 이해할 수 있다.
3. 등산사고의 원인과 대책 및 자연적인 위험과 인위적 위험요소를 이해할 수 있다.

학습 키워드 산업안전, 산업재해, 위험성 평가, 수상사고, 자연적 · 인위적 위험 기상, 간이 기상관측법

제1절 산업안전의 일반적 이해

1. 산업안전의 개념과 원칙

산업안전은 산업현장에서 산업재해 예방, 계획의 수립, 유해 및 위험방지에 관한 사항과 건설재해방지 및 계획 수립, 건설 작업의 위험에 따른 안전화, 안전모, 안전복 등의 착용과 안전장치 및 보호구의 점검 등 안전 관리자가 갖추어야 하는 안전전문기술인 양성 관련 등 제반 업무의 성격을 지니고 있다.

'산업재해'란 근로자가 업무에 관계되는 건설물 · 설비 · 원재료 · 가스 · 증기 · 분진 등에 의하거나 작업 또는 그 밖의 업무로 인하여 사망 또는 부상하거나 질병에 걸리는 것을 말한다. 산업안전의 종류는 기계안전, 전기안전, 화공안전, 건설안전, 일반관리, 소방, 안전 및 작업환경 등 다양하다. 이와 같이 산업현장에서는 다양한 재해사고가 발생하고 있으며, 이를 위해 재해예방의 4원칙을 정리하면 다음과 같다.

첫째, 예방 가능의 원칙이다. 인적 재해의 특성은 천재(天災)와는 달리 그 발생을 미연에 방지할 수 있다는 것이다. 안전 관리에 있어서 재해 예방에 그 목적을 두고 있는 것은 예방 가능의 원칙에 기초를 두고 있는 것이다. 따라서 체계적이고 과학적인 예방 대책이 요구되며, 물적 · 인적인 면에 대하여 그 원인의 징후를 사전에 발견하여 재해 발생을 최소화시켜야 한다.

둘째, 손실 우연의 원칙이다. 제2장에서 언급하였듯이 하인리히의 법칙에서는 같은 종류의 사고를 되풀이하였을 때 중상의 경우 1회, 경상의 경우 29회, 상해가 없는 경우 300회의 비율로 발생된다고 말하고 있다. 이를 1 : 29 : 300의 하인리히 법칙이라고 하며, 이 법칙은 사고와 상해 정도 사이에는 언제나 우연적인 확률이 존재한다는 이론이다. 따라서 사고와 상해 정도(손실)에는 "사고의 결과로서 생긴 손실의 대소 또는 손실의 종류는 우연에 의하여 정해진다."는 관계가 있다. 사고가 발생하더라도 손실이 전혀 따르지 않는 경우를 'Near Accident'라고 하며, 손실을 면한 사고라도 재발할 경우 얼마만큼의 큰 손실이 발생할 것인가는 우연에 의해 정해지므로 예측할 수는 없다. 그러므로 이 큰 손실을 막기 위해서는 사고의 재발을 예방하는 방법 밖에는 없다. 재해 예방에 있어 근본적으로 중요한 것은 손실의 유무에 관계없이 사고의 발생을 미연에 방지하는 것이다.

셋째, 원인 계기의 원칙이다. 사고 발생과 그 원인 사이에는 반드시 필연적인 인과관계가 있다. 손실과 사고와의 관계는 우연적이지만, 사고와 원인과의 관계는 필연적이다.

넷째, 대책 선정의 원칙이다. 안전사고에 대한 예방책으로는 교육적(Education), 기술적(Engineering), 관리적(Enforcement)의 3E 대책이 중요하다. 안전사고의 예방은 3E를 모두 활용함으로써 효과를 얻을 수 있으며, 합리적인 관리가 가능한 것이다. 재해 예방 대책을 선정할 때에는 정확한 원인 분석 결과에 의해 직접 원인을 유발시키는 배후의 기본적 원인에 대한 사전 대책을 선정하고, 가능한 한 확실하고 신속하게 실시하여야 한다.

2. 산업재해 예방계획

1) 산업재해 예방계획과 재해예방의 5단계

산업재해의 예방을 도모하기 위해서는 국가와 사업자 등 관계자가 일체가 되어서 종합적이고 계획적으로 예방사업을 실시할 필요가 있다. 고용노동부 장관은 산업재해 예방에 관한 중·장기 기본계획을 수립하고 이를 산업안전보건정책심의위원회의 심의를 거쳐 공표하여야 한다. 아울러 고용노동부장관은 산업재해예방계획의 효율적인 시행을 위하여 필요하다고 인정할 때에는 관계행정기관의 장에게 필요한 협조를 요청할 수 있고, 사업주, 사업주단체, 그 밖의 관계인에 대하여 필요한 사항을 권고하거나 협조를 요청할 수 있다(실무노동용어사전, 2012).

이와 같이 재해예방을 위해 종합적이고 계획적으로 예방사업을 실시하여야 하며, 산업현장에서 재해예방을 위한 5단계는 표에서 보는 바와 같다.

▼ 표 8-1 재해예방의 5단계

단계	내용	조치사항
제1단계	안전관리조직	조직의 구성 - 계획서 수립
제2단계	사실의 발견	위험요인 확인 - 점검, 검사
제3단계	평가·분석	재해조사·분석 - 위험성 평가
제4단계	시정책의 선정	개선안 수립 - 재발방지 대책
제5단계	시정책의 적용	대책의 실현 - 3E·4M 대책

2) 안전관리자의 법정 직무

산업안전보건위원회·안전관리규정·취업규칙에서 정한 직무는 먼저 적격품 확인을 위해 방호장치, 안전보호구의 구입 시 성능검정 합격품을 구매하여야 하고, 안전교육은 근로자의 안전교육계획을 사전에 수립·실시하여야 한다. 특히 사업장을 순회점검하고 지도 및 문제점에 대한 조치사항을 건의하여야 한다. 그리고 재해 발생 시는 산업재해의 원인조사 및 재발 방지와 기술적 지도·조언을 하여야 한다. 또한 규정 및 법규 위반 근로자에 대한 조치 등의 건의도 하여야 한다.

3) 안전업무를 효과적으로 수행하기 위한 방안

▲ 그림 8-1 안전보건경영시스템 인증표지

안전보건경영시스템(KOSHA 18001)의 도입으로 사업주의 안전의지를 표명하면서 전사적 안전보건관리를 촉진하고, 노·사가 공동으로 참여하여 안전사고예방을 위해 활발한 안전활동을 전개하여야 한다. 그리고 시스템 기법을 도입하여 효율적인 안전관리와 제도적 안전관리 수행이 가능하도록 필요한 조치를 취한다. 한편 안전에 대한 전반적인 위험성을 평가하여 재해발생 전에 개선조치를 통해 사고예방이 가능하도록 한다. 이러한 안전업무가 제도적으로 정착되고 효율적으로 운영될 때 재해손실은 감소되며, 안전사고예방으로 인해 생산성 향상과 경영수지 개선의 증대에 기여하게 될 것이다.

4) 외국의 안전활동 사례

사진출처 : 산업안전보건공단

▲ 그림 8-2 일본 건설현장의 안전표지
(품질향상, 환경보전, 안전활동)

사진출처 : 산업안전보건공단

▲ 그림 8-3 미국 건설현장의 안전표지
(안전모, 보안경 착용은 필수)

5) 위험성 평가(Risk assessment)

(1) 위험성 평가의 목적

평가대상 공정(작업)에 있어 위험기계 또는 위험물질에 대한 유해·위험요인을 찾아내고 그 유해·위험요인이 사고로 발전할 수 있는 가능성을 최소화하기 위한 대책을 수립하는 것을 말한다.

(2) 위험성 평가의 의의

안전사고 및 건강장애를 사전에 예방하고 발생 가능한 사고 및 재해 특성, 빈도와 강도를 예측하게 된다. 그리고 합리적인 물류 Lay-Out 개선으로 생산성 및 품질이 향상되며, 쾌적한 작업환경 조성으로 근로자의 근로의욕 고취와 나아가 사업주의 포괄적 재해예방 의무(Accountability)를 확보하는 데 기여하게 된다.

(3) 위험성 평가의 종류

① 정성적 평가(Hazard Identification Method) : 체크리스트 평가(Check list)라고 하며, 공정 및 설비의 오류, 결함 상태, 위험 상황 등을 목록화한 형태로 작성하여 경험적으로 비교함으로써 위험성을 정성적으로 파악하는 위험성 평가 기법이다. 사고예상 질문분석(What-If 분석)은 공정에 잠재하고 있으면서 원하지 않은 나쁜 결과를 초래할 수 있는 사고에 대하여 예상 질문을 통해 사전에 확인함으로써 그 위험과 결과 및 위험을 줄이는 위험성 평가 기법이다.

상대위험순위(Dow and mond indices)은 설비에 존재하는 위험에 대하여 수치적으로 상대위험 순위를 지표화하여 그 피해 정도를 나타내는 상대적 위험순위를 정하는 위험성 평가 기법이다. 위험과 운전분석(Hazard & operability studies, HAZOP)은 대상공정에 관련된 여러 분야의 전문가들이 모여서 공정에 관련된 자료를 토대로 정해진 연구(Study) 방법에 의해 공장(공정)이 원래 설계된 운전목적으로부터 이탈(Deviation)하는 원인과 그 결과를 찾아보며 그로 인한 위험(Hazard)과 조업도(Operability)에 야기되는 문제에 대한 가능성이 무엇인가를 조사(Investigation)하고 연구(Study)하는 위험성 평가 기법이다. 이상과 위험도분석(Failure Modes Effects & Criticality Analysis, FMECA) 공정 및 설비의 고장의 형태 및 영향, 고장형태별 위험도 순위 등을 결정하는 위험성평가 기법이다.

② 정량적 평가(Hazard Assessment Method) : 결함 수 분석(Fault Tree Analysis, FTA)이라고 하며, 하나의 특정한 사고에 집중한 연역적 기법으로 사고의 원인을 규명하기 위한 평가 기법을 제공한다. 결함 수는 사고를 낳을 수 있는 장치의 이상과 고장의 다양한 조합을 표시하는 위험성 평가 기법이다. 사건 수 분석(Event Tree Analysis, ETA)은 정량적 분석방법으로 초기화 사건으로 알려진 특정한 장치의 이상이나 근로자의 실수로부터 발생되는 잠재적 사고결과를 예측·평가하는 기법이며, 원인-결과분석(Cause-Consequence Analysis, CCA)과 잠재된 사고의 결과와 이러한 사고의 근본적인 원인을 찾아내고 사고결과와 원인의 상호 관계를 예측하는 위험성 평가 기법이다.

3. 작업장의 일반기준 및 사고발생 시 조치사항

1) 작업장 안전기준(계단)

- 계단의 강도는 계단 및 계단참은 매 제곱미터당 500kg 이상의 하중에 견딜 수 있는 강도를 가진 구조로 설치(안전율 4 이상)한다. 안전율은 재료의 파괴응력도와 허용응력도와의 비를 고려하고 계단 및 승강구 바닥에 구멍이 있는 경우 렌치 등 공구 낙하 위험이 없는 구조로 설치하여야 한다.
- 계단의 폭은 1미터 이상. 다만, 급유용·보수용 비상용계단 및 나선형 계단은 제외한다. 계단에는 손잡이 외의 다른 물건 등을 설치 또는 적재는 금지한다.
- 계단참 및 천장의 높이 등은 높이가 3m를 초과하는 계단에는 높이 3m 이내마다 너비 1.2m 이상의 계단참을 설치하고 바닥면으로부터 높이 2m 이내의 공간에 장애물이 없어야 한다. 다만, 급유용·보수용·비상용 계단 및 나선형 계단은 제외하고 4단 이상인 계단의 개방된 측면에는 안전난간을 설치하여야 한다.

그림출처 : 한국산업안전보건공단

▲ 그림 8-4 계단의 높이

- 안전난간의 구조 및 설치요건·용도는 계단 및 가설통로 등 추락의 위험성이 있는 장소

및 통로에서의 추락 및 전도 등에 의한 위험을 방지해야 하고 구조 및 설치요건에서 상부 난간대 '중간 난간대 · 발끝 막이판 및 난간기둥(중간 난간대 발끝 막이판 및 난간기둥은 이와 비슷한 구조 및 성능을 가진 것으로 대체 가능)으로 상부 난간대는 바닥면 · 발판 또는 경사로의 표면으로부터 90cm 이상 1m 이하에 설치하고, 중간 난간대는 상부 난간대와 바닥면 등의 중간에 설치하여야 한다. 발끝 막이판은 바닥면 등으로부터 10cm 이상의 높이를 유지하여야 한다(물체가 떨어지거나 날아올 위험이 없거나 그 위험을 방지할 수 있는 망을 설치하는 등 필요한 예방조치를 한 장소는 제외). 난간기둥은 상부 난간대와 중간 난간대를 견고하게 떠받칠 수 있도록 적정 간격을 유지하고, 상부 난간대와 중간 난간대는 난간 길이 전체에 걸쳐 바닥면 등과 평행을 유지해야 한다. 난간대는 지름 2.7cm 이상의 금속제 파이프나 그 이상의 강도를 가진 재료로 사용해야 하며, 안전난간은 임의의 점에서 임의의 방향으로 움직이는 100kg 이상의 하중에 견딜 수 있는 것이어야 한다.

2) 보호구의 정의

작업자 개인이 사용하는 보호구(Personal Protective Equipment)는 근로자가 신체에 직접 착용하여 각종 물리적 · 기계적 · 화학적 위험요소로부터 몸을 보호하기 위한 보호 장구를 말한다. 개인 위생보호구는 유해물질을 줄이거나 완전히 제거하지 못하는 경우에 이를 착용하여 유해물질이 인체 내에 침입하는 것을 막는 한 가지 수단이며, 보호구를 착용하여도 보호구에 결함이 있으면 언제나 유해물질에 폭로되어 있다. 사용하는 사람이 보호구의 성능과 손질방법, 착용방법 등에 대하여 충분한 지식을 가지고 있지 않으면 아무런 도움이 되지 못한다.

- 보호구의 사용은 아무리 좋은 것이라 할지라도 유해원인을 완전히 제거하지 못하는 것은 무용지물이다. 유해물질의 농도가 매우 높을 때나 필요에 따라서 사용하고 보호구만 착용하면 모든 신체적 장해를 막을 수 없다.
- 보호구의 구비조건은 ① 착용이 간편할 것 ② 작업에 방해가 되지 않도록 할 것 ③ 유해 · 위험요소에 대한 방호성능이 충분할 것 ④ 재료의 품질이 양호할 것 ⑤ 구조와 끝마무리가 양호할 것 ⑥ 외양과 외관이 양호할 것 등이다. 다음으로 보호구의 선택도 매우 중요하다.
- 보호구의 선택은 ① 누가 사용할 것인가(Who) ② 무엇을 대상으로 하여 사용할 것인가(What) ③ 어디에 사용할 것인가(Where) ④ 언제 사용할 것인가(When) ⑤ 왜 사용하는가

(Why) ⑥ 어떻게 사용할 것인가(How) ⑦ 기타 어느 정도의 수량이 필요하며(How many) 그 비용은 얼마인가(How much)를 알아 예산을 확보한다. 작업자 전원이 사용할 것인지 아니면 특정 또는 특수기계의 조작자만이 사용할 것인지 등을 구분하여야 한다.

3) 산업재해발생 시 사업주 조치사항

• 재해발생 시 처리절차는 매우 중요하다. 먼저 기본적으로 현장에서 가용한 범위 내에서 재해자에 대한 응급처치를 하고 119에 연락하여 병원으로 후송해야 하며, 즉 위급한 상황에서는 선 조치 후 보고가 중요하다. 그리고 관계기관에 보고 및 현장을 보존하고 목격자 및 작업지휘자에 대한 진술 확보도 중요하다. 또한 입증자료 수집 및 보존이 반드시 필요하다.

〈관련기관 서류제출 목록〉

① 법인등기부등본, 사업자등록증, 도급계약서 및 하도급계약서
② 안전보건총괄책임자, 관리감독자, 안전관리자 선임신고서
③ 안전교육일지(채용, 정기, 작업변경, 특별, 관리감독자 등)
④ 보호구 지급대장, 유해위험 기계기구의 경우 정기검사증 등
⑤ 사고경위서, 목격자진술서, 사고 상황도 및 사진
⑥ 안전점검일지, 출역일보 또는 출근부 등

• 사업주의 안전·보건상의 조치의무는 사업주는 「산업안전보건법」 제23조(안전상의 조치)와 제24조(보건상의 조치)의 조치 의무를 이행하여 작업 중 발생할 수 있는 안전·보건상의 위험으로부터 근로자를 보호하여야 한다.

• 사고 조사 시 준비사항으로 먼저 참고인 조사는 사고의 경위, 목격내용, 안전시설, 보호구, 안전교육 등의 사고와 관련된 사항 등 참작자료(증거)로 활용하기 위한 조사를 실시하고, 참고인 조사내용은 참고인 조사에서는 산재사고와 관련한 사고발생경위, 사고와 관련된 작업의 지시내용, 관리감독상태, 안전교육, 보호구 착용상태, 안전시설 등을 조사한다. 그리고 피의자 조사는 자신의 자백이 담긴 매우 중요한 증거가 되므로 자기가 경험하지 않은 사실 및 다른 사람이 관련된 사실에 대한 진술은 신중해야 한다. 불리한 진술은 거부할 수 있고, 유리한 진술을 할 권리가 있으며 불리한 내용에 대한 자백을 강요당해도 묵비권을 행사할 권리가 있다(한국산업안전보건공단, 2012).

제2절 수상(수영)안전과 사고대책

1. 수상안전

수상안전이란 안전하게 수영을 즐기는 것으로서, 좀 더 넓게 해석하자면 수상에서의 모든 안전을 포함한다. 수상안전은 수영 지도자만이 할 수 있는 일은 아니며, 우리 모두가 기본적으로 수영 시 또는 바닷가, 해수욕을 할 때 일반적으로 안전규칙을 지켜야 할 기본적인 사항은 반드시 지키는 습관이 필요하다. 일반적으로 수상안전의 중앙조직은 감독관청, 그리고 수상활동에 관해서는 각 연맹 및 단체, 지방수영연맹, 교육위원회 등의 역할도 상당히 크다고 할 수 있다.

1) 수상사고의 예방

수상사고의 예방을 위해서는 수영장을 포함한 수상활동 수역의 안전관리와 지도 관리자의 양성과 지도 관리시스템의 완비, 그리고 수상 활동자를 포함한 국민의 지도와 홍보가 매우 중요하다.

수상사고의 조기 발견을 위해 관리시스템의 활동과 순찰조의 활용, 그리고 지도 관리자의 숙련이 필수적이다. 그리고 수상사고에 대한 신속 적절한 대처는 지도 관리자에 의한 구조법, 구급법의 실시와 일반 시민의 협력, 그리고 구급차의 협력, 구급시설의 확충과 협력이 필수적이며, 일반 시민의 안전의식이 중요하다.

2) 수영에서의 보건위생

- 수영 활동에 들어가기 전의 준비를 보면 수영은 격렬한 전신운동임과 동시에 물이라는 특수한 장소에서 행해지는 스포츠이기 때문에 익사라는 최악의 사태로 이어질 가능성을 가지고 있다. 따라서 건강진단은 필수이다. 건강상태를 확인하기 위해서는 수영 활동 직전에 건강을 진단하는 것이 가장 좋으며, 반드시 실시하고, 건강진단은 의료 전문가에 의해 실시하되, 신체상태가 수영에 적합한지의 여부를 명확히 하여 그 판정을 받을 필요가 있다.

- 수영지도와 3단계 안전대책에서 먼저 수영 직전의 안전대책으로 ① 식사시간과의 관계 ② 운동 직후의 수영 ③ 용변, 귀지, 손톱 ④ 수영복 ⑤ 몸 씻기 ⑥ 인원 점검 ⑦ 준비운동 등이다. 그리고 수영 중의 안전대책은 먼저 입수 시의 주의점은 처음에는 발부터 조용히 입수하면서 허리까지 들어가면 얼굴과 머리를 충분히 적시고 가능하면 한 번쯤 머리끝까지 전신을 물에 적시면 좋다. 연습의 정도는 처음부터 심한 연습을 하지 않도록 하고, 적당히 휴식을 취하면서 점차적으로 연습강도를 높이는 것이 좋다. 대상과 목적에 따라 연습량, 연습시간에 차이는 발생한다. 일반 지도의 경우에는 연습이 1일 1회일 때 2시간, 오전 · 오후 2회인 경우에는 한 시간 반 정도로 하는 것이 좋다. 그리고 일조와 휴식 중의 주의에도 관심을 기울여야 하며, 수영 중이라도 초보자는 머리를 적실 기회가 적을 때도 있으며 원영인 경우에도 영법에 따라서는 머리가 마르는 경우가 있다는 것을 잊어서는 안 된다. 한편 머리를 가끔 적시지 않으면 안 되며, 한 여름날 옥외에서 휴식을 하면 피부가 검게 타기 쉽다. 피부가 어느 정도 타면 그늘에서 쉬게 하고, 반드시 타올로 전신을 싸고 휴식할 필요가 있다. 그리고 수영 중의 건강상태 체크는 먼저 몹시 추워한다. 물에 들어가는 것을 대단히 싫어한다. 안색이 나쁘다. 입술이 보라색이 된다. 피부 전체가 희게 보인다. 어딘지 모르게 기운이 없고 동작과 반응이 더디다. 지도자의 주의를 듣지 않고 정신없이 있는 때가 많다. 평소 수영할 때보다 서투르다거나 물을 먹는다거나 숨이 차다. 다음과 같은 경우 수영을 금지하여야 한다.
- 수영 직후의 안전대책은 ① 인원점검 ② 정리운동 ③ 몸 씻기 ④ 세안 ⑤ 귓속의 물 ⑥ 수영복의 처리 등은 수영지도자는 반드시 확인하고 점검한다.
- 육상생활에서의 안전대책에서 건강상의 유의점은 ① 소화가 잘되지 않는다. ② 동작에 활기가 없고 어딘지 모르게 기운이 없다. ③ 안색이 좋지 않다. ④ 화를 쉽게 내거나 싫증을 잘 낸다. ⑤ 주의력이 산만해진다. ⑥ 몹시 졸려 한다. ⑦ 수면 중에 가위가 눌리거나 잠에서 깰 때 상태가 좋지 않다는 것을 반드시 점검하고 확인하여야 한다.
- 피로와 계획 변경은 일단 건강진단을 한 후 건강에 수영이 적합한 사람들이 참가한 수영연습이기는 하나 체력에서는 개인차가 있다. 그리고 의학적으로도 해명되지 않은 체질적 요소도 있으며, 개개인의 피로도도 다르며 피로가 질병으로 이행될 가능성도 있다.

2. 질병 및 상해와 구급처치

의학적으로 건강하다고 판단되더라도 결코 문제가 없는 것은 아니다. 인간의 신체에 관한 어려움과 복잡성은 여러 가지를 들 수 있겠으나, 첫째, 체력이라는 것이 있으며, 둘째, 체질이라는 것과 셋째, 다른 각도에서 본다면 생체리듬의 변화라는 것도 있다.

1) 수영에서 발생하는 질병과 상해 면에서의 특징

수영은 물이란 특수한 장소에서 하는 스포츠이므로 물에 빠지는 것은 매우 위험하다. 사람이 물에 빠지게 되면 호흡이 불가능하여 치명적이며, 그 불안이 정신적인 면을 포함하여 갖가지 장애를 조장하기도 한다. 수영은 나체에 가까운 형태로 외계에 노출시키면서 하는 스포츠이므로 몸 표면(귓구멍, 콧구멍, 안구를 포함)에서 일어나는 장애가 많다. 그 대표적인 것이 햇볕에 검게 타는 것이며, 의이염, 결막염도 많다. 수영에서는 외상이 매우 드물지만, 다이빙은 대단히 위험하다. 다이빙은 스타트를 포함한 풀 사이드에서나 다이빙대에서나 충분히 안전을 확인한 후 행동하여야 하며, 대인 사고, 수중 장애물에 의한 사고, 수저에서의 사고 등을 방지하는 것이 중요하므로 지도자는 항상 주의할 필요가 있다.

2) 익수

구급조치는 각 항목의 장애 정도에 따라 실시하여야 하며, ① 심장기능(맥박)……필요에 따라 심장마사지 ② 폐 기능(호흡)……필요에 따라 인공호흡 ③ 의식 확인 ④ 기타……전신의 반사기능에 따른 응급조치기 필요하다. 기타 전신적 트러블을 보면 뇌빈혈 일사병, 감기 등이 발생할 수 있다.

3) 눈의 질병

눈 속의 이물질이 들어간다거나 자외선에 의한 안염은 태양으로부터의 자외선 자극으로 결막, 각막, 심할 때에는 실명하거나 약시가 될 위험이 많다. 한편 급성 결막염은 바닷물의 염류 자극과 수영장의 염소 자극에 의해 발생한 경우에는 보통 수영 후 눈을 씻으면 예방이 된다. 특히 여름철에 많은 인원이 참여하는 바닷가의 해수욕이나 수영장에서의 눈병이 많이 발생하며, 전염이 쉽게 되기 때문에 각별히 주의가 필요하다.

4) 귀의 질병

- 외이염은 수영 중 가장 흔히 발생하는 질환으로 물에 의해 외이도가 불어서 작은 자극에도 상처를 입게 되어 상처를 통해 병원균이 침투하여 발생한다. 증상은 외이도부의 통증을 호소하고, 발열과 농이 나올 수도 있다.
- 중이염은 다이빙이나 잠수에 의한 수압으로 고막이 파열되어 중이염이 발생하는 경우 이관의 염증이 중이에서 파괴되거나 숨을 쉴 때 이관에서 병원균이 포함된 물이나 분비물을 중이로 밀어냄으로써 발생하는 경우가 많다. 중이염의 증상으로는 이통과 발열, 난청, 귀 고름 혹은 두통 등의 증상이 나타난다.

5) 코와 상기도의 질환

- 비염은 바닷물의 자극으로 카타르성 비염이 발생할 수 있고, 냉수의 자극으로 알레르기성 비염을 일으킬 수 있다. 보통 수영을 하지 않으면 자연적으로 치유가 되지만 2차 감염으로 증상이 심해지면 중이염이 될 수 있다.
- 후두염은 바닷물의 자극으로 일어나며, 감기와 증상이 비슷하다. 따라서 수영 간 코와 상기도의 질환도 빈번하게 일어나는 만큼 주의가 필요하다.

6) 햇볕화상

일광성 피부염으로, 햇볕에 의한 일종의 화상이다. 햇볕을 쬘 때는 거의 증상이 나타나지 않다가 수 시간이 지난 후 피부의 발적, 조홍, 수포 등을 만들어 작열감과 더불어 통증을 호소하게 되는 것이 특징이다.

7) 외상

찰과상은 수영을 할 때 부주의로 스치거나 찔린 상처가 생기기 쉽다. 두부 외상은 외상 중 생명에 가장 큰 영향을 끼치는 것 중 하나가 두부 외상이다. 운동기관의 상해는 의학적 진단 종류인 각 운동기관의 손상(골절, 단열 등), 과신전에 의한 기능장애, 과도한 운동에 의한 염증 등이 있다.

3. 수영사고와 지도자의 책임

- 수영사고는 수영 지도를 잘하더라도 반드시 불가항력에 의한 불의의 사고는 일어나게 된다. 따라서 허용된 위험은 교육이나 단련을 위한 행위(체육, 스포츠)를 포함하며, 체육이나 스포츠 중의 사고에 대해서는 어느 정도의 책임이 사면된다. 사회적으로 인정된 한도 내의 것으로 이를 초월한 자에 대해서는 법적인 책임문제가 일어난다.
- 사고와 법적 책임은 지도자의 과실로 중대한 사고가 발생하면 단순한 도의적 책임과 법적 책임이 주어진다. 즉 법적 책임은 형사책임, 민사책임, 행정상의 책임 등이 있다.

1) 지도자의 예견 의무

수영 지도에서 관리상의 사고가 지도자나 관리자의 과실로 일어나는 이유는 지도자 및 관리자가 직무상 당연히 인식해야 할 주의 의무를 인식하지 못했거나 인식이 가능했으나 태만으로 인하여 인식하지 못하였기 때문에 일어난다. 주의 의무란 내용적으로 본다면 '위험예견의무'와 '위험회피의무'이다. 위험회피의무란 위험을 방지하기 위한 대책을 강구하거나 지도를 할 때 주의를 기울이는 것이다. 예견해야 할 의무와 위험을 회피해야 할 의무는 당연히 일체가 되어 주의 의무가 이루어져야 한다. 민사책임에서는 "수임자는 위임의 본뜻에 따라 선량한 관리자의 주의로 위임 사무를 처리할 의무를 진다."는 것이다. 주의 의무의 기준이 되며, 각기 직무상 통상인에 대해 구체적으로 요구되는 주의 의무로, 학교에서의 교원은 교원으로서의 통상인에 대한 주의 의무가 있으며, 사회체육에서의 지도자는 그 사회 전체에서의 통상적인 주의 의무가 기준이 있으며, 그것이 없으면 과실이 있다는 것이 된다.

2) 지도자의 법적 지식의 필요성

민사상의 배상책임이란 당사자끼리 타협하여 해결하는 것이다. 타협에 의해 해결이 되지 않을 때 최후의 수단으로 법정에서 결론을 내리게 된다. 일단 법정에서 해결하려면 오랜 시간이 걸리고 소송비용도 필요하다. 이를 위해서는 지도자의 법적 지식이 반드시 필요하다.

(1) 지도자는 의사가 아니다.

지도자는 의사가 아니지만 최소한도 지도자로서 지녀야 할 구급법을 알고 있어야 하며, 그럴 의무도 있다. 지도자가 의사는 아니므로 지도자로서 해야 할 구급 조치에는 한계가 있다. 사고 시 지도자가 지도자로서 당연히 지녀야 할 구급법의 지식이 없었기 때문에 적절한 조치를 취할 수가 없어서 의외의 결과가 생겼다면 그것은 지도자의 책임이다. 인공호흡법의 지식이 없어서 또는 불완전해서 당연히 소생시킬 수 있는 사고자를 사망케 하였다면 지도자의 중대한 과실이 되어 책임을 지지 않으면 안 된다. 지도자가 의사가 아니라는 말은 사고 시 취해야 할 조치에 한계가 있으므로 구급조치를 한 후에는 전문가에게 맡겨야 한다는 뜻이다. 구급법의 한계를 초월하는 의료행위는 의사법 위반이 되며, 그로 인해 사고가 확대된다면 지도자의 책임이 따르게 된다.

(2) 지도자는 법률전문가가 아니다.

사고가 났을 때에는 피해자와 성의 있게 타협과 해결을 위한 노력을 해야 한다. 사고처리에 임한 지도자와 관리자는 사실을 정확히 인식하여 그 사정을 상대방에게도 인식시키는 것이 필요하다. 교섭을 할 때에는 문제해결을 위한 최소한의 법적 지식을 필요로 하며, 특히 수영사고에서의 독특한 법적 조건, 즉 불가항력적인 조건과 위험 동의에 의한 참가 등에 의한 위법성의 저각(沮却)문제 등에 대한 지식을 기초로 교섭에 임해야 할 것이다.

3) 위자료와 위문금

사고 시 피해자와 유족에게 지불되는 금액 중 위문금과 위자료는 본질이 다르며, 민법에는 정신적 손해에 대한 위자료의 지불이 규정되어 있다. 사고가 분명히 지도자나 관리자의 과실이나 시설결함으로 발생했다면 책임으로 피해자나 유족에게 피해손해에 대한 배상을 해야 하며, 동시에 피해자나 유족의 정신적 고통에 대한 위자료를 지불하여야 한다. 위문금은 사고의 책임으로 지불하는 것이 아니며, 사고를 당한 사람에 대한 동정으로 지불하는 것으로 어디까지나 사고 문제와는 별개의 것이다.

수영사고는 사고원인이 분명하지 않으며, 불가항력적인 요소에 의한 경우도 있다는 것을 알고 피해자 자신이 과실을 인정하는 경우도 많으며, 이 경우에는 새삼 피해자의 과실을 설명하는 것이 문제해결의 최선책이 아니다. 지도자 자신의 과실을 표명할 필요가 없는 경우와 부득이한 사정에 의한 경우가 많기 때문에 피해자에 대해 지도자나 관리자로서 원활한 사고의 해결방법으로 위문금을 지불하는 경우가 있다.

한편 사후의 적절한 조치란 “성의를 가지고 대하라”는 것이다. 사고의 원인을 잘 파악하여 지도자의 과실인지, 시설불비 탓인지, 혹은 본인의 과실에 의한 것인지에 따라 대처방법이 달라진다는 것이다.

4) 사고의 보상

최근에는 사회정세의 변화로 보상을 청구하는 것이 일반화되었으며, 상대방과의 타협이 이루어지지 않는 경우 소송까지 가게 되지만, 피해자가 만족할 수 있는 손해배상이 즉시 가능하다면 소송이 되지 않을 수도 있으니 중요한 것은 수영교육 시 사전 예방 차원에서 안전교육을 철저히 하고 수영 활동 간 지도자의 관리 · 감독이 중요하다. 따라서 적절한 보상을 할 수 있도록 미리 보험에 가입해두는 편이 좋다.

제3절 기상과 등산안전

1. 기상(meteorological phenomena)

기상은 바람, 비, 구름, 눈 등 대기 중에서 일어나는 현상을 말하며 일반적으로 대류권에서 일어난다. 여러 대기현상을 말하며, 때로는 대기의 상태도 포함시킨 일기 또는 날씨의 뜻으로 쓰이기도 한다.

인간은 대기 속에서 생활하고 있으므로 인간 생활의 모든 면에 기상의 영향을 받지 않는 것이 없다. 예를 들면, 인체 · 주거 · 기상자원 · 설계계획 · 산업 · 교통 · 기상재해(氣象災害) 등 많은 분야와 관련되어 있다. 인체와의 관계에서는 체감온도가 문제된다. 체감온도는 사람이 느끼는 더위나 추위를 나타내는 온도감각으로, 기온 외에 풍속 · 습도 · 일사(日射) 등이 관계된다. 이를 객관적으로 나타내기 위하여 실효온도 · 상당온도 · 불쾌지수 등이 상용되기도 한다.

기상병(氣象病)이나 계절병 등도 중요한 문제이다. 주거와의 관계에서는 기후 풍토에 따라 큰 차이가 있음은 물론이지만 보다 더 안락한 건축을 위하여 실내기후의 연구가 필요하다. 태양열주택의 연구도 크게 주목되고 있다. 특히, 폭풍·폭우·대설·뇌우·악기류(惡氣流)·착빙(着氷)·안개·파랑 등에 대하여 유의하고 경계해야 한다. 기상재해는 종류가 많은데, 기상요소가 직접 파괴력이 되는 경우와 기상에 수반되는 부수현상이 파괴력이 되는 경우, 기상이 파괴력을 집중시키거나 확대시키는 경우의 세 가지로 크게 분류할 수 있다. 대부분의 기상재해는 각종 일기도(日氣圖)를 분석하여 미리 예측할 수 있으므로 기상주의보나 경보 등에 따라 적절한 방재대책을 강구한다면 피해를 감소시킬 수 있다(두산백과).

등산계획 수립 시 다음과 같은 사항도 확인할 필요가 있다. ① 몇 월 며칠 음력으로 보아 달의 상태가 어떤 날인가? ② 오늘 해 뜨는 시각, 해지는 시각은 몇 시 몇 분인가? ③ 최고 최저 온도는 몇 도이며 이는 평년에 비해 높은가? 낮은가? ④ 전체적인 우리나라의 기압골은 어떤 처지에 있는가? ⑤ 비와 구름의 상태는 어떠하며 바람은 어느 방향에서 어느 정도 분다고 했는가? ⑥ 기상 변화에 어떤 주의보가 있었는가? 이것이 해제되었는가? 언제 어떤 상태로 통과되어 해제되었는가? 이와 같이 등산 시에는 기상의 영향을 고려해야 할 필요성이 매우 중요하며, 즉 기상을 잘 활용하면 등산 시 여러 가지 이점과 큰 이익을 얻을 수 있다.

2. 기압

공기압력의 강도를 말한다. 즉 공기도 무게가 있기 때문에 많이 쌓이면 쌓일수록 압력을 받게 되는데 그 압력의 강도를 말한다. 평지의 기압은 보통 760mm 내외, 10m 오를 때마다 1mm씩 낮아진다. 따라서 기압은 높이 오를수록 낮아진다. 물이 100℃ 이하에 끓어 밥이 설게 되는 이유 역시 높이 올라 기압이 낮아진 이유로서 기압 700mmb일 때 97.7℃에서, 600mmb일 때 93.5℃에서 물이 끓게 된다.

1) 기상 악화의 주원인

높은 곳의 기압이 낮기 때문에 바람의 이동이 평지에서 보다 용이하여 그만큼 기상 변화를 쉽게 일으키게 된다. 대기의 이동이 그만큼 심하다는 것은 이들 대기가 몰고 오는 온도, 습도, 비 따위가 평지에서보다 격심한 변화를 가져오기 때문이다.

(1) 온도

높은 곳이 평지보다 시원한 이유는 바람이 불기 때문만은 아니다. 평지에서도 북반구에 위치한 우리나라의 경우 북위 1도 오름에 따라 온도는 1인씩 낮아진다. 아프리카에 있는 킬리만자로라는 산은 더운 열대지방에 있지만, 그 산꼭대기에는 1년 내내 눈으로 덮여있다. 이 산의 높이는 해발 5,895m이니까 계산해 보면 섭씨 약 35°C나 낮은 상태에 있어 결국 영하의 기온이 계속되기 때문에 눈에 덮여있는 것이다.

우리나라처럼 사계절이 뚜렷한 곳에서는 여름에 더웠던 산들의 정상도 겨울 되면 차차 기온이 낮아져 평지보다 먼저 영하의 상태가 되기 때문에 산 밑에서는 비가 오는데도 산 위에서는 눈이 내리게 되는 것이다.

특히 가장 추운 새벽에는 더욱 조심하여야 한다. 하루 가운데 최저 기온은 해뜨기 전 시간, 제일 따듯한 시각은 정오부터 오후 2시까지이다. 산에서의 추위는 생명과 직결, 등산지는 무더운 여름일지라도 보온을 위한 특별한 준비가 있어야 한다.

(2) 바람

바람은 공기가 흘러 이동하는 상태, 즉 기류를 말한다. 바람은 높이 오를수록 거세어지며, 평지보다 기압이 낮으며 장애물이 없기 때문에 자연 기류의 이동이 빨라지기 때문이다.

- 낮 바람과 밤 바람 : 산에서는 산풍, 곡풍이라고도 한다. 좋은 날씨 때 산에 있으면 낮에는 계곡으로부터 바람이 불어 올라오고 밤이 되면 바람은 산 정상으로부터 찬바람이 내려분다. 천막을 칠 때의 출입구의 위치도 이와 같은 낮과 밤의 바람 이동을 고려하여 설치하는 것이 하나의 방법이다.
- 바람과 체감온도 : 춥고 더위를 느끼는 체감은 물론 온도에 의하여 결정되나 바람에 의한 온도저하도 무시할 수 없다. 바람이 사람에게 주는 영향은 상상외로 크다. 한여름일지라도 계곡을 건너온 등산인이 비온 다음의 찬바람에 못 이겨 떠는 이유는 바로 이 체감온도에 의한 것이라 할 수 있다.
- 바람의 방향과 태풍 : 우리나라의 태풍은 대체로 벼가 익을 때쯤에서 제주도의 남쪽 해상으로부터 한두 차례 밀려 올라와 동해안 혹은 서해안으로 빠져나가고 있다. 이 시기는 특히 등산에 주의, 기상의 변화에 따라 몇 가지 경보를 기상청은 예보로 발표하고 있다.

(3) 비

하늘에 떠다니는 수증기가 응결하여 더 이상 떠다닐 수가 없어 떨어지게 되는 것이 비다. 이들 구름은 상승기류에 의하여 형성되는 것인데 산에서는 지형적인 이유로 보다 빨리 형성되고 평지보다 강우량이 많을 때가 흔히 있다. 비와 계곡의 물이나 비와 체온은 사람의 체온은 37℃ 전후인데 5~6℃ 저하되면 사망하게 된다. 비에 젖으면 급격한 체온의 손실을 보게 되는데 산에서의 차가운 비, 또는 습설을 가장 경계해야 하며 비 맞은 다음의 찬 산바람은 체온손실의 극대화를 가져오기 때문에 각별히 주의해야 한다.

(4) 구름과 안개

안개의 덩어리를 멀리서 바라보는 외관이 구름이고 그 구름 속에 들어가면 안개, 즉 산에서 말하는 가스 상태 속에 있게 된다. 환상방황은 자기는 어떤 목표물을 향하여 전진하고 있다고 생각되나 사실은 크게 원을 그리는 행동은 안개 속에서 걸리기 쉬운 방황행동이다. 결국 1시간 또는 3시간 이상 자신은 직선행동을 했는데 결국 도착한 곳은 출발 지점이 되는 것이다. 따라서 항상 중간자 또는 후 주자는 앞사람의 현재 진행상태가 옳은가 아닌가를 판단하면서 진행해야 한다.

산에서의 아침 안개는 좋은 날씨가 된다. 그리고 능선 아래 깔린 안개는 크게 걱정거리가 아니다. 안개는 국지적인 때가 많다. 저기압성의 안개일 때는 잘 사라지지 않고 남아 있어 결국에는 바람을 동반한 비를 뿌리게 되므로 유의하여야 한다.

(5) 벼락(낙뢰)

구름과 지면 사이에서 발생하는 방전현상으로 벽력(霹靂)·낙뢰(落雷)라고도 한다. 벼락은 봄철과 가을철 사이, 공기 상층과 하층의 온도차가 클 때 발생한다. 또 햇빛이 강한 날은 하층 공기가 가열되어 대기가 매우 불안정해지고 적란운이 형성되면서 발행하기도 한다. 보통 4만~5만 A(암페어)의 위력을 가지지만 최고 수십만 암페어에 이르기도 한다. 온도 역시 태양 표면의 5배에 해당하는 30,000℃에 이른다. 낚싯대, 농기구, 골프채 등의 양전하를 띠는 금속성 물체를 몸에 지녔을 때 큰 피해를 입을 수 있다.

- 벼락의 원리 : 구름과 지면 사이의 공기층은 좋은 전도체가 아니지만 적란운이 동반하는 폭우가 쏟아져 습기가 많아지면 전도성이 좋아져 방전이 일어난다. 그리고 전하는

뾰족한 부분에 많이 모이므로 산꼭대기나 전봇대 등에는 벼락이 떨어질 확률이 크고, 계곡 바닥이나 넓은 평지는 확률이 작다(네이버 지식백과).

- 벼락의 중심부와의 거리측정 : 음속은 초속 330m이다. 3초라는 시간에 하나부터 열까지 세어보는 몇 번의 연습으로 그 하나는 100m라는 거리측정의 단위가 된다. 번갯불을 본 순간 세어가기 시작한다. 10일 때 뇌성이 들렸다면 거리는 1,000m, 5를 세었을 때 뇌성을 들었다면 벼락이 중심점도로부터 거리는 5,000m이다. 적어도 500~600m 위치에 있을 때 위험 거리이다. 소지한 쇠붙이를 멀리하고 되도록 노출되지 않도록 움츠릴 필요가 있으며 대피해야 한다. 여름 오후 암운이 뒤덮여 그 속에 자신이 위치했다면 뇌운 속에 있음을 먼저 생각해야 한다.

(6) 간이 기상 관측법

- 관측의 시각 : 장시간 머무르는 베이스캠프 또는 산장 등에서는 하루 4번 정도 6시, 10시, 14시, 16시 필요에 따라 시간과 횟수를 조정하여도 좋다. 온종일 행동할 때는 번거로움을 피하여 아침 기상시간의 4~5시, 저녁 해질녘의 6시 두 번으로 족하다.
- 관측내용 : ① 풍향과 풍속(10분 간격으로 두 번 관측하여 평균치를 정함), ② 구름과 기상도, ③ 건·습구 온도, ④ 최고·최저 온도, ⑤ 우량·설량 등이다.

3. 등산안전과 사고방지대책

등산은 이미 대중화가 된 지 오래되었다. 우리 모두는 기본적으로 등산을 종종 하게 되며, 쉽게 접할 수 있는 스포츠다. 일반 스포츠와는 달리 일단 사고가 발생되면 일부의 상처나 고통에서 끝나기보다 생사가 걸린 만큼 안전에 관한 문제가 대두되며, 그룹 단위의 활동을 함에 따라 개인의 부주의나 사고가 전체 그룹에 미치는 영향이 매우 크고 치명적이라 할 수 있다.

1) 자연적인 위험

- 암벽에서의 위험은 붕괴와 낙석이 있고, 빙설면에서의 위험은 빙설상의 위험으로는 강설에 의하여 지표의 표면이 덮이게 됨에 따라 크레바스나 스노우 브릿지가 발생되는

경우가 있다. 크레바스와 스노우 브릿지는 항상 빙설에 덮인 지표를 지형 및 지세에 따라 판단하여 경험 있는 리더가 루트를 탐색해 나가야 할 것이며, 위험지역에서는 로프를 이용한 루트 확보를 해놓고 픽캘로 확인하며 행동해야 한다. 그리고 눈사태는 중력의 작용과 평형의 파괴로 인해 눈덩이가 움직이는 것이다.

- 눈사태가 일어나는 중요한 원인은 표면이 미끄러지기 쉬운 장소 즉 초원, 돌무더기 요철이 없는 반반한 슬라브 형태의 바위, 굳은 눈이나 얼음이 깔린 곳 등의 지형과 새로 내린 눈이나 달라붙지 않는 눈과 같은 불안정한 설질 그리고 기온의 상승에 따라 눈이 무거워져 눈사태가 유발되기 쉽다. 이러한 눈사태는 그 형태에 따라 여러 가지 유형으로 발생한다. 한편 악천후의 위험은 ① 눈보라 ② 안개 ③ 뇌우와 벼락 ④ 비 ⑤ 일몰 ⑥ 강한 햇빛에 의해서 일어난다.

2) 인위적인 위험

개인적 요인에 의한 것이기 때문에 무리한 등산을 한다거나 체력관리가 뒷받침되어야 하므로 평소에 체력관리가 필요하다. 그리고 예비지식의 배양과 책임 있는 지도가 요구되며, 좋은 팀의 구성, 등산의 기초 기술의 습득, 여러 경험과 실력에 알맞은 산행 계획을 수립하여 실시하여야 한다.

필수 장비의 지참도 필요하며, 등산 시 신중한 동작, 지나친 승부욕의 억제, 그릇된 판단을 즉시 철회할 수 있는 용기가 필요하며, 산에서의 판단은 곧 안전을 의미한다. 또 중요한 것은 조난대책의 강구와 적절한 산행계획수립도 중요한 요소다.

3) 사고방지대책

자신의 등산기술과 체력에 알맞은 산을 선정하여야 하며, 혼자 등산하는 것보다 동료와 함께 등산하는 것이 중요하다. 동료 전원의 체력과 등산기술의 수준이 같으면 장비부담능력도 평등하게 한다. 산행 전에는 준비회를 열고 선정된 산에 대한 연구, 목표 목적, 휴대용품, 복장 등에 대하여 역할 분담을 정하는 것도 필요하다. 멤버 중에서 리더를 선정하고 리더를 중심으로 팀워크를 만들고, 리더는 통솔력, 결단력, 의지력이 있는 자로 정하는 것이 좋다.

등산은 산을 정복하는 것이 아니며, 무사히 하산 시 비로소 등산을 성공적으로 끝냈다는 생각을 해야 한다. 등산에 관한 수칙은 위험한 산악지역을 지정 공시하고 등산자는 등산 프로그램을 제출하며 허가를 받는다. 등산에서는 보행법, 배낭을 메는 방법, 배낭에 물건을 넣는 방법을 연구, 훈련하기도 한다. 최근에는 우리나라에서도 등산을 위한 등산학교도 있다. 모든 계획서와 명단을 가정, 학교에 통보하는 것도 빼놓을 수 없다. 산에 대한 에티켓을 잘 알고 이를 준수하며, 특히 산에서는 밑으로 돌을 굴린다든지 던지는 일이 없도록 해야 한다. 되돌아가는 용기를 갖는 것은 산의 조난사고를 사전에 방지하는 데 있어서 대단히 중요하다.

학 습 정 리

1. 재해의 5단계 내용

① 안전보건관리조직 ② 사실의 발견 ③ 평가 및 분석
④ 시정책의 선정 ⑤ 시정책의 적용

2. 안전관리자의 법정 직무

산업안전보건위원회 · 안전관리규정 · 취업규칙에서 정한 직무
① 적격품 확인 : 방호장치, 안전보호구의 구입 시 성능검정 합격품
② 안전교육 : 근로자의 안전교육계획 수립 및 실시
③ 사업장 순회점검 : 지도 및 조치의 건의
④ 재해발생 : 산업재해의 원인조사 및 재발방지 기술적 지도 · 조언
⑤ 규정 및 법규 위반 근로자에 대한 조치의 건의

3. 수상사고에 대한 신속 적절한 대처방법

① 지도 관리자에 의한 구조법, 구급법의 실시
② 일반 시민의 협력
③ 구급차의 협력
④ 구급시설의 확충과 협력

4. 등산 시간과 기상 관측내용

① 풍향과 풍속(10분 간격으로 두 번 관측하여 평균치를 정함)
② 구름과 기상도
③ 건 · 습구 온도
④ 최고 · 최저 온도
⑤ 우량 · 설량 등

제 9 장

생활 속의 환경 및 재해안전

학습 목표

1. 자연재해에 대한 제반 이해와 사고 및 안전대책을 설명할 수 있다.
2. 환경오염의 원인과 안전대책 등에 관한 내용을 이해할 수 있다.
3. 전시비상대비(민방위)와 화생방안전에 대한 응급조치와 대응방법을 이해할 수 있다.

학습 키워드 풍수, 폭설, 지진 및 쓰나미, 환경오염, 전시비상대비(민방위), 화생방

제1절 자연재해

1. 지진의 일반적 이해

1) 지진(earthquake)과 지진의 원인 및 학설

(1) 지진의 개념

지구적인 힘에 의하여 땅속의 거대한 암반이 갑자기 갈라지면서 그 충격으로 땅이 흔들리는 현상을 말한다. 지진은 지구 내부 어느 지점에서 급격한 지각변동이 생겨 그 충격으로 생긴 파동, 즉 지진파가 지표면까지 전해져 지반을 진동시키는 것이다. 이러한 현상은 지구 표면이 아닌 지각의 깊은 곳에서 일어나게 되는데 이때 에너지가 처음 방출된 지점을 진원(focus)라 하며, 이 지점과 지구의 중심부를 이은 선상의 지표면을 진앙(epicenter)라 한다.

(2) 지진의 원인

지진의 원인에 대해서는 다양한 학설이 있지만 아직은 확실하게 하나로 정립되어 있지는 않다. 다만 지구 내부 암석권에 있는 판이 이리저리 움직이면서 서로 충돌을 일으키는 것이 직접적인 원인이라는 '판구조론'이 현재 가장 유력한 지위를 점하고 있다. 현재 지진의 원인에 대한 학설은 크게 탄성반발설과 판구조론의 두 가지 학설로 나뉘는데, 이 두 학설을 살펴보면 다음과 같다.

① 탄성반발설(Elastic rebound theory)

이 이론은 1906년 캘리포니아 대지진이 발생했을 때, 미국의 과학자 레이드(H. F. Reid, 1859~1944)가 산안드레아스 단층을 조사하면서 제기한 학설이다. 이것은 지면에 기존의 단층이 존재한다고 가정하고 이 단층에 가해지고 있는 힘(탄성력)에 의해 어느 부분이 견딜 수 없게 되는 순간 급격한 파괴를 일으켜 지진이 발생한다는 것이다. 즉, 장기간에 걸쳐 지층에 힘이 작용하면 그 속에 에너지가 축적되고 이러한 에너지의 축적이 한도를 넘으면 파괴가 일어난다. 그리고 이때 지층이 쪼개져 한쪽은 위로, 다른 한쪽은 아래로 밀려

내려가는 과정에서 순간적으로 발생하는 탄성에너지로 인해 지진이 일어나게 된다.

이 이론은 발표 당시에는 큰 지지를 받았으나 지진의 모든 원인을 단층운동으로 설명한 것이 한계로 지적되고 있다. 무엇보다 지진이 단층운동에 지나지 않는다고 하면 단층을 움직이는 힘은 어디로부터 유래하는가가 다음 문제가 되는데, 이것을 설명하는 학설이 판구조론이다.

② 판구조론(Plate tectonics)

1912년 독일의 지질학자인 알프레드 베게너(Alfred L.Wegener)는 남미의 동부 해안선과 아프리카의 서부 해안선이 잘 들어맞는 현상에 대한 근거로, 현재 지구의 지각은 약 2억 년 전에 판게아(Pangaea)라는 하나의 초대륙으로부터 갈라져 나왔다는 가설을 제시했다. 베게너의 이러한 가설은 그의 사후까지도 수용되지 않았으나 가설 제안 50여 년 뒤인 1960년대에 판구조론으로 발전됐다.

1960년대에 등장한 판구조론에 따르면 지각판은 커다란 7개의 판(북미판, 남미판, 유라시아판, 태평양판, 아프리카판, 인도-호주판, 남극판)과 중간 크기의 6개 판(카리브판, 나즈카판, 필리핀판, 아라비아판, 코코스판, 스코티아판) 등으로 나눠지는데 지각판 간 마찰저항이 약해져 갑작스러운 미끄러짐이 생길 때 일어나는 것이 지진이다. 즉, 이 판들은 각각 서로 부딪치거나 밀고 때로는 서로 포개지면서 각각 매년 수cm 정도의 속도로 점성이 있는 맨틀 위를 제각기 이동하고 있다. 이러한 지각판들의 운동은 그들 가장자리 사이의 마찰에 의하여 경계 부위에서 저항을 받는데 이는 두 개의 벽돌을 맞대고 문지를 때 미끄러지지 않으려는 것과 같다. 그러나 지구적인 힘이 판의 마찰저항을 초과할 수 있는 단계에 도달하면 갑작스런 미끄러짐이 일어나는데, 이것이 바로 지진이라는 것이다(네이버 지식백과, 2021).

2) 지진의 요소

지진이 발생했을 때 '언제, 어디서, 얼마나 큰 지진인가'를 규명해야 하는데 이들을 각각 진원시, 진원, 규모라 하며 이를 지진요소라 한다.

(1) 진원시

진원시(Origin Time) 는 지진파가 처음 발생한 시각을 말한다. 지진파는 일정한 속도를 가지고 있기 때문에 거리에 비례하여 도착하게 된다. 즉 우리가 진동을 느끼거나 지진계에 기록되는 시각은 지진의 발생지점으로부터 거리에 따라 각각 차이를 두고 나타난다. 따라서 여러 곳에서 시간차를 두고 기록됐더라도 결국 진원시를 계산해 보면 모두 같은 시각값을 나타낸다.

(2) 진원

진원(Hypocenter)은 지진이 일어나는 원인인 에너지가 발생된 지점을 일컫는다. 지진은 지구 내부에 축적되어 있는 에너지가 암석을 파괴함으로써 일어나는데, 그 발생장소를 진원역이라 한다. 대규모의 지진일수록 진원역이 확대되어 수백km에 이르는 경우도 있다. 진원역에서의 파괴는 한순간에 전체가 파괴되는 것이 아니라 한 점에서 시작되어 일정한 속도로 퍼져 나가는데, 파괴가 최초로 시작된 점이 진원이며 대개 진원역 가장자리에 있다. 또 진원 바로 위의 지표상의 점을 진앙(Epicenter)이라 한다.

(3) 규모와 진도

규모(Magnitude)와 진도(Seismic Intensity)는 지진의 크기를 표시하는 수치로, 규모는 절대적 개념이고 진도는 상대적 개념이다. 규모는 지진이 처음 발생한 진원에서 방출된 지진 에너지의 양을 나타내는 것으로 지진계에 기록된 지진파의 진폭을 이용해 계산한 표준화된 절대 척도다. 흔히 리히터 규모로 불리는 규모는 0~10까지로 나눠지며 규모가 1 올라갈 때마다 지진 에너지는 30~32배 정도씩 증가한다.

진도는 어떤 장소에 나타난 지진의 세기를 사람의 느낌이나 주변의 물체 또는 구조물의 흔들림 정도에 따라 수치로 표현한 것으로 정해진 설문을 기준으로 계급화한 척도이다. 진도는 지진의 규모와 진앙거리, 진원 깊이에 따라 크게 좌우될 뿐만 아니라 그 지역의 지질구조와 구조물의 형태 및 인원 현황에 따라 달리 평가될 수 있다. 이 때문에 지진의 규모와 진도는 1 대 1로 대응하지 않으며, 하나의 지진에 대해서도 여러 지역에서 측정한 규모는 같더라도 진도는 달라질 수 있다.

3) 세계의 지진과 우리나라의 지진

(1) 세계의 지진

전 세계적으로 지구 내부에서는 매일 1,000~5,000회 정도의 지진이 일어난다고 한다. 그런데 이러한 지진은 전 지역에서 골고루 발생하지 않고 어느 일정한 지역에서 집중적으로 발생하는데, 이와 같이 지진이 많이 발생하는 지대를 가리켜 지진대(地震帶 : 지진띠)라고 한다. 세계의 주요 지진대는 모두 판의 경계부에 위치하며 화산대와 일치한다. 전 세계에서 지진활동이 활발한 주요 지진대로는 태평양 주변의 환태평양지진대와 알프스－히말라야지진대, 중앙 해령을 따라 분포하는 중앙해령지진대로 나눌 수 있다.

특히 전 세계에서 지진 활동이 가장 활발한 태평양 연안의 환태평양지진대(Circum-Pacific Seismic Zone)는 아메리카 대륙의 서해안에서 알류샨열도, 캄차카반도, 쿠릴열도, 일본, 필리핀, 동인도제도를 거쳐 뉴질랜드로 이어져 있으며 약 4만km에 달한다. 이 지역의 활화산이 고리 모양으로 분포돼 있어 '불의 고리(Ring of Fire)'라는 이름이 붙었으며 활화산 중 80% 이상이 이곳에 위치한다. 이 지진대는 가장 큰 태평양판 가장자리에 있어 다른 판과 많이 부딪치므로 전 세계 지진의 80～90%도 이곳에서 발생한다.

알프스－히말라야 지진대(Alps-Himalaya Seismic Zone)는 대서양의 아조레스 제도에서 지중해, 중동, 인도 북부, 수마트라, 인도네시아를 거쳐 환태평양지진대와 연결되는 지역으로 전 세계 지진의 15%가 이 지역에서 발생한다. 이 지역은 아라비아판과 인도판, 아프리카와 유럽판의 충돌 경계로 습곡작용과 융기가 활발하게 일어나며, 두 대륙판의 충돌에 의한 심발지진이 많이 발생한다.

중앙해령지진대(Midoceanic Ridge Seismic Zone)는 대양의 중앙에서 심해저 산맥인 해령을 따라 분포하며, 두 판이 멀어지는 발산경계로 V자곡의 열곡과 변환단층에서 천발지진 활동이 활발하다.

한편 1900년 이후 가장 큰 규모의 지진은 1960년 5월 22일 칠레에서 발생을 한 이 지진은 지금까지 관측된 지진들 중에서 규모가 가장 큰 세계 최대의 지진으로 기록되어 있으며, 리히터 규모 9.5로 엄청난 지진이 발생하였다. 발생지인 칠레뿐만 아니라 하와이, 일본, 필리핀, 알래스카에도 영향을 끼친 엄청나게 큰 대지진이었으며, 칠레의 해안에는 25m의 높이의 엄청난 쓰나미가 밀려들었고, 6,000여 명의 사망자와 200만 명 이상의 이재민이 발생하였다. 또한 진앙 지점에서 10,000㎞나 떨어진 곳에서도 10.7미터 파고의 쓰나미가 일어났다고 보고되었다.

또한 최근 인접국가인 일본 도호쿠 동일본 지진은 2011년 3월 11일 일본 도호쿠 지방에서 발생한 일본 관측 사상 최대 규모 리히터 규모 9.0으로 세계에서 네 번째로 강력한 지진으로 기록되었으며, 2만 명에 달하는 사망자와 실종자가 발생하였고, 33만 명 이상 이재민을 발생시킨 역대 최악의 지진 중 하나이다. 또한 강진이 발생하고 나서 초대형 쓰나미가 발생하여 해변 도시들을 덮쳤으며, 해변을 통과하고 지상까지 밀려든 쓰나미로 인해서 후쿠시마에 있는 원전 가동이 중지되어 방사능 누출 사고가 발생하였다. 이로 인해 해당 지역이 모두 통제가 되었고, 수많은 피해를 입어 큰 이슈가 되기도 하였던 곳이다.

(2) 우리나라의 지진

우리나라는 지진 발생 원인을 설명하는 판구조론으로 볼 때, 유라시아판의 안쪽에 자리하고 있다. 이에 우리나라는 판의 경계에 위치하여 판의 지각운동으로부터 직접 영향을 받는 지역들과 달리 지진활동이 활발하지 않은 편이다. 그러나 2016년 9월 경북 경주에서 규모 5.8의 지진(경주 지진)이 발생하면서 더 이상 한반도가 지진 안전지대가 아니라는 우려가 일었다. 규모 5.8은 1978년 지진 관측이 시작된 이후 한반도에서 발생한 지진 가운데 가장 강력한 규모였다. 기상청에 따르면 1978~1998년까지 우리나라의 지진 횟수는 연평균 19.2회였지만 1999~2015년에는 연평균 47.8회로 2배 이상 급증했다.

한편, 한반도 동남쪽에 위치한 경상남북도 일대는 양산단층을 비롯해 울산단층, 왕산단층 등 크고 작은 단층들이 한데 모여 있다. 특히 양산단층은 낙동강 하구에서 부산 을숙도, 양산, 경주를 거쳐 경북 울진 기성면까지 약 200km 정도 이어지는 국내 대표적인 활성단층대다. 활성단층은 '최근에 운동을 했으며 미래에 운동을 할 수 있는 단층'으로 지진이 일어날 가능성이 높은 단층을 말한다(네이버 지식백과, 2021).

4) 지진 대비책

(1) 지진이 오기 전

지진 발생 때 위험을 일으킬 수 있는 집안의 가구 등을 정리하고 천장이나 높은 곳의 떨어질 수 있는 물건을 치우고, 머리맡에는 깨지기 쉽거나 무거운 물품을 두지 않는다. 비상시를 대비해 응급처치법을 알아두고 전열기, 가스기구 등을 단단히 고정해야 한다. 특히 전기배선, 가스 등을 점검하고 불안전한 부분을 수리한다. 가스 · 전기 · 수도를 차단하는 방법을 미리 익혀두는 것도 중요하다.

지진 후 가족을 다시 만날 수 있는 장소를 미리 결정해 두고 다른 지역에 사는 친지에게 본인의 안전을 알릴 수 있도록 통신수단을 마련한다. 지진이 발생하였을 때 모든 가족은 위험한 장소를 피하여 안전한 장소로 대피한다. 집 주위에 대피할 수 있는 공터, 학교, 공원 등도 미리 알아두는 것도 필요하다. 비상시 사용할 약품 · 비품 · 장비 · 위치와 사용법을 알아두고 비상시 가족이 취할 사항과 역할을 미리 정해 둔다.

실내의 단단한 탁자 아래, 내력벽 사이 작은 공간 등 안전한 위치를 파악해 두고 각 방에서 위험한 위치(유리창 주변, 책장이나 넘어지기 쉬운 가구 주변)를 확인해두고 지진 발생 시 위험한 위치에 있지 않도록 한다. 균열음, 진동 등 건물이 무너질 조짐이 있거나 균열이 진행되고 있는 것이 발견된 경우에는 전문가에게 문의한다. 가족과 함께 지진에 대비한 훈련을 미리 연습해두는 것도 필요하다. 주택의 기초와 집 주변의 지반 상태를 점검할 필요도 있다.

(2) 지진발생시

집안에서 있을 때는 자신과 가족의 안전이 최우선이다. 테이블 밑에 들어가서 몸을 보호해야 하며, 크게 흔들리는 시간은 길어야 1~2분 정도다. 우선 튼튼한 테이블 등의 밑에 들어가 그 다리를 꽉 잡고 몸을 피해야 된다. 테이블 등이 없을 때는 방석 등으로 머리를 보호하고 불이 났을 때 침착하고 빠르게 불을 꺼야 한다. 작은 지진이라도 즉시 불을 끄는 습관과 서로 알리고 협력하여 초기 소화를 잘해야 큰 사고를 예방할 수 있다.

대지진 발생 때는 소방차에 의한 화재진압이 어려울 수 있으므로, 개개인의 노력에 따라 화재피해를 줄일 수 있다. 평소에 작은 지진이라도 불을 끄는 습관을 익히도록 하고, 가족은 물론 이웃 사람들과도 협력해서 초기 소화를 하는 것이 가장 중요한 일이다.

• 지진발생 때 불을 끌 기회는 3번!

첫 번째 기회

크게 흔들리기 전, 즉 흔들림이 작을 때이다. 작은 흔들림을 느낀 순간에 즉시 "지진이다. 불을 꺼라"고 서로 고함을 질러 사용 중인 가스레인지나 난로 등의 불을 끈다.

두 번째 기회

큰 흔들림이 멈췄을 때이다. 크게 흔들릴 때는 가스레인지에서 요리 중인 그릇 등이 떨어질 수 있어 대단히 위험하다. 큰 흔들림이 멈춘 후 또 "불을 꺼라!"라고 소리를 쳐서 불을 끈다.

세 번째 기회

발화된 직후이다. 만일 불이 나도 1~2분 이내에 충분히 소화할 수 있다. 바로 소화할 수 있도록 소화기나 소화용 큰 그릇을 불이 날 수 있는 근처에 항상 비치해 둔다.

서둘러서 밖으로 뛰어나가지 말자! 집 밖은 위험이 가득, 먼저 안전을 확인한 후 행동해야 한다.

지진 발생 때 진동 중에 서둘러 밖으로 뛰어나가면 유리창이나 간판 등이 떨어지므로 대단히 위험하다. 또한, 블록담, 자동판매기 등 고정되지 않은 물건 등은 넘어질 우려가 있으므로 가까이에 가서는 안 된다. 문을 열어서 출구를 확보하고 비상시의 대피방법을 미리 생각해 둔다.

철근콘크리트 구조의 아파트는 문이 비뚤어져 갇힌 사례가 있었다. 문을 열어 출구를 확보하고 만일 갇힐 사태를 대비해서 대피방법에 관해 미리 준비해 둔다. 집 밖에서 있을 때는 야외에서는 머리를 보호하고 위험물로부터 몸을 피해야 한다. 특히 낙하물이나 블록담을 주의해야 한다.

땅이 크게 흔들리고 서있을 수 없게 되면 무엇인가 기대고 싶어 하는 심리가 작용한다. 가까이에 있는 대문기둥이나 담이 우선 그 대상이 될 것이다. 그러나 이와 같은 것들은 언뜻 보기에는 튼튼해 보이지만 사실은 매우 위험하다. 과거 대지진 시 블록담이나 대문기둥이 무너져 많은 사상자가 발생하였으므로 블록담이나 대문 기둥 등의 가까이 가서는 안 된다. 번화가나 빌딩가에서 가장 위험한 것이 유리창이나 간판 등의 낙하물이다. 손이나 가방 등 드는 것으로 머리를 보호하는 것이 가장 중요하다. 또한, 자동판매기 등 고정되지 않은 물건 등도 넘어질 우려가 있으므로 조심해야 한다. 빌딩가 등에 있을 때는 상황에 따라서 건물 안에 들어가는 것이 오히려 안전할 수도 있다.

① 백화점이나 극장, 지하상가 등에 있을 때

안내자의 지시에 따라서 행동하고, 큰 혼란을 일으키지 말고 휩쓸리지도 말자. 많은 사람이 모이는 곳에서는 큰 혼란이 발생할 우려가 있다. 이러한 장소에서는 안내자의 지시에 따라서 행동하도록 한다. 화재가 발생하면 바로 연기가 꽉 차게 된다. 연기를 마시지 않도록 자세를 낮추면서 대피하도록 하고 엘리베이터를 타고 있을 때는 안전을 확인해서 가장 가까운 층에서 신속하게 대피를! 갇혔을 때도 침착하게 행동해야 한다.

지진이나 화재 발생할 때는 엘리베이터를 사용해서는 안 된다. 엘리베이터를 타고 있을 때는 모든 버튼을 눌러 신속하게 내린 후 대피하고, 만일 갇혔을 때는 인터폰으로 구조를 요청하는 해야 한다. 전철을 타고 있을 때는 큰 혼란에 주의하고, 우선 몸의 안전을 고려하여 충격으로 넘어지지 않도록 고정 물건을 꽉 잡는 것도 하나의 방법이다.

큰 충격이 발생하므로 화물 선반이나 손잡이 등을 꽉 잡아서 넘어지지 않도록 하고 차내 방송 등에 따라서 침착하게 행동해야 하며, 섣부른 행동은 큰 혼란을 일으키게 된다. 전철의 운행이 정지되었다고 해서 서둘러 밖으로 나가면 큰 부상의 위험이 있으니 지하철역에서는 정전되었을 때도 바로 비상등이 켜지게 되어 있다. 서둘러서 출구로 뛰어나가는 것은 위험한 행동이며, 큰 혼란의 원인이 된다. 구내방송에 따라서 침착하게 행동해야 한다.

② 자동차를 운전하고 있을 때

자동차는 도로의 오른쪽에 세우고 통제구역에서는 운전을 금지한다. 섣부른 판단에 의한 운전은 혼란의 원인, 자동차 라디오의 정보를 듣고 올바른 행동을 하는 것이 사고를 예방하는 길이다.

지진이 발생하면 자동차의 타이어가 터진 듯한 상태가 되어 핸들이 불안정해지면서 제대로 운전을 못 하게 된다. 충분히 주의를 하면서 교차로를 피해서 길 오른쪽에 정차시킨다. 대피하는 사람들이나 긴급차량이 통행할 수 있도록 도로의 중앙 부분을 비워두고 도심에서는 거의 모든 도로가 전면 통행금지된다. 자동차 라디오의 정보를 잘 듣고 부근에 경찰관이 있으면 지시에 따라서 행동하면 된다. 대피할 필요가 있을 때는 화재발생 때에 차 안으로 불이 들어오지 않도록 창문은 닫고, 자동차 키를 꽂아둔 채로, 문을 잠그지 말고 안전한 곳으로 신속히 피신하도록 한다.

③ 산이나 바다에 있을 때

산사태, 절개지의 무너짐, 지진해일에 주의를 기울여야 하며, 위험지역에서는 신속히 대피해야 한다. 산 근처나 급한 경사지에서는 산사태나 절개지 붕괴 위험이 있으므로 안전한 곳으로 대피하고, 해안에서는 지진해일이 발생할 우려가 있다. 지진을 느끼거나 지진해일 특보가 발령되면 지역의 안내방송이나 라디오 등의 정보에 따라 신속히 안전한 곳으로 대피한다.

④ 상처를 입은 사람이 있을 때

서로 협력해서 필요한 때에는 응급구호를 실시하고, 응급구호의 지식을 배워두는 것이 중요하다. 대규모 지진 시에는 많은 부상자의 발생이 예상되며, 정전이나 차량정체 등으로 구조대, 의료기관도 평소와 같은 활동을 못하게 될 것이다. 따라서 부상자 가까이에 있는 사람들이 적절한 응급처치를 할 필요가 있다. 평소에 응급처치에 대한 지식을 배워 두는 것도 필요하다.

⑤ 피난할 때

대피는 걸어서! 소지품은 최소한으로! 대피권고가 나면 서로 협력해서 대피해야 사고를 줄일 수 있다. 화재가 확대되어서 인명피해가 우려되면 신속히 대피하고, 대피할 때는 관계 공무원이나 경찰관 등의 안내에 따르고, 최소한의 소지품만을 가지고 자동차를 이용하지 않고 걸어서 가도록 해야 한다. 병약자 등의 피난은 지역주민들의 협조가 절대적으로 필요하며, 평소에 이웃 사람들과 미리 의논해서 결정해 두는 것이 필요하다.

⑥ 올바른 정보, 올바른 행동

유언비어를 믿지 말자! 라디오나 방재기관에 의한 올바른 정보에 따라서 행동을 하고 대지진 발생 때 사람들은 심리적으로 동요하게 된다. 큰 혼란을 피하려면 각자가 올바른 정보에 따라서 행동하는 것이 대단히 중요하며, 시 · 군 · 구나 경찰, 소방 등 관계기관으로부터 직접 얻은 정보를 신뢰하고, 결코 근거 없는 소문이나 유언비어를 믿고 행동해선 안 된다. 특히 기상청 홈페이지(www.kma.go.kr)를 검색하거나 방송을 청취하여 지진 상황을 주의 깊게 파악하는 것도 필요하다.

(3) 지진이 멈춘 직후

여진은 지진보다 진동은 작지만 지진에 의하여 취약해진 건물에 치명적인 손상을 줄 수 있으므로 여진에 철저히 대비하여야 한다. 부상자를 살펴보고 즉시 구조를 요청하여야 하며 부상자가 위치한 곳이 위험하지 않다면 부상자를 그 자리에 그대로 두어야 하고, 만약 부상자를 옮겨야만 한다면 먼저 기도를 확보하고 머리와 부상 부위를 고정한 후 안전한 곳으로 옮겨야 한다. 의식을 잃은 부상자에게는 물을 주지 않도록 한다.

만약 부상자의 호흡과 심장이 모두 또는 호흡이나 심장이 멈추었으면 신속하고 조심스럽게 심폐소생술(인공호흡)을 실시하고, 담요를 이용하여 환자의 체온을 유지하되, 환자의 체온이 너무 올라가지 않도록 주의한다. 만약 정전되었다면 손전등을 사용하고 불(양초, 성냥, 라이터)은 누출된 가스가 폭발할 위험이 있으므로 안전을 확인하고 사용한다.

유리 파편 등에 대비하여 견고한 신발을 신고, 주택안전에 대하여 의심이 간다면 집안으로 들어가기 전에 전문가 확인을 받도록 한다. 건물(굴뚝, 담장, 벽체 등)을 점검하되, 붕괴 우려가 있으므로 최초 진단은 멀리 떨어져서 한다. 건물 내에 쏟아진 약품, 표백제, 유류 등을 정리하되 양이 많거나 환기가 안 되거나 종류·처리 방법을 모를 때에는 그대로 두고 대피한다. 전선, 가스관, 수도관 등 주요 관로와 가전제품의 피해 상황을 파악해 두고 가스 새는 소리가 나거나 냄새가 나면 창문을 열어 놓고 대피하되, 가능하면 메인밸브를 잠근다. 가스가 누출되면 가스 밸브를 잠근 후, 관계기관(지역 도시가스 회사 또는 LPG 공급회사, 한국가스안전공사, 119)에 신속히 신고하고 전문가의 조치를 받은 다음 재사용한다. 전기적인 이상이 있다면 전기차단기를 내리고, 수도관에 피해를 보았다면 집으로 들어오는 밸브를 잠근다. 하수관로의 피해 여부를 확인하기 전까지 수세식 화장실을 사용하지 말아야 한다. 캐비닛은 물건이 쏟아질 수 있으므로 문은 조심히 연다.

인명의 위험이 있는 경우를 제외하고는 전화사용을 자제하며, 긴급사태 관련 뉴스를 주의 깊게 청취하고 거리로 될 수 있으면 나가지 않는 것이 좋으나 반드시 나가야만 한다면, 지진에 의한 피해(떨어진 전선, 붕괴의 위험이 있는 건물·축대교량·도로 등)에 주의해야 한다. 소방관, 경찰관, 구조요원의 도움이 있기 전까지는 피해지역으로 접근하면 안 된다. 해안에 거주하는 주민일 경우 해일에 대비해야 한다.

2. 해일(海溢, surge)

1) 해일의 개념과 원인

폭풍이나 지진, 화산폭발 등에 의하여 바닷물이 비정상적으로 높아져 육지로 넘쳐 들어오는 현상을 말하며, 원인과 현상은 크게 두 가지 원인 즉 폭풍해일과 지진해일로 나눈다. 폭풍 때문에 발생하는 것은 폭풍해일이고, 지진이나 화산폭발로 일어나는 것은 지진해일(쓰나미)이다. 해일은 달과 태양의 인력에도 영향을 받는데, 특히 사리 때에 발생하는 해일은 그 피해가 크므로 주의를 기울여야 한다. 해일은 밀물과 썰물의 관측에 쓰이는 검조의(檢潮儀)로 관측한다. 기상청에서는 먼 바다에서 해일이 발생하면 해일 전파도를 제작하여 해일의 진행 상황을 파악하고, 해당 지역에 해일경보를 발한다. 해일경보가 발표되면, 그 지역주민들은 즉시 높은 산 등으로 피난해야 한다.

해일은 지진이 일어나는 지역에서 많이 나타나는데, 1933년 일본의 산리쿠쓰나미는 파고(波高)가 20m 이상이었으며, 1972년 마유야마산 지진으로 발생한 해일은 1만 4,920명의 사망자와 함께 막대한 재산의 손실을 가져왔다. 1958년 알래스카의 리트야만에서 산사태로 인해 발생한 해일은 높이가 251m에 달했던 것으로 기록되어 있다. 한국에서 발생하는 해일은 주로 폭풍해일이지만, 드물게는 지진해일이 나타나기도 한다.

역사적으로는 『증보문헌비고』에 1088년의 해일이 처음으로 기록되어 있고, 『조선왕조실록』에 따르면 1392~1903년에 모두 44회의 해일이 발생하였으며, 그 대부분은 서해안에서 폭풍과 관계된 것들이다. 지진해일은 1741년(영조 17) 강원도 평해와, 1940년 나진·묵호, 1983년 동해안 일대에서 발생한 해일이 있는데, 많은 민가와 배가 유실되는 피해가 있었다(네이버 백과사전, 2021).

2) 대처방안

(1) 지진해일 발생 시 해안가에 있을 때

지진해일 때 해안가에서는 지진해일 특보 등으로 지진해일 내습이 확인되면 모든 수단을 동원하여 서로에게 알리도록 한다. 일본 서해안에서 지진 발생 후 우리나라 동해안에는 약 1~2시간 이내에 지진해일이 도달하므로 해안가에서는 작업을 중단하고, 위험물(부유 가능한 물건, 충돌 때 충격이 큰 물건, 유류 등)을 이동시키며, 신속히 고지대로 대피하도록 해야 한다. 항 내 선박은 움직이지 않도록 고정하거나 가능한 한 항 외로 이동시키고, 기상특보를 경청하며 지시에 따르도록 한다.

해안가에 있을 때 강한 지진동을 느꼈을 경우는 국지적인 해일의 발생 가능성이 있고, 약 2~3분 이내에 해일이 내습할 수 있으므로 지진해일 특보가 발효되지 않았더라도 신속히 고지대로 이동해야 한다.

(2) 지진해일 발생 시 선박 위에 있을 때

대양에서는 지진해일을 전혀 느낄 수 없으며, 해안 부근에서 크게 증폭되므로 대양에 있는 경우 지진해일경보가 발령되었거나 이를 인지하였을 때에는 항구로 복귀하지 않도록 하고, 항만, 포구 등에 정박해 있거나, 해안가에서 조업 중인 선박은 지진해일 발생 여부를 인지한 후 시간적 여유가 있다면 선박을 수심이 깊은 지역으로 이동시키도록 해야 한다. 깊은 지역으로 이동시키도록 해야 한다.

〈지진해일주의보, 경보 발령기준〉

- 지진해일주의보 : 한반도 주변 지역 등에서 규모 7.0 이상의 해저지진이 발생하여 해일의 발생이 우려될 때
- 지진해일경보 : 한반도 주변 지역 등에서 규모 7.5 이상의 해저지진이 발생하여 우리나라에 지진해일 피해가 예상될 때

지진해일이 내습하면 항만 등에서는 파고가 급격히 높아지므로 선박에 대한 안전조치를 하고, 신속히 고지대로 대피하도록 하고, 방파제 내측 등은 지진해일이 월류(越流)할 위험이 있으므로 가능한 한 선박의 정박은 피하도록 해야 한다.

(3) 지진해일 일반상식

해안가 주민들은 항시 지진해일에 대한 관심을 둬야 하고, 현상을 잘 이해하는 것이 바람직하다. 일반적으로 일본 서해안의 지진대에서 규모 7.0 이상의 지진이 보고되면, 약 1~2시간 후 동해안에 지진해일이 도달하게 된다. 지진해일 도달 가능 영역은 동해안 전역이고, 파고 3~4m 정도의 지진해일이 내습할 수 있다. 지진해일은 물이 빠지는 것으로 시작되는 일도 있고, 이때 항 바닥이 드러나기도 한다. 지진해일은 일반적으로 여러 번 도달하는데 제1파보다 2, 3파의 크기가 더 큰 경우도 있고, 지진해일에 의한 해면의 진동은 10시간 이상 지속되기도 한다.

지진해일 내습 속도는 사람의 움직임보다 빠르고, 그 힘이 강력하여 약 30cm 정도의 해일파고라도 성인이 걷기 어려우며, 약 1m 정도의 해일이라면 건물이 파괴될 수 있으며, 이 때문에 인명피해가 발생될 우려가 크다. 해안가의 선박 등 다른 물건들이 지진해일에 의해 육지로 운반되어 주택에 충돌하는 때도 있고, 이러한 물체들이 유류 탱크 등에 충돌하여 화재가 발생할 수도 있다. 지진해일은 바다로 통하는 하천을 따라 역상하기도 한다.

3. 자연재해대책법과 종류 및 예방법

1) 자연대책법의 배경과 내용

(1) 배경

기존의 「풍수해대책법」을 1995년 12월 6일 「자연재해대책법」(법률 제4993호)으로 전문개정 공포하게 되었으며, 이는 태풍 · 홍수 등 자연현상으로 인한 재난으로부터 국토를 보존하고, 국민의 생명 · 신체 및 재산과 주요 기간시설을 보호하기 위하여 자연재해의 예방 · 복구, 그 밖의 대책에 관하여 필요한 사항을 규정함을 목적으로 한다. 「자연재해대책법」의 적용대상은 풍수해 · 가뭄 · 지진 · 황사 등에 의한 재해이다. 재난관리 단계별 적용범위는 재난의 예방, 대비, 복구 등이다. 「자연재해대책법」의 주관기관은 소방방재청이며, 국가 및 지방자치단체는 재해 경감 대책과 관련한다. 「자연재해대책법」은 「농어업재해대책법」, 「하천법」, 「항만법」, 「하수도법」, 「재해구호법」 등과 법률 간의 연계를 가지고 있다.

(2) 내용

첫째, 방재에 대한 국가 및 재난관리책임기관의 책무 등에 대해 규정하고 있으며, 둘째, 자연재해의 예방 및 대비와 관련된 사항으로 〈사전재해영향성검토협의〉를 비롯한 자연재해 경감 협의와 '자연재해위험지구지정' 등을 규정하고 있다. 셋째, 시장 · 군수 및 구청장은 자연재해위험지구에 대하여 정비방향의 지침이 될 '자연재해위험지구 정비계획'을 5년마다 수립하도록 하고 있다. 넷째, 풍수해의 예방 및 저감을 위하여 5년마다 〈시 · 군 · 구 풍수해저감종합계획〉을 수립하도록 하고 있다. 다섯째, 상습침수지역 · 홍수피해 예상지역 그 밖의 수해지역의 재해경감을 위하여 필요한 경우에는 '지구단위 홍수방어기준'을 정하도록 하고 있다. 여섯째, 지진으로 인한 재해의 경감과, 설해예방 및 경감조치, 가뭄방재를 위한 조사 · 연구, 재해정보 및 비상지원, 재해복구, 자연재해저감 연구 및 기술개발에 관한 사항을 규정하고 있다(소방방재청 국립방재연구소, 2005).

2) 자연재해의 종류

첫째, 태풍이다. 많은 비와 강한 바람을 동반하며, 인명과 재산에 큰 피해를 주며, 둘째, 호우는 크고 많은 비가 줄기차게 내리는 것이며, 주로 여름 장마철에 많이 일어나며,

홍수와 산사태를 일으킨다. 셋째, 가뭄이다. 오랫동안 비가 내리지 않아 마실 물과 공업 용수가 부족해지는 현상으로 인간에게 많은 영향을 미치며, 특히 농작물이 피해를 입으며, 상수원이 오염된다. 넷째, 폭설은 짧은 시간 동안 많은 눈이 내리는 것으로 눈사태를 일으키고, 농작물과 가축에 피해를 입히며, 교통을 마비시킨다. 위에서 언급하였지만 지진은 땅이 흔들리고 갈라지는 현상으로 건물을 파괴시키고, 막대한 인명피해를 끼치는 현상으로 우리나라에서는 현재까지 지진으로 인한 큰 피해는 없었으나 안심할 수 없는 일이다.

(1) 여름철 집중호우로 인한 산사태

집중호우 등으로 인해 토양의 결속력이 약해지면서 산의 경사면이 붕괴되는 현상이다. 산사태는 화강암이나 편마암 등 바위가 많은 지역에서 발생빈도가 높다. 암석의 표면이 갈라지거나 한 방향으로 금이 많이 생긴 암반지역일수록 더욱 위험하다. 또 급경사지보다는 완경사지에서 활엽수림보다는 침엽수림에서의 산사태가 더 위험하다.

(2) 홍수로 인한 농경지 침수, 인명피해

강물이 불어나서 평소보다 많아진 상태 또는 강물이 불어서 강의 양쪽에 있는 둑을 넘거나 파괴하여 주변이 범람하는 현상을 홍수라 한다. 홍수의 종류로는 눈이 많은 곳에서 봄철의 기온이 상승하여 눈이 녹아 발생하는 홍수, 습한 기류가 산을 타고 오를 때 내리는 집중호우로 발생하는 홍수, 태풍이 통과할 때 내리는 호우로 인한 홍수, 장마 전선의 영향으로 오랫동안 비가 내려 발생한 홍수 등이 있다. 산림이나 풀로 지표면이 덮여있으면 빗방울이 서서히 땅으로 스며들게 되고 산림이 어느 정도 빗물을 흡수하여 갑작스럽게 강물이 늘어나는 것을 방지하므로 홍수를 예방하기 위해서는 산에 나무를 많이 심어야 한다.

(3) 태풍의 영향에 의한 해일 발생

해수면의 높이가 갑자기 높게 변하는 현상이다. 해일의 종류에는 태풍이나 온대성 저기압 등에 의한 폭풍해일과 해양에서의 지진, 화산의 분출 등에 의한 지진해일(쓰나미)이 있다. 해일에 의해서 초래되는 재해를 해일 피해라 하며, 밀물일 때 해일이 겹치면 피해 규모가 더 커진다. 해일 피해로는 엄청난 양의 바닷물의 압력과 강한 풍랑에 의한 인명피해, 항만 시설과 제방 파괴, 선박 피해, 해안 근처의 농경지 침수 및 양식장 피해 등이 있다. 우리나라의 해일 피해는 남해안 지방에서 가장 많으며, 주로 태풍이 접근하거나 통과할 때 발생한다. 환태평양 지진대에 속하는 일본 열도에 지진이 발생할 경우 해일이 일어나 우리나라 동해안에 영향을 미치는 경우도 있다.

3) 자연재해를 예방하기 위한 역할과 예방법

기상청에서는 일기 예보를 통해 각종 재해 주의보 및 경보를 발령하고, 중앙재난안전대책본부는 자연재해에 대비하여 비상근무를 실시하여야 한다. 지방자치단체는 주민들과 함께 재해에 대비한 훈련을 민방위훈련과 병행 실시하는 것이 타당하다고 본다. 주민들은 홍수, 산사태에 대비책을 강구하고 자연재해를 극복하기 위한 노력들을 다각도로 펼쳐야 사고를 예방할 수 있다. 특히 댐 관리에 따른 홍수와 가뭄에 대비해야 하며, 산사태를 방지하기 위해 나무를 심고, 하굿둑은 바닷물로 거슬러 올라오는 것을 막기 위해 강 입구에 쌓는 것도 필요하다. 방파제는 높은 파도로부터 배들을 보호해야 한다. 이러한 기본적인 사항은 평소에 준비하고 신경을 쓴다지만 막상 재해가 발생되면 우왕좌왕하게 되고 사고수습에 혼란을 초래한다. 따라서 평소에 관계기관과 서로 협력하여 사전에 대비하는 것이 바람직하다. 따라서 다음과 같이 자연재해를 위한 예방법을 소개하기로 한다.

- 여름(6~8월)은 장마로 인한 홍수, 태풍이 우리나라에 미치는 영향이 크다. 비가 많이 와서 산사태를 일으킨다. 우박으로 인한 작물의 피해도 있다. 여름철에는 30°C를 넘는 무더위가 나타나며, 연 강수량의 45~60%의 많은 비가 집중적으로 내린다.
- 홍수 피해를 줄이려면? 우리나라의 홍수 발생 원인은 주로 장마전선과 태풍으로 인한 집중호우다. 홍수를 막기 위한 대책 중의 하나는 나무를 많이 심고, 땅에 나무나 풀이 많으면 빗방울이 떨어졌을 때, 표면의 흙이 쓸려나가는 것을 막아 땅속으로 빗물이 많이 스며들어 비 피해가 줄어든다. 또 다른 대책으로는 강폭을 넓게 해서 비의 양을 충분히 감당할 수 있게 하거나 dam을 건설 강폭이 감당할 수 있는 만큼의 물을 흘려보냄으로써 홍수를 조절할 수 있다.
- 태풍 피해는 어떻게 막을까? 우리나라에 가장 많은 피해를 끼치는 자연재해 중 하나는 태풍이다. 태풍은 북태평양 남서부에서 발생하여 아시아 동부로 불어오는 열대성 폭풍으로 센 바람과 많은 양의 비를 몰고 오고 해일과 홍수를 일으켜 큰 피해를 입힌

다. 센 바람은 나무를 부러뜨리고 건물을 파괴하는 등 바람의 속도에 따라 그 피해 정도가 다르다. 또한 태풍에 의한 많은 양의 비는 흙을 무너뜨리고 산사태를 일으키며, 강과 호수를 넘치게 해 홍수를 일으키기도 한다. 태풍이 접근하면 물이 잘 빠지고 있는지 수시로 점검하고 창문이나 지붕 등 비 · 바람에 의해서 깨지거나 날아갈 염려가 있는 것을 잘 손질해야 하며, 강 주변에 산다면 홍수에 대비하여 언제든지 대피할 수 있도록 비상식량과 용구를 챙겨놓는다. 또, 산 밑에 산다면 산사태에 대비하고 바닷가에 산다면 바닷물이 넘치는 해일에 대비한다.

제2절 환경오염과 대책

1. 환경오염의 이해

1) 환경오염의 정의

인간 생활이나 생산 소비의 과정에서 배출되는 매연 · 분진 · 악취 · 소음 · 진동 · 오수 · 오물 · 폐기물 · 방사능물질 등이 생활환경을 오염시켜 인간 또는 생물의 건강 · 생존 · 활동에 장애를 주는 현상이다. 현대 산업사회에서는 인구의 증가와 집중, 산업 발전, 소비 증대에 따라 에너지 · 수자원 · 토지 · 각종 자원 등의 수요가 급격히 증대하였다. 이에 따라 막대한 양의 매연 · 오수 · 폐기물 · 유독화합물 · 소음 · 진동 · 방사능물질 등이 배출되고, 이것이 넓은 지역으로 확대됨으로써 환경오염(環境汚染)이 발생한다.

이러한 상태는 경제 발전에 따라 더욱 심화되어 그 지역의 자연 생태를 파괴하고 생물의 생존을 위협하며, 자연 자원의 고갈, 악화를 더욱 촉진하여 인간의 생활환경을 위협하게 된다. 피해를 일으키는 환경오염은 인간 생활에 직접적인 영향을 미치는 대기오염 · 수질오염 · 해양오염 · 토양오염과 지구 규모의 환경오염이다.

대기오염은 연료의 연소 과정이나 공장 · 산업장의 공정(工程) 도중, 또는 폐기물과 오물의 소각 · 부패 과정에서 배출되는 가스 · 분진 · 증기 · 열 등이 대기 중에 부유, 이동하여 발생된다(한국민족문화대백과, 한국학중앙연구원).

2) 환경오염의 원인

공장 · 사업장 등의 생산활동으로 인해 버려지는 각종 쓰레기 폐기물과 자동차 · 기차 · 항공기 · 선박 등의 수송활동, 그리고 냉난방 · 취사 · 여가선용 등 일상생활을 포함한 각종 인간의 활동과정 속에서 발생한다.

3) 환경오염의 피해

화석연료 연소 시 방출된 황성분의 증가와 더불어 산림과 각종 구조물에 피해를 주는 산성비, 염화불화탄소(Chloro Fluoro Carbons, CFCs) 사용량 증가에 따른 성층권, 오존층의 파괴 및 이로 인해 자외선이 지표에 더 많이 도달하여 피부암 발생률의 증가, 생물 종의 감소, 물고기의 어획량 감소, 농작물 수확량의 감소 등으로 나타나는 인간에게 치명적인 요인이 된다.

4) 환경오염의 종류

다양하지만 인위적인 대기오염 · 수질오염 · 토양오염 · 소음 · 진동 · 지반침하 · 악취 등 특히 공장 · 사업장 등의 생산 활동, 자동차 · 기차 · 항공기 · 선박 등의 수송활동, 냉난방 · 취사 · 여가선용 등 일상생활을 포함한 각종 인간활동에 의해 유발되는 자연환경이나 생활환경을 손상시키고 궁극적으로는 사람의 생활 및 건강에 유해한 영향을 미치는 현상을 말한다. 이는 특히, 산업혁명 이후에 두드러지게 나타났으며, 인간활동이 주어진 환경공간의 고유한 자정능력(自淨能力)을 초과할 경우 발생한다. 지금도 공해(公害)라고 표현하는 사람이 있으나 현재는 환경오염이라는 용어가 표준용어가 되었다. 공해라는 낱말의 어원은 영국의 공중불법방해(公衆不法防害)에서 비롯되었다고 한다. 그러나 공해라는 말은 주로 일본에서 쓰이고 있을 뿐 국제적으로도 환경오염이라고 한다.

5) 환경오염의 실태

산업혁명 이후 에너지원으로 소비한 화석연료 연소량이 급격히 증가함에 따라 대기 내 탄산가스 농도도 약 25%(연평균 증가율 1.2%)로 증가하였으며, 지구 대기권의 평균기온이 이미 0.5℃ 상승하였다. 산업혁명 전 농도의 약 2배가 되리라는 2030년에는 1.5~4.5℃(평균

3°C)만큼 온난화할 것으로 추정된다. 이에 따라 바닷물의 수온도 상승하여 100년간에 14.3~22.7cm만큼씩 평균해면수위가 상승하는 추세에 있는데, 2030년까지는 20~140cm만큼 상승할 것으로 내다보고 있다. 화석연료 연소 시 방출된 황 성분의 증가와 더불어 산림과 각종 구조물에 피해를 주는 산성비, 염화불화탄소(Chloro Fluoro Carbons, CFCs) 사용량 증가에 따른 성층권, 오존층의 파괴 및 이로 인해 자외선이 지표에 더 많이 도달하여 피부암 발생률의 증가, 생물 종의 감소, 물고기의 어획량 감소, 농작물 수확량의 감소 등 지구환경의 장래는 심각하게 되었다.

2. 환경오염 대책

1) 대기 보전대책

청정연료 사용의 의무화가 필요하며, 저황유 공급 확대 등의 연료사용 규제도 필요하며, 자동차 매연오염대책, 공단의 각종 오염대책 등 정부 차원에서 구체적이고 현실적인 대안을 수립하여 추진하고 있으나 중요한 것은 개개인과 당사자들의 의지와 노력이 절실히 요구되고 있다.

2) 대기오염

호흡기질환을 일으킨다. 대기오염의 주범은 이산화황, 일산화탄소, 프레온가스, 탄화수소, 질소 산화물 등이고 주로 자동차나 공장에서 뿜어대는 연기이다. 그리고 사막화 현상, 오존층파괴도 문제가 된다. 오존층파괴는 자외선이 들어오게 해서 사람들의 피부질환을 유발하고, 동물이나 식물도 해친다. 사막화현상은 말 그대로 그 지역이 사막이 되는 것인데 그 지역에 대부분의 동식물은 살지 못하게 된다.

3) 물 보전대책

특별 관리를 통한 상수원수의 보전, 오염이 심한 하천의 집중관리 강화, 생활하수와 공장폐수에 대한 정화시설의 확충, 오염물 배출시설의 지도 · 단속강화 및 해양오염이 심한 해역의 관리강화 등 정부 차원에서 관리 · 감독이 강화되어야 하며, 개개인의 환경을 보존하는 책임의식이 중요하다.

환경오염은 경제활동을 통해서 어쩔 수 없는 결과이기 때문에 환경오염을 줄이기 위해서는 환경세를 부과하게 된다. 환경세란 경제활동을 하면서 발생되는 오염에 대해서 처리비, 또는 오염하게 되는 대가를 내게 하여 그 양을 줄이는 것으로 탄소세와 교통세를 부과하고 있지만 이러한 대책은 여전히 오염을 유발하는 근본적인 원인을 해결하지 못하기 때문에 기술적 발달로 오염해결을 하는 방안이 필요한 시점이다. 우리 인간에게 악영향을 미치는 환경오염은 수질오염, 토양오염, 대기오염이 대표적이다.

4) 수질오염

물을 더럽게 해서 적조현상 등을 유발하고 많은 물고기, 포유류 등 물에 사는 생물들을 해친다. 우리가 마시는 물을 더럽혀서 우리의 건강을 해치게 된다. 따라서 그 피해로는 다음과 같은 예가 있다. 1950년 초에 일본의 미나마타만 부근에 있던 질소 비료공장에서 폐수를 바다에 버려 많은 사람이 수은에 중독이 된 일이 있었다. 오염된 물고기와 조개를 먹은 사람들은 손과 발이 마비되고 언어장애와 시각장애를 일으켰다. 수은은 태아에게도 영향을 미쳐서 배 속 아기가 죽거나 기형아가 태어나기도 했다. 미나마타 지역에서 처음이 병이 생겼다고 해서 수은중독을 미나마타병이라고 한다. 그리고 대구에서 있던 수돗물 페놀 사건도 예로 들 수 있다.

5) 토양오염(간접적인 영향)

우리가 먹는 땅에서 난 음식(쌀, 보리 등등)을 나쁘게 만들어서 그걸 먹는 우리의 건강을 해친다. 그 피해로는 1910년부터 일본의 신즈강 주변에 사는 사람들은 병원을 찾기 시작했다. 키가 20센티미터나 작아진 사람도 있고, 조금 움직였을 뿐인데 뼈가 72군데나 부러진 사람도 있다고 한다. 그 병의 원인은 오염된 강물로 지은 농산물이라고 하였다. 강 상류에 아연 제련 공장이 있었는데 거기서 나온 카드뮴이 강물을 오염시킨 결과였다. 그 오염된 강물로 감자, 옥수수 농사를 짓는데 사람의 몸에 카드뮴이 쌓이면서 중독이 된 것이다. 카드뮴중독을 이타이이타이병이라고 하는데 우리말로는 아프다 아프다 병이라는 뜻이다.

3. 대기, 수질, 토양의 3대 오염 해결방안

1) 대기오염 해결방안

대기오염은 땅에 살면서 공기를 마시는 생물들을 해치기 때문에 우리 인간에게 해를 끼치는 중요한 요인이기 때문에 반드시 해결해야 한다. 따라서 언제나 말했듯이 가장 작은 것, 하기 쉬운 것부터 실천해야 한다. 스프레이 사용을 자제하고 그곳에서 나오는 가스 등의 물질은 대기오염의 주범이 된다. 자동차보단 대중교통 이용을 늘리고 자동차가 많이 줄면 그곳에서 나오는 배기가스로 인한 대기오염도 줄어들게 된다. 정부의 자동차 요일제를 적극 지키는 것도 해결방안의 하나이다.

여건이 된다면 식목일날엔 꼭 나무를 심는 방법도 필요하며, 나무는 공기를 맑게 해 주기 때문이다. 공장에선 꼭 정화기를 설치해서 매연을 정화시킨 뒤에 내보내야 하고, 각종 물질을 소각할 때, 비닐류는 꼭 정화시설이 갖추어진 소각장에서 소각해야 할 것이다. 에어컨 사용도 자제하고 그곳에서 발생하는 프레온가스도 대기오염의 주범이다.

2) 수질오염 해결방안

수질오염은 물을 더럽게 해서 적조현상 등을 유발하고 많은 물고기, 포유류 등 물에 사는 생물들을 해친다. 해결방안은 수도꼭지를 절수장치하거나 물뿌리개를 설치하면 약 50%의 물은 절약된다. 밤에 수도꼭지에서 한 방울씩 떨어지는 것을 모으면 1년에 14톤이나 된다고 한다. 새는 곳은 즉시 수리하자. 목욕 대신 샤워를 하고 샤워꼭지를 저속형으로 바꾸면 50%의 물이 절약된다. 컵을 이용한 양치질하는 습관을 들이자. 양치질할 때 수도꼭지를 틀어놓으면 한 번에 50ℓ 정도의 물이 낭비된다고 한다. 설거지할 때 통에 물을 받아서 하면 20ℓ면 물을 마냥 틀어놓을 경우 120ℓ가 든다. 라면 국물을 버리면 그 국물을 정화하기 위해서 2천 배의 깨끗한 물이 필요하다.

오염된 물이 회복되는 데 필요한 물의 양을 보면 커피와 맥주는 15,000배, 요구르트와 우유는 20,000배, 간장 30,000배, 식용유 198,000배, 마요네즈 240,000배에 이른다고 본다. 하수구를 뚫을 경우 뜨거운 물과 베이킹소다 반 컵을 번갈아 하수구에 붓는다. 그래도 안 되면 식초 반 컵과 소금 1/3컵을 붓는다. 그리고 변기 안에 푸른색 나는 청정제는 변을 분해할 정화조의 미생물마저 죽이는 어리석은 짓이다. 분사 반 컵 정도를 1시간가량 넣어두면 충분하다.

3) 토양오염 해결방안

토양오염은 땅에서 사는 지렁이나 곤충들과 땅에 뿌리를 내리는 많은 식물들을 해친다. 농약의 과다사용을 피한다. 산성비료의 사용을 줄이고 중성비료로 바꾸며 화학비료보다 퇴비 등 유기질 비료의 사용을 권장한다. 가정하수 및 산업폐수를 함부로 토양에 버리지 않는다. 폐기물 또는 독성물질을 무분별하게 토양에 버리지 않고 매립지의 방식을 도입하여 위생매립으로 하여 관리를 철저히 한다.

한편 지구환경 보전을 위한 국제적 노력으로서 화석연료의 사용량 억제, 깨끗한 재생성 대체에너지의 개발, 에너지 효율의 향상 및 청정석탄기술의 개발 등 온갖 지혜가 총동원되고 있다. 전력절약형 가전제품, 건물냉난방기법, 저오염자동차, 무오염 농약, 저오염 대용품 등의 개발이 여기에 포함된다. 하나뿐인 지구를 살리기 위한 노력이 세계 각국에서 전개되어 1992년 6월에 세계 환경회의가 개최되었고, 바젤협약, 기후변화협약, 생물성다양성협약 등이 체결되어 국제적인 노력이 계속되고 있다. 1992년 환경과 개발에 관한 유엔회의(UNCED)가 열려 '의제 21'이 채택되었으며, 이의 실시를 위해 유엔지속개발위원회(CSD), 유엔공업개발기구(UNIDO), 국제표준화기구(ISO) 등이 설립되어 각종 환경 관련 활동을 활발히 전개하고 있다.

경제성장과 함께 에너지와 자원의 소요 증가는 필연적이며, 이에 대한 대책을 강구하지 않는 한 엄청난 환경의 질적 악화가 유발될 것이다. 따라서 ① 대기 보전대책으로 청정연료 사용의 의무화, 저황유 공급확대 등의 연료사용규제, 자동차 오염대책, 공단 오염대책 등을 강력히 수립·추진하여야 하며, ② 물 보전대책으로는 특별 관리를 통한 상수원수의 보전, 오염이 심한 하천의 집중관리 강화, 생활하수와 공장폐수에 대한 정화시설의 확충, 오염물 배출시설의 지도·단속강화 및 해양오염이 심한 해역의 관리강화 등이 지속적으로 강구되어야 한다. 결론적으로 경제성장과 환경보전을 동시에 달성하기 위해서는 오염물질 배출량을 감소시키는 공정(工程)의 개발, 유해한 중금속의 안전처리 기술개발 및 저오염 또는 무오염 제품을 생산하는 기술개발 등 환경보전 기술개발을 강화해야 하며, 여기에는 국민 인식의 전환·확산이 반드시 전제되어야 한다(지구힐링문화재단, http://www.earth.or.kr).

제3절 전시비상대비(민방위) 및 화생방 안전

1. 비상사태 발생 시 행동요령

1) 비상사태 발생시

즉시 가정으로 복귀하되, 동원 대상 업체 직원들은 직장으로 복귀해야 하며, 전쟁 수행을 위한 차량을 제외하고는 모든 자동차의 운행이 통제되므로 대중교통수단을 이용한다. 통화량 급증으로 통신망이 마비되지 않도록 불필요한 전화사용은 자제한다. 단전 · 단수에 대비하여 양초나 손전등을 준비하고, 욕조나 큰 그릇에 물을 받아 두고 아껴써야 한다. 집 밖으로 나오지 말고, TV · 라디오 · 민방위 방송을 계속 들으면서 정부의 안내를 믿고 따라야 한다.

국가동원령이 선포되면 동원 대상 인력, 장비는 지정된 집결지로 응소해야 한다. 평시에 통보받은 임무고지서나 동원 영장은 분실하지 않도록 잘 관리해야 하며, 동원에 응하기 전 가족들에게 그 사실(일시, 장소)을 알리고, 본인이 없더라도 가족들이 현 상황을 잘 극복할 수 있도록 비상대비 물품 및 대피소 등을 숙지시켜 주어야 한다. 집결지에 도착한 후 동원관계자에게 신고, 통제에 따라 행동하고 임의로 집결지를 이탈해서는 안 된다. 장비가 동원 대상인 경우에는 정상적인 가동에 필요한 수리부속품 등을 갖추고 동원에 응해야 한다.

동원에 응한 후 해당 부대의 통제에 따라 임무수행에 필요한 소정의 교육을 받고 이동하거나 임무 수행할 준비를 하며, 생활필수품 사재기를 하지 말고 정부의 배급제 실시에 협조한다. 적의 거짓 선전이나 유언비어에 동요하지 말고, 수상한 사람 · 물건은 즉시 신고한다.

2) 신고해야 할 대상

거짓 선전이나 유언비어에 동요하지 말고, 수상한 사람과 물건은 즉시 신고한다. 적군, 무장공비, 간첩, 간첩선박, 행동이 수상한 사람, 불발탄, 지뢰 같은 폭발물, 불온선전물, 불온문서, 공중에서 낙하하는 사람, 연막을 뿌리는 수상한 비행기, 국가 중요 시설을 사진 촬영하거나 파괴하려는 사람, 기타 국가 안보를 해하는 사람 및 각종 피해 발생 상황은 반드시 관할 신고처(국가정보원: 111, 경찰: 112, 113), 가까운 군부대 및 관공서에 신고하여야 한다(국민재난안전포털, 2021).

2. 민방공 경보(경계 · 공습) 시 국민행동요령

1) 주간 경계경보 시 국민행동요령

모든 행정기관에서는 비상근무 태세를 갖추고 자체경계를 강화하게 되며, 경찰관서에서는 주민의 안전보호와 교통통제를 강화해야 된다. 민방위 대장은 대원을 지휘하여 민방위 시설과 장비를 점검하여야 한다. 국민 여러분은 즉시 대피할 준비를 하고, 어린이와 노약자는 미리 대피시켜야 한다.

화생방 공격에 대비하여 방독면 등 화생방 개인보호 장비와 대체 활용 가능한 장비를 점검하고 대피하기 전에 화재의 위험이 있는 유류와 가스는 안전한 곳으로 옮기고, 전열기는 코드를 뽑아두어야 한다. 극장, 운동장, 터미널, 백화점 등 사람이 많이 모인 곳에서는 영업을 중단하고, 손님들에게 경보 내용을 알린 다음 순차적으로 대피시켜야 한다. 운행 중인 자동차는 대피할 준비를 하면서 천천히 운행하고 고가도로나 도심지 진입을 삼가야 한다.

2) 주간 공습경보 시 국민행동요령

국민은 지하대피소나 지형지물을 이용하여 신속하고 질서 있게 대피하고 극장, 운동장, 터미널, 백화점 등 사람이 많이 모인 곳에서는 영업을 중단하고 손님을 대피시켜야 한다. 운행 중인 자동차는 가까운 빈터나 도로 우측에 정차하여 승객을 안전한 곳으로 대피시켜 주고, 대피할 때는 화생방공격에 대비하여 방독면 등 보호 장비와 대체 활용 가능한 장비를 착용하고 대피하여야 한다.

모든 행정기관에서는 비상근무 태세를 갖추고 자체경계를 강화하여야 하며, 민방위대장, 지도요원, 교통경찰관은 주민대피 유도와 차량운행 통제에 임하여야 한다. 대피장소에서는 질서를 지키고, 계속 방송을 들으면서 국민안전처의 지시에 따라 주어야 한다.

3) 야간 경계경보 시 국민행동요령

모든 가정과 직장에서는 즉시 대피할 준비를 하고 어린이와 노약자는 미리 대피시킨 다음, 옥내·외의 전등은 모두 꺼야 한다. 극장, 운동장, 터미널, 백화점 등 사람이 많이 모인 곳에서는 영업을 중단하고, 손님들에게 경보 내용을 알린 다음 순차적으로 대피시키고 모든 전등을 꺼야 한다. 응급환자실, 중요산업시설 등 불가피한 곳에서는 불빛이 밖으로 새어 나가지 않도록 차광막 등으로 완전히 가리고 운행 중인 자동차는 불빛을 줄이고 대피할 준비를 하면서 천천히 운행하여야 한다. 민방위대장과 지도요원은 각 가정과 건물의 소등을 지도하여 주어야 하며, 화생방공격에 대비하여 방독면 등 화생방 개인보호 장비나 대체 활용 가능한 장비를 점검한다.

4) 야간 공습경보 시 국민행동요령

모든 가정과 직장에서는 지금 곧 옥내·외의 전등을 모두 끈 다음 신속하고 질서 있게 대피하고 극장, 운동장, 터미널, 백화점 등 사람이 많이 모인 곳에서는 영업을 중단하고, 모든 전등을 끈 다음 손님들을 대피시켜야 한다.

응급환자실, 중요산업시설 등 불가피한 곳에서는 불빛이 밖으로 새어 나가지 않도록 차광막 등으로 완전히 가려야 하며 운행 중인 자동차는 가까운 빈터나 도로 우측에 정차하여 전조등, 미등, 실내등을 끈 다음 승객을 대피시키고, 대피할 때는 화생방공격에 대비하여 방독면 등 보호장비와 대체 활용 가능한 장비를 착용하시고 대피하여야 한다. 민방위대장, 지도요원, 교통경찰관은 건물과 차량의 전등을 모두 끄도록 하고, 주민대피 유도와 차량운행 통제에 임하여야 한다. 대피장소에서는 질서를 지키고 계속 방송을 들으면서 국민안전처의 지시에 따라주면 된다.

3. 재난경보 시 국민행동요령

1) 재난(경계 · 위험)경보(호우 시) 발령 시 국민행동요령

라디오, 텔레비전을 통한 기상특보 상황을 계속 청취하시고 가옥의 안전상태를 점검한다. 행정관서 및 가까운 이웃과 비상연락망을 확보하여 두고, 가옥·축대 등이 안전한가 살펴보고 막힌 배수로는 물이 잘 빠지도록 정비한다. 집 주위의 축대, 담장 등이 무너질 염려가 없는지 확인하고 위험한 곳은 보수하거나 받침대를 설치한다.

어린이, 노약자는 외출을 삼가고, 출타 중일 때는 일찍 귀가하고, 보행 시는 침수도로, 잠수교, 웅덩이 등 위험한 곳은 피하고 안전한 길로 돌아간다. 천둥 번개가 칠 때에는 철탑, 전신주나 큰 나무 밑으로 가지 않도록 한다. 차량은 하천변이나 저지대에 주차하지 않도록 하고 교통수단은 가급적 대중교통 수단을 이용하고 부득이 운행할 때에는 평소 잘 아는 도로를 이용하여 저단 기어로 운행한다.

농작물 보호를 위해 배수로를 깊이 파주고 물빼기를 한다. 등산객, 계곡 등의 야영객은 신속하게 안전한 곳으로 대피하고 물이 불어 난 계곡이나 하천을 무리하게 건너지 않는다. 각종 공사장에서는 즉시 작업을 중단하고 떠내려가거나 파손될 우려가 있는 기자재들은 안전한 곳으로 이동시키고 가옥 침수 시를 대비하여 가전제품이나 귀중품은 비닐로 포장하여 집안 높은 곳이나 안전지대로 옮겨놓는다. 저지대, 상습 침수지역, 고립지역, 산사태 위험지역의 주민은 대피 준비를 한 후 호우경보 발표 시 안전지대로 대피한다.

갑자기 침수, 고립되었을 때에는 건물 옥상이나 높은 지대로 올라가 흰옷으로 깃발을 만들어 흔들거나 연기를 피워 구조를 요청한다. 침수가 되었던 집에 들어갈 때는 먼저 창문을 열어 환기를 시키고, 전기시설은 한전 등에 안전점검을 받은 후 사용한다. 재난피해 발생 시는 즉시 관할 읍·면·동사무소에 신고하면 된다.

2) 재난(경계 · 위험)경보(태풍내습 시) 발령 시 국민행동요령

라디오, 텔레비전을 통한 태풍상황 방송을 계속 청취하시고 가옥의 안전상태를 점검하고, 가옥·축대 등이 안전한가 살펴보고 바람에 날릴 입·간판 등은 단단히 묶거나 제거하다. 어린이, 노약자는 외출을 삼가고, 방파제, 부두가, 해변 제방 등 위험한 곳에는 출입하지 않는다. 보행 시는 침수도로, 잠수교, 웅덩이, 방파제, 오래된 축대, 담장 등 위험한 곳은 피하고 안전한 길로 돌아간다.

해수욕객, 계곡 등의 야영객은 신속하게 안전한 곳으로 대하고, 해수욕장에 설치된 가건물과 편의시설은 철거하거나 단단히 묶어둔다. 해상의 각종 선박은 가까운 항구로 신속히 대피하며, 선박은 육지로 인양하거나 단단히 묶고 선박끼리 충돌로 인한 피해가 없도록 고무 타이어 등을 충분히 부착한다. 해변에 넣어둔 어망, 어구시설물은 안전한 곳으로 옮기고 철거 가능한 양식 시설은 철거토록 한다. 저지대, 상습침수지역, 고립지역, 산사태 위험지역의 주민은 대피 준비를 하신 후 태풍경보 발효시 안전지대로 대피한다.

갑자기 침수·고립되었을 때는 건물 옥상이나 높은 지대로 올라가 흰옷으로 깃발을 만들어 흔들거나 연기를 피워 구조를 요청한다. 태풍피해 발생 시는 즉시 관할 읍·면·동 사무소에 신고하면 된다.

3) 방사능 누출사고 발생 시 국민행동요령

(1) 일반 행동요령

가급적 외출을 삼가고 건물 내에서 생활하시기 바라며, 중앙방사능방재대책본부의 안내에 따라 행동하고 외출할 때에는 마스크를 착용하고, 우산, 비옷 등을 휴대하여 비를 맞지 않도록 유의하며, 옥외에서 음식물 섭취를 금지하며, 외출 후에는 샤워 등 몸을 깨끗이 하고, 채소, 과일 등은 충분히 씻어서 섭취하기 바란다.

(2) 방사능구름 통과 시 행동요령

가급적 가옥이나 건물 내에서 생활하시기 바라며, 외출 시는 우산, 비옷 등을 휴대하여 비를 맞지 않도록 주의하고 밀폐된 건물 밖에 있던 물은 폐기 또는 오염검사 후 사용해야 하며, 음식물은 실내로 옮겨놓고, 옥외에서는 음식물 섭취를 금지한다. 공급된 음식물 또는 오염검사 후 허용된 음식물 외에는 섭취를 금지한다. 가축은 축사로 이동하고, 사료는 비닐 등으로 덮어주고 채소, 과일은 충분히 씻어서 먹는다. 집이나 사무실의 창문 등을 닫아 외부공기 유입을 최소화하는 것이 좋다.

(3) 옥내대피 및 소개 시 행동요령

먼저 비상 내용을 인지하였을 때의 행동요령은 방사선은 오감으로 감지가 불가능하므로 자신의 판단 하에 행동하지 마시기 바라며, 라디오, TV 등을 통한 정부 발표를 따라주고, 외출을 삼가고 집안이나 콘크리트 건물 내의 안전한 장소로 옥내 대피하고 기밀성을 유지하고, 유아, 아동, 임산부, 노약자를 우선 보호하여야 한다. 그리고 옥내 대피 및 소개 안내를 받았을 때의 행동 요령은 전기, 가스, 수도 등에 안전조치를 취하고 음식물을 절대로 지참하여서는 안 되며, 애완동물 동반을 금지한다. 가축은 가급적 밀폐된 장소에 수용하고, 가축사료는 밀폐된 장소에 수용 또는 저장한다. 상황이 종료되었다 하여도 오염 확대

가능성이 있으므로 지정지역 외 접근을 금지한다. 환경감시 등 조사활동이 끝날 때까지 정부 및 방재유도요원의 안내에 따라 행동하여야 한다.

(4) 복귀 시 행동요령

경찰, 민방위대 또는 유도요원의 안내에 따라 질서 있게 이동하시기 바라며, 상황이 종료되었다 하더라도 오염 확대 가능성이 있으므로 지정 지역 외 접근을 금지한다. 환경감시 등 조사활동이 끝날 때까지 방재요원 또는 정부 안내에 따라 행동하시기 바라며, 공급된 음식물 또는 오염검사 후 허용된 음식물 외에는 섭취를 금지한다. 밀폐된 건물 밖에 있던 물은 폐기 또는 오염검사 후 사용한다(국가재난정보센터, 2014).

4. 화생방전과 화생방 경보 시 국민행동요령

1) 화생방전의 개념

화생방전이란 독가스를 사용한 화학전, 세균이나 바이러스를 사용한 생물학전, 핵무기나 방사능 물질을 이용한 핵 및 방사능전을 총칭하여 화생방전이라고 한다.

(1) 화학전

독성이 강한 화학작용제를 사용하여 사람이나 동물을 살상하거나 행동을 무능화시키고 지역이나 물자 사용을 방해하는 전쟁형태이다.

(2) 생물학전

사람, 동물 및 식물에게 사상, 질병의 발생과 물질의 부패, 오염시키기 위하여 전염성이 강한 세균이나 바이러스 등의 미생물과 독소를 이용하는 전쟁형태이다.

(3) 핵 및 방사능전

핵무기에 의한 대량살상 및 방사능 물질을 사용하여 사람이나 동물에 살상을 주거나 지역의 사용을 제한하는 전쟁형태이다.

(4) 화학 공격 시 행동요령

화학 가스는 공기보다 무거우므로 건물 상층부나 고지대로 신속히 대피한다. 대피 시

방독면 또는 물수건, 마스크 등으로 입과 코를 막고 최대한 피부가 노출되지 않도록 한다. 실내 대피할 때에는 창문, 출입문을 밀폐하여 외부 오염된 공기가 유입되지 않도록 한다. 건물 내 모든 공조시설, 환풍기는 끄고 공기 흡입구를 닫는다. TV, 라디오 등을 시청하며 정부의 안내에 따라 행동한다.

(5) 생물학 공격 시 행동요령

예방주사를 맞고 위생을 청결히 한다. 물은 끓여 마시고, 날 음식은 먹지 않는다. 실내에 머무르며 외부에 호흡기와 피부가 노출되지 않도록 한다. 해충에 물리지 않도록 조심하고, 주변을 청결히 한다.

(6) 핵 공격 시 행동요령

핵 공격 시 전 가족과 이웃에게 알리고 지하대피소로 대피한다. 야외에서는 지형지물을 이용하여 폭풍으로부터 보호받도록 하고 핵폭발 반대 방향으로 엎드리면서 눈, 귀, 코를 막는다. 낙진이 예상될 때는 방독면이나 긴 옷을 착용하고 외부 활동을 금해야 하며, 낙진 오염 시는 옷을 벗고 샤워를 한 후 의료진을 방문한다.

(7) 화생방 공격 후 행동

민방위대원은 대장의 지시에 따라 긴급구조 및 소화활동에 나선다. 화생방공격으로 오염된 환자는 우선 오염지역이 아닌 곳으로 옮긴 후, 옷을 벗기고 오염된 피부를 비눗물 또는 제독제로 제독하고, 증상에 따라 인공호흡 또는 해독을 주사한다. 피해가 발생하면 동사무소 등에 빨리 신고하고, 화생방 공격으로 오염된 장비와 시설은 비눗물로 깨끗이 씻는다(국민안전처 민방위과, 2014).

2) 화생방 경보시 국민행동요령

(1) 상황 1 : 화생방 작용제 탐지 시, 오염 예상 시 또는 공격 확인 시

대피시설이나 실내로 대피한 경우에는 실내에 외부 공기가 들어오지 않도록 밀폐하고 야외에서는 바람 부는 방향을 판단하여 바람 부는 좌우측 방향이나 측방의 높은 곳으로 대피하시되 호흡기와 피부를 보호하여야 한다. 극장, 운동장, 터미널, 백화점 등 사람이 많이 모인 곳에서는 영업을 중단하고 손님들에게 손수건 등으로 호흡기를 보호하게 한 후 대피시키고 모든 행정기관에서는 비상근무 태세를 갖추고 자체 경계를 강화하여야 한다.

운행 중인 차량은 신속히 오염지역을 이탈하거나 도로 우측에 정차하여 보호장비를 착용한 후 대피시설이나 건물 내부로 승객을 대피시켜야 한다. 대피 장소에서는 질서를 지키고 계속 방송을 들으면서 국민안전처의 지시에 따라 주어야 한다.

(2) 상황 2 : 화생방공격 종료 시

모든 행정기관과 경찰, 소방, 민방위, 예비군, 의료기관 등에서는 화생방공격에 따른 탐지, 사태수습에 임하여야 하고 사태수습요원은 오염지역에 오염표지판을 설치하고 주민의 출입을 통제하며 오염지역 제독 작업을 하여야 한다. 오염 환자가 발생하였을 때에는 오염되지 않은 지역으로 운반하여 오염 증상에 따라 응급처치 후 병원으로 후송한다.

국민은 가급적 외출을 삼가고 오염지역 시설이나 물자에는 접근하거나 만지지 말아야 한다. 또한, 오염지역의 식수와 음식물은 함부로 먹지 말아야 하며, 민방위대원의 오염지역 제독작업에 적극 협조하여 주어야 한다. 질서를 지키고 화생방경보가 해제될 때까지 계속 보호 장비를 착용하고 방송을 청취하여야 한다(국가재난정보센터, 2014).

5. 재난대응 안전한국훈련

1) 재난의 개념과 재난대비 훈련

재난(災難, disaster)은 국민의 생명·신체 및 재산과 국가에 피해를 주거나 줄 수 있는 것으로서 태풍(颱風)·홍수(洪水)·호우(豪雨)·폭풍(暴風)·폭설(暴雪)·가뭄·지진(地震)·황사(黃砂) 등 자연현상으로 인하여 발생하는 재해, 화재·붕괴·폭발·교통사고·환경오염사고 등 이와 유사한 사고로 대통령령이 정하는 규모 이상의 피해 등 국가기반체계의 마비와 전염병 확산 등으로 인한 피해를 말한다. 이러한 피해를 사전에 줄이기 위해 정부는 "재난대응안전 한국훈련"을 매년 실시한다. 재난대응안전 한국훈련은 국가 재난역량 강화를 위하여 중앙부처, 각 지방자치단체, 공공단체 등이 합동으로 재난 발생 대비 긴밀한 협조체제 구축으로 신속하고 효율적인 수습 및 복구지원 등 재난 상황 조치의 능력을 배양 제고하여 국민의 생명을 구하고 재산을 지키는 범정부적인 법정 훈련을 말한다.

'재난대비 훈련'은 재난관리 책임기관이 재난 상황에서 수행해야 할 제반 사항을 사전에 계획·점검하여 재난대응 능력을 높이는 활동을 말한다. 여기서 재난관리 책임기관은 중앙행정기관, 지자체, 공공기관, 공공단체가 책임기관이 된다.

2) 재난대비훈련의 필요성

지난 2009년 '허드슨 강의 기적' 사례를 보면 훈련의 중요성을 잘 알 수 있다. US 에어웨이 1549편이 JFK 공항을 이륙하자마자 뉴욕의 허드슨 강에 불시착하는 사고였지만, 1시간여 만에 단 한명의 인명피해 없이 구조를 완료하였다. 당시 현장대응 요원들은 인터뷰에서 "매뉴얼에 따라 훈련한 대로 실시한 것뿐이다"라고 말했다.

여러 사고와 사건, 재난과 재해의 확산은 초동 대처와 지휘체계에 대한 문제점이 원인이었으며, 평소부터 재난대응 계획을 수립하고 체계적인 훈련을 통해 재난대응 절차와 조치 등 관련 사항을 숙지한다면 '허드슨 강의 기적' 사례와 같이 재난 시에 피해를 방지하거나 줄일 수 있어 소중한 국민의 생명과 재산을 보호할 수 있을 것이다.

모든 재난은 예방, 대비, 대응, 복구의 4단계로 관리되지만 재난이 발생한 경우에는 피해를 최소화하기 위해 재난현장에서 작동하는 대응역량을 높이는 것이 매우 중요한데, 이러한 대응역량 강화에 재난대응 훈련은 필수적이라 하겠다. 이에 우리나라 또한 국가재난관리 총괄부처인 행정안전부를 중심으로 중앙부처·지자체·공공기관·주민들이 힘을 합해 다양한 재난에 대비한 지속적이고 체계적인 훈련을 매년 정기적·상시적으로 실시하고 있다.

따라서 재난대응안전 한국훈련은 우리의 삶 속에서 언제 어떻게 발생할지 모르는 모든 대규모 재난에 대비하여 실전 대응 역량이 발휘될 수 있도록 전 국민이 함께 참여하는 훈련이다. 따라서 골든타임 내 국민 생명을 최우선으로 보호하기 위해서 국가적으로 진행하는 이 재난대응 안전한국훈련은 재난대응 행동요령 숙지 및 안전문화 확산을 목표로 하고 있으며, 매년 5월 또는 10월경에 5일간 전국 각 지역에 있는 526개의 기관 및 일반 국민을 대상으로 재난대응안전 한국훈련을 매년 실시하고 있다(2021, 국민재난안전포털).

3) 재난대비 훈련 유형과 훈련체계 및 절차

재난대비 훈련은 「재난 및 안전관리 기본법」 제34조의9와 제35조 및 같은 법 시행령 제43조의13~15에서 규정하고 있다. 「재난 및 안전관리 기본법」 제35조(재난대비훈련 실시)에 따라 재난관리 책임기관들은 매년 정기적으로 또는 수시로 훈련을 하도록 의무로 되어 있다.

현재 정기적 훈련으로는 매년 1회 모든 재난관리책임기관 및 일반국민이 참여하는 범국가적 재난대응 종합훈련인 재난대응안전 한국훈련이 있으며, 수시훈련으로는 소관 재난유형에 대해 재난관리책임기관이 연중 실시하는 월별(상시) 훈련이 있다. 그리고 지속적이고 반복적인 안전교육을 통해 어린이가 안전역량 및 안전의식을 충분히 갖춘 어른으로 성장하도록 돕기 위한 어린이 재난안전훈련을 실시하고 있다.

재난대비훈련체계는 기획, 설계, 수행, 평가, 개선의 5단계 선순환 체계로 이루어져 있다. 그리고 기획 단계의 주요 임무는 훈련기획팀 구성, 훈련 목적과 일정표 수립, 훈련 기본계획 수립 등이고 설계 단계에서는 훈련목표 설정, 훈련 시나리오 개발, 훈련 시행계획 수립 등이 이루어진다. 본격적인 훈련 수행 단계에서는 훈련 준비, 훈련 상황 보고, 훈련 실시 등이 있고 마지막 개선계획 수립 단계에서는 훈련 수행 평가에 따른 권고 및 이행조치, 매뉴얼 검토 및 보완 등이 이루어진다.

학 습 정 리

1. 지진해일주의보 경보발령기준

① 지진해일 주의보 : 한반도 주변 지역 등에서 규모 7.0 이상의 해저지진이 발생하여 해일의 발생이 우려될 때

② 지진해일 경보 : 한반도 주변 지역 등에서 규모 7.5 이상의 해저지진이 발생하여 우리나라에 지진해일 피해가 예상될 때

2. 환경오염의 종류

① 인위적인 대기오염 · 수질오염 · 토양오염 · 소음 · 진동 · 지반침하 · 악취

② 공장 · 사업장 등의 생산 활동, 자동차 · 기차 · 항공기 · 선박 등의 수송활동

③ 냉난방 · 취사 · 여가선용 등 일상생활을 포함한 각종 인간 활동에 의해 유발되는 자연환경이나 생활환경

3. 국가비상사태 시 신고해야 할 대상

① 적군, 간첩, 간첩선박, 행동이 수상한 사람

② 불발탄, 지뢰 같은 폭발물, 불온선전물, 불온문서

③ 공중에서 낙하하는 사람

④ 연막을 뿌리는 수상한 비행기, 국가 중요 시설을 사진 촬영하거나 파괴하려는 사람

⑤ 기타 국가 안보를 해하는 사람 및 각종 피해 발생 상황은 반드시 관할 신고센터에 신고

4. 핵공격 시 행동요령

① 핵공격 시 전 가족과 이웃에게 알리고 지하대피소로 대피한다.

② 야외에서는 지형지물을 이용하여 폭풍으로부터 보호받도록 한다.

③ 핵폭발 반대 방향으로 엎드리면서 눈, 귀, 코를 막는다.

④ 낙진이 예상될 때는 방독면이나 긴 옷을 착용하고 외부 활동을 금해야 한다.

⑤ 낙진 오염 시는 옷을 벗고 샤워를 한 후 의료진을 방문한다.

제10장

생활 속의 범죄와 안전

학습 목표

1. 범죄의 개념과 유형에 대한 일반적 이해와 형법상의 범죄 및 경찰범죄 분류를 설명할 수 있다.
2. 범죄예방 및 생활범죄 대비책에 필요한 제반 조치를 취할 수 있다.
3. 주거형태에 따른 범죄의 원인과 주거침입 범죄를 예방할 수 있는 방법을 이해할 수 있다.

학습 키워드 범죄, 형법상 범죄, 5대 범죄, 자위방범, 주거형태, 경찰의 범죄, 범죄예방이론

제1절 범죄의 개념과 유형

1. 범죄 개념의 이해

1) 범죄의 개념

범죄의 개념은 일상적으로 사용하고 있는 보편적 용어이면서도 획일적으로 규정하기 어려운 용어이다. 상식적인 면에서 범죄는 사회질서를 파괴하고 타인에게 육체적으로, 정신적으로 고통을 안겨주는 것이다. 타인의 재산 또는 명예에 손상을 입히는 행위로 사회규범에 반하는 행위이며, 법이 금지한 행위를 범하는 것을 말한다. 사회공동생활에 반하는 행위라 하더라도 행위의 성질상 또는 법률상 처벌하지 아니하는 경우도 있다. 시간적, 세금포탈이나 마약 등과 같이 과거에는 범죄가 되지 않던 것이 오늘날에는 범죄로 취급된다. 공간적으로 볼 때 미국 대부분의 주에서는 복권이나 경마 등 몇 가지를 제외하고는 도박이 금지되고 있으나 네바다 주에서는 그것이 합법적으로 인정되는 경우도 있다.

(1) 절대적 범죄개념과 상대적 범죄개념

두 가지로 구분할 수 있다. 먼저 절대적 범죄개념은 일정한 국가의 법질서와 무관하게 시간과 공간을 초월해서 절대적으로 통용되는 자연적 범죄개념을 말하고, 상대적 범죄개념은 일정한 국가의 법질서를 통해서 규정된 범죄형식을 기준으로 하는 범죄개념이라 할 수 있다.

(2) 형식적 범죄개념

형식적 범죄개념에 의하면 '형법에 의해 형벌에 과해지는 행위'라고 정의하고 있으며, 그 행위의 내용이나 실질을 따지지 않고 오로지 법률에 의해 형벌이 과해진다는 형식에 의해 범죄를 정의한다.

(3) 실질적 범죄개념

실질적 범죄개념은 형벌법규를 떠나서 인간의 행위 중 사회에 해악을 끼치고, 사회질서에 반하는 행위를 범죄로 인식하는 관점이다. 이는 범죄의 실질적 의미를 파악하려는 관점으로 범죄는 법에 의해 보호되는 이익인 법익을 침해하는 행위로 인식하고 있다. 이는 범죄와 범죄가 아닌 것에 대한 기준을 제시하고 있지만, 사법기관의 자의적인 처벌이 가능하게 하고, 재판과정에서 법관에게 무엇이 범죄이고 어떻게 처벌해야 하는지에 대한 기준을 제식하기 어려운 난점이 있다(네이버 지식백과, 2021).

2. 범죄의 유형

1) 일반 형법상의 범죄분류

국가적 법익을 보호하는 형벌법규로 국가존립의 기초에 관한 죄는 내란죄, 외환죄, 국기에 관한 죄, 국교에 관한 죄 등이 있고 국가 기능의 보호에 관한 죄는 공안을 해하는 죄, 폭발물에 관한 죄, 공무원직위에 관한 죄, 공무방해에 관한 죄, 도주와 범인은닉의 죄, 위증 및 증거인멸의 죄, 무고죄가 있다.

2) 사회적 법익을 보호하는 형벌법규

사회윤리적 질서를 보호하는 형벌법규인데 이는 신앙에 관한 죄, 방화 및 실화의 죄, 일 수 및 수리에 관한 죄, 교통방해죄, 음용수에 관한 죄, 아편에 관한 죄, 풍속을 해하는 죄, 도박과 복표에 관한 죄가 있으며, 사회경제적 질서를 보호하는 형벌법규는 문서위조, 유가증권위조, 통화위조, 인장 위조 등이 있다.

3) 개인적 이익을 보호하는 형벌법규

인격적 법익을 보호하는 형벌법규로서 살인, 상해 및 폭행, 과실사상, 낙태 유기, 체포 및 감금, 협박 및 강요, 약취와 유인, 정조에 관한 죄, 명예에 관한 죄, 비밀침해의 죄, 주거침입의 죄 등이 있으며, 재산적 법익을 보호하는 형벌법규는 신용훼손죄, 업무방해죄, 경매입찰방해죄, 절도 및 강도, 사취, 공갈, 횡령 및 배임, 장물죄, 손괴죄, 권리행사방해죄 등이 있다.

3. 대검찰청과 경찰청의 범죄 분류

우리나라의 범죄 분류에 대해 알아보면 두 정부기관이 일부 다르게 범죄를 분류하여 달리 적용함에 따라 이를 명확히 구분할 필요가 있다. 먼저 대검찰청은 다음과 같이 형법에 따라 크게 8개의 카테고리(특별법 제외)로 범죄를 분류하고 있으며, 대분류-중분류-소분류를 통해 더욱 세분화된 형태로 형법에 따라 분류되고 있다.

1. 재산범죄: 절도, 장물, 사기, 횡령, 배임, 손괴
2. 강력범죄(흉악): 살인, 강도, 방화, 성폭력
3. 강력범죄(폭력): 폭행, 상해, 협박, 공갈, 약취와 유인, 체포와 감금, 폭력행위 등
4. 위조범죄: 통화, 유가증권인지우표, 문서, 인장
5. 공무원 범죄: 직무유기, 직권남용, 수뢰, 증뢰
6. 풍속범죄: 도박과 복표, 신앙, 공연음란
7. 과실범죄: 과실치사상, 업무상 과실치사상
8. 기타 형법범죄: 명예, 권리행사 방해, 신용업무 경매, 주거침입, 비밀 침해, 유기, 교통방해, 도주와 범인은닉, 위증과 증거인멸, 무고, 공안을 해하는 죄, 내란의 죄, 음용수에 관한 죄, 일수와 수리에 관한 죄, 기타

* 특별법: 가정폭력, 개인정보, 식품, 고용, 경범죄 처벌, 근로 관련, 농수산물 관련, 도로교통, 병역 등

반면 경찰청은 실무에서 더욱 분류가 용이하도록 다음과 같이 범죄를 분류한다(기재된 분류들 이후 세부 분류가 없다).

1. 강력범죄: 살인 기수, 살인미수 등, 강도, 강간, 유사강간, 강제추행, 기타 강간/강제추행 등, 방화
2. 절도
3. 폭력범죄: 상해, 폭행, 체포/감금, 협박, 악취/유인, 폭력행위 등, 공갈, 손괴
4. 지능범죄: 직무유기, 직권남용, 증수뢰, 통화, 문서/인장, 유가증권인지, 사기, 횡령, 배임
5. 풍속범죄: 성풍속범죄, 도박범죄
6. 기타 범죄: 특별 경제, 마약, 보건, 환경, 교통, 노동, 안보, 선거, 병역, 기타 범죄

※ 알아둘 점: 우리나라는 2014년 '간통', '혼인빙자 간음'이 풍속범죄의 소분류 항목으로 존재했으나 해당 해의 범죄를 집계하는 도중 법이 폐지되어 '기타'로 포함되었으며, 또한 기타 형법범죄 중 두 가지 '아편'과 '낙태'범죄의 경우 발생 건수가 극소수로 집계되어 역시 '기타'로 포함되었다(대검찰청, 2021).

제2절 범죄예방 및 생활범죄 대비책

1. 범죄예방의 의의 및 예방이론

1) 범죄예방이란?

범죄가 발생하지 않도록 미리 그 원인을 제거하는 것이며, 범인성 환경을 정비하는 것으로 그 피해가 확산되는 것을 방지하는 제반활동을 일반적으로 범죄예방이라 한다. 특히 상황적 범죄예방(situational crime prevention)이란 특정 범죄를 저지를 기회를 감소시키고, 범죄자에 의해 인식된 위험을 증가시키는 전략이다. 1970년대 초 오스카 뉴먼(Oscar Newman)이 '방어 공간(defensible space)'이라는 개념을 제시하면서 처음으로 알려지기 시작했다. 이후 1992년 Ronard Clarke는 자신의 「상황적 범죄예방(situational crime prevention)」에서 범죄사건의 감소를 위한 전략을 제시하였다. 이 이론에 따르면 범죄자의 범죄 실행을 어렵도록 만드는 전략, 즉 범죄 기회를 감소시키기 위한 방안들이 강조된다. 예컨대, 잠금장치나 경보장치를 사용함으로써 목표물의 물리적 안전성을 증대시키는 대상의 강화, 시정장치나 울타리 등을 통한 접근통제, 무기 구입이나 공공장소에서의 음주행위 등을 통제하는 등의 요인통제, 출입자 통제, 그리고 경찰의 순찰증대와 민간경비의 활성화, CCTV 설치 등으로 위험을 증대시키고 보상을 감소시키는 전략이 연구된다(신현기 외, 2012).

2) 범죄예방이론

(1) 형벌에 의한 범죄억제이론

범죄행동을 억제하기 위해서는 형벌을 확실하게 집행하고, 형벌의 정도가 엄격하여야 하며, 형벌이 신속하게 부과되어야 사람들이 형벌에 대한 두려움을 느껴 범죄를 자제한다는 것이다. 즉 범죄행위에 대한 국가의 강력한 처벌을 통하여 범죄를 억제하려는 것이다.

억제이론에 대한 비판과 한계는 합리적 선택이론에 근거하고 있어서 절도 등의 재산범죄에는 어느 정도 적용되지만 충동적 범죄유형에는 적용되기 어려운 점이 있으며, 어떠한 범죄를 저지르면 어떠한 처벌을 받을 것이라는 것을 공중이 인지하고 있어야 한다는 것을 전제하지만 현실은 그렇지 못하다. 처벌을 통한 예방효과가 실패하였을 경우, 이를 보완할 다른 대안을 갖고 있지 못하며, 가장 큰 단점은 그것이 추론적 논의이기 때문에 처벌의 범죄효과를 경험적으로 연구하기 어렵다.

(2) 사회복귀이론(치료 및 갱생이론)

주로 사회단체 및 교도소에서의 범죄예방활동의 이론적 배경을 토대로 범죄자의 내재적 결함을 치료·교정하여 정상적인 모습으로 사회에 복귀하도록 하는 것이며, 기관을 통하여 정상적인 활동을 가능하게 함으로써 다시 범죄를 저지르지 못하게 하려 하는 것이다.

치료 및 갱생이론의 비판은 치료 및 갱생활동은 비교적 비용이 많이 든다. 치료 및 갱생프로그램은 대부분 범죄행위에 대한 간접적 통제활동이기 때문에 적극적인 범죄예방에는 한계가 있다는 것이다. 수형자는 자유인의 환경에 적응하는 것이 아니라 수형자의 환경에 더욱 잘 적응한다. 교도소 내의 치료와 갱생활동이 현실적으로 적절하게 이루어지고 있는지에 대한 의문을 갖는 것이다.

(3) 환경공학적 범죄예방이론

범죄발생은 지역이나 피해자 측면에서 임의성이 없으며, 대신 일정한 범죄취약 지구가 존재하고 대개 이 지역을 중심으로 반복해서 범죄가 발생한다는 것이다. 범죄의 지역편중현상을 범죄자의 개인적 성향이나 사회적 배경만으로는 설명하기가 곤란하고 오히려 그 지역의 환경적 특성의 차이에 기인한다는 것이다. 그리고 어느 지역의 내부 환경과 구조 환경 등 일정한 물리적 환경의 특성이 범죄기회구조를 제공하여 그 장소에서의 범죄발생을 유도한다는 것이다.

2. 범죄예방활동의 필요성과 범죄대책

1) 범죄예방의 필요성

재산처럼 비교적 신속하고 완전하게 원상회복할 수 있는 경우도 있지만 불완전한 경우가 대부분이며, 생명과 같은 법익은 원상회복 불가능이다. 범죄가 발생한 후에는 범죄자의 검거, 재판, 교정 등에 많은 비용이 소요된다. 일상생활에서 시민 간의 불신, 범죄피해에 대한 두려움, 자유로운 활동을 저해하고 사회적 분위기를 위축시키며, 극단적으로는 사회의 해체를 야기할 수도 있다.

2) 범죄대책

범죄예방에는 두 가지로 설명할 수 있는데 먼저 범죄가 발생하기 이전에 사전예방대책을 강구하여 범죄가 애당초 발생하지 않도록 미리 방지하려는 일반예방대책과 일단 범죄가 발생한 후라도 그 범죄인이 다시 재범을 저지르지 않도록 방지하려는 특별예방대책이 있다.

형벌이나 보안처분 또는 소년보호처분 등과 같은 국가적인 형사사법제도에 의하려는 형사사법정책과 교육개혁, 경제건설, 사회복지의 향상, 사회정의의 실현 등과 같은 비형사사법적 사회교육정책으로 나누어진다. 또한 국가의 작용에 따라 입법정책, 사법정책, 행정정책으로 나눌 수 있는데, 입법에 의한 범죄대책은 주로 형벌예고를 통하여 국민일반을 위함으로써 범죄를 예방하려는 일반예방대책에 속한다.

국가작용을 집행하는 기관을 기준으로 범죄대책을 나눈다면, 경찰, 검찰, 법원, 교도소, 소년원, 감호소, 보호관찰소, 갱생보호공단 등에서 행하는 범죄대책이 있고, 그 담당자에 따라 정부주도의 범죄방지활동과 민간주도의 범죄방지활동으로 나눌 수 있으며 민간범죄방지활동을 다시 순수한 민간 활동과 정부의 위촉 또는 허가에 의한 민간 활동으로 구별할 수 있고 그 중요성은 날로 더 커지고 있다. 즉 누군가의 표적 대상은 되고 있지 않은가 하는 예방의식의 생활화가 필연적이고 '설마' 하는 열외의식은 절대 금해야 한다. 시민 개개인이 사소한 것부터 자위적으로 방범의식 전환을 생활화하는 것이 무엇보다도 범죄 예방을 하는 최선의 방법이다.

3. 우리나라의 5대 범죄와 최근 범죄 추세

1) 5대 범죄

(1) 강도

폭행 또는 협박으로 타인의 재물 및 재산상의 이익을 취득하거나 제3자로 하여금 이를 취득하게 함으로써 성립하는 범죄를 말한다. 대체적으로 범죄자 개인이나 범죄가 집단이

처해 있는 경제적 난관을 해결하기 위한 대안으로 저질러지는 범죄이다.

(2) 절도

형사법상 절취할 의도를 가지고 타인의 점유로부터 그 재산을 불법적으로 탈취하여 운반해가는 것을 말한다. 이런 범행의 동기로는 생활비 마련, 우발적인 충동이나 울분, 유흥비 마련 등 친구의 부추김이나 호기심 등 여러 가지 동기가 있으며, 그중에서도 생계형 절도가 주로 많은 편이다.

(3) 강간

강력범죄의 하나로서 상대방의 동의 없는 성교라고 할 수 있다. 이 범죄는 최근 점차로 많이 증가하고 있음을 각종 통계수치로도 확인할 수 있지만 범죄의 특성상 신고되지 않는 경우가 신고되는 경우보다 훨씬 많다.

(4) 폭력

강력범죄의 하나로서 타인에게 신체적인 공격행위 등 불법한 방법으로 행사되는 물리적인 강제력을 말한다. 폭력의 동기로는 대체로 우발적으로 진행이 된다. 평상시에 친하게 지내다가도 갑작스러운 의견의 불일치로 인하여 폭력이 오갈 수 있다.

(5) 살인

사람이 사람을 살해하는 행위를 말하며, 살인은 일반적 용어이다. 따라서 범죄가 아닌 살해행위를 가르치기도 한다. 일반적으로 우리는 낯선 사람으로부터의 공격과 살해위협에 대해서 많은 두려움을 갖고 있다. 그러나 대부분의 범죄와 달리 살인은 낯선 사람에 의해서 가해지는 것이 특징이라고 하지만 현실은 다른 점도 많다.

2) 최근 범죄추세

최근 우리나라는 대외적으로 여러 가지 요인과 국제 테러행위 증가 및 북한 핵실험 강행 등 여러 가지 사회 분위기에 편승하여 치안불안요인은 증가하고 있는 것이 현실이다. 김두얼 외(2014)의 연구에서 범죄통계는 여러 가지 이유로 다루기가 매우 까다롭다. 통계상의 수치를 해석하기도 쉽지 않을 뿐 아니라 있는 그대로 받아들이는 것은 여러 가지 문제가 있을 수 있다. 가장 큰 문제는 통계에 나타난 범죄 발생 건수와 실제 범죄 발생 건수가 다르다는 점이다. 피해자가 신고를 통해 별다른 소득은 얻을 수 없고 여러 가지로 번잡한 일만 발생한다고 생각할 경우 신고를 포기할 수 있으며, 이러한 범죄들은 통계에 반영되지 않기 때문이다. 또한 범죄는 살인이나 방화 같은 흉악 범죄로부터 단순 절도, 심지어는 담벼락에 낙서나 벽보를 부착하는 행위까지 매우 다양하다. 이 모든 범죄를 동일하게 보고 범죄 건수의 변동만으로 발생 수준이나 안전 정도를 평가하는 것은 범죄 발생 현황을 제대로 파악하지 못하게 할 수 있다. 따라서 단순히 정부통계를 인용하는 것이 아니라 통계의 내용을 면밀히 검토하고 의미를 따져봄으로써 안전 정도를 평가하는 작업을 반드시 거쳐야 한다고 하였다.

검찰청이 발간하는 『범죄분석』에 따르면 2012년 우리나라에서 교통범죄를 제외한 전체 범죄 발생 건수는 1,410,440건이다. 이것은 국민 100명당 3명가량이 해당 연도 동안 범죄 피해를 겪은 것을 의미한다. 과연 이 정도의 범죄 발생은 많은 것일까 아니면 적은 것일까? 범죄발생 수준을 평가할 수 있는 절대적인 기준은 없으므로 이 값을 평가하려면 여러 가지 비교 작업 등을 해보는 것이 필요하다.

첫째는 장기적인 추세를 통해 과거와 비교해 보는 것이다. 우리나라에서는 1980년경 교통범죄를 제외한 전체 범죄가 약 60만 건가량 발생했다. 그러던 것이 지난 30년 동안 계속 증가해서 2012년 140만 건까지 늘어났다. 증가 속도를 보면 지난 30여 년간 연평균 3.1% 증가해 온 셈이다. 2000년 이후 최근 12년을 놓고 보면 증가율이 1.7%로 다소 낮아졌지만 증가 추세는 계속 이어지고 있다. 이러한 지속적인 범죄 증가 추세는 주요 선진국과 비교해 볼 때 다소 이례적이다. 주요 선진국들의 경우도 1980년대나 1990년대 정도까지는 범죄가 증가하는 추세를 유지했다. 하지만 지난 10년 또는 20년 동안에는 범죄 증가가 멈추거나 오히려 감소하는 양상을 보이고 있다. 이런 추세에 맞춰 최근 선진국들의 경우 범죄 관련 연구들은 왜 범죄가 감소하고 있는가를 주요 주제로 삼아 분석하고 있다. 그런 측면에서 볼 때 선진국과는 달리 범죄가 지속적으로 증가하고 있는 우리나라의 범죄 발생 현황은 우려스럽다.

간혹 논자에 따라서는 우리나라의 범죄발생이 지난 20년간 계속 줄어들고 있으며, 범죄통계상의 추세는 실제 범죄 증가가 아니라 신고율의 증가를 반영할 뿐이라는 주장을 펴기도 한다. 하지만 이러한 주장은 한국형사정책연구원이 실시하는 '전국범죄피해조사'

의 내용과 일치하지 않는다. 3년, 최근 들어서는 2년에 한 번씩 실시되는 이 조사에서는 범죄피해자들에게 신고 여부를 문의하는데, 신고율이 상승하는 추세는 나타나고 있지 않기 때문이다. 따라서 현재 우리가 확보할 수 있는 최선의 정보들이 보여주는 것은 범죄가 무시할 수 없는 수준으로 계속 증가하고 있다는 사실일 것이다.

한편 2000년 이후 일반 특별법범보다 3배 이상 많아진 형법범이다. 그렇다면 어떤 종류의 범죄가 이러한 추세를 주도하고 있을까? 범죄를 형법을 위반한 범죄인 형법범과 그 이외의 범죄를 위반한 특별법범으로 나눠볼 때, 1990년대 중반을 전후로 해서 양자는 매우 상이한 움직임을 보여주고 있다. 1990년대 중반 이전에는 교통범죄를 제외한 특별법범이 범죄발생을 주도했던데 반해, 그 이후에는 형법을 위반한 형법범이 범죄증가를 주도하고 있다. 2000년부터 2012년까지 최근 12년의 기간만을 놓고 보면, 일반 특별법범 증가율은 0.6%인데 비해 형법범은 3배에 육박하는 1.7%이다. 사건 수에 있어서도 형법범은 104만 건인 데 비해 일반 특별법범은 37만 건으로, 전자가 후자의 2.8배 수준이다(김두얼, 2014).

3) 최근 주요 범죄유형별 특성

대표적 범죄유형은 살인, 강도 중 살인에 대하여 살펴보면 최근 2020년에는 총 805건의 살인범죄가 발생하였다. 이 중 일반 살인범죄가 694건으로 86.2%를 차지하고 있으며, 존속살해 60건(7.5%), 자살교사/방조 43건(5.3%), 영아살해 6건(0.7%), 촉탁살인 2건(0.2%)이 발생하였다.

범죄발생시간은 살인범죄가 가장 많이 발생하는 시간은 밤(20:00~03:59, 35.5%)이었으며, 그 다음으로 오후(12:00~17:59, 26.1%), 오전(09:00~11:59, 12.2%) 등의 순이었다. 다음으로 피해자의 성(性)과 연령에서는 살인범죄피해자의 59.1%는 남자였으며, 40.9%는 여성이었다. 그리고 살인범죄피해자의 70.5%가 41세 이상의 연령이었다. 남성 피해자는 51~60세, 61세 이상이 각 106건으로 가장 많았고, 그 다음은 41~50세 순이었다. 여성피해자는 51~60세, 61세 이상이 각 73건으로 가장 많았으며, 그 다음은 41~50세 순이었다. 15세 이하의 피해자가 발생한 건수는 남성아동 25건, 여성아동은 11건으로 남성아동이 여성아동에 비해 높게 나타났으며, 피해비율은 남성아동이 6.0%로 여성아동에 비해 2.2%p 높게 나타났다.

▼ 표 10-1 살인범죄 피해자의 성별 연령별 분포 (단위: 명, 분포)

피해자 연령	피해자 성		계
	남성	여성	
6세 이하	16(3.9)	6(2.1)	22(3.1)
7~12세	6(1.4)	3(1.0)	9(1.3)
13~15세	3(0.7)	2(0.7)	5(0.7)
16~20세	9(2.2)	5(1.7)	14(2.0)
21~30세	44(10.6)	28(9.8)	72(10.3)
31세~40세	51(12.3)	34(11.9)	85(12.1)
41~50세	73(17.6)	62(21.7)	135(19.3)
51~60세	106(25.6)	73(25.5)	179(25.6)
61세 이상	106(25.6)	73(25.5)	179(25.6)
계	414(100.0)	286(100.0)	700(100.0)

출처 : 검찰청(2021).

신체피해정도는 살인범죄로 인해 피해자가 사망한 경우는 297건으로 전체의 41.0%였다. 살인범죄로 인해 상해를 입은 경우는 208건(28.7%), 신체피해를 입지않은 경우는 220건(30.3%)이었다. 그리고 살인범죄 범죄자와 피해자의 관계를 살펴보면, 전체의 16.8%가 타인인 것으로 나타났다. 타인 외의 관계에서는, 친족관계인 경우가 전체의 24.3%로 가장 많았고, 그 다음이 이웃/지인(16.3%), 애인(7.5%), 친구/직장동료(7.5%) 등의 순이었다.

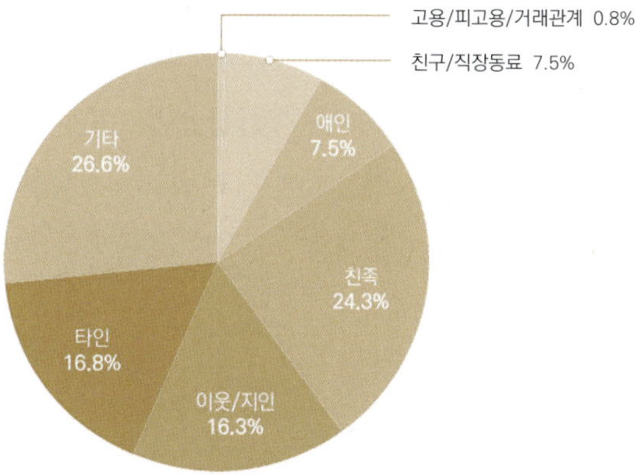

▲ 그림 10-1 살인범죄 범죄자와 피해자의 관계

출처 : 검찰청(2021).

그리고 검거된 살인범죄 범죄자의 79.4%가 남성이었으며, 여성은 20.6%로 나타났다. 남성범죄자는 51~60세 연령층이 27.2%로 가장 많았고, 그 다음은 41~50세, 61세 이상, 31~40세 순이었다. 여성범죄자는 19~30세 연령층이 26.5%로 가장 많았으며, 그 다음은 51~60세, 41~50세 순이었다. 특히 여성범죄자의 40세 이하 비율은 45.8%로 같은 연령대의 남성범죄자(32.1%)에 비하여 상대적으로 높은 반면에, 남성범죄자는 여성범죄자에 비해 41세 이상의 비율이 상대적으로 높았다.

▼ 표 10-2 살인범죄 범죄자의 성별 연령별 분포

(단위: 명, %)

범죄자 연령	범죄자 성		계
	남성	여성	
18세 이하	7(1.1)	2(1.2)	9(1.1)
19~30세	97(15.2)	44(26.5)	141(17.5)
31~40세	101(15.8)	30(18.1)	131(16.3)
41~50세	131(20.5)	31(18.7)	162(20.1)
51~60세	174(27.2)	32(19.3)	206(25.6)
61세	129(20.2)	27(16.3)	156(19.4)
계	639(100.0)	166(100.0)	805(100.0)

출처 : 검찰청(2021).

범죄자의 전과를 보면 검거된 살인범죄 범죄자의 39.5%가 벌금형 이상의 전과가 있는 것으로 나타났다. 전과가 없는 초범인 범죄자는 20.8%이며, 전과가 미상인 범죄자는 39.7%로 나타났다. 마지막으로 검거된 살인범죄 범죄자의 54.4%가 범행 당시 정신상태가 정상이었다. 37.6%는 주취 상태였으며, 8.0%는 정신장애가 있는 것으로 나타났다. 그리고 여성범죄자 중 정신장애가 있는 비율은 11.1%로 남성범죄자(7.4%)에 비하여 높게 나타났으며, 남성범죄자 중 주취상태에서 살인범죄를 저지른 비율은 41.2%로 여성범죄자(20.4%)에 비하여 높게 나타났다(검찰청, 2021).

4. 자위방범 대책

1) 가정방범요령

가정방범에 있어서 범인이 주로 노리는 집의 유형은 단독주택, 빌라, 다가구주택 등에 범죄가 많이 발생한다. 특히 ① 대문이 열려 있는 집, ② 자물쇠가 밖으로 채워져 있는 집, ③ 초인종을 눌러도 대답이 없거나 전화를 걸어도 받지 않는 집, ④ 초저녁에 불이 꺼져 있는 집, ⑤ 대문·출입문에 정기 배달물이 쌓여 있는 집 등이 범죄에 취약한 가구들이다.

2) 금융기관 등 자위방범 요령

금융기관에서도 종종 범죄가 발생하는데, 요즘은 고도의 첨단장비로 인해 줄고 있지만 방심할 수 없는 것이다. 방범요령은 ① 자체경비 인력, 장비의 지속적 보강, ② CCTV 등 첨단 방범장치 설치, 운용, ③ CCTV 관리 유의사항, ④ 현금 호송 시 안전대책 강화, ⑤ 위기상황에 대비한 자체방범훈련을 정기적으로 실시하는 것이 필요하다.

3) 방범비상벨 설치 유형

범죄수법이 날로 지능화되고 있기 때문에 방범비상벨도 다양하게 고려하여 설치할 필요가 있다. 오늘날 감시카메라 설치로 주요사각지대를 보강하고 특히 ① 이웃 간 비상벨 설치 ② 컴퓨터 범죄신고 시스템 ③ 전문경비회사의 계약에 의한 기계경비 시스템을 적극 활용할 필요도 있다.

제3절 주거침입죄와 안전

1. 주거형태에 따른 범죄요인과 주거침입 방법 및 사례

1) 다세대주택

다세대주택은 아파트와 달리 방범에 취약하다. 별도의 경비 인력도 없으며, 저소득층의 주거율이 높고 구체적인 경비시스템의 장착률이 낮으며, 범죄의 목표물이 될 수 있는 노인층, 생활대상자 주거율 상승으로 매우 취약하다. 친밀관계가 높은 장기간 거주자보다 이주율이 높아 이방인 거주율이 상승하고 있다. 한편 다수의 주택이 밀집되어 있으며, 주택 간 거리가 좁아 표적이 될 수 있다. 좁은 골목 등으로 범죄 이동 동선이 숨겨져 있다.

2) 단독주택과 아파트

단일가구를 위해서 단독택지 위에 건축되어 있는 형식이며, 중상층의 비율이 높아 부유층을 겨냥한 전문적이고 계획적인 범죄가 많으며, 다세대, 다가구와 같은 형식으로 밀집되어 있는 경우가 많아 범죄에 노출되어 있다. 아파트는 한 동의 건물 안에 독립된 여러 세대가 살 수 있게 구조한 공동주택으로 5층 이상을 아파트라 규정하고 있는데, 고층의 경우 자전거 도난, 배달 물, 침입절도 등 고층에서 많았으나 주거침입절도는 저층에서 더 많은 것으로 나타나고 있다.

3) 주거침입 방법 및 사례

목표물이 되기 쉬운 건물 및 층수는 일반주택(다가구, 빌라, 다세대 등)과 저층이며, 범행 요일과 날씨는 주로 평일에는 회사나 학교 가는 등 집을 비울 경우, 반해 휴일에는 가족끼리 외출 시에도 범죄가 발생한다. 가로등 및 조명과의 상관관계를 보면 범행과의 관계에 있어서 중요한 변수가 아닌 것으로 나타났다. 침입수단은 주로 베란다, 바깥계단, 담장이 많았으며, 차고, 사다리 쓰레기통, 가스관, 전신주, 수도관 이용도 빈번하게 나타났다. 침입경로는 현관을 통한 침입을 줄었으나 베란다나 거실 및 기타 장소의 창으로 통한 침입이 증가하였으며, 침입방법은 주로 문단속하지 않은 경우 유리창을 깨고 들어간 사례가 많았다. 그리고 숨겨둔 열쇠를 찾아 현관으로 침입한 사례도 있었다.

2. 가옥의 범죄예방대책

1) 가옥의 주변

담장을 발판으로 하여 베란다로 오르거나 건너가는 등 침입경로가 될 수 있으므로 가옥과의 간격과 높이 등에 배려할 필요가 있으며, 정원수는 줄기나 가지를 통해 베란다로 건너가는 경우가 있으므로, 가옥 쪽으로 뻗어있는 가지는 잘라두는 것이 좋다. 전신주는 가옥으로 간단하게 올라갈 수 없도록 높이 2미터까지 볼트를 박지 않도록 설치기관에 신청하는 것도 고려할 수 있다. 공사장 발판 쪽으로 난 출입구나 창문 등에는 문단속을 철저히 하고, 보조 자물쇠를 설치하거나 경보장치 등을 설치할 필요가 있다. 그리고 창고, 차고 지붕 등 가급적 가옥에서 떨어지거나, 베란다 혹은 창문으로부터 멀리할 필요가 있다. 사다리는 문단속이 된 창고에 수납하거나 눈에 띄지 않는 곳에 놓아두고 이동시킬 수 없도록 체인 등으로 고정하여야 한다.

2) 가옥의 벽면 · 옥상 · 베란다의 난간

벽면의 홈통은 베란다나 창문 등의 위치 관계에 배려하고 손잡이나 발판이 될 만한 것을 설치하지 않도록 한다. 계단은 절도범이 일반적으로 바깥계단을 선호하므로 바깥계단이나 비상계단을 1층 부분은 거주자만이 이용할 수 있도록 조치하는 것도 필요하다. 옥상은 로프를 이용하여 내려올 수 없도록 옥상의 난간을 개량할 필요가 있다. 베란다 난간은 베란다 외부에서 들여다볼 수 있는 타입이 바람직하다.

3) 현관문 · 베란다의 창문 · 기타

현관문은 문단속을 하지 않은 결과 피해를 방지하기 위해 자동도어로 하고, 체인 등의 보조 자물쇠를 설치하는 것이 바람직하며, 출입문은 유리 또는 알루미늄으로 만들어진 도어는 사용되지 않는 것이 좋다. 베란다 · 거실 및 기타 베란다나 거실의 창문에는 합성유리 또는 복층유리를 사용하는 것이 좋다.

3. 공동주택의 범죄예방 요령

1) 공동주택의 특성

재개발 아파트, 연립 등 공동주택 점유율의 급격한 증가로 인해 아파트단지 내 다중 출입이 용이하고 특히 야간출입 통제가 곤란하다. 단독주택보다 상대적으로 안전하리라는 인식으로 입주자의 자위방범의식이 미약한 것이 특징이다.

2) 범죄수법

아파트 개인 세대별 대규모단지 경우, 익명성이 높아 침입범행이 용이하며, 현관문만 잠그면 안전하리라는 방심을 틈타 배수통, 배관을 타고 3층 이상 창문으로 침입하는 경우가 있으며, 옥상에 침입하여 숨어 있다가 한밤에 밧줄 타고 내려와 창문으로 침입하는 경우도 있다. 한편 열린 문이나 창문 또는 자물쇠를 부수거나 유리창 깨고 침입하는 것도 있을 수 있으며, 특히 맞벌이 등으로 집을 비운 것을 전화 확인 후 침입하는 경우도 종종 발생한다. 그리고 가스검침원, 우편배달부, 방문객, 동사무소 직원 등을 사칭하여 문을 열게 한 후 범행을 저지르고 있으며, 만능키나 훔친 열쇠를 이용하여 범죄를 저지르는 경우도 있다. 아파트 내부·외부 공간을 이용하여 범죄를 저지르는 경우도 있다. 특히 엘리베이터 내에서 동승한 여자를 위협, 강취하거나 동승한 어린이를 협박하는 경우도 있으며, 비상계단 공용공간에서 발생하는 범죄는 고층아파트일수록 많이 발생한다. 그리고 단지 내의 공원놀이터 주차장 등에서 환각제 흡입, 패싸움, 성폭력 등 범죄가 용이하다. 주차장에서는 차량 및 내비게이션 등 각종 보관 물품을 도난당하는 사고도 종종 있다.

3) 방범활동의 중요성과 기본자세

범죄는 일단 발생하면 주민의 불안 심리로 인한 파급효과가 크고 범인검거 및 수사에 많은 인력과 비용이 소요될 뿐 아니라 범인이 검거되어도 피해는 원상태로의 회복이 거의 불가능하기 때문에 평소 예방계획을 수립하여 매뉴얼을 제작하여 지속적인 예방활동이 필요하다.

경비원은 입주자의 생명, 신체, 재산을 보호한다는 차원에서 중요한 사명의식을 갖고 범죄를 미연에 방지한다는 결연한 근무태도를 견지하여야 한다. 근무지를 이탈하거나 음주, 도박 등을 하여서는 안 되며 범죄발생시 신속히 대처할 수 있도록 행동요령도 숙지하여야 한다. 최근 강남의 ○○아파트 경비원의 자살과 관련 경비원들의 복지와 처우개선이 되어야 이를 바탕으로 안정된 생활로 근무의욕도 고취될 것이다.

학 습 정 리

1. 일반 형법상의 범죄분류

① 국가적 법익을 보호하는 형벌법규
② 사회적 법익을 보호하는 형벌법규
③ 개인적 이익을 보호하는 형벌법규

2. 우리나라의 5대 범죄

① 강도 ② 절도 ③ 살인
④ 폭력 ⑤ 강간

3. 경찰의 범죄분류

① 강력범죄 ② 절도범죄 ③ 풍속범죄
④ 폭력범죄 ⑤ 지능범죄

4. 절대적 범죄개념과 상대적 범죄개념

① 절대적 범죄개념 : 일정한 국가의 법질서와 무관하게 시간과 공간을 초월해서 절대적으로 통용되는 자연적 범죄개념
② 상대적 범죄개념 : 일정한 국가의 법질서를 통해서 규정된 범죄형식을 기준으로 하는 범죄개념

5. 환경공학적 범죄예방이론

① 범죄발생은 지역이나 피해자 측면에서 임의성이 없으며, 대신 일정한 범죄취약지구가 존재하고 대개 이 지역을 중심으로 반복해서 범죄가 발생한다는 것이다.
② 범죄의 지역편중 현상을 범죄자의 개인적 성향이나 사회적 배경만으로는 설명하기가 곤란하고 오히려 그 지역의 환경적 특성의 차이에 기인한다.
③ 어느 지역의 내부 환경과 구조 환경 등 일정한 물리적 환경의 특성이 범죄기회구조를 제공하여 그 장소에서의 범죄 발생을 유도한다는 것이다.

제 11 장

생활 속의 성범죄(성희롱)와 안전

학습 목표
1. 인간의 성역할 및 범죄의 원인과 특성을 설명할 수 있다.
2. 범죄발생 유형과 사례 및 예방 대책에 관해 이해할 수 있다.
3. 직장 성희롱과 성범죄 예방대책을 이해할 수 있다.

학습 키워드 성역할, 해부학적, 성폭력, 성범죄, 양성 성, 성희롱, 성 문화, 근친성, 혼인빙자간음

제1절 인간과 성역할 및 성범죄의 원인과 특성

1. 인간과 성역할

남녀의 성, 남과 여를 구분할 때 성이란 용어가 사용되며, 성은 남녀 간의 해부학적 차이, 성역할 및 성욕구의 세 가지 측면으로 구분할 수 있다. 먼저 해부학적 차이이다. 태어나면서부터 선천적으로 구분되는 외생식기의 해부학적 특성에 따른 남녀 간의 차이가 나타난다. 둘째, 성역할(정신적인 면에서의 구분)이 다르다. 개인이 태어난 이후 사회문화적 환경에 의해 학습된다. 개인이 정신적인 성의 주체성은 환경에서 특히 부모와 사회의 주체성은 성역할과 관련하여 남녀를 구분 짓는 속성을 내포하고 있다. 마지막으로 성욕구의 표현방식의 차이이다. 성욕구, 인간의 성애, 사랑, 남녀 간의 사랑에 대한 태도, 행위 및 인간이 갖고 있는 성욕구의 표현방식 등에 남녀 간의 차이가 있다. 즉 성역할이란 남성이든 여성이든 각자 성의 특성을 나타내는 사회적 역할 내지는 행위를 말한다.

성역할(sex role, 性役割)은 인간의 행위나 태도와 관련하여 남녀별로 적절한 것으로 규정된 문화적 기대치, 사회화과정에서 학습된다. 성역할의 사회화과정은 태어나서 죽을 때까지 평생 동안 지속되는 과정으로서, 자아정체감이나 사회에서의 위치, 또는 타인과의 관계를 성에 따라 각기 다르게 정해 주는 기능을 하게 된다.

유아기 때부터 여아와 남아는 선별적인 양육을 받게 되며 성장함에 따라 성역할에 대한 기대의 차이도 증가하면서 사춘기에 도달하기 전에 남녀 간의 행동양식에 확실한 차이가 드러나게 된다. 성역할의 사회화과정을 설명하는 이론은 '동일시론(同一視論)', '사회학습론(社會學習論)', '인지발달론' 등이 있다. 동일시론은 아동이 동성(同性)부모의 행동을 무의식적으로 본받는 데서 성정체감이 형성된다고 본다. 사회학습론은 부모 이외에도 주변 환경이나 문화적·제도적 요소들이 성정체감을 형성하는 데 중요한 역할을 한다는 것을 강조한다. 인지발달론은 아동이 스스로 사회와 상호작용하는 과정을 통해 스스로의 인지 능력을 발달시키며 이에 따라 사회적 성을 확립시켜 나간다고 본다(두산백과, 2014).

1) 소아기의 성적 발달과 성역할

성주체성이란 '나는 여자다', '나는 남자다'라고 하는 개념이다. 출생에서 3세까지 확립되며, 이 개념은 이 단계에서 고정되어 앞으로의 인생에서 변화되지 않는다. 내적인 심리학적 개념은 생물학적인 요인과 환경적인 요인에 따라 형성된다. 성역할을 연출하는 일(자신이 여성인가 남성인가를 보여주는 언동)도 성주체성이 확립되는 기간에 명확해진다. 그것은 성주체성의 기본적인 이해에 입각하고 있다. 성역할은 직업을 선택하거나 부모가 된다는 등 개인의 생활과 함께 서서히 발전한다. 성역할의 학습 아이는 자신의 성역할을 기본적인 두 가지 방법으로 학습한다. 첫째, 동성의 행동을 모방함으로써 자신의 성의 의미를 배운다. 즉 남자아이는 아버지나 다른 남성의 역할을 모방한다. 둘째, 이성을 관찰함으로써 자신의 성의 의미를 명확히 한다. 즉 남자아이는 어머니나 다른 여성을 관찰함으로써 여자아이에게 어떤 행동이 기대되고 있는가를 배운다. 이것은 다시 자신의 성에 대해 어떤 행동이 기대되고 있는가, "여자아이 같은 짓을 하지 않으니 나도 남자다"를 명확히 한다.

2) 사춘기의 변화와 성역할

사춘기 때의 성호르몬 분비는 2차 성징이 나타나게 한다. 또한 남성 의식과 여성의식을 높여준다. 사춘기의 변화가 긍정적으로 경험되느냐 부정적으로 경험되느냐는 매우 중요하다. 성인이 되기 위해서는 누구나 거쳐야 하는 자연스러운 성장, 성숙의 과정으로서 2차 성징을 받아들이는 것이 남녀평등과 성역할을 이해하는 데 중요하다. 한 개인이 이 시기의 변화를 잘 수용하게 되려면 다음 세 가지가 필수적이다. 첫째, 자신의 성장발달에 대한 적절한 지식이 필요하다. 둘째, 자신의 성역할에 대한 긍정적인 동일시가 필요하다. 셋째, 가족과 동년배의 지지적 분위기가 필요하다(http://www.gunbuk.ms.kr/edus/edus12.htm).

3) 남녀 성역할의 전통적 기대

남성의 성역할 기대는 전통적으로 강하고, 이성적이고, 진취적이며, 사회적이다. 반대로 여성의 성역할 기대는 순종적·수동적이고, 의존적·감정적이어야 한다고 기대되고 있다. 즉 감상적이고 타인의 감정에 예민하고 매력적·동정적이고 이해심이 많으며 온화하고 부드러움을 지닐 것이 기대된다. 그리고 가정 내에서 성역할 기대는 여성은 자녀를 양육하고 남성은 돈을 벌어오는 것으로 기대되고 있다.

4) 성역할의 변화와 바람직한 성역할(양성성)

양성성(androgyny)이란 성역할에 대한 사회의 고정관념 중에서 바람직한 여성적 특성과 바람직한 남성적 특성이 결합되어 공존하는 것으로 기존의 성역할에 매이지 않은 건강한 개념이다. 양성적인 사람은 여성적인 행동과 남성적인 행동을 융통성 있게 수행함으로써 더욱 다양한 행동을 수행해 낼 수 있고 그로 인해 상황에 따라 유연한 반응을 보이며 적절하게 그리고 효과적으로 대처할 수 있다. 양성 성은 그들에게 지금까지 명확하게 구분되어 왔던 어머니=주부, 아버지=생활부양자로서의 전통적인 역할을 변화시켜주고 있다.

2. 성범죄의 원인과 특성

우리나라에서는 최근 강간 등 성범죄를 수사하면서 피해자에게 수치심을 주는 일체의 행위를 금지하는 '성범죄 피해자 보호 지침'을 마련하는 한편, 국무총리 산하 청소년보호위원회에서는 2010년 8월 30일부터 청소년 대상 성범죄자에 대한 신상을 인터넷 홈페이지에 6개월간 공개하고, 정부 중앙청사 및 16개 시 · 도 게시판에도 1개월간 공개하는 등 갈수록 성범죄자에 대한 처벌이 강화되고 있는 추세다(네이버 지식백과, 2021).

1) 성범죄와 성폭력의 개념

① 성범죄 : 성과 관련되어 발생하는 범죄를 말하며, 형법은 강간과 추행의 죄(형법 2편 32장)와 성풍속에 관한 죄(2편 22장)로 구분하고 있다. 강간과 추행의 죄는 개인적 법익, 즉 개인의 성적 자기결정의 자유를 보호하기 위한 것이며, 성풍속에 관한 죄는 사회적 법익, 즉 사회 일반의 건전한 성도덕 내지 성풍속을 보호하기 위한 것이다. 그러나 넓게는 이러한 형법의 규정 외에도 여성 폭력범죄의 처벌 및 피해자보호 등에 관한 법률, 아동복지법, 풍속영업의 규제에 관한 법률, 윤락행위 등 방지법, 경범죄처벌법 등 특별법상 규정된 성 관련 범죄 일체를 아우른다(네이버 지식백과, 2021).

② 성폭력 : 성범죄를 범하기 위하여 그 수단으로 사용되는 폭행, 협박을 비롯하여 전화, 컴퓨터, 우편 등을 이용하여 상대방에 대하여 성적 해악을 고지하거나, 음란한

언어, 영상 등을 송부함으로써 성적 수치심을 유발하게 하는 등 개인의 성적 자유 내지 애정의 자유를 침해하는 행위를 말한다.

③ 성폭력의 여성학적 · 사회학적 개념 : 성폭력을 여성학적 입장에서 '당사자의 의사와 관계없이, 그리고 피해자의 저항 형태나 정도에 관계없이 상대방의 의사에 반한 강제적인 성관계행위'라고 정의하고 있다.

2) 성폭력에 대한 올바른 이해와 편견

성폭력은 젊은 여성에게만 일어나는 것이 아니다. 성폭력은 아는 사람에 의해 일어나는 경우가 더 많다. 성폭력은 밤중에 한적하고 어두운 곳에서만 일어나는 것이 아니다. 남자 어린이도 피해자일 수가 있다.

성폭력은 남성의 성욕이 강하기 때문에 나타나는 어쩔 수 없는 현상이라는 편견, 성폭력을 하는 사람들은 정신이 이상한 사람이라는 편견, 강간을 당하는 여성들은 속으로는 강간을 당하고 싶은 욕구가 있다는 편견, 성폭행을 당하는 여성들은 옷을 야하게 입거나 유혹적인 행동을 한다는 편견, 성폭행은 대부분 낯선 사람에 의해 행해진다는 편견, 여성들은 흔히 다른 일 때문에 상대방에게 앙심을 품고 복수하기 위해 성폭행당했다고 주장하는 경우가 있다는 편견, 대부분의 성폭력은 매우 한적한 곳에서 일어난다는 편견, 성폭력 피해자는 얼굴이나 온몸에 타박상을 입거나 긁힌 상처가 있다는 생각의 편견, 성폭력 피해자는 정신없이 고함을 지르거나 난폭한 모습일 것이라는 생각의 편견이 우리사회에서 상존하고 있다. 이러한 잘못된 인식과 편견을 극복해야 할 것이다.

3) 성범죄 발생원인

성범죄 발생은 개인적 원인과 사회환경적 요인에 의해 발생된다. 먼저 개인적 요인을 보면 충동에 대한 자제력 부족에서 발생되며, 또한 충동의 저변에 깔려 있는 복합적인 개인의 감정 상태를 들 수 있다.

사회 · 환경적 원인은 청소년에 대한 건전한 성교육이 부족하다거나 외설적인 영상매체, 그리고 전반적인 사회의 가치관 혼란현상을 들 수 있다. 또한 우리사회에 존재하는 강간에 대한 잘못된 통념을 들 수 있다. 따라서 친구집단의 영향, 성의 이중 윤리와 차별적인 사회구조, 왜곡된 성문화와 성교육의 부재, 의사소통의 불일치, 성폭력에 대한 사법계의 인식부족 등이 성범죄를 발생케 한다. 따라서 성범죄는 5대 범죄 중의 하나로 엄한 처벌과 국가 차원에서 올바른 성교육을 통해 인식을 전환할 필요가 있다.

4) 성범죄의 특성

성범죄의 특성은 크게 다섯 가지로 구분할 수 있다. ① 일반적 특성, ② 피해자의 특성, ③ 가해자의 특성, ④ 입증상의 특성, ⑤ 형사절차상의 특성이 있으며, 성범죄는 단순한 범죄가 아니라 사회적인 살인이라는 말이 있다. 즉, 성범죄의 피해자들은 단순히 육체적인 상해의 피해를 받는 것이 아니라 정신적인 후유증과 더불어 사회적 활동의 단절 등 엄청난 후유증을 야기시키는 경우가 대부분이다. 특히, 청소년 성범죄의 경우 아직 신체적, 정신적으로 성숙하지 않은 미성년자들을 상대로 저질러지기 때문에 그 피해자에게 남는 상처와 후유증이 성인보다 월등히 강하다는 점에서 더욱 엄중한 처벌을 필요로 하는 것이 당연하다. 또한 청소년 성범죄자의 경우 일반적인 범죄로 인한 복역자들보다 재범률이 훨씬 높다는 점도 함께 고려되어야 할 부분이다. 그런 점에서 현재 추진하고 있는 청소년 성범죄자의 신상 공개는 신체적 상해의 부분만을 고려하는 기존의 감호체계에서 좀 더 나아가 적극적으로 사회적인 감호체계를 강화하겠다는 의지로 해석될 수 있다.

5) 성폭력 피해 후유증

① 신체적 피해 : 임신이나 성병 간염, 신체 상해 등 신체적 피해와 성폭력의 충격과 후유증을 견디다 못해 자해하는 경우도 있다.

② 심리적 피해 : 불안이나 불면증, 두려움과 공포, 우울과 좌절, 분노와 배신감, 손상감과 무기력 등이 일반적인 심리적 현상과 순결 상실감으로 남자들은 싫어하거나 정상적인 결혼생활을 기피하게 되고 심하면 대인관계 및 사회활동에 지장을 초래하기도 한다.

③ 사회경제적 불이익과 장애 현상들 : 특히 직장 내 성폭력 피해자인 경우 피해자가 오히려 직장을 잃게 되거나 피해자가 기혼인 경우, 이혼을 당하거나, 그밖에 소문과 협박으로 이중, 삼중의 고통을 받는 경우 등이다.

④ 사회 전반에 끼치는 심각한 피해 : 가족 관계손상, 매춘 문제 야기, 노동 의욕상실, 인간관계 파괴 등과 여성의 행동 제약 및 사고의 위축, 정상적인 남녀관계 불신 등이다.

3. 정보화시대의 성범죄와 외국의 섬범죄 처벌 형량

1) 디지털 성범죄 현황

정보화사회의 도래로 인터넷 사용이 자유로워지고 대중들의 SNS 활동이 활발해지면서 디지털 성범죄도 증가하는 추세이다. 여성가족부에 따르면 2019년 아동·청소년을 대상으로 한 디지털 성범죄도 19.3%나 증가하였다. 최근 이슈였던 'N번방 사건'이 디지털 성범죄의 대표적인 예시이다. N번방 사건이 수면 위로 드러났을 때, 정말 소름이 끼쳤다. 가해자들은 여러 메신저를 통하여 피해자를 협박해 성착취를 하고 이를 유포하였다. 피해자에 중학생 등 미성년자가 대거 포함된다는 점, 확인된 피해자만 1,154명에 달하는 점, 그중 20대 이하가 60.7%에 달한다는 점은 분노를 들끓게 했다. 많은 피해자가 적절한 대처를 취하지 못하는 미성년자라는 점이 안타까웠다. 성착취를 당하고 그것을 유포할까봐 누구에게도 말하지 못하며 혼자서 전전긍긍했을 아이들의 모습이 그려져 더 가슴 아팠다. 또한, 가해자들이 대부분 20대 초·중반이고 10대도 이러한 범죄에 가담했다는 사실이 알려지며 성범죄자의 낮은 연령대에 대해서도 경악을 금치 못했다. 누리꾼들은 각종 SNS에서 이 사건에 관심을 가지고 이를 세계에 알리며 강력하게 처벌할 것을 촉구하는 해시태그 운동을 벌였다. 개개인의 이러한 작은 움직임이 모여 성범죄 대처에 변화를 가져오길 바라며 나 또한 해시태그 운동에 참여했었다.

점점 성범죄가 대중의 관심을 끌면서 여론은 성범죄자에 대해 더욱 강력하게 처벌할 것을 촉구하고 있다. 2019년 성폭력 안전실태조사에서 응답자들은 성폭력 방지를 위해 시급한 정책 1위로 '가해자 처벌 강화'를 꼽은 바 있다. 이어 2위로는 '신속한 수사와 가해자 검거'가 꼽혔다. 이렇듯 대중은 성폭력의 범죄에 대한 처벌을 강화해야 한다고 주장한다. 그러나 강력한 처벌을 원하는 여론에도 불구하고 실제로 성범죄자들에게 가해지는 처벌은 대중의 기대에 못 미친다.

2) 주요 외국의 성범죄 처벌과 우리나라의 현황

미국에서는 각 주마다 법은 다르지만, 아동성폭력범죄의 형량은 최소 25년부터 무기징역의 법정형이 형성되어 있으며, 오리건 주를 비롯한 여덟 개의 주에서는 화학적 거세도 허용하고 있다. 영국에서는 미성년자를 강간했을 경우 예외 없이 무기징역에 처한다. 스위스에서는 성범죄자를 평생 사회에서 격리하는 법안을 채택하고 있다. 중국에서는 14세 이하 미성년자와 성관계를 가질 경우, 상대방의 동의 유무와 상황을 불문하고 무조건 사형을 선고하고 있다. 하지만 우리나라에서는 폭행 또는 협박으로 아동·청소년을 강간한 사람은 무기징역 또는 5년 이상의 유기징역에 처하고 있으며, 13세 미만 아동 성범죄 적발 시 5년 2개월 징역, 13세 이상 아동 성범죄 적발 시 3년 2개월 징역에 처한다. 또한, 음주, 초범 등의 다양한 명목으로 감형을 받으며, 성범죄 피해자가 가해자의 처벌을 원하지 않는 경우도 감형을 받는다. 이처럼 외국에서는 성범죄자를 아주 엄격히 처벌하는 경우가 많지만, 우리나라에서는 외국에 비해 비교적 적은 형을 살고 나오게 된다. 피해자는 평생 잊히지 않을 수치심과 고통을 안고 살아가야 하지만 가해자는 사회로 복귀하는 것이 조금 더 수월한 것 같다. 최근 아동 성범죄자 조두순이 출소하고 피해자 나영이와 같은 지역에서 살아감이 알려지면서 많은 국민의 공분을 샀다. 이처럼 가해자가 쉽게 사회로 복귀하여 피해자가 고스란히 그 고통과 불안을 겪어야 한다는 것이 너무 마음이 아프다. 단순히 강도죄나 사기죄와는 다르게 성범죄는 피해자에게 심적으로 엄청난 수치심과 고통을 안겨 준다. 돈이나 물건과 달리 성은 단순히 사고팔 수 있는 것이 아니다. 그렇기에 더욱 조심스럽고 소중하게 다루어져야 할 문제이다(https://blog.naver.com/tlaekdudwkd/222476938080).

제2절 성폭력 발생유형과 사례 및 예방대책

1. 성폭력 발생유형과 사례

1) 발생유형

(1) 어린이 성폭력

13세 미만의 어린이에 대한 성폭력을 말한다. 어린이 성폭력은 전체 성폭력의 20~30%를 차지할 정도로 많이 발생하고 있다. 특히 어린이들은 자신의 잘못으로 여겨 부모나 어른들에게 야단맞을까 두려워하거나 가해자의 협박으로 인해 성폭력 사실을 빨리 알리지 못하기 때문에 사건을 법적으로 해결할 수 있는 기간을 놓치기 쉽다. 어린이 성폭력은 성인에 대한 믿음을 파괴하고 인간에 대한 신뢰를 상실하게 되어, 성인이 되어서도 타인과 원만한 관계를 맺기 어렵게 되는 경우가 많다. 또한, 우울증이나 불면증, 약물중독에 시달리게 되기도 한다. 심한 경우에는 외상 후 스트레스 증후군에 빠져 비만이 되거나 거식증이 되기도 한다.

(2) 친족 성폭력

친족 성폭력은 가족들 사이에서 일어나는 강제적인 성적 행동을 의미한다. 친족 성폭력은 전체 성폭력에서 적지 않은 비율을 차지하며, 가족 관계에 있는 친부, 의·양부, 시부, 형제 등에 의해 발생하는 경우가 많다. 친족 성폭력 피해자 가운데 13세 미만의 어린이와 20세 미만의 미성년자가 대부분을 차지하고 있다.

친족 성폭력은 피해자와 가해자가 공동으로 거주하거나 일상적으로 대면하게 되어 있어 피해가 일회적이지 않고 지속적이라는 점이 특징이다. 특히 가해자가 자신의 욕구를 충족시키기 위해 물리적인 힘이나 권력 또는 연령이나 가족 내 지위가 주는 권위 등을 이용한다.

친족 성폭력의 피해자는 가장 신뢰하는 사람에게 피해를 입기 때문에 신체적, 심리적, 사회적으로 더욱 심각한 후유증과 어려움을 겪게 된다. 또한, 가족에 대한 배신감, 복수심, 자기 비난 등의 모순적인 감정에 시달리게 된다. 다른 성폭력과 악영향은 동일하지만 친밀한 관계의 손상이라는 측면에서 더 깊은 상처를 준다. 친족 성폭력이 발생했을 때는 즉각적으로 가해자와 피해자를 격리시키고 잘못이 가해자에게 있음을 인식시켜야 한다.

(3) 데이트 성폭력

데이트 성폭력이란 데이트 중에 일어나는 것으로 겉으로 보기에 성적인 친밀감이 있을 수 있는 사이에서 상대방으로부터 협박이나 폭력에 의해 동의 없이 일어나는 행위를 말하며 주로 10~20대에 집중되어 일어난다. 일반적으로 사회에서 요구되는 전통적인 여성성과 남성성의 인식을 보면 남성은 공격적이고 성적으로 적극적이고, 여성은 수동적이고 순종적인 측면에서 데이트 성폭력을 발생시키는 한 요인이다. 또한 여성의 'No'를 남성들이 'Yes'로 받아들이거나 자신과의 모든 관계를 거부하는 것으로 확대해석하는 등의 의사소통 불일치 역시 문제가 된다. 데이트 성폭력은 여성들이 가해자와의 친밀한 관계로 인하여 성폭력으로 인지하지 못하기 때문에 고소와 처벌을 행하는 것이 어려운 실정이다. 또한 고소하더라도 성폭력이 일어난 숙박업소나 가해자 집을 따라간 것은 성관계를 허용했다는 사회적 통념에 의해 처벌이 안 되는 경우가 많다. 그러나 데이트 성폭력은 한순간의 실수도 아니고 애정행위는 더더욱 아니며, 서로 간의 친밀하고 인간적인 관계 전부를 파괴하는 심각한 폭력이므로 그에 대한 문제제기가 필요하다.

(4) 직장 내 성폭력

직장 내 성폭력은 채용과정이나 근무 중에 직장 상사나 동료, 계열사, 거래처 직원 등에 의한 성적인 농담에서부터 성추행, 강간에 이르기까지 다양하다. 특히 직장 내 성희롱은 직장 분위기와 인간관계에 있어 자연스러운 것으로 받아들여져 왔다. 그리고 피해든 가해든 그 행위가 미혼에게 해당될 경우 이를 구애의 일종으로 여겨왔던 게 사실이다. 그러나 성희롱은 피해자를 성적으로 대상화하는 것으로써 다른 여타의 성폭력과 마찬가지로 피해자에게 심각한 영향을 미치는 행위이다. 직장 내 성희롱은 피해자가 심리적으로 위축되어 업무에 지장을 초래하게 되고, 고용상의 불이익(해고, 부당한 업무부과 등)을 당하기도 한다. 여성들의 사회참여와 직업 활동이 꾸준히 증가하고 있는 현실에서 직장여성들이 모든 종류의 성폭력에 노출되어 있다는 점은 여성의 노동권과 인권 확보에 있어 심각한 사회문제이다.

(5) 학내 성폭력

학내 성폭력은 중 · 고등학교 또는 대학과 같은 공간의 특수성이 개입되어 발생한 성폭력이다. 학내 성폭력은 선생 · 제자 간, 선배 · 후배 간 등의 다양한 관계에서 일어나며, 피해자가 정신적 · 신체적 · 사회적 피해를 입고 결과적으로 학습권을 침해당하게 된다. 특히 스승 · 제자 간의 성폭력은 우리 사회의 사제관계에서 나타나는 권위와 위계성으로 인해 피해자가 성폭력이라는 인식을 갖기가 힘들다. 대부분의 피해자들은 가해자의 성적인 언설이나 접촉 등에 대해 불쾌감을 느끼면서도 이를 주관적 불쾌감이나 친밀감의 표현으로 해석하기 쉽다.

(6) 사이버 성폭력

사이버 성폭력이란 원치 않는 성적인 언어, 외모와 성적 취향, 음담패설 등이나 이미지를 사용함으로써 위협적·적대적·공격적인 통신환경을 조성하여 상대방의 통신환경을 저해하거나 현실 공간에서의 피해를 유발한 경우를 말한다. 또한 명시적으로 성적인 접근이나 제안이 아니더라도 성적인 은유나 암시로 상대방으로 하여금 불쾌감을 느끼게 한 경우도 사이버 성폭력이라 할 수 있다. 사이버 성폭력은 정신적 피해뿐만 아니라 통신공간에 대한 여성의 접근기회를 차단하고 활동영역을 위축시킨다는 점에서 여성의 '자유롭고 편안한 환경에서 통신을 이용할 권리'를 침해하는 중대한 문제이다. 또한 사이버 성폭력은 단지 가상공간만의 일이 아니라 기존의 오프라인에서의 남녀 불평등에 기인한 잘못된 성문화가 반영된 여성인권침해의 연장이라고 볼 수 있다.

(7) 스토킹

스토커는 일방적으로 관심 있는 상대를 병적으로 쫓아다니는 사람을 말하며, 그런 행위를 스토킹이라 한다. 스토커는 상대의 거주지나 자주 가는 장소를 배회하는 것 외에도 감시하거나 육체적·정신적 공포심을 조장하고 폭력을 행사하는 등의 행위를 하는 경우가 많다. 이로 인해 스토킹 피해자는 비슷한 사람을 보거나 전화벨 소리만 들어도 놀라거나, 혼자 있을 때나 외출할 때 두려움을 느끼며, 불면증에 시달리는 등 후유증을 겪게 된다. 스토킹은 다른 성폭력과 마찬가지로 피해자에게 막대한 정신적 피해와 후유증을 남기는 범죄행위이다. 그러나 우리 사회에서는 '지나친 사랑' 등으로 미화되는 등 아직까지 그 심각성이 간과되고 있다. 스토킹에 대해서는 12장에서 자세하게 언급할 것이다.

(8) 아내 성폭력(성학대)

아내에 대한 성폭력(성학대)은 결혼생활의 통제권이 남성에게 있다는 기존의 통념에서 묻혀 왔다. 그러나 성적인 언어를 사용해서 아내를 비난하는 등의 언어폭력이나 성관계 강요 등은 아내의 인권과 성적 자기결정권을 심각하게 침해하는 행위이자 범죄이다. 특히 아내 강간의 경우 구타 후에 많이 이루어진다는 점을 보면 폭력의 연장선에 있다는 사실이 더욱 명확하게 드러난다. 아내에 대한 성폭력(성학대)은 다른 성폭력과 마찬가지로 여성의 자아존중감을 떨어뜨리고, 우울증에 빠지게 만드는 등의 후유증을 낳는다.

우리나라 법에서는 부부관계의 특수성을 운운하며 아내를 성폭력의 대상에서 제외하고 있다. 개인적이고 비밀스러운 곳에는 국가권력이 함부로 개입해서는 안 된다는 인식이 깔려 있는 것이다. 그러나 부부간의 신뢰를 방해하는 것은 국가권력이 개입해서가 아니라 개인의 인격적인 의사결정을 존중하지 않는 폭력성 자체에 있는 것이다. 따라서 아내의 의지에 반하는 강제적 성관계, 성적 학대, 언어폭력 등은 명백한 범죄행위이다.

(9) 동성 간 성폭력

최근 군대 내 성폭력 문제가 드러나면서 동성 간 성폭력의 문제가 이슈화되고 있다. 동성 간 성폭력은 '피해자 = 여성', '가해자 = 남성'이라는 기존의 틀에서 벗어나 있으므로 성폭력으로 이해되지 않았다. 그러나 성폭력은 이성 간에만 일어나는 것이 아니며, 남성 성적소수자 간, 이성애자 남성 간 혹은 여성 간, 이성애자와 동성애자 간 성폭력 또한 존재한다. 특히 남성 간 성폭력보다 여성 간 성폭력은 더 묻히기 쉽다. 성폭력이라는 개념 자체가 남성의 성욕, 남성의 성기를 이용한 폭력이라는 인식이 지배적이기 때문에 남근이 없는 여성이 누군가에게 성폭력을 가한다는 것이 가능하지 않다고 믿는 것이다. 또 이성애자 여성들 사이에선 원치 않는 육체접촉을 했다 하더라도 성폭력이 아니라고 인식되기 쉽다. 여성의 경우 동성 간 성폭력을 당했을 때 서로 간의 친밀성 때문에 성희롱, 성추행을 인식하기 어려운 면이 있다. 그러나 성폭력의 정의가 성적 자기결정권의 침해인 것에 비추어볼 때, 동성 간 성폭력 역시 명백한 성폭력이며 범죄이다.

2) 성폭력 범죄유형 사례

성폭력의 범죄유형은 다음과 같이 다양하게 발생한다. ① 강간, ② 강제추행, ③ 준 강간·준 강제추행, ④ 강간 등 상해·치상, ⑤ 미성년자(심신미약자), 간음(추행), ⑥ 보호자 간음 및 감호자 간음, ⑦ 혼인빙자(위계) 간음, ⑧ 미성년자 의제강간(강제추행), ⑨ 특수강도 강간 등(성폭력 범죄의 처벌 및 피해자 보고 등에 관한 법률), ⑩ 특수강간 등(성폭력 범죄의 처벌 및 피해자 보고 등에 관한 법률)이 있다.

2. 성폭력의 피해

성폭력의 피해는 여러 가지 요인에 의하여 돌이킬 수 없는 부작용과 가해자 측면, 피해자 측면, 사회적 피해, 신체적 피해, 심리적·정신 피해, 사회·경제적 피해 등으로 나타난다.

1) 가해자 측면

성폭력범죄의 전체 가해자의 20%가 청소년이다. 범법자로의 낙인(청소년 범죄의 30%)이 찍혀서 생활의 어려움을 호소하고 있으며, 특히 왜곡적인 성의식, 성문화 유지가 어려우며, 즉 인간중심적인 성이 아닌 폭력적인 성의식, 성인이 되어도 대등한 성의식 소유가 어렵다는 것이다. 한편 가해자 가족은 상심, 절망, 아들에 대한 배신감 등이 나타나며, 현실적으로 처벌(정학, 퇴학 등) 중심의 대책뿐이다.

2) 피해자 측면

피해자 절반이 청소년기 여성, 어린이다. 이 중 20세 미만이 52%로 가장 많은 피해를 입고 있다. 회복 불가능한 정신적 · 육체적 후유증으로 상실감을 가지고 생활하고 있으며, 특히 외상 후 증후군의 증상 즉 우울, 수치감, 죄책감, 순결 상실감, 남성혐오, 대인기피증이 나타나며, 심하면 정신분열, 자살기도, 가해자 살인으로 이어지기도 한다. 한편, 피해자 가족은 행복의 의미를 상실하고 있다.

3) 사회적 피해

미혼모 발생으로 인한 10대 어린이들의 임신이 증가하고 있으며, 심리적 · 신체적 남성에 대한 피해의식이 남아있고 또래관계에 적응하지 못하는 현상이 나타난다. 한편 낙태의 증가로 특히 자궁이 미발달된 청소년은 후유증이 심각하여 죄책감, 우울증, 불안, 불임으로 이어지기도 한다.

4) 신체적 피해

개인의 상태에 따라 다양하다. 즉 강간피해자의 12%가 임신, 10%가 신체상해를 가져온다는 것이며, 어린이일수록 피해가 심각하다.

5) 심리적 · 정신적 피해

두려움과 공포에 떨어 남자를 싫어하거나 무서워하게 된다. 심한 우울과 좌절, 불안감을 느끼게 되고 적개심, 복수심, 분노와 배신감 등 여러 가지 심리적 후유증을 겪는다. 그리고 순결을 잃었다는 고통에 시달리다가 정신질환을 일으키기도 한다. 장래 결혼생활에 어려움을 갖게 되며, 인간관계에도 지장을 받는다.

6) 사회 · 경제적 피해

가해자가 협박과 돈 요구에 시달리는 수도 있으며, 직장 내 피해자인 경우 직장을 잃을 수도 있고 대부분이 직장을 그만두는 현상이 발생된다.

3. 성폭력의 예방대책

1) 평소 예방법

평소 자기주장을 분명히 표현하는 태도를 갖는다. 규칙적인 운동과 체력단련을 통해 힘과 자신감을 기른다. 성적 의도에 대해 침묵하거나 약하게 항의하면 상대는 동의로 오해하거나 의견을 무시할 수도 있다. 선정적인 행동을 하거나 옷을 입으면 상대방이 오해할 수 있다. 술이나 약물에 취하지 않도록 한다. 단둘이서 방이나 인적이 없는 곳에 있지 않는다.

2) 피해상황에서의 대응 요령

강간상황에 처했을 때 분노로 대응한다. 위험을 빨리 감지하고 그 즉시 행동한다. 소리지르기, 힘으로 저항하기, 도망치기를 한다. 위 사항이 효과 없으면 애원, 설득, 대화시도를 한다. 그리고 강간범의 눈, 목, 성기 부분을 공격한다. 상대가 흉기를 들었을 땐 도망칠 기회를 노린다. 호신술을 배워 두거나 호신용품을 소지하고 다니면서 위기 시에 사용할 수 있도록 숙달시킨다.

3) 성폭력 피해 시 대처방안

즉시 안전한 장소로 몸을 옮긴다. 옷을 갈아입거나 목욕을 하지 말고 24시간 내에 병원으로 간다. 강간은 결코 자신의 잘못 때문이 아님을 명심한다. 피해 사실을 숨기지 말고 부모님이나 선생님, 보호자, 가까운 사람이나 전문가에게 즉시 알려 가능한 한 빨리 주위에 도움을 청한다. 혼자서 잊으려고 애쓰거나 부정하는 것은 회복을 막는다.

전문가에게 상담을 하도록 한다. 신고할 것인지를 결정하고 6개월이 지나면 고소할 수 없다는 것을 명심해야 한다. 후유증이 오래 가더라도 자책하지 않는다. 다른 여성들과 대화하여 자신의 경험을 긍정적인 방향으로 이끈다. 적절한 기관에서 도움을 받는다. 법을 통해 문제를 해결한다. 성폭력에 대한 올바른 인식과 극복을 위한 의지와 노력이 필요하다.

▼ 표 11-1 성폭력 피해자 예방 · 대처방안

성폭력 예방수칙	성폭력 대처방안
• 심야 시간에 홀로 배회하지 않는다. • 부득이 혼자 다닐 경우, 호신용품(호루라기, 경보기 등)을 소지하고 휴대전화에 112를 단축번호로 저장하여 위급상황에 대처한다. • 늦은 시간 이어폰을 꽂고 음악을 들으며 걷지 않는다. • 과도한 음주는 성폭력의 표적이 될 수 있다. • 길을 걷다 수상한 사람이 뒤따라오면 주위에 도움을 요청한다.	• 불시에 위급상황이 닥치면 "도와주세요."라고 큰소리로 외친다. • 호신용품(호루라기, 경보기 등)이 있을 경우, 적극 사용한다. • 성폭력피해 시, 국번 없이 112 또는 상담 전화 1366으로 전화를 걸어 도움을 요청한다. • 경찰서 및 원스톱지원센터를 방문할 때는 몸을 씻지 말고 피해 당시 입었던 옷차림 그대로 가는 것이 좋다.

이 외에도 피해자 지원은 상담지원(원스톱지원센터 1899-3075, 성폭력상담소 1366)에서 피해 사실에 대한 전문상담을 받을 수 있으며, 상담 내용의 비밀은 보장한다. 그리고 법률지원은 대한법률구조공단(T. 132), 대한변협법률구조재단(T. 02-3476-6515) 등에서 법률지원이 가능하고 의료지원기관(원스톱지원센터 및 성폭력전담의료기관)에서 피해 치료를 받을 수 있으며, 의료비는 국가 및 지방자치단체, 성폭력상담소 등에서 전액 지원한다.

제3절 직장 성희롱과 성범죄 예방대책

1. 직장 성희롱

1) 성희롱의 개요

(1) 성희롱의 유래

성희롱(性戲弄, Sexual Harassment)이란 용어는 1974년 미국 코넬대학의 린 팔리(Lin farley)에 의해 처음으로 사용된 이래 '성적 강제'를 반대하는 미국의 여성단체나 여성학자를 중심으로 채택하고 발전해 온 개념이다.

(2) 남녀고용평등법상 '직장 내 성희롱'의 개념

이 법(남녀고용평등과 일 · 가정 양립 지원에 관한 법률[남녀고용평등법])에서 '직장 내 성희롱'이라 함은 사업주, 상급자 또는 근로자가 직장 내 지위를 이용하거나 업무와 관련하여 다른 근로자에게 성적인 언동 등으로 성적 굴욕감 또는 혐오감을 느끼거나 요구불응을 이유로 고용상의 불이익을 주는 것을 말한다.

(3) 성적인 언어나 행동에 의한 성희롱의 예시

① 육체적 행위 ② 언어적 행위 ③ 시각적 행위 ④ 기타 사회통념상 성적 굴욕감을 유발하는 것으로 인정되는 언어나 행동을 상대방이 느꼈다면 성희롱이다.

(4) 직장 내 성희롱의 네 가지 성립 요건

① 당사자 ② 지위를 이용하거나 업무와의 관련성이 있을 것 ③ 성적인 언동 ④ 성적 굴욕감 또는 혐오감을 느끼거나 성적언동 그 밖의 요구 등에 대한 불응을 이유로 고용상의 불이익을 주는 것이다.

(5) 고용상 불이익의 종류

① 고용 조건형 불이익 ② 고용 환경형 성희롱 ③ 성희롱과 강간, 강제추행과의 차이점은 폭행 또는 협박이라는 강제성이 반드시 없어도 성립할 수 있다는 점, 그리고 간음행위나 추행행위에 이르지 않는 육체적 · 심리적 침해행위라는 점, 현재 강간죄나 강제추행죄가 형벌이 부과되는 범죄행위인 반면, 성희롱은 징계대상이 되는 것은 몰라도 범죄행위로는 보지 않는다는 점, 또한 강간죄란 강제추행죄가 개인에 대한 개인의 성적 침해로 접근하는 반면, 성희롱은 직장 내 근로조건의 문제로 접근해 왔다는 점이 다르다.

2) 성희롱의 해악

성희롱이 피해자에게 미치는 해악은 일상생활 속에서 어려움도 겪게 되고 특히 직장생활에서 부작용이 심각할 수 있다. 2001년도 여성개발원에서 여성근로자 460명을 대상으로 '성희롱이 직장생활에 미치는 연구조사' 결과를 보면 다음과 같다.

▼ 표 11-2 성희롱이 미치는 해악

응답 내용	비율
함께 일하기 싫음	41.4%
스트레스받음	24.9%
별다른 영향 없음	12.4%
회사 다니기 싫음	11.9%
일의 능률 떨어짐	5%
직장생활 위축	4.3%

특히 직장생활에 미치는 영향 이외에도 신체적 부작용과 정신적 부작용도 나타난다는 것이다. 성희롱이 가해자에게 미치는 해악은 가해자는 '직장'도 잃을 수 있고 '재산'도 잃게 된다. 또한 가해자는 '명예'를 잃게 되며, 가족들도 '상처'를 입게 된다. 아울러 성희롱이 조직에 미치는 해악은 ① 노동생산성 저하 ② 인력과 시간의 낭비 ③ 법적 제재 ④ 민사상 손해배상 발생 ⑤ 노사관계 악화, 기업 이미지 실추 및 매출에 악영향이 미친다.

한편 직장 내 성희롱의 발생원인은 직장의 상하 권력관계에서 나타나는 경우가 가장 많으며, 언론보도에 따르면 직장 내 성희롱은 56.4%의 직장인이 경험하였다는 조사결과를 보였다(TV조선, 2015.1.17). 따라서 직장 내 성문화 및 성교육을 제도적으로 발전시키는 방안이 강구되어야 한다.

3) 성희롱 예방대책

직장 내 성희롱 예방을 위한 근로자 측의 노력이 절실히 요구되며, 가해자가 되지 않게 행동을 해야 하며, 특히 음담패설을 삼가고, 직장 내에 음란한 그림이나 사진은 붙이지 않는다. 그리고 직원의 외모나 사생활에 지나치게 간섭하지 않는다. 또한 타인과 불필요한 접촉을 하지 않고 상대방이 거부 의사를 하였을 경우에는 즉각 이를 중지한다. 자신의 지위를 이용하여 사적인 만남을 강요하지 않는다. 한편 회식 자리나 야유회에서 직원에게 술을 따르게 하거나 서비스를 강요하지 않는다. 승용차에 동승하는 경우는 가급적 나란히 하지 않는다. 직원이 성희롱하는 경우에는 이의를 제기하고 성희롱 예방 프로그램에 적극 참여한다.

(1) 피해자가 되지 않기 위한 유의사항

자신의 의사표시를 분명히 한다. 새로 직장에 입사할 경우에는 전임자에게 성희롱이 있었는지의 여부를 알아본다. 회사의 사규에 성희롱 예방과 구제절차에 관한 규정이 있는지 알아본다. 회사 내에 성희롱이 받아들여질 수 없는 분위기를 조성한다. 동료들 간의 음담패설에 참여하지 않는다. 음란한 사진이나 그림을 붙이는 행위에 대하여 이의를 제기한다. 회사에 성희롱 예방대책의 마련을 촉구한다. 성희롱을 당한 동료를 비난하지 말고 공동으로 대처하며, 업무시간 외에 원하지 않는 만남을 피한다.

(2) 기업주(사업주)의 의무

교육방법의 기본 원칙에 있어서 자유로운 대화와 토론이 선행되어야 한다. 종업원의 의식수준을 고려한 방법을 선택하고 기업의 조건을 고려하여 직위에 따라 차별적 교육을 실시한다.

(3) 구체적인 교육방법

시청각교육과 전문 강사에 의한 강의, 집단토의(Group Discussion), 역할극(role play), 캔미팅(Can meeting), 지침서 제작 또는 구입·배포, 게시판 활용, 사보 등 사내 언론매체를 활용하는 방법 등 다양한 방법들을 모색한다.

2. 성범죄 대책

1) 예방 차원의 대책

(1) 사회환경 개선

통계에 따르면 1년 동안 강간 범죄의 16.6%인 242건이 지하철에서 일어났으며 형법범의 5.1%가 또한 지하철에서 일어났다. 사회, 문화 모든 분야가 개방화되고 있는 만큼 성에 관한 외국문화 침투가 심화되기 전에 사회 각 분야의 책임 있는 기관, 단체 국민 모두는 청소년을 위한 건전한 사회풍토 조성에 특단의 노력을 기울여야 한다. 일부 비행화의 과정을 걷고 있는 청소년이나 일시 범죄를 저질렀거나, 갱생의 길을 걷고 있는 사람 등에 대하여는 따스한 보살핌으로 이들이 다시 범죄를 저지르지 않도록 사회환경을 개선해 나가야 한다.

(2) 성문화의 개선

앞으로 우리나라에서 성범죄를 예방하거나 근절 또는 억제하기 위해서는 우선 기존 성문화를 평등한 성문화로 개선하여야 한다. 남녀 성역할 고정관념을 개선해야 한다. 폭력적인 사회문화를 제거해야 한다.

2) 교육적 대책

(1) 학교의 성교육 방법

해부학적 생물학적 지식만 전달하는 교육은 피하고 현실적으로 올바른 성의식과 성행동에 대한 정보를 전달해야 한다. 올바른 성가치관에 대해 토론식으로 접근하고, 실제 이성관계 상황을 설정하여 서로 의사소통과 협상, 거절기술 등을 연습할 시간을 갖도록 해주는 것도 필요하다. 성병에 감염되거나 원하지 않는 임신 위험이 있는 행동을 제시하면서 이를 예방할 수 있는 가능성에 대해 토론식으로 가르쳐야 한다. 그리고 다양한 시청각자료를 활용해서 학생들의 흥미를 유발시키는 것도 중요하다. 마지막으로 성행동에 대해 전문훈련을 받은 교사 또는 성교육전문가에게 교육을 할 수 있도록 한다.

(2) 성교육 시 전달해야 할 정보들

① 인간의 성과, 성장발달, 출산에 대한 지식, ② 신체 성기관에 대한 해부학적 · 생리학적 지식, ③ 자위행동에 대하 지식, ④ 가족생활과 임신 및 출산에 대한 지식, ⑤ 부부생활 및 부모역할에 대한 지식, ⑥ 성행위와 남녀 간의 성 반응에 대한 지식, ⑦ 이성애와 동성애에 대한 지식, ⑧ 피임과 낙태에 대하 여러 가지 지식, ⑨ 성폭력과 성피해 후유증에 대한 지식, ⑩ 에이즈를 포함한 각종 성병들에 대한 지식 등도 성교육 시 포함시켜야 한다.

(3) 성행동과 관련된 기본적 가치관들

성은 자연스러운 것이며 삶의 중요한 부분이다. 모든 사람은 성적이며, 성은 건강한 것이다. 성은 신체적, 윤리적, 사회적, 정신적, 심리적 그리고 정서적 차원을 갖고 있다. 그리고 모든 사람은 각자 존엄성과 가치를 지니고 있다. 청소년들은 자신을 독특하고 가치있는 존재로 여겨야 한다. 타인에게 절대로 성행위를 강요해서는 안 된다. 모든 어린이들은 사랑으로 보살핌을 받아야 하며, 어린이를 성적인 대상으로 삼아서는 안 된다. 청소년들이 자연스럽게 성에 대해 탐색할 수 있도록 보호해 주어야 하며, 청소년들은 성인이 되어가는 과정에서 성에 대한 올바른 가치관을 형성해야 한다.

(4) 대인관계 및 이성교제 기술과 관련된 사항들

① 대인관계 의사소통 기술훈련 및 습득 ② 의사결정기술의 훈련 및 개발 ③ 자기주장기술의 훈련 및 개발 ④ 상호 존중적 태도 개발

(5) 성행동과 관련된 사실들

인간의 일차적 성기관으로 남성이나 여성의 경우 모두 대뇌이다. 성은 단순히 육체적인 행위가 아니다. 성은 서로의 깊은 정서적 관계를 토대로 이루어진다. 성은 쌍방이 원하는 관계에 의해서 이루어질 때 자연스럽다. 남성이 더 강한 성적 욕구를 지니고 있다는 주장은 편견이다. 성 욕구는 단지 신체적인 상태에 의해서만 결정되는 것이 아니다. 멋있는 몸매나 완벽한 신체구조를 가져야만 성적으로 매력 있을 것이란 생각도 편견이다. 성교의 시간이 길어야 만족스러울 것이라는 생각도 편견이다.

(6) 성행동과 관련된 의사소통

성관계를 강요받는 느낌이 든다면 반드시 이것에 대해 서로 대화하고, 성교 이외의 방법으로 서로 친밀감을 나눌 수는 없는지 대화로 의견을 나누고, 성행동을 할지에 대해서 충분히 생각해보고 나서 자신의 결정을 상대방에게 말해 주는 것도 중요하다. 과거에 성 경험을 가진 적이 있다고 하더라도 지금 시점에서 다시 순결을 지킬 것인지는 항상 새롭게 결정할 수 있다는 사실을 명심해야 한다.

(7) 임신 및 성병 예방 방법

성이란 우리의 삶에서 가장 기본적이고 중요한 단면이다. 모든 사람은 특별하고, 사랑을 받고 사랑을 할 수 있으며, 사랑을 통한 여러 결정에 대하여 존중을 받아야 하는 가치 있는 존재이다. 모든 사람은 자신과 자신의 파트너 관계에서 성적 만족을 느낄 수 있고, 좋아하는 것과 좋아하지 않는 성적 표현에 대해 대화를 나눌 수 있어야 한다.

때때로 친밀한 우정은 성적인 관계로 이어지기도 한다. 하지만 이럴 경우 성적 행동이

원치 않는 임신이나 HIV, 성병 등의 위험으로 이어지는 경우가 많다. 준비되지 않은 임신의 경우 남녀가 서로를 존중하고 배려하고자 한다면 콘돔 등을 통한 피임을 반드시 실천해야 하며, 배려는 상대방에 대한 존중, 공감, 수용의 자세를 말한다. 특히 성관계에 있어서 절제와 올바른 피임법과 응급피임법을 익히고 응급피임시술법 등을 알아야 한다.

모든 사람에게는 원치 않는 임신과 성병, HIV를 예방해야 할 책임이 있다. 가장 최선의 피임은 준비되지 않은, 무분별한 성관계를 갖지 않는 것이다. 불법적이고 안전하지 못한 인공임신중절수술은 여성의 건강에 많은 위험을 준다. 특히, 준비되지 않은 10대의 조기 임신은 학업중단 → 기회박탈 → 무직이나 실업 → 빈곤으로 이어져 당사자로 하여금 정신적, 사회적, 경제적 혼란을 겪게 한다. 콘돔의 올바른 사용법에 대해 잘 알고, 성관계 시 이를 반드시 실천한다면 원치 않는 임신을 막고, HIV, 성병 등을 예방할 수 있다. 원치 않는 임신을 예방하기 위한 피임법에는 여러 가지의 방법이 있으므로, 그 가운데 자신에게 맞는 피임법을 선택하여 실천하여야 한다(http://blog.daum.net/mohwpr).

3) 경찰의 대응책과 관련 법규 및 제도 정비

피해자의 신고를 유도하고, 성폭력 전과자의 철저한 관리와 각종 사회단체와 유관기관과의 성폭력 및 성희롱을 예방할 수 있도록 참여를 유도하는 것도 중요하며, 피해 발생 시 적극적이고 신중한 수사가 필요하다. 피해자의 신분과 비밀 및 인권은 반드시 보장되어야 한다.

관련 법규 및 제도의 정비를 위해 비친고죄로 개정한다거나 강간죄의 구성요건 범위를 확대 적용하고 피해자의 구조를 위한 구조기구의 설치와 제반 법령을 현실에 맞게 정비하는 것이 필요하다.

학 습 정 리

1. 사춘기의 변화와 성역할

① 자신의 성장발달에 대한 적절한 지식
② 자신의 성역할에 대한 긍정적인 동일시
③ 가족과 동년배의 지지 분위기

2. 성폭력에 대한 올바른 이해

① 성폭력은 젊은 여성에게만 일어나는 것이 아니다.
② 성폭력은 아는 사람에 의해 일어나는 경우가 더 많다.
③ 성폭력은 밤중에 한적하고 어두운 곳에서만 일어나는 것이 아니다.
④ 남자 어린이도 피해자일 수가 있다.

3. 성폭력 피해 후유증

① 신체적 피해
② 심리적 피해
③ 사회경제적 불이익과 장애 현상들
④ 사회 전반에 끼치는 심각한 피해

4. 성폭력으로 인한 심리적·정신적 피해

① 두려움과 공포에 떨어 남자를 싫어하거나 무서워하게 된다.
② 심한 우울과 좌절 불안감을 느끼게 된다.
③ 적개심, 복수심, 분노와 배신감 등 여러 가지 심리적 후유증을 겪는다.
④ 순결을 잃었다는 고통에 시달리다가 정신질환을 일으키기도 한다.
⑤ 장래 결혼생활에 어려움을 갖게 된다.
⑥ 인간관계에 지장을 받는다.

5. 대인관계 및 이성교제 기술과 관련된 사항들

① 대인관계 의사소통기술 훈련 및 습득
② 의사결정기술의 훈련 및 개발
③ 자기주장기술의 훈련 및 개발
④ 상호존중적 태도 개발

제 12 장

생활 속의 스토킹과 금전 관련 범죄

학습 목표
1. 스토킹의 개념과 특징 및 안전대책을 이해할 수 있다.
2. 신용카드 범죄 실태와 특징 및 신용카드의 범죄 유형에 대해 이해할 수 있다.
3. 신종 금융사기(피싱)와 안전대책의 일반적 내용을 이해할 수 있다.

학습 키워드 스토킹, 스토커, 신용카드, 피싱, 파밍, 보이스 피싱

제1절 스토킹의 이해와 안전대책

1. 스토킹(Stalking)의 정의와 개념

1) 스토킹이란

상대방 의사와 상관없이 의도적으로 계속 따라다니면서 정신적·신체적 피해를 입히는 행위이다. stalk의 사전적 의미는 "활보하다, 몰래 추적하다"로 사용되며, 스토킹(Stalking)은 특정한 사람을 그 의사에 반하여 편지, 전자우편, 전화, 팩스, 컴퓨터 통신, 선물, 미행, 감시, 집과 직장 방문 등을 통하여 공포와 불안을 타인에게 반복적으로 주는 행위라고 정의할 수 있다.

2) 스토커(stalker, 스토킹하는 사람)

대부분 인격장애가 있으며, 상대도 나를 좋아하고 있거나 좋아하게 될 것이라는 일방적인 환상을 가지고 계속 접근해 신체적·정신적으로 온갖 피해를 입힌다. 스토킹은 초기 단계에서 저지하지 않으면 이후 폭행, 납치, 살인 등의 중한 범죄로 발전할 가능성을 가진다. 미국에서는 비틀스의 멤버였던 존 레넌과 디자이너 지아니 베르사체가 스토커에 의해 살해되었고, 조디 포스터의 극성 팬이 그녀의 관심을 끌기 위하여 레이건 미국 대통령을 저격한 사건도 있었다.

1989년에는 여배우 레베카 쉐퍼가 남성 스토커에 의해 살해되기도 하였다. 스토킹의 위험성 때문에 미국 등 선진국에서는 오래전부터 스토킹이 사회문제로 대두돼 사회적·법률적 대책들이 마련됐다. 미국에서는 90년 캘리포니아주를 시작으로 모든 주가 차례로 반(反)스토킹법을 제정했고 98년 제정된 연방 반스토킹법은 사이버 스토킹도 처벌 대상에 포함시켰으며, 일본도 2000년 스토커 규제법을 제정해 시행에 들어갔다.

우리나라의 경우 스토킹에 대한 법률은 아직 제정되지 않았으며, 주로 폭력행위처벌법과 경범죄 처벌법 제3조 제1항의 장난전화, 지속적 괴롭힘 등을 적용하고 있다. 사이버 스토킹에 대해선 「정보통신망 이용촉진 및 정보보호 등에 관한 법률」에 처벌 조항을 두고 있다.

3) 스토킹, 스토커

일방적으로 관심 있는 상대를 병적으로 쫓아다니는 사람을 말하며, 그런 행위를 스토킹이라 한다. 스토커는 상대의 거주지나 자주 가는 장소를 배회하는 것 외에도 감시하거나 육체적·정신적 공포심을 조장하고 폭력을 행사하는 등의 행위를 하는 경우가 많다. 이로 인해 스토킹 피해자는 비슷한 사람을 보거나 전화벨 소리만 들어도 놀라거나, 혼자 있을 때나 외출할 때 두려움을 느끼며, 불면증에 시달리는 등 후유증을 겪게 된다. 스토킹은 다른 성폭력과 마찬가지로 피해자에게 막대한 정신적 피해와 후유증을 남기는 범죄행위이다. 그러나 우리 사회에서는 '지나친 사랑' 등으로 미화되는 등 아직까지 그 심각성이 간과되고 있다.

2. 스토킹 행위와 피해자의 특징

스토킹 행위의 역사는 인간관계의 역사만큼이나 오랜 것이고, 아마도 스토킹 행위는 항상 우리 주위에 있었으나 비교적 최근에 와서 새로워진 것은 일탈행위의 독립적인 행위로 규정된 점이다. 범죄로서 규정되기 이전에는 스토킹은 괴롭히거나 화나게 하는 혹은 일부 경우에는 가정폭력으로 취급되어 왔다. 1980년대 후반에서 1990년대 초반 사이에 유명 인사들이 포함된 여러 사건들이 언론의 주목을 받기 시작한 뒤에 이르러서야 그러한 행위들을 스토킹으로 일컫기 시작하였다.

1) 스토킹

대중매체의 큰 관심을 끌게 되어 위험한 정사(Fatal Attraction), 케이프 피어(Cape Fear), 적과의 동침(Sleeping with the Enemy) 등과 같은 할리우드 영화의 주제로 이용되어 스토킹은 일상생활에서 사용되는 용어가 되었다. 스토킹은 스토커가 단 한 명만의 피해자에 대하여 행위를 한다는 점에서 독특한 범죄이다. 스토커는 피해자의 행동과 감정을 통제하는 데에 집착한다. 그들은 피해자를 위협하고, 추근거리고, 또 많은 경우에 피해를 입힘으로써 자신들의 목적을 달성할 수 있다고 믿는다.

스토킹 관련 법률은 타인을 죽음이나, 성폭력, 혹은 신체적인 상해를 입을까 두려움에 처하게 하는 행위들을 범죄적 행위로서 규정하게 되고, 일회성이 아닌 반복적 행위로 발생하는 경우에만 처벌하게 된다. 스토킹의 행위유형은 가정폭력 사건들과 많은 점에서 유사하다. 스토커는 피해자에게 "자신의 사랑을 증명하고자" 꽃이나 선물, 편지 등을 보냄으로써 관계를 만들고자 한다. 그러나 피해자의 반응이 호의적이지 않을 때 스토커는 폭력적으로 돌변한다.

2) 스토커의 사고유형

보통 "내가 당신을 얼마나 사랑하는지를 보여줄 수 있다"에서 "당신이 나를 사랑하도록 만들겠다"로, "만약 내가 당신을 갖지 못한다면 누구도 당신을 가질 수 없다"의 형태로 변한다. 스토킹은 성 중립적인 범죄로서 남성과 여성 모두 가해자와 피해자가 될 수 있다. 그러나 대부분의 스토커들은 남자들로 나타나 전체 스토킹 사건의 75~80퍼센트가 남자가 여자를 스토킹한 사건이었다.

연령은 대부분이 20대에서 중년에 해당하였고 지능수준은 평균 이상을 보이고 있었다. 스토커의 인종이나 사회 · 경제적 배경은 특정한 집단에 해당하지 않고 고르게 분포하여 사실상 누구라도 스토커가 될 수 있고, 스토킹 행위의 피해자가 될 수 있었다. 스토킹 피해자 5명 중 4명이 여성이고, 스토킹 피해자 중 38퍼센트는 20세에서 45세 사이의 독신 여성들이었지만 10대 소녀나 40대 후반 이후의 여성들이 피해자가 될 수도 있었고, 가정폭력 피난처의 여성 중 1/3가량이 스토킹의 피해자였다(NIJ, 1994).

스토킹 피해자 중 1/3가량이 심리치료를 받은 것으로 나타났고, 또한 1/5가량은 스토킹으로 인하여 직업을 잃게 되었고, 7퍼센트의 피해자들은 이후로 직업을 갖지 못한 것으로 나타나 스토킹이 미치는 심각한 부정적인 영향이 드러났다(NIJ, 1997).

3. 스토커 유형과 특징

1) 애정망상 스토커

애정망상 스토커는 자신들과 개인적인 관계를 갖지 않는 사람들에게 애정망상이나 고착심리를 갖게 된 스토커를 의미한다.

2) 단순망상 스토커

단순망상 스토커는 전체 스토킹 사건의 70~80퍼센트를 차지하며 스토킹 행위가 일어나기 전에 스토커와 피해자 사이에 개인적인 관계나 애정관계가 존재했던 특징을 보인다. 일상적인 연애관계와 마찬가지로 스토킹을 포함한 모든 가정폭력 사건들이 사실상 이 범주에 해당한다.

(1) 스토커의 유형 '1'

① 단순 집착형은 스토킹이 개시되기 전에 피해자와 개인적 친분 또는 연애, 성적 관계가 있었던 스토커를 말한다. 이 유형에 속하는 자들의 경우 정신병을 가진 자도 있고 그렇지 않은 자도 있으나, 이들 모두는 인격장애를 가지고 있다.

② 연애 망상형 스토커와 ③ 연애 집착형 스토커는 자신과 아무런 개인적 관계가 없고 개인적으로 알지 못하는 타인이 자신과 사랑에 빠져 있다는 망상을 가졌다는 데 공통점이 있다.

(2) 스토커의 유형 '2'

① 거절경험 스토커는 애인, 친구, 직장동료 등 과거의 파트너와의 관계가 끝나자 화해와 복수의 이중감정을 갖고 스토킹을 하는 자(단순 집착형 스토커와 유사)를 말한다.

② 친밀감 추구형 스토커는 자신들의 진정한 사랑으로 생각하는 타인과 친밀한 관계를 추구하는 스토커, 정신병을 갖고 있는 경우가 많다(연애 망상형 스토커와 연애 집착형 스토커가 이 부류에 속함).

③ 무능력자형 스토커는 지적 능력이 부족하고 사회적으로도 무능력한 자로 타인과 친밀한 관계를 구하려는 자이다. 이들은 자신들이 파트너를 가질 자격이 있다고 믿으나 관계를 풀어나갈 능력이 없는 경우인데 친밀감 추구형 스토커와는 달리 피해자에게 미력을 느끼나 이들이 바로 진정한 사랑이라고 믿으며 열중하지는 않는다.

④ 분개형 스토커는 피해자를 놀라게 하고 괴롭히는 것을 자기 목적으로 삼는다.

⑤ 침탈형 스토커는 피해자를 스토킹함으로써 얻어지는 힘과 통제감에 큰 기쁨을 느끼며, 다수는 성적 변태인 경우가 많으며 성범죄의 전과를 가지고 있다고 분류하고 있다.

4. 우리나라의 스토킹 사례와 대응책

1) 스토킹 사례

삼성생명 사회정신건강연구소가 1998년 4월 초 연예인 106명과 20~30대 일반여성 1,327명을 대상으로 실시한 설문조사 결과, 연예인의 41.5%인 44명과 일반여성 응답자의 30%인 400명이 각각 "스토킹을 당한 적이 있다"고 답했다.

20대 후반 남성인 H씨는 대학생이던 5년 전 과외를 가르쳤던 여고생이 "선생님을 사랑한다"며 쫓아다니기 시작했다고 한다. 밤낮없는 전화에 시달리던 H씨는 어느 날 "영화표를 예약했으니 같이 가야 한다"는 전화를 받고 타이르겠다는 생각으로 만났다가 혼비백산한 적도 있다. 영화 내용이 자기를 멀리하는 남자를 납치해 팔다리를 자르고 감금하는 것이었기 때문이다.

다른 대학병원의 신경정신과 교수도 환자 보호자에게 2년 이상 스토킹을 당했다. 스토커인 그 중년 여성은 당초 정신질환에 걸린 다른 가족을 데려왔다가 이 교수를 스토킹하기 시작했다고 한다.

배우 ○○○이 30대 여성 스토커로부터 1억 원을 요구받는 일이 벌어졌다. 이 스토커는 1억 원을 주면 스토킹을 멈추겠다는 쪽지를 전달했다가 공갈미수 혐의로 경찰에 구속됐다. 피의자가 ○○○을 괴롭힌 기간은 무려 17년. 참다못한 김미숙은 이미 2000년에 스토킹 혐의로 경찰에 수사를 의뢰한 바 있다.

가수 겸 탤런트 ○○○ 역시 동성 스토커에게 11년 동안 고통을 받았다. 무수히 이사를 했고 전화번호를 변경하는 피해를 겪고 10여 차례 신고했는데도 그때마다 훈방으로만 풀려나서 코뼈가 다치는 폭행을 당하고서야 고소를 할 수 있었다.

탤런트 ○○○은 지난 1998년 광적인 스토커로 추정되는 사람에게 자신의 집 엘리베이터에서 납치당할 뻔한 경험을 한 적도 있고, 또 다른 스토커가 깨진 병을 들고 휘두르는 바람에 당시 그를 보호하던 매니저가 대신 상처를 입은 적도 있다.

2007년 12월 23일 ○○○의 콘서트 현장에서 10여 년간 ○○○의 스토킹을 해 왔던 30대 중반의 한 여성에 의해서 부인 이승신이 피습을 당했다. 공연장에서 1차 공격을 가한 후 재차 공격을 가하는 것을 관계자들이 저지했다.

1997년 영국정신학회지에 발표된 한 연구 논문에 따르면 연구 대상 스토킹 피해자

100명 중 83%는 심한 불안감, 55%는 스토커와 관련된 악몽이나 플래시 백(flash back) 현상이 나타났다. 피해자의 25%는 자살 충동을 느꼈으며, 37%는 외상 후 스트레스 장애(큰 사고를 당한 뒤 사회적응과 정상 생활에 어려움을 겪는 것)를 일으켰다.

2) 스토킹 대응책

(1) 법률적 대응

스토킹은 일방적이고 병적인 행동으로 피해자에게 단지 공포만을 느끼게 하는 것뿐만 아니라 결국 협박, 폭행, 상해, 강간, 살인 등 심각한 결과를 초래할 수 있는 엄연한 범죄 행위이다. 현행 법체계상으로 스토킹이 중한 범죄로 발전되지 않는 한, 형사처벌이 매우 어려우며, 피해자가 중한 물리적 피해를 입은 후에만 형법이 작동하게 된다. 미국 등 선진국에서는 이미 오래전부터 스토킹의 위험성을 인식하여 사회적·법률적·제도적 장치를 마련하여 시행하고 있다.

(2) 외국의 스토킹 행위 규제

미국의 스토킹 방지법은 미국에서 가장 먼저 제정된 스토킹 방지 법률은 캘리포니아주의 스토킹 방지법이다. 1990년 캘리포니아주를 시작으로 모든 주가 차례로 반스토킹법을 제정하였고, 1998년 제정된 연방 반스토킹법은 사이버 스토킹까지 처벌 대상에 포함시켰다. 영국의 스토킹 방지법은 영국의 경우 「괴롭힘방지법」이 1997년 제정되어 현재 잉글랜드, 웨일스, 스코틀랜드 및 북아일랜드에서 적용하고 일본의 스토킹 방지법은 일본에서는 2000년 5월 「스토커 행위 등의 규제에 관한 법률」이 제정되어 같은 해 11월부터 시행하고 있다.

(3) 우리나라의 스토킹 행위에 대한 형사법의 적용가능성 검토

스토킹 행위와 적용 가능한 형법 및 특별법상의 구성요건들을 보면 스토킹 행위는 타인의 법익을 침해하는 여러 가지 행위 유형으로 구성되어 있지만 현행법상 스토킹을 처벌할 마땅한 대안이 없는 상태에서 이러한 경범죄 처벌로 제약을 가하고자 하는데, 마치 스토킹이 가벼운 범죄처럼 치부되어 피해자들은 고통을 겪고 있는 경우가 많다.

「가정폭력범죄의 처벌 등에 관한 특례법」의 적용에서 스토킹과 관련하여 구체적인 사건에서 「가정폭력범죄의 처벌 등에 관한 특례법」(일부 개정 2002.1.26, 시행일 2002.7.1)을 적용하고 있으나, 사이버 스토킹에 대해서는 「정보통신망 이용촉진 및 정보보호 등에 관한 법률」에 처벌조항을 두고 있으며, 현재는 경범죄 처벌법의 규정을 두고 있다. 하지만 범칙금으로 8만 원에 지나지 않는 것이 현실이며, 실제 사안의 심각성을 제대로 반영하지 못한 결과라는 비판도 제기되고 있다. 형사법적 대응의 한계에 부딪히고 있다고 해도 과언이 아니다. 스토킹 행위는 단일한 범죄행위로 파악하기 어려운 여러 가지 특성을 지니고 있기 때문에 이런 특성이 스토킹 행위에 대해서 법률적 대응, 특히 형사법적인 대응을 어렵게 만드는 점이다. 또한 스토킹 행위에 대한 형사사법기관을 통한 대응의 한계도 드러나고 있으며, 스토킹 문제를 경찰이나 검찰과 같은 형사사법기관을 통해서 형사법을 적용함으로써 해결하려는 것은 처음부터 근본적인 한계가 있다고 본다.

(4) 스토킹에 대한 일반적 대응

스토킹이 심각한 문제라고 지적되는 것은 스토킹 그 자체가 심각한 경우도 있으며, 보통 다른 유형의 범죄를 낳는 요인이 되기 때문에 스토킹의 피해를 당한 사람들은 보통 심각한 심리적 고통과 깜짝놀람, 불안, 불면, 악몽 등을 호소하거나, 일상생활을 하는 데 어려움(혼자 집에 있거나 외출 불가능)을 겪는다든지, 좀 더 심하면 전화번호를 변경하고 직장을 그만두거나 폭행, 살인 등의 직접적인 신체적 피해를 당하는 것으로 알려져 있다. 스토킹에 대한 피해자의 대응은 문화권에 따라 상이한 것으로 알려져 있는데, 미국의 경우 신고율이 매우 높은 것으로 알려져 있다.

이와 같이 스토킹 예방 및 대책 10대 수칙(한국성폭력상담소)을 정리해보면 상대의 인격을 존중하기보다는 소유, 정복하려는 사람, 자기중심적이고 집요한 성격의 사람은 조심한다. 상식을 벗어난 호의나 친절을 베풀거나 상대의 불쾌나 고통을 받아들이지 않는 일방적인 사람은 조심한다. 일단 스토킹이라는 의심이 들면 단호하고 분명한 거절의 태도를 보인다. 타이르거나 설득하지 말고 상대방에게 말려들지 않도록 대화는 간단히 끝낸다. 혼자서 해결하려 하지 말고 주변 사람에게 도움을 청해 보호를 요청한다.

피해를 계속 수집하고 사건경위를 육하원칙으로 자세히 기록해둔다. 상담소나 경찰에 도움을 청해 법적 보호를 받을 수 있는지 알아보고 단호한 입장을 보여주기 위해 미약한 처벌이 나오더라도 계속 신고, 고소를 한다. 그리고 전화번호 변경, 이사 등 적극적으로 피하는 것도 필요하다. 가해자의 가족에게 알려 교정, 치료를 받도록 유도하고, 피해를 드러내고 여론화하여 인권침해 범죄라는 인식을 확산시켜 처벌 법안을 제정하는 데 적극 참여하여 제도적으로 스토킹에 대한 피해가 없어야 할 것이다.

우리나라의 스토킹 처벌법은 1999년 처음 발의됐으나 지속적으로 국회 문턱을 넘지 못했고, 이에 스토킹은 경범죄 처벌법인 지속적 괴롭힘으로 분류돼 '10만 원 이하 벌금이나 구료 또는 과료'에 그쳐 왔다. 그러다 2021년 3월 24일 스토킹 범죄 처벌법이 첫 발의 22년 만에 통과되면서, 앞으로 스토킹 범죄자에게는 최대 5년 이하 징역이나 5,000만 원 이하의 벌금이 부과된다. 이 법안은 스토킹 행위를 상대방 의사에 반해 정당한 이유 없이 접근하거나 따라다니거나 진로를 막아서는 행위, 주거 · 직장 · 학교 등 일상적으로 생활하는 장소 또는 그 부근에서 기다리거나 지켜보는 행위, 우편 · 전화 · 정보통신망 등을 이용하여 물건 · 글 · 말 · 영상 등을 도달하게 하는 행위 중 하나를 하여 상대방에게 불안감이나 공포심을 일으키는 것으로 정의했다.

그리고 이러한 행위가 지속되거나 반복될 경우를 스토킹 범죄로 정의하고, 스토킹 범죄자에게 3년 이하 징역이나 3,000만 원 이하의 벌금에 처할 수 있게 했다. 만약 흉기 등 위험한 물건을 이용할 경우에는 5년 이하 징역이나 5000만 원 이하의 벌금형으로 형량이 가중된다. 이 밖에 법안은 스토킹 행위에 대한 신고가 있는 등의 경우 경찰이 100m 이내 접근금지 등의 긴급조치를 한 후 지방법원 판사의 사후승인을 청구할 수 있도록 했다(네이버 지식백과, 2021).

제2절 신용카드 범죄와 안전대책

1. 신용카드 범죄의 개념과 보호법익

1) 신용카드

현대의 신용경제사회에서 판매신용을 주된 기능으로 하는 소비자 신용의 한 형태이다. 이론상 신용카드를 정의하면 카드회원의 가입신청에 따라 신용카드사가 신용카드를 발행하고 카드회원은 그 발급받는 카드를 이용하여 현금을 지급함이 없이 계속, 반복적으로 가맹점에서 물품을 구입하거나 용역을 제공받을 수 있음은 물론 카드회사 또는 제3자로부터 신용을 제공받을 수도 있음을 증명하는 하나의 자격 증권을 말한다.

법률상 신용카드가 무엇인가에 대해서는 각국이 입법적으로 해결하고 있다. 이 신용카드의 개념은 신용카드의 법적 성질을 논하는 것과 더불어 판결의 일반적 기준이 된다는 점에서 중요하다. 우리나라에서는 1970년대에 처음 등장하여 오늘에 이르고 있다.

2) 신용카드 범죄

일률적으로 정의할 수 있는 것이 아니라 넓은 의미로서 신용카드와 관련된 모든 형태의 범죄라 정의할 수 있다. 신용카드와 어떻게 관련되느냐에 따라 일반 형사법에 따른 범죄로 볼 수도 있으며 이를 다시 신용카드 범죄라는 범주에 포함시켜 파악할 수도 있다. 신용카드 범죄는 신용카드와 관련된 모든 형태의 범죄로 정의하는 것이 타당하며 이는 결국 넓은 의미의 신용카드 부정사용의 개념으로 파악될 수 있다.

우리나라 법률상 신용카드의 개념은 '이를 제시함으로써 신용카드 가맹점에서 물품의 구입 또는 용역의 제공을 받을 수 있는 증표로서 신용카드업자가 발행한 것'을 말한다(여신전문금융업법 제2조 제3호). 여신전문금융업법에 의하면 신용카드의 이용범위를 '물품의 구입과 용역의 제공'으로 한정시켜 놓고 있다. 신용카드는 단순히 판매신용의 기능에 그치는 것이 아니라 소비자금융과 결합하여 소비자에게 신용을 공여하는 기능으로서의 기능을 가져야 하는 것이다.

3) 신용카드 부정사용과 관련된 보호법익

신용카드 부정사용에 의한 피해자를 누구로 볼 것인가에 대해서 가맹점으로 보는 입장과 신용카드 발행회사로 보는 입장으로 구분되는데, 이는 형법 제347조에서 사기죄의 성립에 피해자의 현실적 손해발생을 그 요건으로 하는가와 관련된 내용이다.

2. 신용카드의 법적 성격

1) 신용카드의 재물성

신용카드를 재산죄의 객체의 일부로서 재물성을 인정할 수가 있을 것인가? 만약 이것을 인정할 수가 있다면 절도죄의 절취, 사기죄의 편취, 강도죄의 강취에서 영득죄의 성립을 긍정할 수 있는 것 외에 재물손괴죄의 성립을 또한 긍정할 수가 있을 것이다. 카드를 부정사용하여 현금 없이 상품을 구입하는 행위에 의해 성립하는 범죄와의 사이에 어떤 법률관계가 생기는가를 검토할 필요가 생긴다. 특히 이러한 문제에 대해서 형법학상 일반적으로는 모든 재물이 반드시 경제적·금전적 교환가치가 있을 필요는 없으며 재산권 특히 소유권의 목적이 되면 족하다는 것이다.

2) 신용카드의 문서성

신용카드의 문서성과 유가증권성 여부에 의하여 신용카드 범죄가 문제된다. 먼저 형법에서 말하는 문서란 문자 혹은 이것에 대신할 부호를 사용하고 어떤 물체 위에 기재된 의사표시이며, 일정한 법률관계 혹은 거래상 중요한 사실관계에서 어떤 증거가 될 수 있는 것을 가리킨다. 신용카드에서 문자성을 인정할 수 있을 것인가에 대해서는 첫째, 문자 혹은 이것에 대신할 부호를 사용하고 있는 물체 위에 기재된 의사표시가 인정되는지 여부이다. 둘째, 그것도 일정의 법률관계 혹은 거래상 중요한 사실관계에서 증거로 될 수 있는가 하는 점이 문제가 된다. 그리고 신용카드에 유가증권성을 인정할 수 있을 것인가 즉 유가증권도 문서의 일종으로서 이것을 위조하는 것은 본래의 문서위조죄가 되는 것이지만 형법에서는 유가증권이 거래상 중요한 역할을 담당하므로 독립의 장에 이를 규정하고 있으며 이것의 형벌은 공문서위조죄의 형보다는 가볍고 사문서위조죄의 형보다는 무겁게 규정하고 있다. 유가증권이란 재산상의 권리가 증권에 표시되고 이렇게 표시된 재산상의 권리 행사에 대해서 그 증권의 점유를 필요로 한다.

3. 신용카드 범죄 실태와 특징

1) 신용카드 범죄 실태

신용카드 1억 만장 시대를 맞아 위·변조, 도난, 분실 카드 부정사용 등 신용카드 범죄가 잇따르고 개인정보도 어이없이 유출되는 등 불안한 금융시대를 맞고 있다. 카드 사용액은 91조 원에서 2000년 224조 원, 2002년 443조 원으로 매년 2배씩 늘고 있는 등 신용카드 시대가 본격화된 시대는 이미 오래전의 일이다. 분실도난 카드 불법 사용, 카드 위변조 및 부정발급 등 신용카드 관련 사건 사고도 급증하는 추세이다. 경찰청에 따르면 2003년 신용카드 관련범죄 건수는 모두 2,434건으로 2004년 같은 기간 1월에 비해 2배나 증가하였으며, 이 같은 수치는 하루 평균 11.5건으로 신용카드 관련 범죄가 약 2시간마다 1건 꼴로 발생하는 셈이다.

한편 2013년 위·변조된 신용카드나 분실 카드를 이용해 부정하게 카드를 사용한 금액이 무려 300억 원에 이르는 것으로 나타났다. 한국은행이 발표한 최근의 지급카드 이용현황 및 주요과제 보고서에 따르면 2013년 카드 부정사용 금액은 291억 원으로 3년 전과 비교해 1.7배 증가했다. 카드 부정사용은 카드 회원이 아닌 제3자에 의해 부당하게 사용된 것을 말한다. 카드 위·변조, 도난·분실, 정보도용 등을 통해 부정 사용하는 행위다.

최근 해킹 등 다양한 유형의 금융범죄가 일어나면서 카드 부정 사용은 크게 늘어나는 추세다. 지난해 카드 부정 사용으로 적발된 건수는 모두 5만 6,000건으로 2010년보다 1.8배 정도 증가했다. 카드 정보도용을 통한 부정 사용 사례는 3년 사이에 무려 276%나 늘어났다. 또 카드 위·변조와 도난·분실의 경우 각각 96%, 68%씩 증가했다.

부정사용의 건수와 금액이 증가함에 따라 카드사가 지불해야 할 비용도 크게 늘어나고 있다. 2013년 국내 카드사가 부정사용을 수습·처리하는데 197억 원의 비용을 쓴 것으로 집계됐다. 지난 2010년(130억 원)보다 1.5배나 금액이 늘어난 것이다(스카이데일리, 2014).

단위농협 현금카드 위조와 현금인출 사건은 타인의 카드 계좌번호나 비밀번호 등만 알면 실제 카드가 없어도 자체적으로 위조, 현금을 인출할 수 있는 최신 범죄 수법이어서 수사기관 등은 유사범죄의 발생 가능성에 대해 우려하고 있다.

카드깡 등 신용카드 범죄는 신용불량자를 확대 재생산하는 악순환의 고리로 이어지는 데다 카드빚을 갚기 위한 납치나 강도 등 강력범죄로 증폭되는 사례마저 심심찮게 발생하고 있어 이에 따른 국민들의 물질적·정신적 피해에 대한 적극적인 대책 마련이 시급한 실정이다.

최근 들어서는 동남아, 중국, 일본, 미국 등 해외 각국의 범죄조직과 결탁한 카드위조단이 국내 은행 발행 카드를 카드리더기, 복제기 등으로 위조, 국내에 들여와 거액의 물품을 구입하는 조직적인 범행이 대부분 카드범죄의 주류를 이루고 있다. 특히 금융사가 아닌 일반 개인사업자가 운영하는 현금인출기에 카드 판독기를 설치해놓고 몰래카메라를 통해 비밀번호를 절취하고 카드복제기를 복제한 후 부정 사용에 나설 경우 대비할 방안이 거의 없는 형편이다.

가족, 친척, 친구 등 가까운 사람 명의의 개인정보의 경우 쉽게 알아낼 수 있어 손쉽게 신용카드를 만들 수 있고 유령업체를 만들어 '카드깡' 사업을 하면서 고객 등의 개인정보를 이용한 카드 위·변조도 기승을 부리고 있다. 최근 보도된 신용카드 위조 사건을 보면 범죄자가 신용카드 이용 한도를 증액해 주겠다는 꼬임에 빠져 신용카드를 복제당하고 비밀번호까지 알려주어 신용카드 위조가 가능하게 되었다는 것이다.

2) 신용카드 범죄의 특징

신용카드체계상 카드발행회사는 가맹점에 대하여 손해와 위험부담을 보증하고 계약위반의 회원에 대하여는 스스로의 책임으로 손해배상을 청구하지 않으면 안 된다. 카드거래시스템계약이 전제로 되어 있는 이상 기본적으로 사법상으로 통상의 계약불이행과 다른 점은 없지 않다. 여신자책임주의의 원칙에 따라 또 특히 소비자보호주의의 관점에서 현재 신용업계에 대하여 할부판매법, 대금업법을 시초로 하는 여러 가지 형태의 법적 규제, 또는 행정부의 규제가 되고 있다. 또한 최근에는 신용카드를 중심으로 현행 관계법규와 관계기관이 통일되어 있지 않고 분산되어 충분히 기능을 하지 않고 있는 점과 행정지도를 둘러싼 여러 가지 많은 문제점이 나타나고 있다.

세계적 조류와 관련하여 포괄적 소비자신용법의 제정을 추구하려는 움직임이 활발히 전개되고 있다. 신용카드업자는 완전히 감독청의 허가를 받지 않을 수 없으며 만약 부정한 수단으로 허가를 받은 경우에는 처벌하도록 입법시안을 마련 중이며, 업자가 실질 연이율의 계한을 위반한 경우와 채권의 회수 시에 소비자를 위협하거나 사생활 및 공적 생활의 평온을 해하려는 경우도 마찬가지로 처벌된다. 신용카드는 현금과 동일하거나 그 이상의 경제적 효능을 가지고 있을 정도로 이점이 있기 때문에 이러한 시스템을 악용하여 부정한 이익을 얻는 범죄가 발생한다. 신용카드 시스템은 카드회사, 회원, 가맹점 간에 고도의 신용공여를 전제로 구성되며, 카드 매출전표를 매개로 한 극도의 기술적 신용거래인 점에서 이것을 중심으로 한 범죄로는 신용거래구조의 간격을 교묘하게 이용한 사기사범이 압도적으로 많이 있다. 한편 신용카드를 이용한 범죄는 범행이 단기간에 집중적으로 반복하여 발생되며, 조직적 범행이 눈에 띄며, 신용카드 체계의 지식을 악용하며, 범행이 전국적으로 광범위하게 행하여지는 것이 특징이다. 이러한 지능적인 수법으로 범죄를 이용하고 있다.

4. 신용카드 범죄 유형과 신용카드 제도의 문제점

1) 신용카드 범죄 유형

(1) 카드의 취득과 제작, 처분을 둘러싼 신용카드 범죄

① 재산범의 객체와 신용카드 자기테이프 부분과 관련된 범죄 : 신용카드는 회원인 것을 증명하고 이것의 제시에 의하여 신용카드시스템의 여러 가지 이점을 제공받고 현금과 동일 또는 그것 이상의 경제적 효용을 지니고 있으므로 재물성이 인정되어 절도 등 재산범의 객체가 된다.

② 신용카드 위조와 관련된 범죄 : 카드 자체를 무단 작성한다면 사문서위조죄가 된다. 오래전부터 대만, 홍콩 등지에서 다수의 신용카드를 위조해서 이것을 일본이나 한국 등지로 가지고 들어와서 행사한 사례가 많이 발생하였으며, 우리나라에서 신용카드 위조 사건이 처음으로 발생된 것은 1993년 11월 26일 외환비자카드를 위조하여 백화점 등지에서 상품을 구입한 사례이다.

③ 타인명의 카드의 취득과 관련된 범죄 : 여러 사람이 공모하여 신용카드회사 측의 조사대상인 가족 역할, 직장동료 역할 등을 분담하여 가공인(타인) 명의의 카드를 발급받아 이것을 사용하여 상품, 현금 등을 편취하는 사례가 많이 발생하고 있으며, 타인명의를 도용하여 입회 신청서를 작성하고 카드발행회사로부터 카드를 송부받은 경우는 사문서위조, 동행사죄, 사기죄가 성립된다.

④ 자기명의 카드의 취득과 관련된 범죄 : 자기명의로 신용카드 회사로부터 신용카드를

교부받은 경우에도 입회 신청을 할 시점에서 카드사용에 의한 대금 등을 신용카드 회사에게 지불할 의사능력이 없이 있는 것처럼 가장하여 기만할 때에는 신용카드 회사에 대한 사기(카드사기)가 된다.

⑤ 신용카드로 인한 융자와 관련된 범죄 : 신용카드소유권은 신용카드발행회사에 있으며 회원은 그 대여를 받고 있는데 불법대여, 질권 설정, 양도하는 것은 회원규약에 따라 금지된다.

(2) 신용카드의 사용을 둘러싼 범죄

타인명의의 신용카드의 부정 사용과 관련된 범죄는 절취, 편취, 습득 등으로 타인명의 신용카드를 부정 사용한 경우로 분류하며, 상품교부, 서비스 제공의 경우와 관련된 범죄는 부정하게 입수한 타인 명의의 신용카드를 사용하여 가맹점에서 상품의 교부 또는 서비스의 제공을 받은 경우는 가맹점을 피기망자로 하는 사기죄가 성립된다. 자기명의 신용카드의 부정사용과 관련된 범죄를 보면 카드명의인(회원)이 회원규약에 있는 것처럼 회사에 대금을 지불할 의사와 능력이 없음에도 있는 것처럼 가장하여 자기명의의 신용카드를 사용하는 경우이며, 매출표의 부정 사용과 관련된 범죄도 발생하고 있다.

2) 신용카드 제도의 문제점

(1) 신용카드 회사에 대한 문제점

신용카드 회사는 신용카드회원의 입회 신청 시에 엄격한 신용도 조사가 불충분하다고 볼 수 있다. 입회신청이 있을 경우 신용카드 회사는 자격심사를 행하며 자격심사는 입회 신청서에 기재된 연령과 수입 등의 신용에 대하여 각각 신용카드회사의 자료로 신용을 평가하여 불량회원명단의 유무를 조사하여 신용카드를 발급하게 된다. 신용카드의 우편 송부에서 수취인에 전달되지 않고 타인에게 전달될 가능성이 크다고 볼 수 있다.

(2) 가맹점의 문제점

신용카드가맹점에서 신용카드 상의 서명과 매출전표상의 서명의 동일성을 확인하지 않고 거래를 행하는 것을 문제점으로 들 수 있다. 가맹점이 거래를 할 때 의심스러워도 판매를 행하는 경우가 문제이다. 만약 판매 대금이 사용한도액 이내라면 비록 거래의 형태에서

의심이 가는 경우에도 이후 신용카드 회사에서 대금지불을 받으므로 가맹점으로서는 손해가 없으므로 적법한 카드사용인가를 충분히 확인하지 않고 거래를 하는 경우가 많다.

(3) 신용카드의 손해보험에서의 문제점

신용카드회사에서는 도난 또는 분실된 신용카드를 악용함으로써 회원이 불의의 손해를 입게 되지 않도록 회원보장제도를 두고 있다. 회원은 도난, 분실이 있었다는 것을 신용카드 회사에 구두 또는 문서로 제출하면 신고 전 15일 이후의 상품거래에 대해서는 보험회사에서 이를 부담한다. 이는 신용카드회사로서는 부정 사용으로 인하여 생긴 손해를 전보하기 위하여 손해보험회사에 보험을 들고 신고 전 15일 이전의 손해에 대해서는 신용카드회원에게 그 책임을 돌린다.

5. 신용카드 범죄 대책

1) 카드발급 과정에서의 대책

(1) 통일된 신용조사기관의 설치

신용카드 발급과정에서 계획적으로 부정 이용할 의도로 신용카드를 취득하는 경우가 많다. 신용카드 회사에서는 신용카드를 발급할 때 발급신청자의 수입과 근무관계와 거주관계 등에 대한 자료와 신용조사기관 등을 활용하는 등 적격성 여부의 엄격한 판정을 해야 하며 이를 근거로 하여 개인의 신용도의 차등화를 도입해야 한다. 신용카드발행 시의 신용조사의 엄격성과 그로 인한 개인의 신용한도의 차등화 도입이 근원적인 신용카드 부정사용의 방지대책이 될 수 있다.

(2) 위조방지 대책

신용카드에는 자기테이프가 첨부되어 있어 거기에 예금자의 암호, 은행, 지점명, 계좌번호 등이 기억되어 있어 현금자동 지급기나 가맹점의 이지체크단말기를 이용할 때 기억하도록 되어 있다. 최근에 이 테이프의 위조행위가 발생되고 있기 때문에 위조방지를 위한 기술개발에 각 카드회사는 많은 노력을 해야 한다.

(3) 신용카드 송부방법의 개선

일반적 우편으로 신용카드를 송부함으로써 타인이 이를 수령하여 부정사용하는 경우가 많이 있으므로 이를 방지하기 위하여 우편으로 신용카드를 송부하지 않고 제휴은행에서 직접 본인 여부를 확인하고 송부하는 것이 그에 대한 대책이 될 수 있다.

(4) 신용카드 회사의 무분별한 회원모집의 중단

신용카드 회사는 양적 측면에서의 무분별한 회원모집을 지양하고 엄격한 신용조사를 거쳐 신용카드를 발급하여야 하며 신용카드가맹점 허가 시 형식적인 검토만으로 가맹점을 개설하는 방식을 지양하고 철저한 심사를 통하여 허위가맹점과 불량가맹점이 생기지 않도록 해야 한다.

2) 신용카드 사용과정에서의 대책

신용카드제도에서 최일선이라 할 수 있는 곳이 신용카드가맹점이다. 도난, 분실 등의 이유로 무효의 통지를 받은 카드로는 상품판매를 하지 못하도록 의무로서 부과하고 있다. 신용카드 사용과정에서 범죄를 방지하기 위해서는 가맹점에 대한 무효카드의 통지가 즉시 전달될 수 있도록 하는 이지체크시스템의 전 가맹점의 설치를 의무화해야 하며, 온라인시스템과 체크 기능을 한층 강화하여야 한다.

3) 신용카드 회원에 의한 범죄유발요인의 방지대책

신용카드의 경우 도난 및 분실로 인한 부정 사용의 경우가 가장 전형적으로 발생, 신용카드회원이 카드관리를 철저하게 하는 것도 신용카드 범죄의 방지에 기여를 할 것이다. 만약 분실 및 도난이 발생되었을 경우 즉시 신용카드 회사에 신고하여야 하며 제휴은행은 당해 계좌의 지불을 정지시킴으로써 피해가 최소화될 수 있다. 최근에는 다른 사람의 신용카드를 절취하고 그 대신에 같은 회사 소속의 타인의 신용카드를 넣어 일정기간 신용카드의 분실 사실을 알지 못하게 하여 그 기간 동안 부정 사용하는 사례도 있기 때문에 수시로 자기카드의 존재를 주의 깊게 관찰하여야 한다.

4) 신용카드 수사전담반의 설치대책

신용카드 범죄는 전통적인 형법이론이나 실무로는 대처할 수 없으며 현재 수사과정에서도 수사기술과 인력의 부족으로 수사과정 중에 증거의 인멸이나 범죄성 입증방법의 결여로 많은 어려움이 발생한다.

5) 신용카드 이용 시 주의사항

카드를 처음 수령하는 즉시 뒷면에 서명, 서명이 없을 경우 카드가 분실돼 불법으로 사용됐을 경우 그 책임은 어떠한 경우에도 본인에게 있다. 신용카드를 분실 및 도난당한 경우 접수일로부터 60일 전후 발생한 제3자의 카드부정사용대금에 대해 카드 1매당 최고 2만 원(사고조사에 따른 수수료 성격)까지만 회원이 부담하며, 나머지는 카드사에서 사실관계 확인 후 보상 처리한다. 신용카드를 분실했을 경우 바로 신고하고 신고번호나 전화번호 등은 잘 기록해둬야 나중에 사고신고가 제대로 접수되지 않은 최악의 사태 발생 시 법적인 책임소재를 밝히는 데 중요하다.

카드로 대금을 계산할 때 매출전표 내용을 꼼꼼히 기록하고, 서명한다. 특히 주유소 등지에서 카드결제를 종업원에게 맡기지 말고 본인이 직접 계산대로 가선 매출전표를 작성한다. 자신의 신용카드가 잠깐 사이에 위조돼 피해를 볼 수 있기 때문이다. 매출전표 영수증은 카드대금이 청구될 때까지 보관해 청구금액과 반드시 대조한다. 카드는 남에게 빌려주는 것이 아니다. 만약 배우자 또는 가족에게도 신용카드를 빌려줘 도난되거나 분실된 경우 보상받을 수 없다.

카드대금을 연체하면 안 된다. 한번 연체하기 시작한 카드청구대금은 연체료 부담이 커 몇 개월만에 자신의 개인 신용도에 금이 갈 수 있음을 명심한다. 신용카드 비밀번호가 유출되거나 정당한 이유 없이 카드를 분실 및 도난 신고를 늦게 한 경우 보상받을 수 없음에 유의한다. 안 쓰는 신용카드를 폐기할 때에는 재사용이 불가능하도록 마그네틱선 등 주요 부분이 완전히 파기되도록 한다. 파쇄기로 분쇄하거나 가위로 2회 이상 잘라 없애도록 하며, 절대 접어서 버리지 말아야 한다.

신용카드 가맹점이 카드결제를 거부하거나 현금결제에 할인혜택을 주는 등 차별행위가 발견되면 해당 기관에 신고한다. 금융감독원은 위법사례 적발 시 처음에는 경고를 통해 시정하도록 지시하지만 2차례 이상 반복되면 가맹점 계약해지는 물론 국세청과 사법 당국에 통보, 1년 이하 징역이나 1,000만 원 이하의 벌금형 등 강력한 처벌을 받게 된다.

물품 판매 또는 용역을 가장하거나 실제 매출금액을 초과해 신용카드 매출전표를 작성한 업체가 발견되면 신고한다. 이와 같이 신용카드 매출을 허위로 꾸미는 수법으로 자금을 융통해 준 사람이나 이를 중개 알선한 자에 대해서는 3년 이하 징역 또는 2,000만 원 이하의 벌금에 처한다. 인터넷 쇼핑몰 이용 시 공인기관의 인증서가 있는지 확인한 후 신용카드로 결제한다. 인증이 안 된 인터넷 쇼핑몰 업체 등의 자칫 자신의 카드 정보가 다른 곳에 유출돼 도용될 위험이 있다.

제3절 신종 금융사기(피싱)와 안전대책

1. 피싱(Phishing)

1) 피싱의 개념과 의의

피싱(Phishing)은 해커들이 만든 용어이며 사회공학적 방법 및 기술적 은닉 기법을 이용해서 민감한 개인정보, 금융계정 정보를 절도하는 신종 금융사기 수법이다. 피싱은 개인정보와 낚시를 합성한 신조어라고 하는 설과 그 어원은 fishing이지만 위장의 수법이 세련되어 있다. 피싱은 유명 기관을 사칭한 위장 이메일을 불특정 다수 이메일 사용자에게 전송하여 위장된 홈페이지로 유인하여 인터넷상에서 신용카드 번호, 사용자 ID, PW 등 민감한 개인의 금융정보를 획득하는 사회공학적 기법을 사용한다.

최근에는 DNS 하이재킹(Hijacking) 등을 이용해 사용자를 위장 웹 사이트로 유인하여 개인정보를 절도하는 피싱의 진화된 형태인 파밍도 출현하고 있다. 사회공학적 방법에 의존한 피싱이 실패 확률이 높은 반면, 파밍은 사용자의 피해 유발 가능성이 매우 높다. 피해자들은 대형 업체들의 고객들뿐만 아니라 일반인들까지 그 피해의 파장 또한 엄청나다. 해당 기업 역시 금전적인 피해뿐만 아니라 자체의 명성에도 손실을 입게 된다.

한편 전자금융 사기 즉 피싱, 스미싱, 파밍 등으로 인한 금전적 피해는 최근 5년 동안 약 12만 건이 발생하고, 피해액은 약 4,000억 원, 2014년 1월부터 7개월 동안 하루 평균 16명씩, 1인당 1,200만 원의 전자금융사기 피해가 발생하였다(새정치민주연합 최민희 의원, 시사인 11월호). 금융사기의 범행도구인 대포통장의 발생도 연 4만 5천 건에 달하고, 이로 인한 금융사기 피해도 연 2,700억 원으로 확대되고 있는 실정에서 전자금융사기사건의 사고계좌로 신고되면 예금지급정지제도를 운영 중에 있다(금융감독원, 2014).

2) 피싱의 절차

공격자는 해킹한 서버에 위장된 페이지를 삽입해 놓고, 정상적인 사이트나 관리자가 송신한 것으로 위장한 메일을 발송하며, 수신자는 메일에 삽입된 홈페이지 링크를 클릭하여 접속하고 자신의 개인정보나 금융정보를 입력하게 된다. 그리고 저장된 정보를 해커가 유출해 내어 인터넷 사기를 행하는 수법이다.

3) 피싱의 기술 및 공격 유형

유사한 URL 표시는 합법적인 도메인과 유사한 도메인 이름을 사용하여 혼돈을 준다. 발신자 위조 및 하이퍼링크는 메일 본문에 링크된 URL에 표현되는 것은 실제 주소이지만 본문 메시지의 소스 코드는 위조 사이트의 주소로 링크되어 있어 사용자가 클릭하게 되면 위조 사이트로 접속된다. 웹사이트 스푸핑은 합법적이고 믿을 수 있는 사이트를 그대로 복제하는 방법이고, 위조 웹사이트는 실제 웹사이트의 세부적인 사항까지 완전히 일치한다. 위조 사이트에 나타나는 모든 링크들은 하나의 피싱 도메인으로 연결된다. 그리고 Popup 창을 이용하거나 메일 본문에 직접 개인정보를 입력하도록 유도하는 신종 수법의 인터넷 사기이다.

4) 피싱 위협의 특징

(1) 피싱

기술과 사회공학적 방법의 융합을 통해 공격을 시도하며, 피싱 공격자는 이용자의 중요정보 수집을 위해 타인과의 상호작용을 통해 타인을 속여서 규정된 보안절차를 무력화시키는 비기술적 방법으로 침해를 시도한다. 피싱 공격자는 사람의 정보기술 의존도가 심화되는 문화에 빠르게 적응하지 못하는 상황을 이용한다. 그리고 피싱은 금전적 피해를 유발할 수 있다. 피싱 공격을 통해 개인의 금융정보를 획득하여 개인금융계좌에서 돈을 유출하여 개인에게 금전적인 피해를 유발할 수 있다.

(2) 피싱 공격

유명기관의 브랜드에 대한 고객 신뢰를 이용하여 유명기관의 웹 사이트로 위장하면서 기업의 인지도를 손상시킬 수 있다. 피싱 공격의 유형은 역동적으로 변화하며 위협모델도 급속히 변화한다. 피싱은 지속적인 변화를 거듭하면서 대응책이 나올 때마다 지능적인 사기범들은 이를 교묘히 피할 수 있는 새로운 공격 기법을 개발한다. 고도의 숙련된 범죄집단이 피싱을 이용하여 사기범죄를 수행할 가능성도 더욱 증대하고 있다.

피싱은 기존의 전통적인 방식의 사기와는 다른 지능적인 기술을 이용하므로 기술적, 법제도적 대응이 매우 어렵다. 피싱은 메일, 웹 기술을 이용한 사기 수법으로 기존의 사기와는 달라 지능화된 대응기술이 필요하다. 피싱 대응을 위한 기술로 메일 인증, 웹사이트 인증기술의 이용이 필요하다. 피싱 사고 대응을 위한 법제도 제정도 매우 어렵다.

5) 피싱 피해 사례

미국 등 해외에서는 사이버 세상의 신종 금융범죄로 떠오른 가짜 사이트 사기 등 피싱 사고가 수년 전부터 골칫거리가 되었다. 2003년 말 터졌던 세계 최대 인터넷 경매업체 이베이 사이트를 위장한 사기사건이 대표적이다. 당시 사기단은 '보안상의 위험으로 계정이 일시 차단됐다. 첨부된 링크를 클릭해 이베이 홈페이지로 가서 바로 재등록하라'는 e메일을 무작위로 뿌렸다. 별생각 없이 링크를 따라간 이용자들은 신용카드번호, 비밀번호, 사회보장번호, 생년월일, 본인 확인용으로 어머니의 결혼 전 성까지 기입했다.

금융업계에선 씨티은행의 온라인 고객들이 로고까지 박힌 가짜 사이트에 들어갔다가 개인정보를 도용당하기도 했다. 미국 시장조사전문기관 가트너에 따르면 지난해 242만 명의 미국인이 피싱 사기에 말려들어 929만 달러에 달하는 금전적 손해를 입었다.

피싱은 미국과 유럽의 유명 금융회사, AOL, Google 등 인터넷업체를 사칭한 피싱이 지속적으로 많이 발생하고 있다. 영국계의 유명 금융회사인 로이드 퍼스널뱅킹(Lloyd TSB)을 사칭해 개인 금융정보 입력을 요구하는 메일이 발송되었다. 가짜 구글 사이트를 통해

"400만 달러의 상금이 당첨되었습니다!"라고 광고하여 링크를 클릭하면 신용카드 정보나 주소 입력을 요청하는 메일이 발송되었다. 또한 e-Book을 사칭해 '신용카드 사용정지 공지', '사용자 정보 확인 요구' 등으로 개인정보를 도난당한 사건이 발생하였다.

국내에서는 아직까지 피싱으로 인한 실제적인 피해가 해외에 비해서는 낮은 상태이지만 이는 대부분의 피싱이 씨티뱅크, 이베이 등 외국 업체를 사칭하여 영문 메일에 익숙지 않아 피싱으로 인해 국민에게 크고 작은 피해가 빈번하게 발생하고 있는 것이 현실이다.

최근 피싱보다 치밀한 수법의 신종 금융사기가 발생하여, 국내에서도 피싱으로 인한 피해가 지속적으로 높아지고 있다. 2005년 11월 피싱 사이트를 개설, 비밀번호 등 개인 금융정보를 알아내어 돈을 몰래 유출한 피싱 사기로 5명이 구속되는 사건이 발생하였다.

한편 대법원 판례를 보면(판례 : 대법원 2007다51239 판결) "송금한 피싱 등 피해자와 수취인(B) 사이에 계좌이체의 원인이 되는 법률관계가 존재하지 않음에도 불구하고, 계좌이체에 의하여 수취인(B)이 계좌이체금액 상당의 예금채권을 취득한 경우에는 송금의뢰인(피해자)은 수취인(B)에 대하여 위 금액 상당의 부당이득반환청구권을 가지게 되지만, 수취은행은 이익을 얻은 것이 없으므로 수취은행에 대하여는 부당이득반환청구권을 취득하지 아니한다. 따라서 이러한 경우에는 송금자는 그 예금주에 대하여 부당이득 반환을 청구하여야 하고, 은행에 대하여 반환을 청구할 수는 없다."고 하였다(중앙법률사무원, 2014).

2. 파밍(Pharming)

합법적으로 소유하고 있던 사용자의 도메인을 탈취하거나 이름을 속여 사용자들이 진짜 사이트로 오인하도록 유도하는 피싱의 변형된 방식의 인터넷 사기 기법이다. 파밍이라는 용어의 유래는 정확하지 않다. 기존 피싱 공격의 경우 금융기관 등의 웹사이트에서 보낸 이메일로 위장하여 링크를 유도해 개인의 인증번호나 신용카드번호, 계좌정보 등을 빼내는 반면, 파밍은 아예 해당 사이트가 공식적으로 운영하고 있던 도메인 자체를 중간에서 탈취한다는 점에서 차이가 있다.

사용자들은 늘 이용하는 사이트로 알고 의심하지 않고 개인 ID, 패스워드, 계좌정보 등을 노출하는 것이 특징이다. 파밍은 인터넷 금융사기인 피싱이 고도로 정교해짐에 따라 확장된 형태의 사기 수법으로서 파밍 공격은 피싱과는 달리 네트워크에 연결된 컴퓨터에

몰래 숨어 있다가 사용자의 규칙적인 웹서핑 활동에 근거하여 개인적인 재정 상세정보를 손쉽게 획득해가는 수법이다. 위조 사이트는 실제 사이트와 거의 비슷하게 제작되어 피해자가 그 사실을 전혀 구분을 할 수 없다는 것이 특징이다.

대표적인 사례로 정상적인 웹 사이트로 접속하려던 사용자가 자신도 모르게 합법적인 사이트를 그대로 모방한 가짜 웹 사이트로 연결되는 경우가 있다. 일단 사용자의 시스템에 파밍 프로그램이 침투하고 나면 사용자가 전혀 모르고 있는 상태에서 규칙적으로 방문하는 수많은 사이트들에 대해 악의적인 활동이 시작되는 것이다.

이와 같이 파밍 피해 방지 대책을 위해 먼저 무언가 이상한 느낌이 든다. 그리고 필요 이상으로 많은 것을 묻는다. 브라우저에 잠금장치가 없다. 주소 표시줄의 URL에 '보안'을 의미하는 HTTPS가 없다. 브라우저에서 SN인증서 문제를 경고한다면 의심해볼 필요가 있으며, 관계 전문가의 조언을 구하는 것도 필요하다.

3. 보이스 피싱(voice phishing)

1) 보이스 피싱의 실태

보이스 피싱은 흔히 전화금융사기로 일컬어지며, 전화를 통하여 불법적으로 개인정보를 빼내서 사용되는 신종 범죄이며, 인터넷에 가짜 금융 사이트를 만들어 개인정보를 빼내던 피싱 수법이 전화로도 이뤄지는 것이다. 이들은 특히 은행과 카드사, 금융감독원, 검찰, 의료보험공단, 이동통신사 등을 사칭하고 있어 피해를 입는 사람을 무방비로 만든다. 게다가 보이스 피싱은 인터넷, 폰뱅킹 등에 익숙하지 않은 주부, 노인 등을 대상으로 발생해 그 피해가 더욱 크다.

중국과 대만인들이 조직적으로 끼어들면서 범죄수법 유형도 점차 다양화, 전문화되고 있다. 대만의 경우는 약 10년 전부터 시작되었는데 사가가 계속 확산되니까 2004년부터 범정부 차원의 대책을 마련하고 시행을 하고 있지만 아직도 근절되지는 않고 있다.

우리나라에 발생하고 있는 작금의 전화금융사기 보이스 피싱은 대만, 중국, 현지에 인터넷 콜센터를 설치해서 또 조선족을 고용해 국내로 전화하는 것이며, 또 대만의 그 사기 수법 진화 내용과 똑같은 패턴을 보이고 있다. 일본 같은 경우도 매년 2만 건 250억 엔 안팎의 피해가 발생되고 있다. 2020년도 금융감독원이 밝힌 국내 보이스 피싱 피해액은

1조 원이 넘었다고 하였으며, 최근 3년간 18개 주요 시중은행 보이스 피싱 피해금액은 1조 289억 원이다. 이 중 돌려받지 못한 금약은 7,176억 원으로 전체 70% 수준에 이르는 것으로 확인됐다고 하였다.

2) 보이스 피싱의 유형

국세청이나 건강보험공단, 연금관리공단 직원이라고 사칭하면서 과납입한 액수가 있으니 환급해주겠다고 자금을 빼내어 가는 수법과 경찰 및 금융기관을 사칭하는 수법으로 현금인출기 앞으로 유인해서 번호를 불러주어서 예금액을 빼가는 수법도 있다. 그리고 공공기관을 사칭하여 전화 또는 이메일로 인터넷 사이트에서 보안카드 일련번호와 코드번호 일부 또는 전체를 입력하도록 요구하여 금융정보를 빼가는 경우도 종종 있다. 한편, 아이를 납치했으니 돈을 부치라는 지능적인 수법과 ○○백화점 이벤트에 당첨됐다는 전화를 통해 송금을 요청한다거나 다양한 방법으로 금융사기 행각이 벌어지고 있다.

이와 같이 보이스 피싱의 사기유형을 보면 다음과 같다. ① 환급유혹, 국세청, 국민연금관리공단 등을 사칭해 현금지급기로 세금환급 유혹, ② 카드연체, 도용, 카드사, 은행, 채권추심단을 사칭해 카드요금이 연체됐거나 도용당했다며 계좌번호나 카드번호 입력을 요구, ③ 거짓 납치, 사고-자녀의 전화를 미리 꺼놓게 하거나 납치를 했다거나 사고를 당했다고 속여 부모에게 돈을 요구, ④ 범죄연루, 검찰, 경찰, 금감원 직원을 사칭하여 범죄에 연루됐다며 개인정보 요구, ⑤ 동창회 · 종친회 명부를 입수한 후 회비송금 요구, ⑥ 택배회사 우체국이라고 한 후 우편물이 계속 반송된다며 개인정보 요구, ⑦ 대학에 추가 합격했다며 등록금 입금 요구, ⑧ 가전회사 백화점 및 여행사 등을 사칭해 경품행사에 당첨됐다며 계좌번호 요구, ⑨ 군부대 지휘관을 사칭해 아들이 사고를 저질러 합의금이 필요하다고 돈을 요구 등 이외 다양한 수법으로 이용되고 있다.

3) 보이스 피싱의 피해 예방대책

경찰, 금융기관 등은 보이스 피싱 방법을 대대적으로 알리고 경고문을 부착하는 예방책에 힘을 쏟고 있지만 보이스 피싱은 알고 있어도 사기당할 수 있다는 점을 항상 기억하고 개인의 주의가 무엇보다 필요하다. 우선 주민등록번호, 계좌번호, 비밀번호 등 개인정보를 묻는 전화는 보이스 피싱을 의심해야 한다. 국가기관, 금융기관, 통신사 등은 전화로 개인정보를 묻지 못하게 되어 있기 때문이다. 이 때문에 은행, 카드사 등 금융기관은 본인 확인을 전화 버튼으로 개인정보를 누르도록 하는 방법을 사용하고 있다. 개인정보가 유출됐다거나 카드대금이 연체됐다는 전화를 받으면 먼저 해당 금융기관이나 국가기관에 직접 전화해 사실 확인을 해야 한다.

해외 발신번호가 뜨거나 일반 전화번호와 다른 특수 번호도 먼저 보이스 피싱 여부를 의심해보는 것이 좋다. 자동응답시스템을 통해 음성안내 전화나 발신자 표시가 없는 전화가 걸려오면 일단 사기로 의심하는 게 좋다. 만약 보이스 피싱에 주민등록번호 등 개인정보를 이미 알려줬다면 곧바로 경찰 혹은 은행이나 금융감독원을 통해 개인정보 누출자 사고예방 시스템에 등록하고 지급정지신청을 하며, 신용카드 번호와 유효기간까지 알려줬다면 카드회사에 반드시 신고해야 한다.

한편 전화금융사기 피해예방을 위한 일반적인 주의사항은 전화로 개인정보 요구 시 응하지 말아야 한다. 금융기관이나 수사기관, 감독기관 등 어떤 기관도 전화를 이용해 개인정보나 금융거래정보를 요구하는 경우는 없으므로 이런 전화는 모두 사기 전화다. '현금지급기로 세금환급'도 사기, 금융기관이나 국세청, 법원 등 어떤 기관도 현금지급기를 이용해 세금이나 보험료를 환급해 주지 않는다. 만약 전화금융사기에 속아 사기범들의 계좌에 자금을 이체한 경우 거래은행의 직원이나 콜센터에 빨리 지급정지를 요청해 사기범들이 자금을 인출하지 못하도록 해야 한다. 무심코 사기범들에게 주민등록번호 등 개인정보를 알려줬다면 금융감독원이나 은행을 통해 개인정보 누출자 사고예방시스템에 등록해야 한다. 신용카드번호와 유효기간을 알려줬다면 카드사에도 신고해야 한다.

동창생이나 종친회원 등을 가장해 휴대전화 문자메시지나 전화로 계좌번호를 알려주며 입금을 요구하는 경우 반드시 사실관계를 다시 확인해야 한다. 사기범들은 추적을 피하기 위해 발신자 표시를 사용하지 않거나 등 처음 보는 국제전화번호를 사용하므로 반드시 발신자 전화번호를 확인해야 한다. 사기전화에 주의해야 한다. 전화나 문자메시지로 은행직원 등을 사칭해 자동응답시스템으로 통화를 유도한 뒤 계좌번호나 카드번호 등을 입력하도록 해 금융정보를 빼가는 경우가 많다. 은행직원뿐 아니라 카드사나 금융감독원, 검찰, 경찰 등을 사칭하는 경우도 많다.

SMS 서비스를 적극 이용한다. 계좌이체나 신용카드 사용 내용 등 본인의 계좌에서 돈이 빠져나갈 경우 이를 바로 알 수 있도록 금융회사가 제공하는 휴대전화 문자메시지 서비스를 적극 이용하는 것이 좋다. 국민의 피해가 속출하자 국가 차원에서도 대대적인 대응책을 준비하고 있다. 그동안의 피해 사례를 유형화해 TV 등 언론매체와 통신업체, 인터넷 등을 통해 지속적으로 보도하는 등 대국민 홍보활동을 강화하기로 했다. 중국 및 대만과 국제공조협력을 강화하고, 단속기관 간 공조 하에 특별단속을 실시하는 등 전화금융사기에 대한 단속을 더욱 강화해 나가기로 했다.

이와 같이 사고를 미연에 예방하기 위한 전화금융사기 피해를 최소화하기 위한 방안을 강구하여야 한다. ① CD, ATM을 통한 현금인출 및 이체한도의 하향 조정, ② 외국인의 예금계좌 개설요건 강화, ③ 대포통장 양도행위 처벌근거 마련, ④ 사기자금 지급정지제도 도입 운영, ⑤ 등록된 주의계좌에 대한 자금흐름 특별관리, ⑥ 지급 정지된 피해자금의 조기 환급을 위한 입법 검토 등 제도개선 등 정부와 금융당국은 일반 국민들의 피해를 줄이기 위한 방안을 적극 마련하여야 할 것이다.

결론적으로 보이스 피싱 등 전자금융사기 사건의 경우 대부분 사기꾼의 검거도 어렵고, 금융기관의 법적 책임도 묻기 쉽지 않다. 다만 전자금융사기 사건에서 2014년 10월 17일 중앙지방법원에서는 씨티은행을 상대로 피해자에게 피해금의 50%를 지급하도록 강제조정을 한 바 있다. 그러나 강제조정의 경우 소송당사자가 이의를 할 수 있고, 이의할 경우 판결로 나아가기에 최종 판결이라고 보기 어렵다.

미국의 경우 우리나라와 달리 전자사기사건의 경우 피해발생일 기준 2일 이내에 50달러를 납부하면 피해액을 돌려받을 수 있다고 한다. 영국과 독일도 이와 비슷한 구제책을 운영하고 있다고 한다. 우리나라도 시급하게 이를 검토하고 도입이 시급하다고 판단되며, 이러한 제도의 도입은 금융기관들의 보안강화로 이어질 것이고, 보안강화는 대국민 피해가 줄어들게 될 것으로 생각된다(중앙법률사무교육원, 2014).

한편, 보이스피싱은 무엇보다 예방이 중요한데, 예방법 중 하나가 바로 '전자금융사기 예방서비스'다. 인터넷 뱅킹을 이용하는 개인 고객이라면 해당 은행 인터넷 뱅킹에서 쉽게 신청할 수 있다. 단말기지정서비스, 추가인증서비스의 두 가지가 있다. 단말기지정서비스는 본인인증 절차를 통해 거래할 수 있는 단말기를 지정하는 것이다. 추가인증 서비스는 공인인증서를 재발급받거나 타행 발급 공인인증서를 등록할 때, 인터넷 뱅킹으로 1일 누적 300만 원 이상을 이체할 때 추가로 본인인증을 진행하는 방법이다. 이외에도 이체를 했더라도 3시간 내에 취소 버튼을 누르면 거래가 무효로 되는 '지연이체 신청제도', 미등록 계좌에는 하루 최대 100만 원 이상을 이체할 수 없도록 제한하는 '입금 계좌 지정 서비스'가 있다. 인터넷 뱅킹 앱을 이용해서 쉽게 서비스를 신청할 수 있다. 다음 [그림 12-1]은 전자금융사기 예방서비스 이용방법에 대한 내용을 제시하고자 한다.

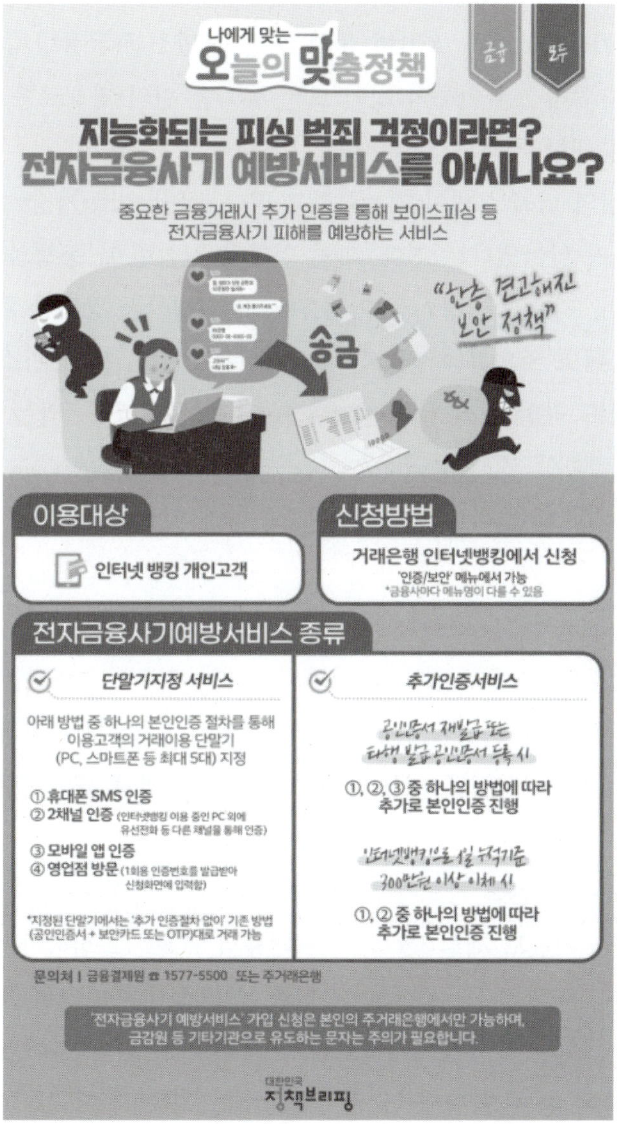

▲ 그림 12-1 전자금융사기 예방서비스 이용방법

출처: 대한민국 정책브리핑(2021).

보이스 피싱의 유형은 다양한데, 그중 가장 흔한 것은 누군가를 사칭하는 사기이다. 자녀를 사칭해 상품권을 구매해서 보내달라든가, 금융기관을 사칭해 내 개인정보에 문제가 생겼다고 하면서 결국에는 금전을 요구한다. '2021년 상반기 스팸 유통현황 자료'에 따르면 음성 · 문자 스팸 신고 및 탐지 건은 2020년 하반기에 비해 2021년 상반기에 15% 증가했고, 보이스 피싱 피해 규모가 점점 커지면서 2020에는 피해액 규모가 7,000억 원에 달했다. 이러한 피해를 막기 위해 2021년 10월 28일 '불법스팸 유통방지 대책'이 발표됐다. 불법스팸 전송자는 최대 3년 이하의 징역 또는 3000만 원의 과태료를 부과받을 수 있고, 불법스팸 전송자에 대한 추적도 2일 이내로 더 빨라질 예정이다.

점점 보이스 피싱의 범죄 수법이 지능화하고 있다. 이번 일로 가장 소름끼쳤던 점은 동생의 이름 석 자까지 알아냈다는 거다. 과연 엄마의 전화번호, 동생의 이름과 신분이 어떻게 노출된 것일까? 지속적인 보이스 피싱을 막기 위해서는 강력한 처벌과 신속한 신고 외에 개인정보보호에도 주의를 기울여야 할 것으로 보인다. 또한 평소에 보이스 피싱을 인지하고 있었더라도 막상 전화가 오면 당황해서 보이스 피싱이라는 것을 깨닫지 못할 수도 있다. 보이스 피싱 지킴이(https://phishing-keeper.fss.or.kr/fss/vstop/main.jsp) 홈페이지에 접속하면 보이스 피싱 체험과 대처 요령에 대해 나와 있으니 한 번씩 시청하면 좋을 것 같다(정책기자단, 2021).

4) 스미싱과 피해사례

스미싱(smishing)은 SMS와 피싱(phishing)을 결합한 말이다. 즉 가짜 홈페이지로 접속을 유도해 정보를 빼가는 피싱에서 한발 더 나아가 SMS 등을 통해 개인정보를 빼가거나 소액 결제를 유도한다.

최근 경찰청(2014)은 성탄절 카드가 도착했습니다. ㅇㅇ마켓 쿠폰 확인, 우리들만의 파티에 따른 상세문의, 이벤트 세일 ~50% 같은 내용의 SMS를 조심하라는 주의보를 발령했다. KISI도 신년인사, 새해 선물, 신년회 · 송년회, 연말정산을 가장한 스미싱이 증가할 것으로 예상했다. "최근에는 소액결제피해로 끝나는 것이 아니라 스마트폰에 저장된 연락처 · 사진 · 공인인증서 등을 탈취해 더 큰 금융범죄로 이어지곤 한다"며, "출처를 모르거나 의심스러운 문자메시지는 가급적 첨부된 링크를 클릭하지 않는 게 좋다"고 조언했다.

▼ 표 12-1 철마다 달라지는 스미싱 수법(2014)

월	내용(수법)
1~2월	졸업·입학 축하를 빙자하거나, 연말정산 관련 사기문자
3~4월	새 학기에 외식, 쇼핑이 늘어나는 점을 이용해 "카드 결제됐다"고 속이는 문자
5~6월	본격적인 결혼 시즌이 시작되면서 지인을 사칭한 청첩장, 돌잔치 문자
9~10월	가을 행락철 나들이가 늘면서 교통위반 범칙금을 빙자
11~12월	연말연시 선물 주고받는 때를 이용해 무료, 할인 쿠폰 위장

출처 : 미래창조과학부 · 한국인터넷진흥원(KISA)

이런 스미싱은 결혼, 나들이철 등 월별 트렌드에 따라 수법이 달라지고, 내용도 사회·정치 이슈에 따라 시의성 있게 바뀌기 때문에 세심하게 신경 쓸 필요가 있다는 것이다(중앙일보, 2014).

스미싱의 예시를 보면 "연말연시를 맞아 문자로나마 감사함을 표현합니다.", "○○님께 연말연시 모임장소가 변경되어 안내드립니다.", "○○씨 12일 목요일 송년회 모임공지 드립니다. 확인하시고 꼭 참석하세요."라는 문자를 발송하게 되는 사례들을 볼 수 있다.

따라서 스미싱 피해 예방수칙을 크게 다섯 가지로 구분해보고자 한다. 첫째, 출처를 모르거나 의심스러운 문자메시지의 링크 클릭 금지, 둘째, 지인이 보내온 문자도 링크가 포함된 경우 다시 확인할 것, 셋째, 알 수 없는 출처의 스마트폰 앱 설치를 제한할 것, 넷째, 스미싱 차단 앱이나 백신 프로그램 설치 및 업데이트할 것, 마지막으로 고객센터(휴대전화로 114) 통해 소액결제 금액을 제한 또는 차단하는 것이 현명하다. 한편, 이미 악성 앱이 설치됐다면 모바일 백신을 이용하거나 직접 삭제해야 한다. 스마트폰 내 '다운로드' 앱을 실행하고, 스미싱 문자 클릭 시점 이후 설치된 apk 파일을 삭제하면 된다(중앙일보, 2014).

학 습 정 리

1. 스토커 유형

① 거절경험 스토커 : 단순 집착형 스토커와 유사하며, 애인, 친구, 직장동료 등과 거의 파트너와의 관계가 끝나자 화해와 복수의 이중 감정을 갖고 스토킹을 하는 자이다.
② 친밀감 추구형 스토커 : 진정한 사랑으로 생각하는 타인과 친밀한 관계를 추구하는 스토커이며, 이들은 정신병을 갖고 있는 경우가 많으며, 연애 망상형 스토커와 연애 집착형 스토커가 이 부류에 속한다.
③ 분개형 스토커 : 피해자를 놀라게 하고 괴롭히는 것을 자기 목적으로 삼는다.
④ 침탈형 스토커 : 피해자를 스토킹함으로써 얻어지는 힘과 통제감에 큰 기쁨을 느끼며, 다수는 성적 변태인 경우가 많으며 성범죄의 전과를 가지고 있다고 분류한다.

2. 신용카드를 이용한 범죄

① 범행이 단기간에 집중적으로 반복하여 발생되며,
② 조직적 범행이 눈에 띄며,
③ 신용카드 체계의 지식을 악용하며,
④ 범행이 전국적으로 광범위하게 행하여지는 특징

3. 파밍 피해방지 대책

① 무언가 이상한 느낌이 든다.
② 필요 이상으로 많은 것을 묻는다.
③ 브라우저에 잠금장치가 없다.
④ 주소 표시줄의 URL에 '보안'을 의미하는 HTTPS가 없다.
⑤ 브라우저에서 SSL 인증서 문제를 경고한다.

4. 전화금융사기 피해를 최소화하기 위한 방안

① CD, ATM을 통한 현금인출 및 이체한도의 하향 조정
② 외국인의 예금계좌 개설요건 강화
③ 대포통장 양도행위 처벌근거 마련
④ 사기자금 지급정지제도 도입 운영
⑤ 등록된 주의계좌에 대한 자금 흐름 특별관리
⑥ 지급 정지된 피해자금의 조기 환급을 위한 입법 검토 등 제도개선

제 13 장

생활 속 응급처치의 실제

학습 목표

1. 응급처치의 개념과 응급처치의 유형에 대하여 이해하고 설명할 수 있다.
2. 위험 환경에 따른 위험물의 주의사항과 ‘응급처치를 이해할 수 있다.
3. 응급질환과 내 · 외과적 질환의 종류별 응급조치를 할 수 있다.

학습 키워드 응급처치, 인공호흡, 심폐소생술, 위험물 중독

제1절 응급처치의 일반사항

1. 응급치료(應急治療, first aid)의 개념과 일반적 이해

1) 개념

예기하지 않았던 때나 장소에서 일어난 외상·병에 대해 긴급히 그 장소에서 행하는 간단한 치료이며, 응급처치(應急處置)라고도 한다. 의사의 치료행위와는 구별된다. 응급치료 후에는 지체 없이 전문의의 진료를 받는 일이 중요하다. 대상 범위는 광범위하나 대체로 내과적으로는 심장장애·실신·질식·호흡곤란·중독·토혈·각혈·하혈(下血) 등이고, 외과적으로는 각종 외상을 포함한다.

2) 일반적 이해

(1) 실신

갑자기 의식을 잃은 상태로, 고령자의 경우 뇌졸중과 심장장애가 가장 많다. 반듯이 눕히고 한쪽 어깨 밑에 방석 등으로 머리를 받친 후 얼굴을 옆으로 돌려놓은 후 의사를 맞는다. 젊은 사람의 경우는 혈압 저하에 의한 것이 많으며, 완전히 의식을 잃는 일이 없으므로 잠시 모로 눕혀 둔다. 협심증에서는 흉내(胸內) 괴로움이 있다.

(2) 질식

어린이 등이 이물을 삼켜서 기도가 막혀 질식한 때에는 입안에 손가락을 넣어 그것을 끄집어내거나 몸을 엎어 놓고 등을 쳐서 이물질을 토해내도록 한다. 연기 등을 마셨을 경우에는 공기유통이 잘 되는 곳에 반듯하게 눕혀 의복을 느슨하게 해주고, 호흡이 정지되었을 때에는 인공호흡을 한다.

(3) 중독

독극물을 먹었을 때는 빨리 위 속의 독물을 씻어내는 것이 중요하다. 산류(酸類)를 잘못 마셨을 경우에는 약한 알칼리 액으로 세정한다. 특수약물의 중독에는 의사의 진찰과 이에 대한 치료가 필요하며, 가스중독은 빨리 실외로 옮겨 산소를 흡입시키고 필요하면 인공호흡을 한다.

(4) 토혈 · 각혈

토혈은 위 · 소화기에서의 출혈이고, 각혈은 폐 · 기관지에서의 출혈을 말한다. 모두 지혈이 되도록 노력하여야 한다. 대량출혈의 경우에는 전문의의 치료를 받아야 한다. 우선 옆으로 눕혀 토물을 제거하되, 이때 기도가 막히지 않도록 주의하고 수혈 준비를 한다.

(5) 하혈

빈혈을 일으키므로 의사의 치료가 필요하다. 수혈을 해야 할 경우가 많다. 외과적인 것으로는 각종 창상(創傷) · 열상(裂傷) · 타박 · 골절 등이 있고 또 교통사고 외상 등에 의한 두부 · 흉부 · 복부의 외상 등도 있다.

(6) 두부외상(頭部外傷)

교통사고에 의한 외상사망자의 90%는 두부외상이 원인이 되고 있는데, 주로 뇌좌상(腦挫傷)이나 두개 내 출혈에 의한 것이다. 외상의 경우 가하여진 외력이 강하면 의식장애가 일어나는데, 의식장애가 오래 가면 중증이므로 전문의의 치료를 받아야 한다. 사고 후 한동안 의식이 뚜렷하다가 1~2시간 후부터 의식이 흐려지는 경우에는 두 개 내에 출혈이 있는 증거이므로 전문의에 의한 혈종(血腫) 제거 수술을 받지 않으면 생명이 위험하다.

(7) 경부외상(頸部外傷)

경부에 외력이 가해지면 경추골절(頸椎骨折)이 일어난다. 그 속의 경수(頸髓)에 손상이 일어나면 호흡마비로 사망하는 수가 있다. 경수하부가 손상되면 호흡마비 또는 사지 · 구간(軀幹)의 마비와 방광 · 직장 등의 마비 때문에 사망한다. 충돌이나 추돌 등의 교통사고로 두부가 요동함으로써 경추의 좌상, 척수근에 손상을 일으킨 것은 2주 정도 부목(副木)을 대어 고정하고 마사지 · 온천욕 등으로 치료를 촉진한다. 또 경부를 잡아당겨서 운동장애의 경감을 꾀한다.

(8) 흉부외상

흉부좌상 · 폐파열 · 기흉(氣胸) · 혈흉(血胸) 등이 일어난다. 폐파열에서는 기흉 · 혈흉이 합병하고 호흡곤란과 각혈을 가져온다. 전문의의 치료를 서둘지 않으면 생명이 위험하다. 흉강천자(胸腔穿刺)에 의하여 흉강 중의 혈액 · 공기를 제거하는 한편, 흉강운동을 제한한다. 산소 흡입이 필요하다. 흉강의 공기가 피하조직이나 종격 내(縱膈內)로 들어가면 피하 및 종격에 기종(氣腫)이 생겨 호흡곤란의 원인이 된다.

(9) 복부외상

강한 외력이 복부에 가해지면 위장 · 창자 · 간장 · 지라가 파열되기 쉽다. 위장 · 창자에서는 내용물의 복강 내 유출 때문에 복막염을, 간장 · 지라에서는 복강 내 출혈을 일으킨다. 쇼크가 있으므로 신속한 의사의 처리가 필요하다.

(10) 사지좌상(四肢挫傷)

손발에 큰 상해를 입으면 쇼크가 일어난다. 혈액편재(血液偏在)에 의한 혈행장애(血行障碍)이므로 수액(輸液) · 수혈로 치료한다.

(11) 전기상(電氣傷)

200V 이상의 전류에 감전되면 생체는 큰 손상을 받는다. 손상은 통과 부위의 횡단면적에 반비례하여 커진다. 즉 가는 부분일수록 손상이 크다. 또 전류에 의한 심장장애도 위험한 상해의 하나이다. 가장 급한 문제가 되는 것은 쇼크이므로 대응치료가 필요하다.

(12) 화상(火傷)

화재나 열탕에 의한 외상이 체표의 약 50% 이상에 이르면 생명이 위험하다. 상처가 가벼울 경우에는 수포(水泡)의 내용을 천자(穿刺)에 의하여 짜내고 항생제를 포함한 바셀린 연고를 바른 후 붕대를 감는다. 화상 부위가 넓을 때에는 전문의의 치료를 받지 않으면 화농하고 반흔을 형성하여 예후가 불량하게 된다(네이버 백과사전, 2014).

2. 심폐소생법

1) 심폐소생술이란?

정지된 심장을 대신해 심장과 뇌에 산소가 포함된 혈액을 공급해주는 아주 중요한 응급처치이다. 심정지의 발생은 예측이 어렵고, 예측되지 않은 심정지의 60~80%는 가정, 직장, 길거리 등 의료시설 이외의 장소에서 발생하므로, 심정지의 첫 목격자는 가족, 동료, 행인 등 주로 일반인이다(네이버 지식백과, 2021).

(1) 심정지와 뇌 손상

심정지는 발생 후 4~6분이 지나면 뇌에 혈액 공급이 끊기면서 뇌 손상이 급격히 진행된다. 혈액 공급이 차단되는 시간이 길어질수록 뇌 손상은 점점 심각해져 사망에 이르거나 살아나도 대부분이 의식을 회복하지 못하고 지속적인 치료를 받아야 하거나 타인에게 의존적인 삶을 살게 되는 경우가 많다.

(2) 기본 심폐소생술(心肺蘇生術, cardiopulmonary resuscitation)

심장과 폐의 활동이 갑자기 멈추었을 때 실시하는 응급처치는 심정지가 의심되는 의식이 없는 사람을 발견하였을 때, 구조를 요청하고 기도를 유지하며, 인공호흡과 인공순환을 하는 심폐소생술의 초기 단계를 말한다.

기본 심폐소생술의 목적은 환자 발생 시 전문 소생술이 시행되기 전에, 인공호흡(人工呼吸, artificial respiration : 호흡이 정지되었을 때나 충분한 가스교환이 이루어지지 않을 때에 인공적으로 폐의 가스교환을 촉진시키기 위하여 하는 조작)과 인공순환(人工循環 : 심장박동이 정지된 환자에게 외부의 구조자가 흉부에 압박을 가함으로써 인위적으로 혈류를 생성하여 순환을 도모함)을 시도하여 환자의 심박동이 회복될 때까지 뇌와 심장에 산소를 공급하는 것이다(네이버 지식백과, 국가건강정보포털 의학 정보, 2021).

(3) 생존율을 높이는 목격자 심폐소생술

심정지 후 6분 안에 응급조치를 받으면 생존율이 3배까지 높아진다. 하지만 우리나라의 심폐소생술 교육 역량은 인구대비 2.95%로 미국 1.6%보다 높은 수준임에도 불구하고 급성심정지를 목격한 사람의 심폐소생술 시행률은 3%에 불과하다. 또한 급성심정지가 가장 많이 발생하는 장소는 가정(전체 발생장소 중 57.4%)이지만 심폐소생술을 받은 경우는 10명 중 1명도 안 되므로 심폐소생술에 대해 미리 숙지하고 응급상황 발생 시 적절히 대처하는 것이 중요하다. 구급대원도, 의료진도 아닌 최초 목격자인 우리가 시행하는 심폐소생술이 생명을 살릴 수 있다(네이버 지식백과, 삼성서울병원 건강상식, 2021).

(4) 성인 심정지 환자의 심폐소생술

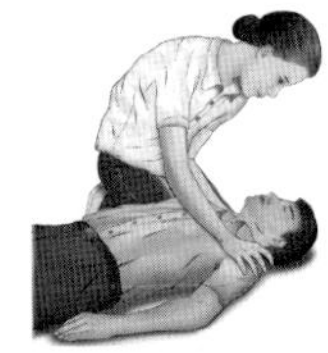

① 심정지 확인(반응 확인)

- 환자의 어깨를 가볍게 두드리며 "괜찮으세요?"라고 여쭤보세요.

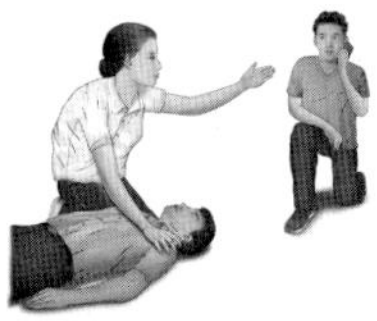

② 119 신고 및 자동제세동기 요청

- 주변 사람에게 큰소리로 119에 전화해 달라고 부탁하고 자동제세동기 요청, 주변에 아무도 없으면 직접 119에 신고합니다.

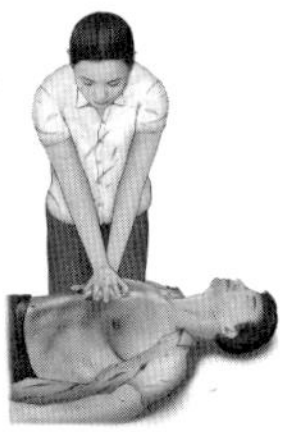

③ 가슴압박 30회 시행

- 손꿈치 중앙을 양쪽 젖꼭지 사이의 흉부 정중앙에 놓고 손가락이 늑골이 닿지 않도록 합시다.
- 다른 손으로 나머지 손을 덮어주세요.
- 팔을 쭉 펴고 수직으로 최소 5cm 깊이로 환자 가슴을 눌러준 다음 힘을 뺍니다.
- 분당 최소 100회의 속도로 30회 흉부를 압박합시다. 흉부압박 때 환자 가슴에 양손을 떼지 맙시다.

※ '하나, 둘, 셋', … '서른' 하고 세어가면서 시행하며, 압박된 가슴은 완전히 이완되도록 함

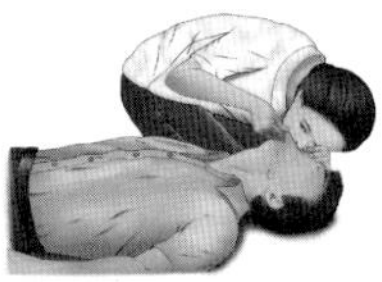

④ 인공호흡 2회 시행

- 머리를 뒤로 젖히고 턱을 위로 들어 올려 기도를 열어주세요(기도 개방).
- 환자의 코를 막고 입속으로 두 번 불어주세요. 이때, 환자 가슴이 올라와야 기도로 호흡이 들어간 것입니다.

※ 구조자가 인공호흡을 모르거나 능숙하지 않은 경우에는 인공호흡을 제외하고, 지속적으로 가슴압박만을 시행(가슴 압박 소생술)

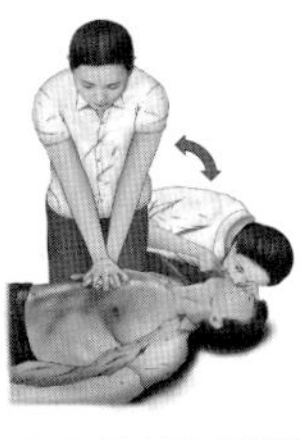

⑤ 가슴압박과 인공호흡의 반복

- 30회의 가슴압박과 2회의 인공호흡을 119구급대원이 도착할 때까지 반복해서 시행하세요.
- 구조자가 두 사람인 경우에는 30:2로 1인은 흉부압박을 하고 다른 1인은 인공호흡을 합니다. 5주기마다(매 2분마다) 교대하여 실시합니다.

※ 흉부압박 시 중단 시간이 10초 미만이 되도록 함

⑥ 주의사항

- 심정지 환자의 경우 간혹 숨 쉬는 듯한 양상을 보이기도 하나 이는 비정상적인 호흡이며 심정지 시 발생하는 현상의 하나이다. 얕게, 빠르게, 가슴 운동이 명확하지 않는 등의 호흡 패턴 양상을 보고 환자가 숨을 쉰다고 섣불리 판단하여 응급의료체계 활성화를 늦추어서는 안 된다.

- 가슴을 압박할 때 팔꿈치에 힘을 주고 절대 구부리지 않도록 한다.
- 흥분하면서 가슴 압박을 매우 빠른 속도(분당 150회 이상)로 시행하지 않도록 한다. 가슴을 눌러주는 것도 중요하지만 누른 가슴 부위를 다시 원상태로 팽창시키는 것도 중요하기 때문이다.
- 가슴 압박 후 인공호흡으로 넘어가는 과정에서 환자의 맥박이 만져지는지 확인하지 말고 즉시 인공호흡을 하도록 한다.
- 인공호흡은 반드시 턱을 들고 머리를 뒤로 젖힌 기도 개방 유지 상태에서 시행하도록 한다.
- 인공호흡 시 환자의 가슴 상승이 관찰되지 않더라도 2회만 시행한다. 인공호흡을 2회 연속으로 성공하고자 계속 지속하는 것은 환자에 도움이 되지 않는다. 가슴 압박이 가장 중요하므로 인공호흡을 잘 하려고 가슴 압박을 연기시켜서는 안 된다.

출처 : 행정안전부(2021), 대한심폐소생협회(2021).

(5) 영아 · 소아 심폐소생술

영아 · 소아(0~8세)의 심폐소생술 순서는 다음과 같다. 단, 체격에 따른 구분이며, 8세 아동이라 하여도 체격이 큰 경우 성인 심폐소생술과 같은 방법으로 실시한다.

① 응급의료기관에 신고한다.

② 환아의 의식을 확인한다.

③ 자동제세동기(AED : 심장충격기)가 근처에 있을 경우 즉시 사용하되, 소아용 전극이 없는 경우 사용하지 않는다. 7번 실시한다. 근처에 없다면 바로 가슴 압박을 실시한다.

④ 심폐소생술을 교육받지 않았을 경우 제세동기를 가져올 때까지 가슴 압박을 계속한다. 교육받았다면 가슴 압박 30회 실시 후 대상자의 고개를 뒤로 젖혀 기도를 유지한다. 단, 영아는 고개를 젖히지 않는다.

⑤ 대상자의 코를 막고 입을 통해 인공호흡을 2회 실시한다. 영아의 경우 코를 막지 않고 시술자의 입으로 환아의 코와 입을 모두 덮어 숨을 불어넣는다.

⑥ 제세동기를 가져올 때까지 ④번과 ⑤번을 계속한다.

⑦ 제세동기를 사용한 후 즉시 ④, ⑤, ⑥번을 실시한다. 제세동기는 2분마다 계속해서 작동시킨다.

영아 심폐소생술

신생아 시기는 태어난 직후부터 생후 1개월까지를 말한다. 영아의 기준은 모호하지만 보통 생후 1개월부터 만 1세까지의 어린아이를 지칭한다. 영아의 심폐소생술은 소아의 심폐소생술과 크게 다르지 않다.

영아의 심정지의 원인 또한 소아와는 크게 다르지 않다. 신생아의 경우는 태어난 후 발생한 신생아 가사(birth asphyxia), 즉시 태어난 직후에 숨을 잘 쉬지 않아서 발생하는 심정지가 가장 흔한 원인이며, 1세 미만의 영아에서는 영아돌연사증후군(sudden infant death syndrome, SISD; 嬰兒急死症候群)과 호흡부전, 기도폐색, 패혈증, 신경학적 질환 등이 심정지의 원인이 되며, 이들 모두 숨을 잘 쉬지 않아서 발생하는 경우가 대부분이고 성인처럼 심장이 원인이 되는 경우는 흔하지 않다(네이버 지식백과, 서울대학교병원, 2021).

① 의식 확인 및 119 신고

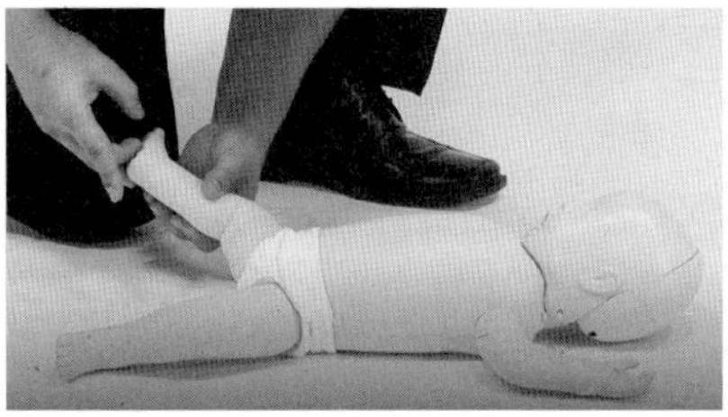

환자를 바로 눕힌 후 발바닥을 가볍게 치면서 의식이 있는지 확인한다.

주변 사람들에게 119 신고 및 자동제세동기를 가져올 것을 요청한다.

② 가슴 압박(30회)

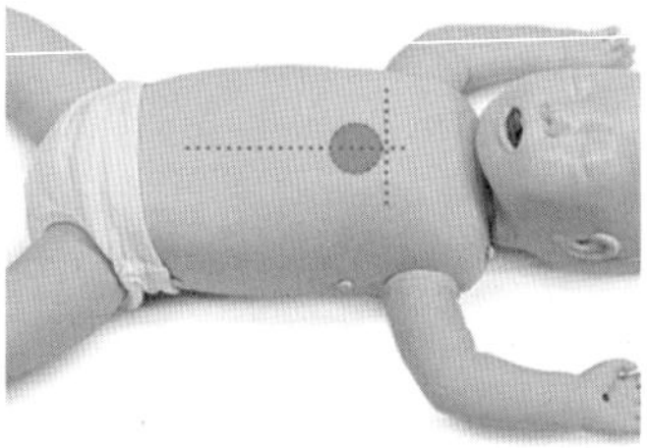

압박할 위치는 양쪽 젖꼭지 부위를 잇는 선 중앙의 바로 아랫부분이다.

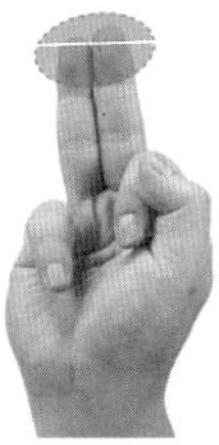

검지와 중지 또는 중지와 약지 손가락을 모은 후 첫마디 부위를 환자의 흉골 부위에 접촉시킨다.

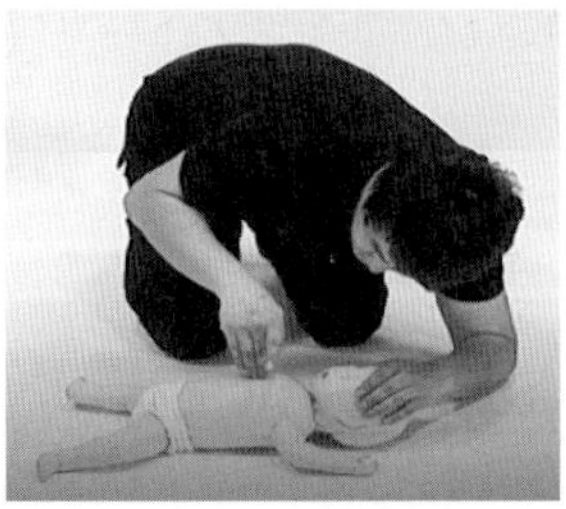

시술자의 손가락은 환자의 흉골이 맞닿는 부위와 수직이 되게 위치한다.

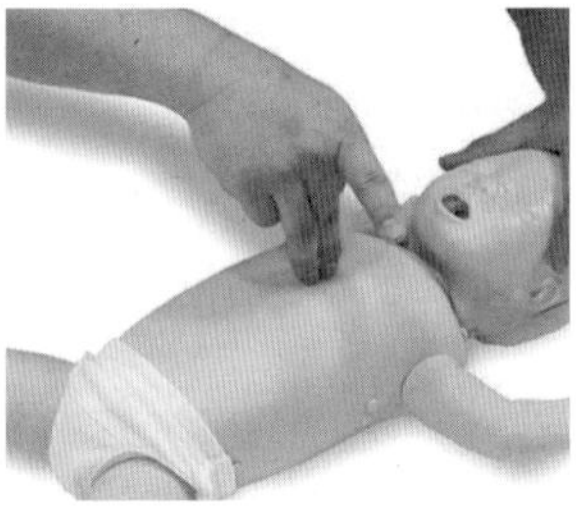

1분당 100회 이상의 속도와 4cm 정도의 깊이로 강하고 빠르게 한다.

③ 인공호흡(2회)

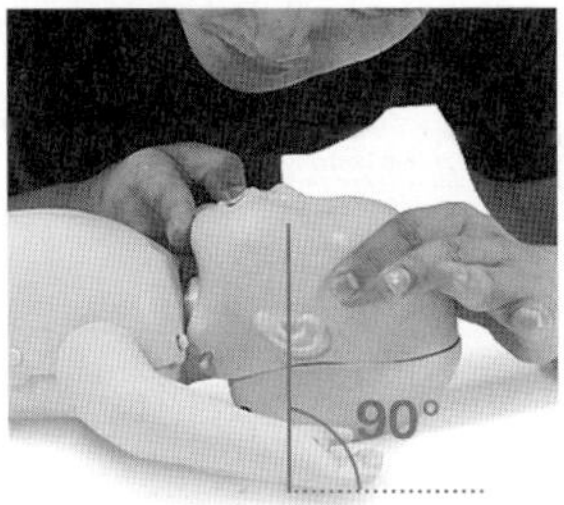

한 손으로 귀와 바닥이 평행할 정도로 턱을 들어 올리고, 다른 손으로 머리를 뒤로 젖힌다.

환자의 입과 코에 동시에 숨을 2회 불어넣는다.

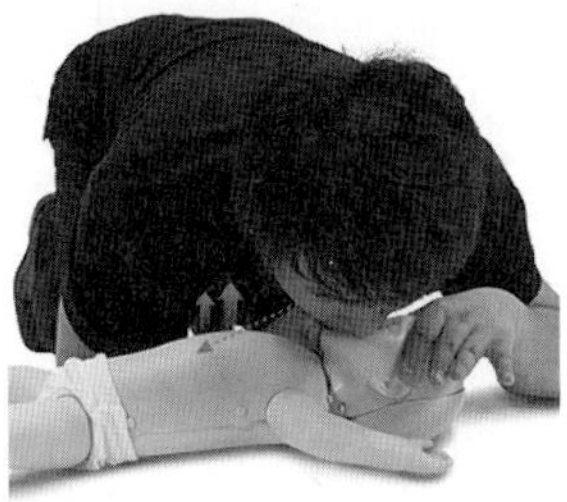

숨을 불어넣을 때 곁눈질로 환자의 가슴이 상승하는지 관찰하도록 한다.

④ 무한 반복

119 도착이나 자동제세동기가 도착하여 패드 부착 시까지 가슴 압박과 인공호흡을 30:2 비율로 반복한다. 심폐소생술을 지속하는 동안 환자가 스스로 숨을 쉬거나 움직임이 명확할 때 심폐소생술을 중단할 수 있다.

⑤ 주의사항

- 심정지 환자의 경우 간혹 숨 쉬는 듯한 양상을 보이기도 하나 이는 비정상적인 호흡이며 심정지 발생하는 현상의 하나이다. 얕게, 빠르게, 가슴 운동이 명확하지 않는 등의 호흡 패턴 양상을 보고 환자가 숨을 쉰다고 섣불리 판단하여 응급 의료체계 활성화를 늦추어서는 안 된다.
- 흥분하면서 가슴 압박을 매우 빠른 속도(분당 150회 이상)로 시행하지 않도록 한다. 가슴을 눌러주는 것도 중요하지만 누른 가슴 부위를 다시 원상태로 팽창시키는 것도 중요하기 때문이다.
- 가슴 압박 후 인공호흡으로 넘어가는 과정에서 환자의 맥박이 만져지는지 확인하지 말고 즉시 인공호흡을 하도록 한다.
- 인공호흡은 반드시 턱을 들고 머리를 뒤로 젖힌 기도 개방 유지 상태에서 시행하도록 한다. 단, 영아의 경우 턱을 너무 높이 들면 오히려 숨길이 막힐 수 있으므로 귀와 바닥이 서로 평행할 정도로 턱을 들어 올려야 한다.
- 인공호흡 시 환자의 가슴 상승이 관찰되지 않더라도 2회만 시행한다. 인공호흡을 2회 연속으로 성공하고자 계속 지속하는 것은 환자에 도움이 되지 않는다. 가슴 압박이 가장 중요하므로 인공호흡을 잘하려고 가슴 압박을 연기시켜서는 안 된다.

출처 : 네이버 지식백과, 서울대학교병원(2021).

성인과 아동의 심폐소생술 방법에 차이가 있다. 성인은 5~6cm의 깊이로 두 손을 깍지 끼고 흉부 정중앙을 압박하지만, 아동에게 심폐소생술을 할 경우 3~4cm의 깊이로 한 손으로 흉부 정중앙을 압박한다. 영아 같은 경우에는 이마를 한 손으로 잡고 두 손가락으로 1~2cm 깊이로 흉부의 정중앙에서 아래로 조금 내려와서 흉부 압박을 한다. 만약 아동 체격이 성인과 비슷할 경우에는 성인과 같이 심폐소생술을 하면 된다. 구조 호흡에서도 차이가 있으며, 성인은 고개를 뒤로 젖히고 코를 막고 숨을 불어넣는 반면 아동도 마찬가지로 고개를 뒤로 젖히고 코를 막고 숨을 불어넣으면 된다. 하지만 영아의 경우에는 고개를 뒤로 젖히고 코와 입을 덮은 후에 구조 호흡을 하면 된다.

(6) 심폐소생술 미실시 및 중단 기준

다음 몇 가지 경우에는 심폐소생술을 실시하지 않거나 중간에 그만둘 수 있다.

① 미실시 기준

심폐소생술을 실시하려는 시행자가 심각한 부상이나 사망의 위험이 있는 상황이거나 확실하게 회복 불가능한 사망의 임상적인 징후(사후경직, 시반, 참수, 시체절단, 부패 등), 그리고 심폐소생술을 원하지 않는다는 확실한 지시 또는 DNR 표식이 있는 경우는 실시하지 않는다.

② 중단 기준

다음은 성인 환자의 경우에만 적용된다. 아직 신생아나 소아의 경우에는 아직 명확한 지침이 없다. 효과적이고 지속적인 순환 회복, 그리고 전문 구급대에 환자를 인계한 경우, 심폐소생술 시행자가 지치거나, 위험에 빠지거나, 다른 사람을 위험하게 하여 더 이상 심폐소생술을 지속할 수 없는 경우, 회복 불가능한 죽음의 확실한 징후가 있거나 명백할 경우 등이다.

한편 2015년 심폐소생술 개정 지침을 보면, 미국 심장학회에서는 보통 5년마다 새로운 심폐소생술 지침을 발표한다. 보통 유럽의 심장학회나 응급의학회 등과 협동으로 지침을 발표하며, 2015년 10월 새로운 지침을 발표하였다. 2010년과 큰 차이는 없지만 비교하여 달라진 점을 몇 가지 언급하면 다음과 같다.

2015년 지침에서는 다시 한번 더 일반인 구조자의 적극적인 흉부 압박을 강조하였다. 흉부 압박 횟수 분당 100~120회(120회 이상 하게 되면 압박의 깊이가 깊지 않아 비효율적이므로), 압박 깊이는 2인치 이상 2.4인치 이하(5~6cm) 병원 전 심정지와 병원 내 심정지의 생존 고리를 분리하여 각각 설정하였다(네이버 위키백과, 2021).

자동제세동기 사용법

단 계	사 용 요 령
	① 전원 켜기 ▸ 심폐소생술 시행 중에 자동제세동기가 도착하면 지체 없이 적용한다. ▸ 자동제세동기를 심폐소생술에 방해가 되지 않는 위치에 놓은 뒤 전원버튼을 누른다.
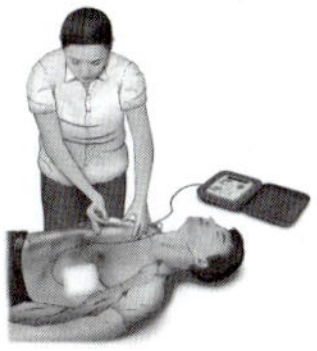	② 두 개의 패드 부착 패드 1 : 오른쪽 빗장뼈 바로 아래 패드 2 : 왼쪽 젖꼭지 앞 겨드랑이 ▸ 패드와 제세동기 본체가 분리되어 있는 경우에는 연결한다.
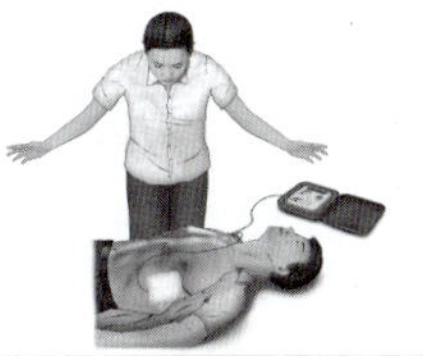	③ 심장리듬 분석 ▸ '분석 중...'이라는 음성 지시가 나오면, 심폐소생술을 멈추고 환자에게 손을 뗀다. ▸ 제세동이 필요한 경우 "제세동이 필요합니다"라는 음성 지시와 함께 자동제세동기 스스로 설정된 에너지로 충전을 시작한다. ▸ 제세동이 필요 없는 경우 "제세동이 필요하지 않습니다"라는 음성 지시가 나오며 즉시 심폐소생술을 다시 시작해야 한다.
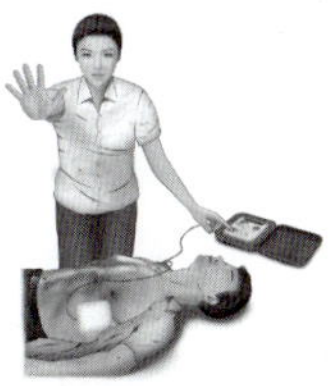	④ 제세동 시행 ▸ 제세동이 필요한 경우에만 제세동 버튼이 깜박이기 시작하며, 깜박일 때 제세동 버튼을 눌러 제세동을 시행한다. ※ 주의사항 제세동버튼을 누르기 전에는 반드시 다른 사람이 환자에게서 떨어져 있는지 다시 한번 확인하도록 한다.
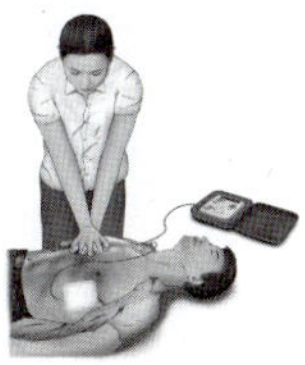	⑤ 즉시 심폐소생술 다시 시행 ▸ 제세동을 실시한 뒤 즉시 가슴압박과 인공호흡 비율을 30:2로 심폐소생술을 다시 시작한다.

⑥ 회복자세

▸ 가슴압박과 인공호흡을 반복하던 중에 호흡이 회복되었으면, 환자를 옆으로 돌려 회복 자세를 취한다(이유 : 기도(숨길)가 막히는 것을 예방하기 위해).

※ 회복 자세란, 몸 안쪽으로 한쪽 팔을 바닥에 대고 다른 쪽 팔과 다리를 구부린 채로 환자를 옆으로 돌려 눕힌다.

출처 : 대한심폐소생협회(2021).

제2절 위험물 중독 및 위험물의 응급처치

1. 위험물 중독

중독으로 일어나는 응급상황은 어떤 물질이 적은 양이라도 체내로 들어와 인체조직에 장애를 주는 것을 말한다. 신체에 물질이 들어올 수 있는 방법은 먹거나(복용), 마시거나(흡입), 찔리거나(주사) 또는 피부나 점막을 통하여(흡수) 가능하며, 중독은 마약중독처럼 약물을 끊지 못하는 경우, 몇 십년 동안 노출되는 만성중독은 아니고, 갑자기 어떤 물질이 체 내에 들어와 발생시키는 변화를 말한다.

1) 복용에 의한 중독

(1) 처치

약물, 음료수, 오염된 음식물이나 독성식물을 먹었을 때는 먼저 한두 컵의 우유나 여러 잔의 물을 마시게 하여 독을 희석시키고 손가락으로 목구멍을 자극하여 토하게 한 후 병원으로 신속히 이송하고, 구급함에 들어갈 수 있는 약물 중에는 시럽으로 되어 있는 구토유발제로 억지로 토하기 힘들 때 복용한다.

(2) 주의

환자가 의식이 없을 때는 먹이거나 토하게 하지 않는다(기도를 막아 호흡 방해). 구토물이 호흡기로 들어가면 심각한 화학성 폐렴을 유발하게 되며, 강산(염산, 황산 등), 강알칼리(양잿물 등), 세척액, 석유화학제품, 광택제 등은 토하게 하지 않는다. 특히 접촉 자체만으로 자극을 주어 토하면 위나 식도에 자극을 더 주게 되는 셈이다.

2) 흡입에 의한 중독

천연가스, 일산화탄소, 연소가스 등의 기체를 흡입하여 생긴 중독 시 저산소증, 기도폐쇄 등이 나타난다.

(1) 처치

신선한 공기가 있는 곳으로 환자를 옮긴다. 중독이 일어나는 상황은 주위에 유독가스가 많은 상황인 경우가 많다. 구조가 자신의 안전이 문제될 수 있으므로 구조자도 유독가스에 노출되지 않도록 하고 구조를 위하여 현장에서 오래 처치할 필요가 없이 빨리 안전한 곳으로 환자를 이송 후 인공호흡 등의 기본 소생술을 시행한다.

(2) 주의

독성가스 유출이 심한 곳에는 환자가 있더라도 함부로 접근하지 않도록 하고 인공호흡 자체로도 구조자에게 독성가스의 피해가 있을 수 있다. 가능한 전문처치팀에게 많은 처치를 맡겨도 우선 안전한 곳으로 환자를 옮기는 것을 먼저 시행해야 한다.

3) 피부를 통한 중독

양잿물이나 세척액 등과 같이 부식성 물질이 피부나 눈 등에 직접 접촉됨으로써 손상을 입을 시 감염, 화상, 발작을 동반하게 된다.

(1) 처치

흐르는 물에 씻어주며, 눈 오염 시 20분 정도 세척하여 준다.

(2) 주의

산이나 알칼리에 피부가 노출되었다고 해서 중화를 시키려고 반대되는(예 : 산에 노출되었을 때 알칼리 사용) 성분을 이용하여 닦아내면 절대 안 된다. 다른 성분에 의한 손상이 악화, 깨끗한 물로 많이 씻어냄으로써 희석시켜야 한다. 그리고 자극성 물질이 아니더라고 물로 씻어내면 흡수되는 양은 줄일 수 있다.

2. 인공호흡

1) 인공호흡을 하여야 할 경우

① 물에 빠져서 호흡이 중단된 경우

② 감전으로 인해 호흡이 중단된 경우

③ 일산화탄소, 탄산가스, 자동차, 디젤기관으로부터 배출된 가스에 의해 호흡이 중단된 경우

④ 알코올(술), 수면제, 아편 등 마약에 의한 호흡신경이 마비되어 호흡이 중단됐을 때

⑤ 건물 축대의 붕괴로 폐가 눌려서 호흡이 중단된 경우

⑥ 목을 조르든가 그 밖의 이유로 호흡이 중단된 경우

⑦ 깊은 굴속, 마른 우물 속 또는 산에 올라갔을 때 호흡곤란 시

⑧ 머리 부상으로 호흡 중추신경에 타격을 받아 호흡이 중단된 경우

2) 인공호흡의 일반원칙

① 사고가 일어난 곳으로부터 구출

② 신속한 구급처치

③ 입안에 들어 있는 이물질 제거

④ 기도 개방

⑤ 인공호흡 실시

⑥ 호흡이 정상으로 돌아오면 편한 자세로 눕히고 보온 조치

⑦ 숨이 멈추지 않도록 계속 관찰

⑧ 안전한 곳이나 병원에 이송

⑨ 의료기관과 신속한 연락체제 유지

3) 인공호흡 실시방법

(1) 1단계

① 환자의 얼굴을 위로 향하게 한다.

② 환자의 머리를 옆으로 돌려서 구강과 기도에 들어있는 점액이나 이물질을 제거한다.

③ 혀가 기도를 막지 못하게 한다.

④ 앞이마 쪽에서 다른 손으로 코를 막아 공기가 새지 않도록 한다.

(2) 2단계

① 구조원은 평상시 호흡보다 2배의 심호흡을 한 뒤에 입을 넓게 벌려 환자의 입에 댄다.

② 1분에 12~15회 정도의 속도로 반복한다.

③ 환자의 가슴이 부풀어 오를 때까지 공기를 불어 넣는다. 이때 한 손으로 살짝 배를 눌러 배에 공기가 들어감을 막는다.

(3) 3단계

① 공기를 불어 넣은 후 입을 떼고 공기가 되돌아 나오는지 혼자 가슴이 내려앉는지 살핀다(환자의 입에 가까이 대고 숨 쉬는 소리를 확인한다).

② 구조원은 다시 심호흡한 후 환자에게 불어 넣는다.

③ 만약 공기가 들어가지 않는다든가 가슴이 불었다 줄었다 하지 않으면 기관에 이물질이 있는 것이니 이물질을 끄집어낸다.

3. 응급처치

1) 화상을 입었을 경우

(1) 열상화상

화재나 뜨거운 증기, 기름, 물, 주방기구 등에 의한 화상을 말한다.

① 처치

환자를 안전한 곳으로 옮기고 타고 있거나 그을린 옷은 먼저 제거한 다음 찬물이나 얼음물을 이용하여 물수건으로 30분 이상 식혀준다. 만약 환자가 심한 화상으로 인해서 정신을 잃거나 맥박과 호흡이 희미해지면 쇼크로 인해 위험하므로 빨리 119나 큰 병원으로 옮겨야 한다.

② 주의

물집은 세균에 감염을 일으키므로 벗기거나 터뜨리지 않는다. 어린 아이들은 화상 부위를 찬물에 10분 이상 담그지 말아야 한다. 체온손실로 인한 저체온증에 빠질 수 있다. 로션, 된장, 간장, 소주 등은 감염을 일으킬 수 있으므로 바르지 않는다. 모든 화상은 병원으로 이송하여 치료를 받아야 한다.

(2) 화학화상

화학반응을 일으키는 물질이 피부와 접촉할 때 발생한다. 수산화나트륨, 수산화칼륨, 페놀 등 화합물은 매우 조심하여 다루어야 한다.

① 처치

환자의 손상된 부위를 물로 씻어주며 옷은 제거하고 통증이 사라진 후에도 10분 이상 씻어준다(옷을 벗긴 상태에서 샤워기 등을 이용하여 물로 씻어 준다). 마른 고형 화학물질(생석회, 소다회)은 물과 합쳐지면 더욱 심한 조직 손상을 유발하므로 씻기 전에 고형물질을 털어낸 후 씻어준다. 눈 손상은 짧은 시간의 노출로 영구적인 실명을 초래할 수도 있으므로 빨리 물로 씻어준다.

② 주의

안전을 위해 장갑을 착용한다. 씻을 때는 높은 압력의 물을 사용하지 않는다. 때로는 화학물질이 피부 깊숙이 침투할 수 있다. 눈은 비비거나 만지지 못하게 하고 15분 이상 씻어낸다.

(3) 전기화상

감점사고는 전기 에너지에 의해 부정맥을 유발시켜 심장정지를 발생시킬 수 있고, 근육을 수축시켜 뼈가 부러지거나 빠질 수 있고, 또한 외견상 보이는 화상보다 조직 안쪽에 손상을 주기 때문에 매우 위험하다.

① 화상의 깊이

- 1도 화상 : 화상을 입은 부위가 붉게 변하지만 물집은 생기지 않고 붓고 경미한 통증을 동반하며 병원치료 시 후유증 없이 치유된다.
- 2도 화상 : 약간 더 깊이 침범한 화상으로 물집이 생기고 붓고 심한 통증이 발생하며 병원에 입원하여 전문적인 치료를 받아야 한다.
- 3도 화상 : 피부 전층이 화상을 입은 상해를 말하며 피부가 탄 것처럼 보이기도 하고 신경이 죽어서 통증이 없을 수도 있다.

2) 물에 빠졌을 경우

물에 빠진 사람을 발견하였을 때는 무조건 뛰어들면 안 된다. 왜냐하면 물에 빠져 겁에 질린 사람으로 인해 구조하러 들어간 사람까지도 위험해질 수 있다. 물에 빠진 사람은 급하여 아무것이나 손에 잡히는 것은 붙잡기 마련인데 구조자가 환자에게 잡혔다가 행동이 제한되면 같이 위험하다.

(1) 처치

제일 좋은 방법은 줄이나 긴 막대, 튜브를 이용하거나 배로 다가가야 한다. 이 방법이 여의치 않을 시는 요구조자의 앞이 아닌 뒤로 접근해서 구조하여야 한다. 만약 요구조자가 숨을 쉬고 있지 않다면 수면에서라도 인공호흡을 하며 신속히 육지로 이송하여야 한다. 환자의 체온이 낮다면 담요로 보온을 해주어야 한다. 가장 중요한 것은 숨을 쉬고 맥박이 뛰는 것이므로 기본심폐소생술에 의거하여 처치를 시행한다. 환자가 토한다면 얼굴을 한쪽으로 돌리게 한다. 환자가 물을 마셨다고 하여 물을 빼는 것은 도움이 되지 않고 산소공급이 더 중요하다.

(2) 주의

물에 빠진 사람을 구조한 다음에 흔히 배를 눌러 마신 물을 토해내는 것이 필요하다고 생각하기 쉬운데 하지 말아야 할 행동이다. 물에 빠져 의식이 없는 사람에게 배를 눌러 위속의 내용물이 역류하여 올라오면 기도유지가 되지 않아 숨을 못 쉬게 될 수도 있고 구토물로 인하여 화학성 폐렴이 생겨 환자가 살아도 폐인이 될 가능성이 있다.

3) 벌에 쏘였을 경우

벌에 쏘이면 그 부위는 붓고 아프다. 벌에는 꿀벌과 말벌이 있어 침을 쏘는 방식이 다른데 꿀벌은 침이 계속 살에 꽂히는 반면 말벌은 그냥 찌르기만 한다. 어떤 벌이든 쏘인 자리가 붓고, 가렵고, 아픈 경우가 대부분이고 때로는 두통, 어지럼증, 구토, 호흡곤란 및 심하면 쇼크 증세까지 보인다. 물론 이러한 전신 증상까지 보이면 신속히 의료기관으로 이송하여야 한다.

(1) 처치

벌에 쏘인 자리는 얼음주머니를 대주면 독에 의한 붓기를 가라앉히고, 아픔이 가시는데 도움이 된다. 꿀벌은 침이 박혔나 살펴 침을 제거해 주는 것이 좋은데 침 제거는 바늘로 살살 긁어주어 시행한다. 여러 곳을 쏘인 후 몸이 붓고, 가렵고, 숨쉬기가 힘들어지면 빨리 병원으로 가서 치료를 받은 것이 좋다.

(2) 주의

벌침이 박힌 자리는 핀셋이나 손톱으로 제거하다보면, 벌침이 더 들어가는 경우가 많다. 바늘이나 칼로 긁어주는 것이 좋으며 없으면 신용카드 등으로도 긁어서 제거할 수 있다.

4) 뱀에 물렸을 경우

뱀에 물린 사고가 많지만 대략 우리나라에는 살모사, 까치살모사, 불독사 등 세 가지 독사가 있는 것으로 알려져 있다. 독사는 머리가 위에서 보았을 때 삼각형 모양으로 일반적으로 독이 없는 뱀과 구별된다.

(1) 처치

환자를 먼저 안정시킨다. 물린 부위를 물로 씻어내고 깨끗한 넓은 천 같은 것으로 물린 부위의 위, 아래쪽에 적당한 압력으로 묶는다. 이때 너무 꽉 묶어 전혀 피가 통하지 않게 하면 안 되고 정맥피는 몸으로 되돌아가는 것을 막고, 동맥피는 어느 정도 흐를 수 있는 적당한 압력이 좋다. 몸을 고정시키고 손상 부위를 심장보다 낮게 한 다음 빨리 병원으로 이송한다. 환자를 안정시키고 움직이지 않게 하는 것이 중요하며 자꾸 움직이면 독이 몸으로 더 퍼질 수 있다.

(2) 주의

뱀에 물린 상처를 빨아내는 것은 도움을 줄 수도 있지만 아직 확인된 사항은 아니며, 특히 입에 상처가 있는 상태에서 시행하면 구조자의 몸에도 독이 흡수될 수 있다는 것을 명심한다. 상처 자체의 처치에는 여러 민간요법이 내려오지만 가능하면 된장 등 다른 물질을 상처에 바르는 것은 결코 도움이 되지 않는다. 오히려 상처를 자극하고 더럽히는 결과 초래, 또한 칼로 상처를 절개하는 경우도 있는데 학문적으로 반드시 도움이 되지 않는다고 이야기되는 부분이므로 이러한 처치를 절대적으로 할 필요는 없으며, 오히려 이러한 처치 때문에 의료기관으로의 이송시간이 늦어지는 것이 환자에게 해로울 수 있다는 것을 명심하고, 전문가의 처치에 따라야 한다.

5) 개에 물렸을 경우

개한테 물린 사고는 겉보기에 작은 상처라도 이빨에 찍힌 상처라 좁고 깊은 상처가 생긴다. 개나 동물의 입안은 세균 등으로 파상풍 및 기타 감염에 걸릴 수 있어 주의하여야 한다. 파상풍말고 조심해야 할 질병은 광견병, 광견병 예방접종을 했는지 알아보고, 만약 확인되지 않으면 의료기관에서 향후 치료를 상의한다.

(1) 처치

입속에는 세균이 많으므로 심한 감염이 발생할 수 있으며 우선 환자를 안심시킨 후 비누나 물로 씻고 난 후 깨끗한 거즈로 덮어주고 병원으로 이송한다.

(2) 주의

개에 물린 상처에 된장을 바르거나 피가 난다고 지혈가루를 뿌린다면 상처 치료에 도움이 되지 않으므로 바르지 않는다. 아기들은 피부조직이 부드럽고 두께가 얇아 개에 심하게 물리면 목숨이 위험할 수도 있다. 현장에서 얼른 개와 격리하고, 단순히 상처만 보지 말고 숨 쉬고 맥박 뛰는 것을 확인하는 것이 급선무이다.

6) 지네에 물렸을 경우

현재 우리나라에는 독을 가진 지네가 없는 것으로 나타나고 있다. 물린 장소에 얼음주머니로 상처 부위를 찜질해주면 좋다.

7) 급성 복통의 경우

급성 복통은 흔한 배앓이로 쉽게 생각할 수도 있으나 다양한 질환이나 손상에 의하여 발생될 수 있으므로, 증상이 복통을 유발하는 원인에 따라 다르게 나타날 수 있다.

(1) 급성복통의 증상과 증세

① 국소적 또는 전반적인 복통

② 국소적 또는 전반적인 복부 압통(배를 누르면 통증이 생김)

③ 식욕감퇴, 메스꺼움, 구토

④ 움직이면 통증이 심해지므로 환자가 반듯이 누워있는 경우도 있다.

⑤ 복통 때문에 빠르고 얕은 호흡을 한다.

⑥ 복부강직, 복부팽만

⑦ 전이통(등이나 옆구리 등이 같이 아프기도 하다)

⑧ 열 · 변비 혹은 설사

(2) 급성 복통증 환자의 응급처치

먼저 환자의 증상만으로 특정한 질환으로 추정하지 않는다. 기도를 유지한다. 구통에 대비한다. 입으로 아무것도 투여하지 않는다. 진통제나 진정제를 무조건 복용하면 안 된다. 편안한 자세를 취해주며, 병원으로 이송한다.

8) 두통의 경우

축농증, 감기, 긴장, 눈의 피로, 수면 부족, 배가 고플 때 등 다양하게 나타난다. 머리나 척추에 손상이 있을 때도 역시 두통을 유발하게 된다. 증상은 머리의 아무 부분이나 지속이거나 가끔 통증이 오는데, 처치는 환자의 이마에 찬 것이나 뜨거운 물을 담은 병을 싸서 누르며, 환자로 하여금 어두운 방에 누워 있도록 권한다. 만약 두통이 계속되고, 구역질, 구토, 열, 목이 뻣뻣해지거나, 시력이 혼란스럽거나, 두부손상, 혼란 등으로 점진적인 의식의 소실이 동반된다면, 의학적 도움을 요청해야 한다. 평소 느끼던 두통과 느낌이 다르고 너무나 심하고 오래 간다든지, 상기한 다른 심한 증상이 같이 있을 때는 뇌수막염, 뇌졸중, 뇌출혈 등 다양한 뇌의 병변이 동반될 수 있을 가능성이 있으며, 이는 응급상황이므로 빨리 이송하여야 한다.

9) 치통의 경우

치통의 가장 흔한 원인은 치아의 에나멜질의 부식에 의한 것이다. 농양이나 잘못 깨물어서 가해진 압박에 의해서 유발될 수도 있으며, 안면신경의 염증으로 인해 유발된 통증이 방사되어 치통을 유발할 수도 있다. 그 증상은 치아와 턱의 통증이 있으며 지속적이거나 가끔 통증이 있고, 이 통증은 찬 것이나 뜨거운 물을 넣은 병을 싼 것이나 뜨거운 헝겊으로 상한 이가 있는 쪽의 얼굴에 댄다. 만약 증상이 계속되면, 혹은 그 이 주위로 열이 나고 부으면 지체하지 말고 의사나 치과의사를 찾아가도록 한다.

10) 귀 통증의 경우

귀의 통증은 그 통증이 굉장히 심하다. 귀 안이나 귀 주위의 감염에 의해 초래된다. 즉, 귀의 종기나 농양 등에 의해 초래되기도 하고, 가장 흔한 이유는 특히 어린 아이에 있어서, 목을 통해 세균이 귀로 퍼져 유발된 중이염에 의한 것이다. 감염은 편도선염, 홍역, 감기 등을 앓고 나서 잘 온다. 그리고 귀의 통증은 귀지가 너무 많을 때, 또는 비행기 여행이나 잠수 시 갑자기 고막에 가해지는 압력의 변화가 있을 때도 잘 나타나며, 증상은 지속적이거나 가끔 귀의 통증이 생기고, 치료는 심하고 지속적인 통증을 해소하기 위하여 아픈 쪽 귀에 뜨거운 것으로 찜질을 하며, 압력의 급격한 변화로 인한 통증일 경우 환자의 코를 잡고 입을 다물고 침을 삼키거나 양 볼이 불룩해지도록 불게 하며, 통증이 지속적이건, 분비물, 열, 청각의 이상이나 들리는 정도가 다를 때는 즉시 의학적 도움을 구하도록 한다.

11) 목이 아플 경우

가벼운 통증이나 경직이 목의 근육에 발생하는 경우로는 장시간 한 자세로 앉아있거나 누워 있는 경우나 장기를 두거나 정신적 긴장이 계속될 때 생길 수 있지만 바이러스성 질환이나 타박에 의해서도 유발될 수 있다. 증상은 목 부위의 통증에 뜨거운 것으로 찜질을 하고 목을 부드럽게 움직이도록 한다. 증상이 계속되거나, 목이 붓고 구역질이나 구토, 두통, 혼란 의식의 상실, 명백한 목의 외상이 있을 때 의학적 도움을 구하도록 한다.

12) 기절한 경우

기절이란 잠깐 의식을 잃는 것이다. 흔히 뇌로 가는 혈액의 일시적 감소로 인해 생기는 현상으로 회복은 빠르고 완전하게 된다.

(1) 원인

통증이나 공포에 대한 신경반응으로 올 수 있으며 혹은 감정적 혼란의 결과, 탈진, 굶었을 때도 일어날 수 있다. 실제로 오랫동안 움직임이 없었을 때 신체의 다리에 많은 양의 피가 고이게 되어 다른 부분의 순환을 감소시킬 때가 더 흔하다. 이런 사람의 특징적인 증상은 매우 창백해 보이고 맥박이 느리고 약한 것을 알 수 있으며 그 처치는 다음과 같다.

(2) 처치

만일 환자가 불안정하면 앉히고 두 무릎 사이에 머리를 앞으로 기울이게 하여 심호흡을 하도록 한다. 목이나 가슴, 허리의 쪼이는 옷을 풀어준다. 의식을 찾으면 환자를 안심시키고 점차 앉은 자세로 일으킨다. 의식을 완전히 찾을 때까지는 입으로 아무것도 주지 말고 회복 후 찬물을 조금씩 마시도록 한다.

(3) 주의

일반인들은 졸도한 것과 다른 심각한 질병으로 인하여 의식을 잃은 것과 구별하기 힘들다. 기절한 현장에서 회복을 바라고 너무 오래 시간을 끌지 않도록 하며 의료기관에서 확인하는 과정이 필요하다. 중간에 환자의 호흡과 맥박은 계속 확인하고 없으면 신속히 그에 대한 조치를 해야 한다.

제3절 응급질환과 내 · 외과적 응급처치

1. 응급질환

1) 손톱이 벗겨졌을 때

벗겨진 손톱은 한번 벗겨지면 다시 붙지 않는다. 4~5일 후 제거해야 통증이 적다. 손톱 밑에 피가 맺혔을 때 손톱의 근원(손톱의 반달 부분)에 소독한 침으로 구멍을 뚫고 혈액과 침투액을 뽑아낸다.

2) 새 구두로 인하여 발에 짓무름이 생겼을 때

① 비누로 깨끗이 씻고 소독

② 벗겨진 표피를 원래 상태로 되돌려 그 위를 거즈로 압박

③ 반창고나 붕대로 고정

④ 표피가 완전히 벗겨진 경우는 연고를 바르고 거즈를 대어 보호하고, 구두를 신을 때 양말을 겹겹이 신도록 한다.

3) 코피가 날 때

환자의 머리를 앞으로 숙이고 의자에 앉힌다. 옷은 느슨하게 한다. 입으로 숨을 쉴 수 있도록 창문 가까이 간다. 엄지와 인지로 코를 단단히 잡고 누우면 피가 멈춘다.

4) 눈에 들어간 이물질

절대로 비벼서는 안 된다. 눈을 감고 눈물과 함께 흘러나오게 한다. 눈물로 안 되면 세안을 한다. 눈꺼풀을 뒤집어 깨끗한 솜이나 손수건으로 이물질을 제거한다.

5) 귀에 들어간 이물질

① 곤충이 들어간 경우 : 벌레가 나오기 쉽도록 회중전등의 불빛을 가까이 댄다.

② 돌이나 구슬이 들어갔을 때 : 올리브유 한두 방울을 떨어뜨리고 그쪽 귀를 밑으로 가게 한 뒤 제자리에서 잔걸음으로 뛴다.

③ 콩이나 솜이 들어갔을 때 : 들어간 쪽 귀를 밑으로 하고 제자리에서 잔걸음으로 뛴다.

④ 물이 들어갔을 때 : 들어간 쪽 귀를 밑으로 하고 제자리에서 잔걸음으로 뛴다.

6) 코에 들어간 이물질

① 한쪽 콧구멍을 막고 코를 세게 푼다.

② 절대 후비지 말 것

③ 심한 기침이나 호흡이 곤란한 경우는 기관지에 이물질이 들어갈 경우가 많으므로 신속히 병원으로 간다.

7) 목구멍에 들어간 이물질

① 배를 받치고 힘차게 머리를 굽히게 한다.

② 그래도 나오지 않으면 등을 손바닥으로 힘차게 친다.

8) 목구멍에 걸린 가시

① 밥이나 빵덩어리를 꿀꺽 삼켜본다.

② 안 될 경우 병원으로 간다.

9) 벌레에 물렸을 때

① 개미, 모기인 경우 : 항히스타민제 연고를 바르고 차게 해야 한다.

② 벌에 쏘인 경우 : 입을 대고 독을 빨아낸다. 침이 있으면 뽑아낸 뒤 비누와 깨끗한 물로 잘 씻고 연고를 바를 것

10) 바늘이나 못에 찔렸을 때

① 가정용 바늘 : 간단히 소독만 하여도 된다.

② 녹슨 못을 밟았을 경우 : 얼른 못을 뽑고 피를 짜낸 뒤 속히 외과 진찰을 받고 파상풍에 주의할 것

11) 가시에 찔렸을 때

① 가시를 뽑고 피를 짜낸 뒤 가시가 남아있는지 확인

② 가시를 뺀 뒤에도 통증이 있으면 외과 진찰을 받을 것

12) 가벼운 상처

① 모래나 먼지 등으로 상처가 더러워져 있으므로 비비지 않도록 주의한다.

② 수돗물로 잘 씻어야 한다.

③ 소독약을 뿌리고 자극이 적은 연고를 바른다.

13) 유리에 베였을 때

① 상처가 벌어져 있지 않을 경우는 소독 후 반창고로 상처를 맞붙게 하고, 거즈를 대고 붕대를 단단히 감는다.

② 조각이 꽂혀 있을 경우는 혈관이 찔렸을 가능성이 있으므로 조각을 뽑지 말고 그대로 병원으로 가야 한다.

③ 온몸에 자잘한 조각이 박혔을 경우는 머리카락이나 옷에 있는 조각만 제거하고, 피부에 박힌 조각은 그대로 둔 채 구급차를 부른다.

14) 찰과상

① 차게 하여 붓는 것을 억제한다.

② 이튿날부터는 더운물에 찜질을 한다.

③ 마사지는 3~4일 지난 후에 한다.

15) 독을 삼켰을 때

① 토하게 한다.

② 토해서는 안 될 경우 : 강한 산이나 알칼리, 분무용 살충제, 액체 기구 윤활제, 가솔린, 등유, 이런 경우에는 우유나 달걀 흰자를 먹여서 위의 점막을 보호하여야 한다.

2. 내 · 외과적 응급질환

1) 식중독

① 복어중독 : 혀와 손끝 마비

② 독버섯 : 구토, 설사, 하혈이 나타나며, 식품 자체에 의한 식중독은 토하게 한다.

③ 세균에 의한 식중독은 토해도 효과가 없다.

④ 보온 유지, 빨리 의사의 진단을 받도록 한다.

2) 가스중독

① 증상 : 두통, 빈혈, 하품, 권태, 허탈감, 실신, 혼수, 경련 등이 동반된다.

② 처치 : 환기, 신선한 공기 흡입, 가능한 한 빨리 병원에 운반한다.

3) 구토를 일으킬 때

① 구토물이 기도 속으로 들어가지 않도록 한다.

② 얼굴을 옆으로 돌린다.

③ 등을 가만히 쓸어 준다.

④ 토하는 동안 호흡운동을 하게 한다.

4) 고열이 날 때

① 추워하면 덥게 해준다.

② 더워하면 얼음 베게 등으로 차게 해준다.

③ 고열과 땀으로 목이 마르면 수분을 공급

④ 약의 남용은 금물

⑤ 빨리 의사의 지시를 받도록 한다.

5) 발에 쥐가 날 때

발을 쭉 뻗은 채 엄지손가락으로 발을 잡아당기고, 온 습포나 마사지도 효과적이다.

6) 쇼크

① 머리는 낮게 하고 다리는 높게 한다.

② 쇼크를 일으킨 물질을 제거하고 보온을 한다.

③ 입속의 이물질을 제거한다.

④ 의식이 있고 구토증이 없으면 더운 소금물을 제공한다.

⑤ 상처나 출혈을 환자에게 보이지 말고 안정을 도모한다.

7) 화상

즉시 수돗물을 틀어놓고 30분~1시간 정도 식힌다. 가정에서 처치할 수 있는 화상의 범위는 빨갛게 충혈되고 부은 정도의 1도 화상은 처치할 수가 있으나, 물집이 생긴 2도 화상, 살갗이 벗겨져 흐무러진 3도 화상은 즉시 의사의 치료를 받아야 하며, 물집이 잡히면 물집을 터트리지 말고 저절로 아물 때까지 기다려야 한다.

8) 동상

① 따뜻한 곳으로 옮겨 몸을 녹인다.

② 동상 주위에 밀착된 신발, 옷, 장갑, 양말을 벗긴다.

③ 따뜻한 물(42~44도)에 20~25분간 담근다.

④ 조이는 옷을 풀어주고 안정을 취한다.

⑤ 동상에 해서는 안 될 것은 마찰 마사지는 안 되며, 불에 녹이지 말 것, 환부 마찰도 해서는 안 된다.

9) 감전

① 전원을 끊는다.

② 환자를 전도체로부터 떼어낸다.

③ 반드시 고무장갑을 낀다.

④ 전기화상은 주로 신체 내부를 손상시킨다.

⑤ 구급차에 연락한다.

10) 코감기, 코막힘

코감기 코 막힘에는 쑥잎을 가볍게 비벼서 콧구멍을 막아 보자. 잠시 그대로 두면 신기하게 코가 시원하게 뚫린다. 쑥을 구하기 어려울 경우, 면봉에 올리브유를 살짝 묻혀 콧구멍을 쑤시면 효과를 볼 수 있다.

11) 병 속 손가락 안 빠질 때

어린이들이 병을 갖고 놀다가 손가락이 병 속에 들어가 빠지지 않을 때가 있다. 이럴 때는 따뜻한 물에 비누를 풀어 손과 병을 함께 담그고 병을 천천히 돌리면서 잡아당기면 잘 빠진다.

12) 손가락에서 반지 안 빠질 때

손가락에 낀 반지를 빼고 싶은데 빠져나오지 않을 때 비누를 이용한다. 손을 물에 적신 뒤 비누를 묻힌 수건으로 반지 위를 문지른다. 반지와 손가락 사이에도 비누 거품이 들어갈 수 있게 한다. 이어 다른 손가락으로 반지를 돌려 빼면 쉽게 빠져나온다. 얼음물도 반지를 빼는 좋은 도구가 된다. 찬물에 손을 넣으면 손가락 피부가 수축하며 헐거워지기 때문이다.

13) 오한감기

몸이 오싹거리고 떨리고 열이 나며 두통이 오는 감기에는 배추 뿌리를 깨끗이 씻어 생강과 흑설탕을 넣고 차를 끓여 마시면 효과가 있다. 배추 뿌리 차는 아무 때고 물마시듯 마셔도 되는데, 찬바람을 쏘이지 않아야 치료가 빠르다.

14) 편도선염

편도선염에 걸렸을 때는 아이스크림이 약이다. 편도선염에 걸리면 고열과 함께 목이 붓고 음식물을 넘기는 것도 힘들어진다. 우선 안정을 취하고 자극성이 없는 유동의 식사를 하면서 목둘레는 찬 물수건으로 찜질하는 것이 좋다. 부드러운 아이스크림을 먹는 것도 효과적인 방법이다. 아이스크림의 차가운 기운이 목 안의 열을 떨어뜨려 주고 편도의 염증을 방지해준다.

15) 내출혈

머리, 배, 가슴에 맹렬한 강타, 또는 타박상을 입었을 경우에는 내출혈의 염려가 있다.

① 음료수를 주어서는 안 된다.

② 안정과 보온을 위해 눕히고 그 위에다 가벼운 것을 덮어준다.

③ 머리를 옆으로 향하게 하여 숨통이 막히지 않고 수월하게 호흡할 수 있도록 한다.

④ 곧바로 병원으로 후송

출처 : http://www.cellngen.com/mart/board.php3?table

학 습 정 리

1. 응급치료의 개념

예기하지 않았던 때나 장소에서 일어난 외상·병에 대해 긴급히 그 장소에서 행하는 간단한 치료이며, 응급처치(應急處置)라고도 한다. 의사의 치료행위와는 구별된다. 응급치료 후에는 지체 없이 전문의의 진료를 받는 일이 중요하다. 대상 범위는 광범위하나 대체로 내과적으로는 심장장애·실신·질식·호흡곤란·중독·토혈·각혈·하혈(下血) 등이고, 외과적으로는 각종 외상을 포함한다.

2. 심폐소생술

의식확인 → 119 신고 → 기도유지 → 호흡 확인 → 인공호흡 → 순환확인 → 흉부 압박

① 우선 환자가 깨어 있는지 확인한다(의식 확인).
② 도움 요청
③ 환자가 숨을 쉴 수 있도록 숨길을 열어준다(기도 유지).
④ 숨을 쉬는지 10초간 확인한다.
⑤ 환자가 숨을 안 쉬면, 당신은 당신의 숨을 두 번 불어 넣는다.
⑥ 환자의 심장이 뛰는지 확인한다.
⑦ 가슴(흉부) 압박을 한다.
⑧ 호흡과 순환 확인(재평가)을 한다.

3. 기도확보방법

첫째, 입안의 청소를 하고, 입안의 혈액과 목을 막고 있는 이물질을 꺼낸다. 손가락으로 얇은 마른걸레를 감는다. 그리고 입 가운데를 청소한다. 둘째, 이물질을 제거하고 이물질이 목 안에 있어서 꺼낼 수 없는 때는 환자의 상반신을 아래로 해서 등 가운데의 중앙부에서 약간 윗부분을 쳐서 꺼낸다. 이때 유아일 경우 거꾸로 세워 등 가운데를 손바닥으로 강하게 두드린다. 셋째, 두부후굴, 하악권상으로 의식을 잃은 환자일 경우 호흡이 곤란하므로 혀를 목에서 떨어지게 한다. 그리고 머리를 뒤로 젖히고 목 근처를 넓게 쥐여준다. 머리를 뒤로 젖힐 때는 한쪽 손을 머리 혈관에 대고 다른 손은 이마에 댄다. 머리를 뒤로 젖히는 것이 무리할 때에는 하악(턱)을 높이 끌어 올린다.

제14장

안전교육 지도법 실무 및 선진국의 안전교육제도

학습 목표
1. 분야별 안전교육계획 수립과 연간 안전교육계획서를 작성할 수 있다.
2. 안전교육 주요 내용과 학교안전사고 시 교원의 법적 책임을 이해할 수 있다.
3. 주요 선진국의 학교안전교육을 이해할 수 있다.

학습 키워드 교육기법, 안전교육계획, 안전활동, 안전교육정책, 선진국, 학교안전교육

제1절 분야별 안전교육계획 수립과 방법

1. 안전교육계획의 일반 사항

1) 안전교육계획의 목적과 중요성

(1) 안전교육의 목적

제1장에서 언급하였듯이 각종 재해나 사고로부터 생명과 재산을 지킬 수 있는 지식과 기술 등을 터득하기 위하여 안전교육을 통해 사고를 미연에 방지함과 동시에 뜻밖의 재해나 화재로부터 생명과 재산을 지키기 위해 필요하다고 하였다. 이를 위해서는 안전교육계획을 수립하여 효율적으로 시행하는 것이 매우 중요하다. 즉 안전교육계획의 일반적인 사항은 위험성 평가에 의한 주요 위험요인에 의한 안전교육을 계획하고 수립하여 실천하는 것이다.

(2) 안전교육계획

안전교육을 실시하기 위한 계획 내용이 명시된 문서라 할 수 있는데, 학교 등에서 안전관리 교육을 실시하고자 할 때 이에 대한 계획을 수립하고 그 내용을 명시한 문서를 말한다. 안전교육계획서에는 일시 및 장소를 비롯하여 안전교육의 목표와 내용을 상세하게 명시해야 한다. 또 추락사고 및 교내 화재에 대비한 대처 요령과 대피 훈련 등의 내용을 구체적으로 기재하도록 한다.

이를 위한 절차는 첫째, 위험성을 평가하고, 둘째, 주요 위험 요인을 조기에 적출하며, 마지막으로 위험요인에 대한 대안을 위해 교육계획을 수립 · 운영하는 것이다.

2) 연간 안전교육계획안(유아 및 청소년)

안전사고를 예방하기 위해서는 유치원 등 각급 학교는 학교 실정에 맞는 연간 교육계획을 수립 · 시행하여야 한다. 계획수립 시에는 현실적인 여건을 고려하여 실질적으로 시행이 가능할 수 있고, 어린이 및 학생들이 체험할 수 있는 프로그램 위주로 편성하고 운영하여야 한다. 다음 표는 유아 및 초·중·고등학교의 연간 안전교육계획안(분기별)을 정리하였다.

▼ 표 14-1 연간 안전교육계획안(분기별)

<table>
<tr><th colspan="2">구분</th><th>안전 영역</th><th>안전지도내용</th><th>안전관리내용</th></tr>
<tr><td rowspan="3">1/4 분기</td><td>1월</td><td>• 소방안전(대피)
• 교통안전
• 성폭력</td><td>• 뜨거운 물건 조심하기
• 신호등을 지켜요.
• 나의 몸이 궁금해요.</td><td>• 소화기 충액하기
• 횡단보도 건너기
• 동화, 그림 자료</td></tr>
<tr><td>2월</td><td>• 소방안전(대피)
• 실종·유괴 예방</td><td>• 불이야! 불!
• 난 어디에 살고 있나요?
• 자기 집 주소 알기</td><td>• 장치 점검
• 동화자료 및 주소
• 전화번호 알기</td></tr>
<tr><td>3월</td><td>• 소방안전(대피)
• 약물오남용
• 교통안전</td><td>• 화재 시 대피 방법
• 약의 종류(먹는 약, 먹지 못하는 약 구분하기)
• 안전벨트를 착용해요.</td><td>• 소화기 점검
• 비상연락망 조치
• 약품 보관함 점검
• 안전벨트 점검</td></tr>
<tr><td rowspan="3">2/4 분기</td><td>4월</td><td>• 소방안전(대피)
• 실종유괴예방</td><td>• 119 전화요령
• 안 돼요, 싫어요, 도와주세요.</td><td>• 전화기 준비
• 동영상 자료 준비</td></tr>
<tr><td>5월</td><td>• 소방안전(대피)
• 재난대비
• 교통안전</td><td>• 소화기 사용방법 알기
• 자연재해 시 대피요령
• 통원버스를 탈 때는 차례차례</td><td>• 소방기구 점검
• 재해발생 재난대비
• VTR 시청(인터넷)</td></tr>
<tr><td>6월</td><td>• 소방안전(대피)
• 약물오남용
• 식중독예방교육
• 성폭력예방</td><td>• 콘센트 만지지 않기
• 함부로 먹으면 안 돼요.
(함부로 먹는 약에 대한 위험성)
• 손을 깨끗이 씻어요.
• 내 몸은 소중해요.</td><td>• 그림자료
• 세제류 점검
• 보건소 공문
• 동화자료 준비</td></tr>
<tr><td rowspan="3">3/4 분기</td><td>7월</td><td>• 소방안전(대피)
• 물놀이안전
• 교통안전</td><td>• 화재의 종류
• 물놀이 안전 및 구조요청지도
• 안전한 도로횡단 법</td><td>• 화재경보
• 물놀이용품 점검 및 체조
• 횡단보도 나가보기</td></tr>
<tr><td>8월</td><td>• 소방안전(대피)
• 실종·유괴예방</td><td>• 불은 때로 위험해요.
• 낯선 사람 따라가지 않기</td><td>• 그림자료
• VTR 시청(인터넷)</td></tr>
<tr><td>9월</td><td>• 소방안전(대피)
• 교통안전
• 약물오남용</td><td>• 화재 예방과 대피 방법
• 주차장에서 놀지 않아요
• 정해진 용량 지키기</td><td>• 화재대피훈련
• VTR 시청(인터넷)
• 약품보관함 점검</td></tr>
</table>

구분		안전 영역	안전지도내용	안전관리내용
4/4 분기	10월	• 소방안전(대피) • 성폭력 예방	• 소방서에서 하는 일 알기(견학) • 성폭력 예방	• 소방서에 공문 • VTR 시청(인터넷)
	11월	• 소방안전(대피) • 교통안전 • 재난대비 • 실종 · 유괴예방	• 화재의 종류 • 비 오는 날 횡단보도 건너는 법 • 하늘이 무서워요.(자연재해) • 주위 어른께 도움을 요청해요	• 소방기구 점검 • 그림자료 • 대피요령 실행 • 동화자료
	12월	• 소방안전(대피) • 재난대비 • 약물오남용	• 가스안전사고 예방 • 지진해일 등 재난대비 • 치약의 올바른 사용법과 용량	• 가스누출차단기 • 보험가입(차량) • 치약, 칫솔

2. 직장(학교)의 안전 활동

1) 안전 활동의 표적

직장 및 학교의 안전 활동은 목적과 역할을 분명하게 정하고 실제적인 안전 활동이 이루어질 수 있도록 명백하게 제도적인 장치를 마련한다. 5W1H, 즉 육하원칙에 의한 확인 감독을 철저히 하고, 직장 및 교내의 불안전 상태와 불안전 행동의 개선 여부를 확인하고 평가하는 일도 중요함으로 소홀히 해서는 안 된다. 다음은 안전의식을 위한 착안사항이다.

① 모두가 생각한다(직장개선 활동). 안전사고예방을 위해 잘 생각한다. ② 현재 상태를 바꾼다. 즉 불합리한 제도나 관행, 틀에서 벗어나 새로운 방법을 강구한다. ③ 무사고로 바꾼다. 무사고로 바꾸기 위해서는 학교나 직장의 안전문화와 안전의식이 선행되어야 한다. ④ 바꾸는 것과 같이 점프한다. 지속적으로 새로운 것을 추구하고 개선하기 위해 노력한다. ⑤ 모두가 문제의식을 갖게 한다. 그리고 사고예방을 위해 중점을 정하고 활동한다.

2) 주요 안전 활동

안전 활동의 종류는 다양하게 많다. 하지만 많다는 것 자체가 중요한 것은 결코 아니다. 종류가 많은 만큼 실천이 선행되어야 하며, 실천을 통해 사고는 예방할 수 있다. 먼저 4S운동은 가장 기본적이다. 즉 가장 중요한 것이 정리, 정돈, 청결, 청소의 4S이다.

위험을 사전에 판단하고 예방하기 위한 위험예지활동도 매우 중요하며, 아차, 깜박 보고 제도를 활성화시켜야 한다. 사고위험성이나 사고예방을 위한 상호주의 운동, 한마디 운동 등도 사고예방을 위해서는 필요한 요소이다.

안전사고 예방을 위한 안전제안(개선 제안)제도를 활성화시키고 제안 우수자에게는 표창을 하는 방법의 모색도 사고 예방을 위한 중요한 제도이다. 재해를 대비하여 정기적으로 재해 검토회를 개최하고, 안전에 대한 공학적 이해를 돕기 위해 안전공학교육도 활성화시키는 방안도 고려요소가 된다. 그리고 안전행동 목표를 설정하고 자기행동제도를 통해 사고를 미연에 방지한다는 행동규범도 필요하다. 마지막으로 안전 활동을 제도화하기 위해서는 관련 규정 제정과 안전조례를 설치 · 운영하는 것도 하나의 방법이며, 안전교육의 중요성을 위해서는 정부 차원에서 관련 예산의 증액과 제도적인 장치 마련이 시급하다.

한편 툴박스 미팅(TBM) 제도 시행은 안전 협의를 위해 직장에서 여는 미팅이다. 그리고 안전 패트롤은 사업장의 전역 또는 단위 작업장마다 기계설비 등의 물적 조건 또는 작업 방법, 작업환경 등 위험의 적출, 지적을 행하고, 이것을 시정하고, 안전의 목표를 달성하려고 하는 직장 내에서의 순찰 활동이 강화되어야 한다.

아차, 깜박 보고 제도(작업 개선실시 도모)를 위해 단계별 적용상 문제점을 보완하고 실제로 적용해보는 방법의 강구도 필요하다. 단계는 다음과 같다. 제1단계 : 아차, 깜박 정보의 파악, 제2단계 : 문제점의 분석, 제3단계 : 대책 방침 결정, 제4단계 : 실시 계획 수립, 제5단계 : 계획 실시, 제6단계 : 실시 결과의 확인과 평가 등이다.

마지막으로 안전제안(개선제안제도)은 개선 테마가 되는 사항으로 ① 기계설비 대책 ② 인간대책 ③ 작업 대책 ④ 관리면의 대책이 포함된다. 그리고 직장회는 건설업 현장에서 행해지고 있는 안전 활동이다.

3. 직장(산업현장)에서의 안전교육의 단계와 활성화 대책

1) 안전교육단계(steps of safety education)

안전교육은 궁극적으로 사고예방의 목적을 충분히 달성하도록 하는 4단계가 있다. ① 학습자가 효과적인 학습을 하기 위해 필요한 경험이나 기초지식 ② 안전지식교육 ③ 안전기능교육 ④ 안전태도교육이 있다.

(1) 안전지식교육(safety knowledge education)

새로운 작업환경에 적응시키기 위해 제일 먼저 행해지는 교육이며, 신입사원, 새로이 직무에 종사하는 사람, 신입 현장감독자, 안전관리자 등이 대상이다. 신입사원교육은 재해는 일반적으로 입사한 뒤 1년 미만에 많이 발생하고 있는 상황에서 보아도 신입사원의 안전교육이 얼마나 중요한지 수긍이 간다. 교육방법은 입사 후 1주간 정도로 각 직장 공통의 안전에 대한 집합교육을 실시한다. 교육항목으로는 ① 기업의 연혁 ② 생산설비와 공정의 일반지식 ③ 공통되는 작업안전수칙 ④ 일반적인 안전지식 ⑤ 법정에 의한 항목, 사내규정 등을 제시할 수 있다.

일반 작업자는 작업에 적응할 수 있게 되어 있는 일반 작업자에게는 시간을 배려한 특별교육을 피하고, 작업 현장에서 TBM, 조회, 작업지시, 순찰, 작업의 짬 등을 이용해서 지도한다. 이 경우 1회의 교육시간은 가급적 짧게 하고 횟수를 많이 하는 편이 효과적이다. TBM(tool box meeting)이란 안전의식을 높이는 소그룹에서 자유롭게 토의하는 것이며, 다음 방법에 따라 실시한다.

① 작업자가 기분 좋게 할 수 있는 장소를 선정한다.
② 작업을 개시할 때, 작업을 끝낼 때 등 기회를 포착해서 실시한다.
③ 미팅 시간은 5~15분 정도의 단시간으로 한다.
④ 미팅의 횟수는 주 2회~월 2회 정도의 범위가 좋다.
⑤ 전원이 공통의 관심을 가지고 있는 화제(話題)나 문제점을 선정한다.

(2) 현장감독자

안전에 대한 자료, 능력을 양성하고, 직장 작업자에 대해 안전의식을 높이는 것을 목적으로 해서 현장감독자(계장, 주임, 반장, 지장 등)에 직장 안전의 핵심적인 추진자에 대해서 실시하는 중요한 교육이다. 연장 감독자에 대한 교육시간은 짧게 하고, 빈번하게 실시하는 것이 효과적이다. 현장감독자에 대한 교육결과가 직장 말단까지 침투하여 교육효과를 높이기 위해서는 다음 요건이 필요하다. 첫째, 기업 TOP은 언제나 안전에 대한 강한 관심을 가지고 솔선해서 실시하고, 안전에 대한 모든 편의를 제공한다. 둘째, 안전 관리자는 현장감독자의 의견을 적극적으로 채용하고 개선을 위해 유효적절한 처치를 도모한다. 셋째, 각 직장에는 훈련된 인간미가 있는 현장감독자가 존재하고 다시 안전의식을 조성하고 안전설비를 구비하여 안전을 스스로의 이익과 이익창출로 생각하는 직업의식으로 사명감을 가진 직장이 될 것 등이다.

(3) 안전기능교육(safety ability education)

안전지식교육에 의해서 얻은 지식을 살려서 기능을 체득하는 것을 목적으로 실시하는 것을 말한다. 현장감독자를 지도자로 해서 현장작업을 통해 수강자의 기능 수준에 따라 개별교육을 실시하며, 조건 반사적으로 소정의 동작을 할 수 있기까지 교육한다. 이렇게 하기 위해서는 작업별로 작성된 작업표준에 의해 반복해서 실시하게 하여 항상 지도·감시하고, 나쁜 개소는 시정하고, 표준작업동작이 정착될 때까지 추적 확인한다.

(4) 안전태도교육(safety attitude education)

안전지식, 안전기능교육의 성과를 특히 체득시켜서 어떠한 경우에도 불안전행동을 취하지 않는 태도로 육성하기 위한 개인교육을 말한다. 안전태도는 성격에 영향을 미치는 바가 커서 그만큼 끈기 있게 다음에 의해 교육을 실시한다. 첫째, 일상 교육 중에 접촉을 거듭해서 다음 사항을 파악한다. 크레페린 테스트(Krepelin test), YG 테스트 등의 적정한 검사에 따라 기본적 성격을 파악한다. 그리고 안전 개인 면접에 의해 상대가 생각하고 있는 것을 알아낸다. 둘째, 대화를 통해서 모범적 행위의 장려나 안전에 대한 의욕을 만들어 이해·납득시킨다. 마지막으로 일상, 현장감독자가 솔선수범해서 모범을 보이고, 습관이 되도록 지도한다(최상복, 2004).

2) 4차산업혁명시대의 안전교육의 활성화 방향

4차산업혁명시대는 무엇보다 정보화시대에 급속도로 변화의 물결 속에 효율적으로 안전사고예방에 대응하는 방안을 모색해야 한다. 기술이 진보해도 인간의 기능은 그다지 변하지 않는다. 변화 전에 계획단계에서 안전의 예측, 평가를 하는 것을 가정과 학교, 기업의 상식으로 생각하고, 인간의 특성을 알고, 과학적인 안전의 진행법을 알자. 작업장에서도 본질 안전화로의 눈을 돌리게 하며 기술이 진보될수록 안전교육, 훈련을 철저히 시킨다. 기업의 전 직원에게 안전의 '마음'을 지속시킬 수 있는 제도적 장치를 마련하여 사고를 미연에 예방해야 할 것이다.

정부는 안전에 대한 체계적 교육을 강화하기 위해 어린이 종합 체험안전시설이 없는 자치단체를 중심으로 미취학아동, 초등학생 등 10만여 명에게 안전교육을 실시할 계획이며, 교통, 성폭력, 화재, 식품 등 어린이들이 실생활에서 안전 위험에 처할 수 있는 분야를 중심으로 14개의 체험관을 구성하고, 통학차량 운전자를 대상으로 운전자 안전교육도 병행하고 있다.

전국의 안전체험시설은 248개소가 있으며, 그 구성은 종합체험관 14개소, 체험시설 28개소, 소방안전교실 165개소, 이동안전체험차량 41대가 있다. 지역별로 서울 36개소, 경기 40개소, 경남 34개소로 이루어져 있으며, 119소방공무원이 교관으로 구성된 대형소방안전체험관은 서울 광나루, 보라매와 대구, 강원, 전북, 충남, 부산에 7개소가 있다. 운영의 주체는 광역자치단체 소속의 소방본부에서 운영하며, 강원도 태백시는 직접 운영을 하고 있다(이상원, 2019).

3) 재난안전관리본부의 역할과 기능

문재인 정부 들어서 기존의 국민안전처를 행정안전부에 통합(2017.07)하여 행정안전부에 재난안전관리본부를 신설하여 운영하고 있다. 재난안전관리본부는 국가와 지방자치단체가 행하는 재난 및 안전관리 업무를 총괄·조정하고 있으며, 재난분야 국제협력, 산업육성, 연구개발 등을 통해 미래의 불확실한 재난 환경에 대비하고 있다.

특히 사회재난 유형별 주관부처와 협업을 통해 빈틈없는 사회재난 예방·대응 체계를 구축해 나가고 있다. 지진으로부터 안전한 환경을 조성해 나가고 있으며, 국가안전관리계획을 수립하였다.

범정부 안전정책 방향을 설정하는 국가안전관리기본계획을 5년 단위로 수립(4차 2020~2024)하고, 이를 토대로 관계 기관은 매년 실행계획을 수립한다. 재난안전예산 사전협의를 통하여 정부의 재난안전예산 투자 방향을 제시하고 효율성을 높이기 위해 행정안전부가 각 중앙행정기관의 재난안전사업을 사전에 분석·검토하고, 기획재정부는 이를 토대로 정부 예산안을 편성한다(재난안전예산 2019년 15.9조 ⇒ 2020년 17.5조).

안전기준 및 제도 관리에 따른 일상생활에 위험을 초래하는 재난·사고와 관련된 불합리한 안전기준이나 안전규제를 발굴하고, 지자체·전문가 의견수렴, 관계부처 협의 등을 거쳐 지속적으로 개선하고 있으며, 아울러 안전교육을 강화하고, 국민의 안전의식 개선 등 안전문화운동을 활발히 전개하고 있다. 안전교육 확대를 위해 안전체험시설을 지속적으로 확충하고, '찾아가는 어린이 안전체험교실', '취약계층 맞춤형 안전교육'을 통해 안전교육의 사각지대를 해소해 나가고 있으며 17년도부터 21년도에 국민안전체험관 8개소를 신규로 건립하였다.

또한 안전문화운동을 위해 국민의 생활 속 안전의식 개선을 위해 국민 스스로 안전수칙을 실천하는 안전문화 운동을 민-관 합동으로 추진하고 있으며, 안전문화운동 추진중앙협의회 구성(2013)과 '대한민국, (안전)하자' 캠페인, 안전한 바퀴(2020~)는 현재도 시행하고 있다.

이 밖에 주민들이 생활 속에서 발견한 위험을 스마트폰으로 손쉽게 신고할 수 있는 시스템을 도입하여 일상의 잠재된 위험요인을 선제적으로 정비하고 있으며, 신고건수(연도별) 국제협력 기후 변화와 세계화로 인해 재난이 국제사회 전체에 영향을 미침에 따라 다양한 국가 및 국제기구와 교류 · 협력을 통해 선진적 재난관리 정책과 기술을 공유하고 있다.

한편, 환경 변화에 따라 재난을 선제적으로 대응하고 재난 현장에서의 문제를 해결하기 위해 빅데이터, 인공지능 등 첨단과학기술을 활용한 재난안전기술을 개발하고 있으며, 산업육성을 위해 방재신기술 지정, 재난안전제품 인증, 대한민국 안전산업박람회 개최 등을 통해 재난안전산업을 육성하여 재난 및 각종 사고로부터 사람의 생명 · 신체 · 재산을 보호하기 위한 기술 · 제품 및 서비스를 제공하고 있으며, 재난 현장에서 대응기관 간 신속한 정보 공유와 소통은 물론 통합된 지휘체계로 현장 대응을 효율적으로 하기 위해 최첨단(PS-LTE*) 전국 단일 통신망을 구축하였으며, 대형화재 발생 시 범정부 현장수습지원단 및 대책지원본부를 통해 신속한 상황판단 및 대응체계를 가동하고, 관계기관과의 협업을 통해 1:1 전담공무원제, 재난구호지원 사업비 지원 등 피해자 지원에 최선을 다하고 있다.

아울러 대형 산불 발생 시 유관기관 간 상황판단회의를 통해 가능한 인력과 장비를 신속하게 투입하여 대응력을 극대화한다고 하며, 감염병 예방을 위해 국가 간 교류 확대에 따라 해외로부터 유입된 감염병을 대응하기 위해 해외 유입 차단, 24시간 긴급상황실 운영 등 국가 감염병 대응체계를 운영 · 개선하고 있으며 특히 코로나19 대응을 위해 최초로 국무총리를 본부장으로 보건복지부 장관과 행정안전부 장관이 공동 차장이 되어 범정부 차원의 총력 대응을 하고 있다(재난안전본부, 2021).

제2절 교육기법(지도법)과 평가 절차 및 평가

1. 안전교육의 일반적 이해

교육의 목적이 사업 장소에서 가장 필요로 하는 안전 취약점의 해결 혹은 대책의 목표에 연결되지 못하고, 추상적 · 일반적인 안전의 강조에 지나지 않는 경우도 적지 않다. 교육내용도 경험이나 다른 사업의 모방으로 한정하는 것이 많고, 사업장의 실태와 맞지 않는 일이 있다. 이것은 교재나 자료가 사업장 내에서 자주 작성되지 않는 경우에 현저하다.

교육을 행하는 강사 중에는 라인을 관리 · 감독하는 일의 전문가이며, 안전교육을 하는 역할에 적합하지 않은 사람도 많다. 또 조직 변경이나 인사이동이 많은 최근에는 안전스텝이 반드시 안전의 베테랑이 아닌 경우도 늘고 있다. 교육을 받는 쪽의 경험, 학습능력이 고르지 않는 데도 불구하고 집체교육이 많다. 형식적 실적 위주의 교육이 실무와 동떨어진 경우가 많다. 교육에 대하여 최초의 동기부여가 불충분하기 때문에 교육효과가 지속되지 않는 일이 많다는 것이다.

1) 교육 실시에서의 유의점

① 상대의 입장에서 가르칠 것

② 교육내용은 구체적일 것

③ 상대측에게 배우려는 의욕을 일으키게 할 것

④ 반복해서 끈기 있게 몇 번이라도 가르칠 것

⑤ 쉬운 것에서 어려운 것으로 진행시켜 나갈 것

⑥ 일시에 한 가지씩, 전체에서 부분으로의 원칙을 지킬 것

⑦ 머리를 사용하게 할 것

2) 교육의 효과를 지속시키는 포인트

현장감독자, 선배 등이 본보기를 보인다. 바른 작업 방법을 몸에 익히기까지 끈기 있게 계속해 지도하고, 예의범절을 지키고, 습관화하게 한다. 안전위생작업에 잘 협력하고, 자

기 계발과 좋은 제안을 했을 때 칭찬을 아끼지 않는다. 불안한 작업방식을 발견하면 즉각 시정시킨다. "이쯤이야"나 "나중에"라고 놓치지 않는다. 불안전한 작업 방식을 발견하면 시정만을 그치지 않고, 왜 불안전한 행위가 행해졌는지 규명한다. 교육의 불비로 인한 것은 재교육한다.

2. 안전교육의 주요내용 평가

1) 안전교육 및 지도결과 평가의 의미

안전교육 및 지도에 있어서 교육의 평가는 매우 중요하다. 교육평가는 교육목적의 달성도에 관한 증거 및 교육목적의 달성에 영향을 미치는 변인에 관한 증거를 수집하고 그에 대해 교육의 의사결정을 내리는 과정이다. 교육평가과정에서 가장 핵심이 되는 것은 교육목표의 달성에 관한 의사결정으로서의 성적평가, 태도평가, 신체운동평가, 학교평가, 환경평가도 중요한 문제로 다루어진다(네이버 교육학 용어사전, 2017). 다음 표와 같이 평가를 적용할 수 있다.

▼ 표 14-2 안전교육평가 문항

문항	만족도	
	상반기	하반기
1. 교재	점	점
2. 시청각교육	점	점
3. 강의가 사고예방에 도움	점	점
4. 교수의 강의 준비 노력	점	점
5. 교수의 친절 및 노력	점	점
6. 직원의 친절 및 배려	점	점
7. 교육정보 제공	점	점
8. 고객(학생)편의시설	점	점
9. 교육장 환경	점	점
10. 기관 교육업무	점	점

2) 안전교육 및 지도결과 성과평가

안전교육결과 학교 및 조직 내의 개인적 성과의 타당성을 검증하고 실제 현장에서 위기상황 발생 시 대처능력을 확인하는 것이다. 주로 성과평가 절차는 성과계획, 성과수행, 성과측정, 성과점검 및 시연을 통해 확인한다. 따라서 안전교육 및 지도방법은 실제 체험적인 방법으로 교육을 하는 것이 교육의 성과와 효과에 영향을 미친다.

3. 학교안전사고와 관련된 교원의 법적 책임

1) 교원의 법적 책임

사립학교 교원은 민법에 의해서만 손해배상책임이 주어지고, 국공립학교 교원은 민법뿐만 아니라 공무원에게만 적용되는 국가배상법에 따라 손해배상책임을 지게 된다. 교원의 법적 책임은 민사상 책임과 징계, 형사상 책임으로 구분된다.

(1) 민사상 책임

고의 혹은 과실로 인한 위법행위로 타인에게 손해를 가한 자는 그 손해를 배상할 책임이 있다(민법 제750조). 타인을 사용하여 사무에 종사하게 한 자는 피용자가 그 사무집행에 관하여 제3자에게 가한 손해를 배상할 책임이 있다(민법 제756조 제1항). 사용자가 피용자의 선임 및 사무 감독에 상당한 주의를 한 때 또는 상당한 주의를 하여도 손해가 있을 경우에는 그러하지 아니한다(민법 제756조 제1항 단서). 사용자 또는 감독자는 피용자에 대하여 청구권을 행사할 수 있다(민법 제756조 제3항 단서).

(2) 징계 책임 및 형사상 책임

① 징계 책임 : 교원이 학교사고와 관련하여 징계 사유에 해당되는 경우에는 징계위원회에 회부되어 징계처분(면책, 감봉, 정직, 해임, 파면)을 받게 된다.

② 형사상 책임 : 교원이 학교사고와 관련하여 형사상 책임을 지는 경우는 '상해와 폭행의 규정'에 따라 처벌받게 된다.

(3) 학교사고에 대한 교원의 책임 요건

① 민사상 불법행위의 일반적 성립요건 : 가해자의 고의 또는 과실이 있을 것, 가해자에게 책임능력이 있을 것, 가해행위에 위법성이 있을 것, 가해행위로 손해가 발생하였을 것 등이다.

② 형사상 책임의 인정 범위 : 주의의무 위반, 결과 발생, 인과관계 및 예견 가능성 존재, 학생의 친권자를 대신하는 대리 감독자로서의 주의 의무가 주어진다.

2) 학교안전사고 예방 및 보상에 관한 법률 시행령(시행 2021.6.30)

「학생안전사고 예방 및 보상에 관한 법률 시행령」 일부 개정안이 국무회의에서 의결되었는바 주요 핵심은 학교시설 안전관리 기준을 강화하고, 학교장이 실시하는 교육활동 전에 실시하는 안전대책의 점검, 확인사항 등을 구체화하였다.

주요 핵심 내용은 첫째, 학교시설 안전관리 기준 강화이다. 미닫이 구조로 문을 설치할 경우 손이 끼이는 것을 방지하도록 손끼임 방지장치를 설치하도록 하고, 유리 파손 시 파편을 방지할 수 있도록 교실 창호에 필름 부착 등의 조치를 하도록 하는 등의 학교시설안전관리기준을 강화하였다. 둘째, 교육감의 학교안전시설 정비계획의 수립 및 시행이다. 학교시설에 대한 안전관리를 강화하기 위하여 교육감은 각급 학교장이 보고한 학교시설 안전점검 결과를 기초로 개선이 필요한 학교시설에 대하여 연간 정비계획을 수립하여 시행하도록 하였다. 셋째, 학교장의 교육활동 안전대책 점검 및 확인 등이다. 학교장은 매 학기 시작 전까지 학교시설 등에 대한 안전성 여부, 사고발생시 대처요령 등이 포함된 교육활동 안전대책을 마련하고, 이를 점검 및 확인할 수 있도록 하였고, 학교장은 원칙적으로 교육활동 안전대책을 매 학기 시작 전날까지 해당 학교운영위원회에 보고하도록 하였다. 따라서 이번 「학교안전사고 예방 및 보상에 관한 법률 시행령」 개정으로 학교시설안전관리기준이 강화되고, 교육감의 학교안전시설 정비계획을 수립 및 시행하며, 학교장이 교육활동 전 안전대책을 점검 및 확인하는 등의 조치를 통해 학생들의 안전사고를 미연에 예방할 수 있게 된다(학교안전법 시행령, 2021).

제3절 선진국의 학교안전교육제도 이해

1. 미국

1) 현황

미국은 각 주마다 독자적인 교육제도를 운영하고 있으며, 안전교육을 실시한 역사가 가장 길다. 어느 나라보다 안전교육은 활성화되어 있으며, 최초로 안전교육을 시행하기도 하였다. 1938년에 47개 주를 대상으로 학교안전교육을 실시하였으며, 이 중 24개 주는 별도 교통안전교육을 실시하였다. 연방정부 질병예방 및 통제국에서 공립학교에 안전교육을 위한 예산 및 프로그램을 적극적으로 지원하고 있다.

한편 '학교보건정책과 프로그램 연구'를 착수(1994)하여 초등학교의 80.3%가 보건시간을 통하여 사고와 상해예방에 대한 안전교육을 받고 있으며, 평균 66.3%의 중학교와 71.7%의 고등학교에서도 동일한 주제에 대해서 안전교육을 실시하고 있다. 미국에서 실시하고 있는 학교안전교육은 사고 발생의 위험군, 위험요소, 사고 다발유형 등을 중심으로 실제적인 대처와 예방기술 및 요령을 제시하고 있으며, 체험 위주의 적극적인 문제해결식 교육방법을 채택하고 있는 것은 시사하는 바가 크다고 할 수 있다.

2) 미국의 초·중등학교 안전교육 현황

미국은 오랫동안 학생의 안전과 이와 관련된 안전교육에 많은 투자와 관심을 가져왔다. 학생의 신체적·정신적 안전을 저해하거나 우호적인 교수·학습 분위기 형성에 부정적인 영향을 미치는 다양한 위험으로부터 학생을 보호하기 위해서 학교구들은 안전과 관련한 여러 가지 대응 방법과 절차를 마련해 두었으며, 일부 학교에서는 학생을 대상으로 안전교육을 주기적으로 시행하는가 하면 교사와 학교장을 대상으로 안전과 관련된 현직 연수를 제공하기도 한다.

미국 학교에서의 안전교육은 대개 화재, 교통, 총기사고, 마약, 자연재해 등의 주제와 관련이 있지만 최근에는 학교폭력에 따른 자살, 총기 사건, 폭력이 늘어나면서 학교안전에 있어 학생들의 학교폭력과 왕따 문제 등도 함께 다루어져야 한다는 의견이 지배적이다. 이번 글에서는 미국 초·중등학교에서 시행 중인 안전교육 현황과 그 특징에 대해서 살펴볼 예정이다.

(1) 미국 초·중등학교의 학교안전

미국의 경우 학생의 교육권이 연방헌법이 아닌 주 헌법에서 보장되어 있기 때문에 주에 따라 학교안전에 관한 법령 및 규정이 다르다. 주에 따라 안전교육을 법령으로 의무화하는 주가 있는가 하면 개별 학교구에 책임과 권한을 위임하는 주도 있다. 연방정부에서 공립학교 교장들을 대상으로 학교안전에 대해서 설문한 결과, 학교안전을 위해 가장 보편적으로 학교가 시행하는 것 중 하나가 바로 학교 수업 시간에는 교문을 잠가 외부인이 학교로 들어오는 것을 막는 것이었으며, 학부모라도 학교 방문 시에는 교무실에서 반드시 신원을 확인하도록 하고 있었다.

이 이외에도 최근에는 학교안전을 높이기 위해 전일제 경찰 혹은 시간제 경찰을 학교에 배치하는 사례도 늘어나고 있다. 일부 학교에서는 학생의 무기 소지 반입을 금지하고 감독하기 위해 CCTV 혹은 금속탐지기를 설치하기도 한다. 이러한 학교안전과 관련된 세부적인 규정과 지침 그리고 교육과정의 내용과 범위는 학교 위치와 규모에 따라 많이 달라진다. 예를 들어 도심지역의 경우 폭력조직 활동과 마약, 무기 소지 등의 문제가 많기 때문에 학교안전을 위한 금속탐지기가 있는 경우가 많은 반면, 교외 지역의 경우 무기 소지 및 폭력조직활동보다는 학생들 간의 왕따 및 폭력문제가 많아 금속탐지기보다는 상담 프로그램이 더 활발히 운영 중이다.

(2) 안전교육 정책 및 예산

연방정부 및 관련 기관에서는 학교안전을 향상시키고 긍정적인 학교 풍토와 문화를 만들기 위해 다양한 예산안을 국회에 상정하였다. 대표적으로 안전하고 긍정적인 학교를 만들기 위해 연방정부는 2015년에 "School Climate Transformation Grants($50million)"와 "Successful, Safe, and Healthy Students State and Local Grants($45million)"를 국회에 제안했으며 자연재해 혹은 학교폭력 및 안전으로부터 피해를 입은 학생들을 위해 "Project Prevent Grants($25million)"와 "Project SERV(School Emergency Response to Violence)($5million)"도

제안한 상태이다.

이 이외에도 소방청과 경찰청에서도 학교안전을 위한 기금과 프로그램을 운영 중이다. 예를 들어 경찰청의 경우 COPS Hiring Grants를 조성해 학교에 경찰관 배치 및 순찰을 강화하는 데 지원하고 있다.

(3) 학교에서의 안전교육

미국의 대다수 학교는 저학년 학생을 대상으로 교통 및 화재, 학교폭력, 총기사고 등이 학교에서 일어났을 때 대응하는 요령을 필수적으로 가르친다. 예를 들어, 학교 비상벨이 울렸을 때 당황하지 않고 대처하는 방법과 사건 사고를 목격했을 때 신고하는 절차 등을 중심으로 실습하고 배운다. 미국은 이렇듯 안전교육 중 많은 부분을 학생들이 무엇을 해야 하고 어디에 도움을 청해야 하는지를 가르쳐주는 데 할애하고 있다. 지금부터는 미국에서 시행하고 있는 대표적인 안전교육인 화재교육과 교통안전교육에 대해서 간단히 살펴보도록 하자.

① 소방안전교육

미국은 40년 전부터 화재예방교육의 중요성을 인지하고 국민들의 화재 예방의 중요성에 대해 교육하기 위해 초등학교를 중심으로 소방교육을 시행해 왔다. 특히 학생들에게 화재의 예방 중요성을 알려주고 적극적으로 화재 발생을 예방하기 위해 'Learn Not To Burn program 과정'을 미국방화협회(National Fire Protection Association : NFPA)에서 운영하고 있다.

학생들은 소방서를 방문해 직접 불의 위험성에 대해 인지하고 소화기를 작동해보는 것은 물론 불의 특성을 이해함으로써 그들 스스로 예방의 주체가 될 수 있도록 하고 있다. 이뿐만 아니라 화재 발생 시 학생들이 911에 신고하는 절차도 소방안전 교육에서 중요하게 다룬다. 대부분 학교가 초등학교 저학년에는 필수적으로 소방교육을 제공하고 있다. 담임교사가 학생에게 화재 관련 교육을 하는 것은 물론 소방관이 학급을 방문해 직접 교육을 하고 학생의 질문에 대답하기도 한다. 이 이외에도 학교 차원의 대피 훈련을 실시해 실제 상황 발생 시 학생이 구체적으로 어떻게 행동해야 하는지 알려준다.

② 교통안전교육

교통안전교육은 공립학교의 경우 유치원과 초등학교 저학년생을 대상으로 집중적으로 시행한다. 교통안전교육은 주로 학생들이 교통법규와 규칙을 이해하고 교통사고 예방을 할 수 있는 능력을 길러주는 데 초점이 맞추어져 있다. 이러한 교통안전교육은 교실 내에서도 이루어지지만 교사와 함께 학교 주위를 같이 다니면서 직접 신호등과 횡단보도를 건너면서 실습하는 것을 중요시한다. 최근 학교에 자전거로 통학하는 학생들이 많아짐에 따라 자전거 이용 시 유의할 점과 안전장비 그리고 손으로 하는 수신호 등에 대해서도 가르쳐주는 학교가 늘어나고 있다.

이 이외에도 미국 학교에서는 학생의 안전을 위해 학교의 면학 분위기를 흐리고 긍정적인 학교 풍토를 저해하는 마약, 왕따 등과 같은 안전교육에도 집중하고 있다. 특히 최근 학교폭력 중 왕따 문제가 가장 심각한 만큼 학생들을 대상으로 왕따를 당했을 때 도움을 청할 수 있는 방법에 대해 워크숍을 하는 것은 물론 왕따를 가한 학생들의 경우 처벌을 받을 수 있다는 것을 학부모에게 교육하는 학교가 늘고 있다. 또한, 중등학생을 대상으로는 성(性)과 관련해 교육하는 학교구들이 많은데 그 내용은 주들에 따라 다르다. 예를 들어 성에 대해 개방적으로 접근해 학생들에게 콘돔을 나누어 주는 학교구가 있는 반면 금욕만 강조하는 성교육을 하는 학교도 있다.

3) 미국 안전교육의 특징

미국 안전교육에서 우리나라가 주목할 특징에는 크게 두 가지가 있다. 하나는 바로 획일적인 안전교육보다는 학교와 지역 특색에 맞는 안전교육을 강조한다는 점이다. 예를 들어, 태풍이 자주 일어나는 중남부 지방의 경우 학생들을 대상으로 태풍 발생 시 행동요령에 대한 교육을, 지진이 많은 캘리포니아 주의 경우 지진을 대비한 안전교육에 더 집중한다. 이렇듯 연방정부 차원의 획일적인 안전교육 매뉴얼보다는 지역과 단위학교에 맞는 안전교육 매뉴얼을 만들어 효과적이고 효율적인 안전교육을 지향하고 있다.

두 번째 특징은 최근 들어 학생들이 휴대전화 사용률이 높아짐에 따라 학교 응급상황 발생 시 사이렌 이외에도 문자와 이메일로 학생과 학부모에게 상황을 통보해 대처하도록 하는 것이다. 연방정부 조사 결과, 이러한 정보통신을 이용한 자동 공지 및 통보 시스템을 도입한 학교가 전체 학교의 63%이며 그 수치는 빠르게 증가하고 있다. 학생의 대다수가 핸드폰을 소지하고 있는 만큼 학생 개개인에게 학교안전과 관련한 상황을 빠르게 전파할 수 있으며 필요에 따라 대피장소와 행동요령도 전파할 수 있어 효과적이다.

이러한 시스템 구축을 통해 미국 학교는 미국민에게 학교안전 시스템에 대해 신뢰를 주고 있지만 학업과 무관하다는 이유로 재정을 축소하거나 일부 학교에서는 안전교육을 등한시하는 경우가 있어 문제점으로 지적되고 있다(이세웅, 미국통신원, 2014).

2. 영국

1) 현황

학교보건교육원(SHEU)을 통해 초·중등학교 학생의 안전보건교육을 지원하고 있으며, 주기적으로 안전실태조사와 연구를 수행하고 있다. 1990년대 안전교육 지침서와 각급 학교용 안전교육교재를 발간하여 교육을 하고 있으며, 중앙정부 차원에서 안전교육의 목표 및 실행 지침을 개발·운영하고 있다.

민간 부분에서도 '왕립사고방지협의회(RoSPA)'가 중앙정부와 협의 끝에 안전교육과정을 개정하여 전국적으로 2만여 개 지부를 둔 '교통안전클럽'을 만들어 3~8세 어린이 안전교육(6개월 단위로 그 내용을 개편)을 시행하고 있는 것이 특징이다.

학교의 안전관리는 지방교육국의 책임 아래 학교안전사고 방지를 위한 시설, 설비, 인원, 기타의 배치가 연구되고 있으며, 안전교육 및 안전관리에 관한 지도서를 편찬하여 학교에 배포하고 있다. 영국의 교육과정 운영은 중앙정부 차원의 교육과정과 지방정부 차원의 교육과정이 혼용되어 학교마다 교육과정 내 안전교육의 운영에 차이가 나지만, 90% 이상의 학교에서 학교 정규교육과정으로 독립교과 또는 다른 교과목과 통합교과로서 안전교육을 실시하고 있다.

2) 초·중등학교 안전교육 현황

영국의 안전교육은 학교 안팎에서 진행되는 교육활동의 안전성을 강조하면서 동시에 안전에 대한 인식을 고양하는 교육이다. 안전교육은 안전상의 이유로 다양한 교육경험을 단순히 제재하기보다는 좀 더 안전하게 경험할 수 있는 방향으로 장려하는 교육을 의미한다. 이에 따라 안전교육의 내용은 위험한 상황을 판단하고 적절하게 대처하는 방안학습을 포함한다. 여기서는 영국의 안전교육 현황을 간략히 살펴보도록 한다.

(1) 안전교육 정책 및 제도

영국의 학교 보건 및 안전, 그리고 이에 부응하는 관련 교육활동은 「근로현장 내 보건 및 안전법」(Health and Safety at Work etc Act 1974)에 의거한 법정 의무이다. 이에 따라 지역청 및 학교경영 관계자는 교직원과 학생의 안전 및 보건을 책임질 의무가 있다. 교직원 또한 자신의 안전상황을 판단하여 적절히 행동해야 한다.

① 법령 및 규정

「근로현장 내 보건 및 안전법」(1974)에 따르면, 고용인 측인 학교경영 관계자는 소속 교직원 및 학생의 안전을 책임질 의무가 있다. 안전의무의 범위는 교내 안팎에서 행해지는 모든 활동을 포괄한다. 안전에 대한 세부 규정은 근로현장 내 보건 및 안전관리법령(Management of Health and Safety at Work Regulations 1999)에 기술되어 있다. 이에 따르면 학교장 및 고용주는 교내 활동으로 인하여 발생할 수 있는 안전사고에 대한 점검을 할 의무가 있으며, 안전사고에 대비하여 관련 자료를 기록해 두어야 한다. 이와 더불어 가능한 위험요인을 예상하여 미리 관리하는 시스템을 도입해야 하며, 그 일환으로 교직원 대상의 보건 및 안전교육을 실시해야 한다.

한편, 피고용인 측인 교직원은 자신의 안전을 스스로 관리하고 고용주의 보건 및 안전 정책에 적극적으로 협조해야 한다. 또한, 관련 교육 및 지시사항을 철저히 따라 각종 교육활동을 추진해야 하며 위험상황 발생 시 학교장에 즉시 보고하여 적절한 조치가 즉각적으로 취해질 수 있도록 한다. 교직원은 학생의 안전을 대할 때 이들의 부모가 자녀에 대해 갖는 안전의무와 같은 정도로 학생의 안전을 우선시해야 한다. 학교의 보건 및 안전 정책상에 결함이 있다고 판단할 경우 학교 측에 건의하여 개선할 수 있도록 한다.

② 관련 정책 및 제도, 프로그램

교내 보건 및 안전 정책의 일환으로 시행되는 기본적인 프로그램은 교직원 안전교육이다. 학교장은 교직원의 직무수행상 요구되는 안전교육을 제공할 의무가 있다. 이는 별도의 안전교육과정이 아니더라도 안전 관련 지시사항 및 정보를 충분히 제공받아야 한다는 것이다. 학교 측은 현장학습 및 수학여행 등을 추진하기에 앞서「근로현장 내 보건 및 안전법」을 충분히 숙지해야 한다. 이를 위하여 정부는 보건 및 안전 전담반(HSE, Health and Safety Executive)을 마련하여 각종 교외 교육활동을 준비하는 교사에게 가이드라인을 제공하고 있다. HSE팀은 그 밖에 사고 발생 시 보고하는 절차 및 보고내용 등에 대한 가이드라인을 마련하고 있다.

보건 및 안전에 대한 책무는 서면상 기록되어야 한다. 서면 절차 중 하나로 학교는 교외 활동을 추진하기에 앞서 학부모의 동의서를 받아야 한다. 특히 안전상의 위험요인이 존재하는 활동의 경우 학부모의 동의서는 의무사항이다. 등산, 트레킹, 스키, 수영 등과 같이 위험요인이 다소 큰 야외활동을 할 경우 학교는 활동 대행기관의 안전자격 여부를 확인해야 한다. 정부는 야외활동 대행기관의 자격증 소지를 법제화하고 있다(Adventure Activities Licensing Regulations, 2004).

(2) 학교에서의 안전교육 현황

영국에서는 학교 내 안전한 환경을 조성하는 교육과 더불어 안전에 대한 이해를 고양하고 적절하게 대처하는 안전교육이 동시에 이루어지고 있다. 이러한 관점에서 안전교육을 ① 안전한 교육, ② 안전교육 등으로 구별하여 살펴볼 수 있다.

① 안전한 교육

안전한 교육을 위하여 일선 교사는 기본적인 응급조치 훈련을 받는다. 학교는 보건 및 안전(응급조치에 관한) 법령 1981(Health and Safety(First-Aid) Regulations 1981)에 따라 응급조치를 위한 장비 및 시설을 구비해야 한다. 응급조치 능력은 교사의 직무 사항이 아니기 때문에 응급조치교육은 자원자에 한하여 실시한다. 응급조치 훈련과정은 보건 및 안전 전담반(Health and Safety Executive, 이하 'HSE')이 제공한다.

한편, 대다수 교사는 안전상의 이유로 수학여행 및 현장학습 운영을 기피하는 경향이 있다. 특히 복잡한 보건 및 안전법, 서면상 처리해야 할 업무과다, 안전사고 발생 시 학교 및 교사가 부담하는 책임 등이 그 요인이다. 이를 위하여 HSE는 학교 측이 다양한 유형의 수학여행 및 현장학습 운영 등에 요구되는 법적 자문 및 서면 구비 등에 대하여 조언하고 있다.

사고예방을 위한 왕립협회 RoSPA(Royal Society for the Prevention of Accidents) 교사를 대상으로 학교보건 및 안전에 대한 기초정보 및 교외활동의 유형별 · 학급별로 안전한 교육을 위한 가이드라인을 제공한다. 또한, 통학버스 운영 및 학교 운동장 내에서 발생할 수 있는 안전사고를 대비한 가이드라인을 제시한다.

② 안전교육

기본적으로 안전교육은 '개인, 사회, 건강 및 경제교육과정'(personal, social, health and economic education, 이하 'PSHEE')에서 핵심 교육내용이다. 교육단계 1, 2에서는 도로안전 및 가정 내 안전 등에 대하여 학습하고 교육단계 3, 4에서는 음주교육 및 운전교육 등과 연계되어 개인의 안전 및 도로안전을 학습한다. 학교교육과정상 안전교육의 중요성 및 필요성은 통계상으로 이미 검증된 바 있다. 일반적으로 영국의 경우 안전교육이 적절하게 수행되고 있지만, 자체적으로는 직업교육과정 안전교육 및 도로안전에 대한 교육을 강화할 필요가 있는 것으로 판단하고 있다.

이에 따라 영국의 학교평가기관인 Ofsted는 학교평가요소 중 하나로 학교시설 안전평가뿐 아니라 학생의 안전교육 의식을 포함하고 있다. 한편, 2014년 교육과정 개혁에 따르면 안전교육을 주로 담당하는 PSHEE 교과는 의무교과 대상에서 제외되었다. 그러나 정부는 기존의 PSHEE를 각 학교 사정에 맞게 운영할 것을 당부하고 있다. 특히 위험요소에 대한 학생의 자발적 감지능력을 기르고, 위험상황에 대처하기 위한 지식 및 기술을 학습하여, 위기상황에 적절한 판단을 내릴 수 있도록 안내할 것을 강조하고 있다. 이러한 안전교육의 목적에 적합한 교육내용으로는 도로안전, 가정활동 내 안전, 음주, 마약, 흡연과 관계된 일신의 안전 등이 있다.

(3) 안전교육 사례 - 여행 및 도로안전 교육

교육부는 여행 및 도로안전 교육의 일환으로 출발 전 지식(Know Before You Go, KBYG) 교육자료를 배포하였다. 이는 PSHEE 시간의 학습 자료로 개발하였으며, 교육단계 5에 해당하는 16~19세 학생을 대상으로 한 여행 및 도로안전 교육자료이다. 해당 교육자료는 35~60분 수업용으로 개발되었으며 각종 영상, 여행시나리오, 해외 휴양지 등에 관한 자료 등 국내여행 및 해외여행 시에 요구되는 도로안전 지식 및 여행정보를 포함하고 있는 것이 특징이다. 준비된 영상은 약 20~30분 정도로 주요 교육내용을 담고 있으며, 영상이 끝나면 토론을 통하여 교육내용을 확인한다. 이후 10~15분 정도 교육내용을 평가하는 시간을 가진다. KBYG Schools 웹사이트는 추가적인 보충자료 및 기타 교육과정을 제공하고 있다.

(4) 영국의 안전교육 특징

영국의 학교안전교육은 안전한 교육과 안전교육의 두 관점에서 동시에 진행되고 있다. 안전한 교육의 측면에서 영국은 각종 관련 가이드라인을 개발하여 학교의 안전한 교육을 돕고 있다. 영국에서는 안전사고에 대한 우려로 인하여 일선 학교가 현장학습 및 수학여행을 기피하는 현상이 있다. 이를 개선하기 위하여 보건 및 안전 전담반 등 학교 측의 안전한 교육운영에 전문적인 도움을 제공하는 기구를 개발한 것이 특기할 만하다.

학생을 대상으로 한 안전교육은 학령기별 특성을 고려하여 교육내용을 선정하고 있는 점을 주목할 수 있다. 특히 안전교육 사례로 제시한 KBYG는 교육대상 연령에 적합한 안전교육이라고 볼 수 있다. 일반적으로 영국의 청년들은 대학교육에 앞서 1년 정도 견문을 두루 넓히는 시간인 Gap Year를 갖는 편이다. 이 시간 동안 학생들은 운전면허 취득, 국내외 여행 등을 하며 자유로운 시간을 가진다. KBYG는 이러한 대상 연령의 특성을 감안한 안전교육 내용으로 젊은 학생들이 타지에서도 안전에 대한 의식을 갖출 수 있도록 돕고 있다. 종합하여 볼 때, 영국의 안전교육은 법제적 보호 아래, RoSPA 및 HSE 등 적절한 보조기구를 통하여 교육내용 개발 및 교육활동 운영을 지원받고 있는 것으로 사료된다(윤선인, 영국통신원, 2014).

3. 독일

1) 초 · 중등학교 안전교육 현황

독일은 학교교육 운영 전반에 있어 안전에 관한 의식이 철저하다. 안전교육에 관한 법, 규정, 지침이 세부적이며 광범위하게 마련되어 있어 학생 안전교육이 단계별로 포괄적, 실질적으로 이루어지고 있다. 또한, 학교안전교육과 관련하여 여러 유관기관들이 활발히 협력하여 다양한 체험 프로그램을 실시하고 있다.

또한, 학교교육이 안전하게 실시될 수 있도록 전체 학교가 사고보험에 가입되어 있으며, 부모의 서면동의가 없으면 휴식시간에도 학교 외부 출입이 금지되고, 수학여행 동안 교사의 동행 없이는 개인 활동이 금지되는 등 학교가 휴식시간, 학교 외부 프로그램, 수학여행 등이 안전하게 실시될 수 있도록 이를 철저히 감독하고 있다.

독일은 알려진 바와 같이 연방주의로 인해 주정부가 학교교육에 관한 전권을 가지고 있으므로 안전교육의 시초나 운영 양상도 주에 따라 상이하다. 바이에른주는 교통량의 증가로 학생들의 교통사고 사망률이 증가하자 1955년 주 의회에서 교통 관련 수업과 교육을 학교의 보편적 과제로 삼도록 결정하였다. 1964년에는 주 교육부가 이를 실질적으로 확대하기 위해 교통교육을 모든 학교 1~6학년 교과과정의 한 부분으로 확립하고 실행을 위해 ADAC(독일 자동차 협회)와 협력하여 다방면의 프로그램을 실시하였다. 이 당시 바이에른주의 교통사고 사망률은 독일 주 가운데 잘란트주와 함께 최고를 기록하였다. 이후 1972년 상설 연방 주 교육부 장관회(이하, 'KMK')에서도 학교 교통교육에 관한 지침에 합의하여 학생 교통과 안전교육을 학교의 필수 교육과제로 확립하였고 이후 지속적으로 개선 및 보완하며 오늘에 이르고 있다.

2) 안전교육 정책 및 제도

(1) 법령 및 규정

학교안전교육과 관련하여 KMK가 독일 전역에 적용할 학교에서의 이동성과 교통교육에 관한 기본 지침을 제시하고 있고 각 주 또한 안전교육과 관련한 다양한 규정을 두고 있다. 바이에른주의 경우 '자전거교육', '교통과 이동성교육', '통학', '수학여행', '관리 · 감독', '응급조치', '체육수업', '안전교육', '소방대책', '미디어교육', '학생사고보험' 등 학교안전교육과 관련한 다수의 상세 규정을 두고 있다.

이 가운데 바이에른주의 학교안전과 법적 학생사고보험에 관한 지침에 따르면 학교의 안전은 전체 학교교육 참여자의 과제이며 모두가 협력하여 학생이 안전의식을 가지고 행동하도록 교육하고 학교를 안전하게 조직하도록 명시하고 있다. 사고예방과 안전교육은 학교의 교육과 훈육 과제의 하나이며 안전교육은 건강교육, 사회성교육, 환경교육과 밀접한 관련이 있고 안전교육은 교통교육, 체육교육, 소방대책교육을 포괄한다. 해당 규정에 따르면 바이에른주 전체 일반학교와 직업학교의 학생들은 「사회법」 7에 따라 1971년부터 의무적으로 사고보험에 가입되어 있어 학교수업 및 프로그램에 참여하는 동안과 통학 구간에 발생하는 사고에 대해 보장을 받는다.

교내 안전, 학생과 교육인력의 안전, 안전교육에 관한 전반적인 책임은 학교장에 있으며 교사 가운데 학교안전 관리자를 두고 학교장을 지원하고 동료교사들에게 안전교육 관련 정보를 제공하도록 한다. 모든 교사는 학생들이 위험을 인지하고, 예측하여 이를 방지하거나 해결할 수 있도록 교육할 과제가 있으며 사고가 발생할 경우 응급조치를 할 수 있도록 이에 관한 연수를 지속적으로 받는다.

(2) 정책 및 제도, 프로그램

바이에른주는 안전, 교통교육을 학교 수업과 교육의 중요과제로 보고 학교가 학생들의 연령에 적합하게 단계별로 안전과 교통에 필요한 지식을 중재하고 실생활에서 필요한 능력을 함양할 수 있도록 교육하고 있다. 이에 안전교육 실시를 위해 학교가 필요한 수업자료와 교육을 지원하고자 바이에른주 교육부 산하 딜링엔 교사연수와 인력관리 아카데미에서 바이에른 교통과 안전교육연구소를 운영하고 있다.

바이에른 교통과 안전교육연구소는 학교안전교육 주제인 통학, 자전거교육, 체육과 수영, 자연과학 분야 수업과 관련된 안전교육, 대중교통, 기차, 응급조치, 소방대처, 안전교육과 건강예방, 온종일학교 프로그램과 관련한 수업 및 교육에 적용할 자료를 제공하고 이를 위한 콘셉트를 개발하고 있다. 예를 들어 통학길 안전교육 주제의 경우 통학길 안전을 위한 학생안내자, 통학버스 안내자, 통학버스 동행자, 통학길 도우미에 관한 법적 규정을 제공하고 교통교육에 필요한 표지판 자료, 학생 연령에 따른 단계별 수업자료, 아동과 청소년 교통안전을 위한 경찰의 방침 등의 자료와 교통교육을 위해 필요한 영상자료를 제공하고 있다. 더불어 교통교육과 관련하여 학생들이 직접 체험하며 학습할 수 있는 프로젝트를 소개하여 학교가 활용하도록 하고 있다.

▲그림 14-1 바이에른 교통과 안전교육 연구소 사이트 화면

바이에른 교통과 안전교육연구소는 교통과 안전교육에 관련된 다양한 법적 규정과 지침 및 현재 교통과 안전교육과 관련하여 가장 중점이 되는 정보를 제공하는 한편 체험교육을 위한 다양한 프로젝

트를 실시·보급하고 있다. 외부기관과도 활발히 협력하며 각 기관이나 단체에서 실시하는 관련 프로그램을 연결하여 이를 학교교육에 적용하도록 하는 한편 안전교육이 학교에서 올바로 실시될 수 있도록 주제에 따라 교사연수도 실시하고 있다.

3) 학교에서의 안전교육 현황

KMK는 이동성과 교통교육을 학교가 반드시 수행해야 할 교육과제로 보고 1972년 최초로 학교 교통교육 지침을 마련한 이래 1994년과 2012년에 이를 개정하여 독일의 전체 주가 교통과 안전교육을 위한 교과과정과 교사교육의 기본지침으로 활용하도록 하고 있다. 교통과 안전교육이 교과과정에 확립되어 있어 교사교육과정에도 이를 고려하고 있으며 안전교육이 시의적절하게 이루어질 수 있도록 교사연수도 지속적으로 실시되고 있다.

KMK는 교통교육이 안전교육, 사회성교육, 환경교육, 건강교육의 과제를 동시에 수행한다고 보고, 학생들이 현시대의 교통수단이 인간과 환경에 주는 영향에 대해 알고 미래 지속개발을 고려하여 교통수단을 올바로 활용할 수 있도록 이에 필요한 능력을 함양하도록 교육하는 것에 목표를 두고 있다. KMK는 학교에서 교통과 안전교육을 실시할 때 교육단계별로 아래의 내용을 교육하도록 지침으로 제시하고 있다.

▼ 표 14-3 교육단계별 교통, 안전교육 내용

1~4학년(초등단계)	5~10학년(중등 1단계)	11~13학년(중등단계)
• 등하교훈련 : 안전한 통학 • 학교와 거주지 주변의 교통 • 도보의 유익 • 운동능력과 지각연습 • 자전거교육 • 교통규칙과 교통수단 이용 시 사회적 태도 • 근거리 대중교통 • 자동차 함께 타기 • 버스, 기차 동승 • 친환경적인 교통수단	• 안전한 통학 • 자전거와 환경, 자전거와 교통 • 자립적 근거리 대중교통 이용 • 장거리 교통수단 학습 • 동력화된 교통수단 : 오토바이, 동력 자전거 • 이동성과 사회적 태도 • 교통과 법 • 도로교통에 있어 술, 마약 • 교통, 환경, 기후 • 대안적인 동력기술과 자동차 • 이동수단의 형태 • 환경을 고려한 수학여행	• 이동성과 사회적 태도 • 동력화된 개인 교통수단, 동행자와 함께하는 운전 • 도로교통에서의 술과 마약 • 경제적·생태적 관점의 이동수단 • 미래지향적 이동수단을 위한 교통조성과 개발 • 관광, 교통, 경제 • 이동수단의 기회와 한계 • 대안적인 동력기술과 자동차, 자동차기술

출처 : KMK(2012).

바이에른주 교육부는 주 교육부 장관회의 지침을 고려하여 1학년과 4학년은 매년 20시간, 2학년과 3학년은 매년 10시간, 5학년과 9학년은 매년 20시간, 6, 7, 8, 10학년은 매년 10시간 교통과 안전교육을 실시하고 있다. 안전교육은 통학, 자전거교육, 체육과 수영, 자연과학 분야 수업, 교통수단 및 교통체계, 응급조치, 소방대처, 건강예방 등 안전교육 전반의 여러 분야에서 다양하게 이루어지고 있으며 정규 교과수업 및 프로젝트, 수학여행, 각종 대회참여의 형태로 실시되고 있다. 보다 실질적인 교육을 위해 학교뿐 아니라 여러 기관과 협력하여 작업장, 실험실, 법원, 경찰서, 병원, 교통훈련장 등 다양한 현장에서 이루어지고 있다. 초등학교의 경우 안전교육과 관련하여 수영수업과 자전거교육이 필수적으로 실시되고 있어 독일에서 초등학교에 다닌 사람 모두는 기본적인 수영능력을 갖추고 있으며 자전거를 못 타는 경우가 없다.

바이에른주도 교통과 안전교육이 안전, 건강, 사회성, 환경교육의 과제를 수행한다고 보고 학생들이 안전교육을 통해 다음의 능력을 함양하는 데 목표를 두고 있다.

(1) 학교안전교육 프로그램 '예' 자전거교육

자전거는 아동이 최초로 스스로 활용하게 되는 교통수단으로 자전거교육은 실제로 필요가 높아 아동이 교통체계를 실질적으로 이해하고 안전에 대한 경각심을 가지도록 교육하는 데 매우 효과적이다. 바이에른주의 경우 1973년 초등학교에서 자전거교육을 실시한 이후 아동들의 교통사고 발생 비율이 급격히 감소한 것으로 나타나고 있다.

자전거교육은 이론과 실기교육으로 나뉘어 실시되며 실기교육은 실제 도로에서 이루어진다. 교육의 전반적인 책임은 학교에 있으며 경찰과 밀접한 협력 하에 실시하도록 한다. 자전거교육 시 아동들의 시력검사도 하도록 권고하고 있다. 이론 교육은 초등학교 2, 3학년부터 실시되고 실제 도로에서의 교육은 대부분 4학년 2학기 때 실시된다. 이론교육 대부분은 교사가 하지만 교통경찰도 헬멧착용, 교통법규, 현장 경험에 관한 교육을 직접 실시하며 지속적으로 협력한다.

이론교육이 종료되면 실제 도로에서의 교육이 실시되는데 수업시간 두 시간에 해당하는 연습이 총 4회 실시되며 전체 실기교육기간은 10주를 넘지 않도록 한다. 가능한 개인 자전거를 사용하도록 하며 교육 이전에 자전거 안전점검이 실시된다. 모든 학생은 헬멧을 의무적으로 착용하여야 한다. 자전거 운행기술, 보행자주의, 거리확보, 교통법규를 고려한 교육이 이루어지며 특히 자동차 사각지대에 관한 교육이 실시되고 있다. 교사 또는 경찰의 동행 하에 실기교육이 이루어지며 전체 책임은 담임교사에게 있다. 최종적으로 이론과 실기시험을 통과하면 자전거 운전면허증을 교부하며 실기시험은 경찰의 동행 하에 이루어진다.

4) 지역사회와의 연계협력

독일은 연방주의로 인한 연대체계가 전통적으로 확립되어 있어 모든 분야에서 유관기관 간의 협력이 원활히 이루어지고 있는 편이다. KMK에서는 학교가 교통, 안전교육을 실시할 때 주 교육부, 학교청뿐만 아니라 학부모, 경찰, 교통 관련 기업, 협회, 연구소, 기관 등 다양한 외부기관과 협력하도록 명시하고 있다.

안전교육은 현장에서 체험적으로 이루어질 때 실효성이 높으므로 관련 기관의 협력 없이는 안전교육이 단편적으로 실시될 수밖에 없다. 따라서 독일의 학교는 자전거교육이나 교통교육을 실시할 때 담당지역 경찰과 필수적으로 협력하고 있으며 학생사고보장을 책임지고 있는 주 사고보험에서는 학교안전교육 실시를 위한 지침 및 여러 프로그램을 제공하는 등 지역의 다양한 관련 기관들이 학교를 지원하거나 직접 이를 위한 프로그램을 운영하고 있다.

5) 독일의 안전교육 특징

독일은 교통, 안전교육을 학교의 중요 과제로 삼아 이를 교과과정에 확립하였으며 이에 학교안전교육 시행을 위한 토대가 되는 법 규정이 관련 분야별로 세부적으로 마련되어 있다. 연방주의적 연대체계로 인해 여러 유관기관 간 협력의 기반이 마련되어 있어 필요에 적합한 관련 기관들의 협력이 조화롭게 이루어지고 있으며 이에 단위학교가 학교와 지역사회의 여건을 고려하여 자기책임적·자율적으로 여러 프로그램을 실시하고 있다. 또한, 이러한 협력을 토대로 학교안전교육이 학생들이 직접 참여하는 체험적 프로그램으로 이루어지고 있어 실생활 적용이 용이하도록 효과적으로 실시되고 있다.

한편, 안전교육이 사회 전반 및 타인과 밀접하게 유기적으로 연관되어 있다는 것을 인지하고 안전교육을 타인을 배려하는 사회성 교육 및 지속성 개발을 위한 환경교육까지 포괄하는 개념으로 시행하고 있다(정수정 독일통신원, 2014).

4. 프랑스

1990년대부터 중 · 고등학교까지의 안전교육을 의무화하고 있으며, 교사는 교육과정 운영에 절대적 권한을 가고 있으며, 여러 관련 단체에서 주제별로 교재를 만들어 제공하고 있다. 한편 체험 · 실습교육에 초점을 두었으며, 중학생에게 교통안전교육을 시키고 합격증을 받도록 하고 있는 것이 특징이다.

학교 교통안전교육을 의무화해야 한다는 것을 법령으로 공포(1993)하여 청소년들로 하여금 교통법규를 알게 하고 있다. 한편 학생들의 교통상황에 맞게 교통법규를 적용하여 안전한 행동요령을 선별하기 위한 목적으로 법령을 제정 · 운영하고 있는 것이 특징이다. 또한 학교 교통안전 교육증(ASSR)과 교통안전면허(BSR)에 관한 법령이 있으며, ASSR 2급은 소형 오토바이를 운전하는 면허증을 취득할 때 반드시 필요하다.

학 습 정 리

1. 직장 내에서 안전순찰활동의 아차, 깜박 보고 제도(작업 개선 실시 도모)의 6단계

① 제1단계 : 아차, 깜박 정보의 파악
② 제2단계 : 문제점의 분석
③ 제3단계 : 대책 방침 결정
④ 제4단계 : 실시 계획 수립
⑤ 제5단계 : 계획 실시
⑥ 제6단계 : 실시 결과의 확인과 평가

2. 안전교육실시에서의 유의점

① 상대의 입장에서 가르칠 것
② 교육내용은 구체적일 것
③ 상대측에게 배우려는 의욕을 일으키게 할 것
④ 반복해서 끈기 있게 몇 번이라도 가르칠 것
⑤ 쉬운 것에서 어려운 것으로 진행시켜 나갈 것
⑥ 일시에 한 가지씩, 전체에서 부분으로의 원칙을 지킬 것
⑦ 머리를 사용하게 할 것

3. 학교안전사고 예방 및 보상에 관한 법률 시행령(2014) 핵심 내용

① 학교시설 안전관리기준 강화이다.
② 교육감의 학교안전시설 정비계획의 수립 및 시행이다.
③ 학교장의 교육활동 안전대책 점검 및 확인 등이다.
※ 학교장이 교육활동 전 안전대책을 점검 및 확인하는 등의 조치, 학생들의 안전사고를 미연에 예방할 수 있게 될 것이다.

REFERENCE

참고문헌

강영숙, 김찬선, 정준식, 최용신(2008). **현대사회와 생활안전**. 도서출판 진영사.

경기도교육청(2007). 학교급식관리업무.

고영복 편(1992). 현대사회문제. 사회문화연구소.

교육과학기술부(2014). 유치원 기본과정 내실화를 위한 인성교육프로그램.

교육부 공식블로그, [독일] 초·중등학교 안전교육 현황, 2014.10.15. (http://if-blog.tistory.com/4298)

교육부 공식블로그, [영국] 초·중등학교 안전교육 현황, 2014.10.17. (http://if-blog.tistory.com/4299)

구경선, 김태임, 서영희, 홍은숙(2019). **아동안전관리**. 정민사.

권봉안 외(1994). **안전교육**. 도서출판 금광.

권봉안(2015). **건강교육과 보건학의 이해**. 한미의학.

권봉안, 강정호, 김광성 편저(1998). **안전교육**. 도서출판 금광.

김두얼, 전수민(2014). 한국의 범죄발생현황 분석. **경제발전연구, 20**(1), 25-72.

김수현, 김상천(2008). **새로운 생활과 안전**. 도서출판 동화기술.

김재호(2008). **안전사고와 응급처치**. 대경북스.

김창현 외(2017). **청소년 수련활동론**. 동문사.

김창현(2001). 학생야영수련 중 안전사고에 관한 연구. 한국체육대학교 대학원 석사학위논문.

김창현(2008). 청소년 수련활동 중 안전사고예방에 관한 연구. **청소년복지연구, 10**(3), 75-99.

네이버 백과사전(2014).

네이버 블로그, kenzo60(http://blog.naver.com/kenzo60/70068104036)

네이버 블로그, kidae76(http://blog.naver.com/kidae76/220049278523)

네이버 지식백과 시사상식사전, 지진(http://terms.naver.com/entry.nhn?docId=72409)

다음카페, 한밝(http://cafe.daum.net/HANBALK)(2007.02.20. 23:33).

박웅섭(2009). **학습목표에 맞춘 보건관리**. 보문각.

박창열, 박장규, 고영규, 손진수(2008). **안전교육과 응급처치 워크북**. 대경북스.

박충선(1995). 조기퇴직자의 가족적 지원과 대책방안. **한국노년학, 15(1).**
법제처(http://www.moleg.go.kr)
보건복지부(1996). 노인복지사업지침.
서해근, 김준모 공저, 이상우 감수(2005). **안전교육 및 응급처치**. 동아대학교출판부.
소방방재청 국립방재연구소(2005). 도시기본계획의 방재 및 안전부문에 관한 연구.
소방방재청 국립방재연구소(2009). 도시기본계획의 방재 및 안전부문에 관한 연구.
소방청(www.nfa.go.kr).
신현기, 박억종, 안성률, 남재성, 이상열, 임준태, 조성택, 최미옥, 한형서 편저(2012). **경찰학 사전**. 법문사.
유재환, 정재희, 김윤선, 장성록, 이원근, 김상철 공역(2009). **안전관리**. 도서출판 동화기술.
이명환, 김은숙(2009). **영유아를 위한 안전교육의 이론과 실제**. 교육아카데미.
이상우, 이준희, 정광복(1994). **신 안전교육**. 세종출판사.
이상원(2019). 119안전체험관의 소방안전교육 발전 방안에 관한 연구. 원광대학교 대학원 석사학위논문.
이세웅(2014). 교육정책네트워크 정보센터.
이재은, 권건주, 김겸훈, 김은정, 노섭, 류상일, 박광길, 박덕근, 박재규, 성기환, 손영수, 심기오, 심재현, 양기근, 오재호, 이은애, 이호동, 장태곤, 정창화, 조종묵, 조호대, 최진종, 최호택, 한동우, 황은하(2006). **재난관리론**. 대영문화사.
정국삼, 임현교(2015). **안전공학개론**. 도서출판 동화기술.
조병희(2015). **질병과 의료의 사회학**. 집문당.
조홍준(2021). 흡연이 건강에 미치는 영향과 금연방법. 서울아산병원(건강 이야기).
중앙법률사무교육원(http://www.linklaw.co.kr).
중앙응급의료센터(www.nemc.or.kr).
지구힐링문화재단(http://www.earth.or.kr).
최기남, 이선제, 김주성(2010). **여성 · 아동 대상 범죄 예방 및 대응을 위한 지침서**. 도서출판 진영사.
최상복(2004). **산업안전대사전**. 도서출판 골드.
최선재(1995). 노인의 생산활동 참여 활성화. 국민복지기획단 내부자료.
최인범, 정용승(1997). **안전교육**. 21세기교육사.
한국갤럽조사연구소(1990). 한국노인의 생활 의식구조.
한국산업안전보건공단(http://www.kosha.or.kr)
한국선(2009). **아동중심의 건강과 안전교육**. 교육아카데미.
한국소비자원(http://www.kca.go.kr)
한상덕, 유병열(2001). **야외활동의 이론과 실제**. 산과들.
행정안전부(www.mois.go.kr).
Bergeron, J. D. & Greene, H. W.(1989). *Coaches Guide to Sport Injuries*. Human Kinetics

Book, Champaign.

Heinirch, H, W., Peterson, D., & Nestor, R.(1978). *Industrial Accident Prevention*. Mcgraw-Hill, Inc.

Human Factors Society(1988). American national standard for human factors engineering of visual display terminal workstations(ANSI/HFS 100-1988). Santa Monica. Ca: Human Society.

Marland, S. K., James, A. E., Ralph, B. C., & John, E. R.(1973). *Fundamentals of safety education*. New York: Macmillan.co.

Robbins(1994). *Pathology Basic of Disease*. Saunders.

Washington, D. C.(1995). *Health style: A self-Test*. Office of Disease Prevention and Health Promotion. Department of health and Human Service.

Worick, W. W.(1975). *Safety education*. Englewood clift, NJ: Prentice-Hall.

http://blog.daum.net/hellopolicy/6983424bllog.tistory.cohttp://if-bm/4270

http://blog.daum.net/mohwpr/12879964

http://cafe.daum.net/oasis-ho/pS4T/3?q=%BC%BA%C6%F8%B7%C2%B9%DF%BB%FD%C

http://down.edunet4u.net/KEDLAC/07/A5/1/KERIS_BIZ_A51071736C.files/frame.html

http://dozenten.alp.dillingen.de/2.8/sem/bildungsstandards.pdf

http://newdle.edupia.com/xmlView.aspx?xmldid=109898

http://www.cellngen.com/mart/board.php3?table

http://www.cellngen.com/mart/board.php3?table

http://www.gunbuk.ms.kr/edus/edus_12.htm

https://blog.naver.com/tlaekdudwkd/222476938080

http://brunch.co.kr/@ramgvhoi/24

http://www.spo.go.kr

INDEX 찾아보기

숫자

저자소개

김 창 현(金 昌 鉉) 2044130@naver.com

- 현) 중원대학교 교양학부, 평생학습대학원 평생교육학과 학과장(주임교수)
- 서울시립대학교 도시행정대학원 정책과정 수료
- 국립 한국체육대학교 대학원(체육학 석사)
- 국립 국방대학교 대학원(안보정책학 석사)
- 국립 강원대학교 대학원(교육학 석사)
- 대진대학교 대학원(교육학 박사)
- 캐나다 C.C & 대학원 사회학과(사회학 전공) 박사과정 수료

〈주요 경력〉

- 경복대, 한국방송대, KC대, 동덕여대, 광운대, 대진대, 숭실사이버대 외래교수
- 안양대 교육대학원, 한국외대 교육대학원, 대진대 대학원 외래교수
- 부천대학교 유아교육과 겸임교수
- 경기도교육청 학생교육원(포천, 김포야영장) 운영책임자(원장)
- 경기도포천교육지원청 갈월중학교 운영위원장
- 한국방송통신중학교 창의적체험활동(안전교육) 방송강의
- 서울시교육청 청렴시민감사관
- 한국교원단체총연합회 새교육개혁위원회 위원
- 현) 위더스원격평생교육원 운영교수(직업진로설계)
- 현) 국가공인 청소년지도사 자격시험 출제 및 면접위원
- 현) 한국교육실천연구학회 편집위원장
- 현) 사단법인 한국인성교육협회 인성교수
- 현) 사단법인 대한가라테연맹 괴산군연맹 회장
- 현) 사단법인 학교체육진흥연구회 등기이사 겸 부회장
- 현) 한국체육정책학회 부회장
- 현) 글로벌사회융합학회 학회장

〈저서〉

- 생활안전교육 및 지도법(동문사, 2014)
- 청소년활동론(동문사, 2016)
- 청소년지도방법론(정민사, 2018)
- 인성의 이해와 실제(공저, 공동체, 2016)
- 교직실무론(공동체, 2017)
- 안전교육과 안전관리(양서원, 2021)

〈상훈〉

- 육군 사단장급 이상 부대장 표장(23회)
- 강원도지사 표창
- 근정포장(대한민국)
- 경기도교육감 표창(4회)
- 문화체육관광부장관상

〈자격증〉

- 국가공인 행정사
- 국가공인 2급 생활체육지도자(테니스)
- 국가공인 중등2급 정교사(일반사회)
- 2, 3급 청소년동아리지도사
- 국가공인 2, 3급 청소년지도사
- 국가공인 1급 경기지도자(테니스)
- 2급 인성상담지도사
- 사단법인 대한가라테연맹 가라테 명예 7단

‖ 안전교육과 안전관리 ‖

1판 1쇄 인쇄 2022년 1월 15일
1판 1쇄 발행 2022년 1월 20일

저　　자 | 김창현
발 행 인 | 박철용
발 행 처 | 양서원
주　　소 | 경기도 파주시 직지길 522 파주출판도시
전　　화 | 031-955-8000(代)
팩　　스 | 031-955-8005
홈페이지 | www.yswpub.co.kr
이 메 일 | yswgroup@naver.com
출판등록 | 1987년 11월 24일 제 406-2003-037 호

ISBN 978-89-994-1239-4

정가 21,000원